齋藤正彦

微 分 積 分 学

東京図書

[R]〈日本複写権センター委託出版物〉
●本書の全部または一部を無断で複写複製(コピー)することは,著作権法上での例外を除き,禁じられています.本書からの複写を希望される場合は,日本複写権センター(03-3401-2382)にご連絡ください.

まえがき

　本書は大学理工系初年級のための教科書ないし自習書である．この本で微積分を勉強するすべての人に，内容を完全に理解させずにはおかない，という決意のもとで叙述をすすめた．

　微積分を理解するとはどういうことだろうか．まず大事なのは，理論展開の論理のすじみちを追うことができる，ということである．そのためには定理やその証明をじっくり読むこと，および演習問題を解いてみることが必要である．問題が解ければ，それは理論が理解できたことを示すだろう．

　そのために，各節（§）のおわりにかなりの分量の問題をおいた．問題が解けないからといって悲観することはない．ものごとには慣れということもあるので，くりかえし試みているうちに段々解けるようになるだろう．

　また，この本をひとりで読む人のことも考え，巻末に問題のかなり丁寧な解答をのせておいた．自力で解けない場合には，答えを参考にするとよい．

　論理的理解に続くものとして，微積分の意味の理解がある．これは一挙にはやってこない．授業を受けたり，この本を読んだりする過程で，徐々に身についてくるものである．あせることはない．私の体験でも，微積分が完全に分かったのは，それを教えるようになってからだった．

　本の内容を概観しよう．序章は高校微積分の要約である．すでにそれを知っている人はここを読む必要はなく，ときに応じて参照すればよい．

　第1章は初等関数の微積分法と称し，高校微積分に欠けていたもの（逆三角関数の微積分など）をおぎない，不定積分の技法を完全なものにする．

　第2章から本格的な大学微積分がはじまる．まず有名な，または悪名高い $\varepsilon\text{-}\delta$ 論法（イプシロン・デルタ論法）をていねいに説明した．これも，十分に

理解するにはある程度の慣れが必要である．これを壁と思って立ちどまらず，あきらめずに理解の努力を続けていただきたい．これに続く実数体の完備性も，高校微積分では当然のこととされていたものだが，大学微積分をさらに先へ進めるためには，完備性を明示的に認識するのが望ましい．そして§3以降，以上の基礎のもとに微分法の理論をフルに展開する．

第3章は定積分の理論・計算法およびその応用であり，なかなか骨のある内容である．とくに，高校微積分では，対数関数・指数関数および自然対数の底 e の定義ははなはだ不完全だった．そこで，§4では関数 $\frac{1}{x}$ $(x>0)$ の定積分 $\int_1^x \frac{du}{u}$ として $\log x$ を定義しなおし，それにもとづいて対数関数と指数関数の理論を厳密に展開した．

第4章は級数の理論で，ここまでが1変数関数の微積分である．

第5章からは多変数関数（といっても実質2変数関数）の微積分であり，1変数のときより格段に難かしくなる．

第5章は多変数関数の微分法であり，応用として平面曲線をあつかう．

第6章は多変数関数の積分である．これ以後，難かしいところで本書の叙述は完全とはいえない部分がある．直観の助けを借りて議論をすすめる．

最後の第7章ではベクトル解析の概要を述べた．これはもともと流体力学や電磁気学から発したものであり，物理学の授業で必要になる．この本では，叙述を基礎事項の数学的側面にかぎった．

読者にどうしても理解してもらいたいという私の願いは，本のなかで実現されているだろうか．それを判定するのは読者自身である．上首尾を祈る．

2006年4月

齋 藤 正 彦

目 次

まえがき　iii
公式集　xi

序章　高校微積分の要約

§1　基礎事項 …………………………………………………… 1
背理法／数学的帰納法／組合わせの数と二項定理／
有限等比級数の和

§2　極限および連続関数 …………………………………… 4
数列の極限／無限級数の和／関数の極限／区間／連続関数／逆関数

§3　三角関数・指数関数・対数関数 …………………… 9
三角関数／指数関数／対数関数

§4　微分法 ………………………………………………… 12
微分係数および導関数／三角関数の導関数／自然対数の底 e／
対数関数および指数関数の導関数

§5　積分法 ………………………………………………… 16
原始関数／置換積分法／部分積分法／定積分

第1章　初等関数の微積分法

§1　逆三角関数 …………………………………………… 21
逆三角関数／逆三角関数の導関数／関数 $\arctan x$ の級数表示／
§1の問題

§2 原始関数の計算 …………………………………………… 31
部分分数分解／有理関数の原始関数／三角関数の有理関数／
その他の関数の原始関数／§2の問題

第2章　極限・連続関数および微分法の理論と応用

§1 極限の再定義とその威力 …………………………………… 41
数列の極限／関数の極限／連続関数／§1の問題

§2 実数体の完備性からの直接の帰結 ………………………… 54
はじめに／完備性の公理／連続関数／§2の問題

§3 微分法の諸定理 ……………………………………………… 59
微分係数と導関数／ロルの定理・平均値の定理・原始関数の
一意性／§3の問題

§4 高階導関数 …………………………………………………… 65
極大と極小／最大と最小／曲線の凹凸・ニュートン法／
高階導関数／§4の問題

§5 テイラーの定理とその応用 ………………………………… 77
テイラーの定理／多項式による近似／無限大・無限小の比較／
§5の問題

第3章　定　積　分

§1 重要な基礎概念 ……………………………………………… 87
一様連続性／一様連続性の判定法／上限・下限の概念／§1の問題

§2 定積分の定義 ………………………………………………… 93
定積分の定義／連続関数の積分可能性／リーマン和／
区分連続関数／§2の問題

§3 定積分の性質 ………………………………………………… 97
基本性質／微積分の基本定理／定積分の諸定理／
定積分の近似計算／§3の問題

§4 数 e および対数関数・指数関数の定義 …………………… 104
　　§4 の問題
§5 広 義 積 分 ………………………………………………… 108
　　非有界区間上の関数／有界区間上の非有界関数／§5 の問題
§6 定積分の計算 ……………………………………………… 115
　　定積分の計算／§6 の問題
§7 面積・長さ・体積 ………………………………………… 119
　　タテ線領域の面積／極座標／極領域の面積／曲線の長さ／
　　回転図形の体積と表面積／パラメーター閉曲線の内部の面積／
　　§7 の問題

第4章　級　　数

§1 級数の収束と発散 ………………………………………… 139
　　コーシー列／級数の基本事項／正項級数／交項級数／絶対値収束／
　　§1 の問題
§2 整　級　数 ………………………………………………… 150
　　整級数の収束域／テイラー展開／項別微積分／
　　収束域の端点での様子／§2 の問題
§3 関数列・関数項級数・一様収束性 ……………………… 163
　　関数列の各点収束と一様収束／一様収束極限の性質／関数項級数／
　　§3 の問題

第5章　多変数関数の微分法

§1 偏 導 関 数 ………………………………………………… 173
　　点列の収束と 2 変数の連続関数／偏導関数／合成関数の偏導関数／
　　平均値の定理／接平面／§1 の問題
§2 高階偏導関数 ……………………………………………… 180
　　高階偏導関数／偏微分の順序／2 階のテイラーの定理／§2 の問題

§3 極大極小 …………………………………………… 183
　§3の問題
§4 陰関数定理 ………………………………………… 187
　2変数の陰関数定理／変数や条件が多い場合／§4の問題
§5 平面曲線 …………………………………………… 193
　平面曲線／§5の問題
§6 条件つき極値 ……………………………………… 198
　2変数の場合／変数や条件が多い場合／§6の問題
§7 最大最小の問題 …………………………………… 204
　平面の点集合および点列に関する基礎事項／最大と最小／
　§7の問題

第6章　多変数関数の積分

§1 方形上の積分 ……………………………………… 211
　一様連続性／積分の定義／リーマン和／積分の性質／§1の問題
§2 一般領域上の積分 ………………………………… 219
　面積／積分／体積／§2の問題
§3 広義積分 …………………………………………… 226
　非有界集合上の関数／有界集合上の非有界関数／§3の問題
§4 変数変換公式 ……………………………………… 230
　変数変換公式／高次元の場合／§4の問題
§5 曲面と曲面積 ……………………………………… 237
　曲面と曲面積／パラメーター曲面／§5の問題

第7章　ベクトル解析の概要

§1 線積分・グリーンの定理 ………………………… 243
　線積分／単純閉曲線・領域の境界／グリーンの定理／§1の問題

§2　面積分・ガウスの定理 ………………………………… 252
　　　座標系および曲面の向き／面積分／ガウスの定理／§2の問題
§3　ベクトル作用素とガウスの定理 ……………………… 260
　　　ベクトルとその記号／ベクトル作用素／法線方向の微分／
　　　ガウスの定理再論／§3の問題
§4　ストークスの定理 ……………………………………… 266
　　　向きつきの変数変換公式／空間曲線に沿う線積分／
　　　ストークスの定理／§4の問題

付　　録

§1　代数学の基本定理・部分分数分解 …………………… 275
　　　代数学の基本定理／部分分数分解
§2　絶対値収束級数 ………………………………………… 279
§3　陰関数・逆関数・条件つき極値 ……………………… 281
　　　陰関数／逆関数／条件つき極値

問題解答　　289
索　　引　　341
あとがき　　347

■装幀　戸田ツトム

公　式　集

1　組合わせの数

1) 組合わせの数または二項係数 $_n\mathrm{C}_r$. ただし n と r は整数で $0 \leqq r \leqq n$.
$$_n\mathrm{C}_r = \frac{n(n-1)\cdots(n-r+1)}{r!} = \frac{n!}{r!(n-r)!}.$$
$_n\mathrm{C}_0 = {}_n\mathrm{C}_n = 1,\quad {}_n\mathrm{C}_1 = {}_n\mathrm{C}_{n-1} = n,\quad {}_n\mathrm{C}_r = {}_n\mathrm{C}_{n-r}.$
$n \geqq 1,\ r \geqq 1$ なら ${}_n\mathrm{C}_r = {}_{n-1}\mathrm{C}_r + {}_{n-1}\mathrm{C}_{r-1}$.

2) $(x+y)^n = \sum_{r=0}^{n} {}_n\mathrm{C}_r\, x^r y^{n-r} = \sum_{r=0}^{n} {}_n\mathrm{C}_r\, x^{n-r} y^r$　（二項定理）.

3) 一般二項係数. 実数 a および非負整数 r に対し,
$$_a\mathrm{C}_r = \frac{a(a-1)\cdots(a-r+1)}{r!}.$$
$r \geqq 1$ なら ${}_a\mathrm{C}_r = {}_{a-1}\mathrm{C}_r + {}_{a-1}\mathrm{C}_{r-1}$.

2　三角関数

1) $\cos x = \sin\left(x + \dfrac{\pi}{2}\right),\quad \sin x = \cos\left(x - \dfrac{\pi}{2}\right),\quad \cos^2 x + \sin^2 x = 1,$
$\tan x = \dfrac{\sin x}{\cos x},\quad \cos^2 x = \dfrac{1}{1 + \tan^2 x}.$

2) $\left.\begin{array}{l}\sin(x+y) = \sin x \cos y + \cos x \sin y \\ \cos(x+y) = \cos x \cos y - \sin x \sin y \\ \tan(x+y) = \dfrac{\tan x + \tan y}{1 - \tan x \tan y}\end{array}\right\}$　（加法定理）

$\left.\begin{array}{l}\sin 2x = 2 \sin x \cos x \\ \cos 2x = \cos^2 x - \sin^2 x = 2\cos^2 x - 1 = 1 - 2\sin^2 x \\ \tan 2x = \dfrac{2 \tan x}{1 - \tan^2 x}\end{array}\right\}$　（倍角公式）

3 指数関数・対数関数

a は正の数とする．実数 x, y に対して
$$a^{x+y}=a^x a^y \ (\text{加法定理}), \quad a^{xy}=(a^x)^y=(a^y)^x, \quad \log_a a^x=x.$$
正の数 x, y に対し，
$$\log_a xy=\log_a x+\log_a y \ (\text{乗法定理}),$$
$$\log_a x^y=y\log_a x, \quad a^{\log_a x}=x.$$

4 極限

1) $\displaystyle\sum_{n=1}^{\infty}\frac{1}{n}=+\infty, \ \lim_{n\to\infty}\frac{n!}{a^n}=+\infty, \ \lim_{n\to\infty}\frac{n!}{n^n}=0,$
$\displaystyle\lim_{n\to\infty}\sqrt[n]{a}=1 \ (a>0), \ \lim_{n\to\infty}\sqrt[n]{n}=1.$

2) $\displaystyle\lim_{x\to 0}\frac{\sin x}{x}=1, \ \lim_{x\to 0}\frac{1-\cos x}{x^2}=\frac{1}{2}.$

3) $\displaystyle\lim_{x\to 0}\frac{e^x-1}{x}=1, \ \lim_{x\to +\infty}\left(1+\frac{1}{x}\right)^x=\lim_{x\to 0}(1+x)^{\frac{1}{x}}=e.$

4) $\displaystyle\lim_{x\to +\infty}\frac{e^x}{x^a}=+\infty, \ \lim_{x\to +\infty}\frac{\log x}{x^a}=0 \ (a>0), \ \lim_{x\to +0}x^a\log x=0 \ (a>0).$

5 導関数

1) $(x^a)'=\begin{cases} ax^{a-1} & (a\neq 0 \text{ のとき}) \\ 0 & (a=0 \text{ のとき}) \end{cases}$

2) $(e^x)'=e^x, \ (\log x)'=\dfrac{1}{x}.$

3) $(\sin x)'=\cos x, \ (\cos x)'=-\sin x.$

4) $(\arcsin x)'=\dfrac{1}{\sqrt{1-x^2}}, \ (\arctan x)'=\dfrac{1}{1+x^2}.$

5) $(f(x)g(x))'=f'(x)g(x)+f(x)g'(x),$
$\left(\dfrac{f(x)}{g(x)}\right)'=\dfrac{f'(x)g(x)-f(x)g'(x)}{g(x)^2}.$ とくに $(\tan x)'=\dfrac{1}{\cos^2 x}.$

6) $[f(g(x))]'=f'(g(x))\cdot g'(x),$ とくに $(\log f(x))'=\dfrac{f'(x)}{f(x)}.$

6 原始関数または不定積分（積分定数は省略する）

1) $\int x^a dx = \dfrac{x^{a+1}}{a+1}$ （$a \neq -1$ のとき），$\int \dfrac{dx}{x} = \log|x|$.

2) $\int e^x dx = e^x$, $\int \log x\, dx = x\log x - x$

3) $\int \cos x\, dx = \sin x$, $\int \sin x\, dx = -\cos x$.

4) $\int \tan x\, dx = -\log|\cos x|$, $\int \dfrac{dx}{\tan x} = \log|\sin x|$.

5) $\int \dfrac{dx}{\cos^2 x} = \tan x$, $\int \dfrac{dx}{\sin^2 x} = -\dfrac{1}{\tan x}$.

6) $\int \dfrac{dx}{\sin x} = \log\left|\tan \dfrac{x}{2}\right|$, $\int \dfrac{dx}{\cos x} = \log\left|\tan\left(\dfrac{x}{2} + \dfrac{\pi}{4}\right)\right|$.

7) $\int \dfrac{dx}{a^2 + x^2} = \dfrac{1}{a}\arctan\dfrac{x}{a}$ （$a \neq 0$）.

8) $\int \dfrac{dx}{x^2 - a^2} = \dfrac{1}{2a}\log\left|\dfrac{x-a}{x+a}\right|$ （$a \neq 0$）.

9) $\int \dfrac{dx}{\sqrt{a^2 - x^2}} = \arcsin\dfrac{x}{a}$ （$a > 0$）

10) $\int \dfrac{dx}{\sqrt{x^2 + a}} = \log|x + \sqrt{x^2 + a}|$ （$a \neq 0$）.

11) $\int \sqrt{a^2 - x^2}\, dx = \dfrac{1}{2}\left[x\sqrt{a^2 - x^2} + a^2 \arcsin\dfrac{x}{a}\right]$ （$a > 0$）.

12) $\int \sqrt{x^2 + a}\, dx = \dfrac{1}{2}[x\sqrt{x^2 + a} + a\log|x + \sqrt{x^2 + a}|]$ （$a \neq 0$）.

13) $\int f(x) f'(x)\, dx = \dfrac{1}{2} f(x)^2$, $\int \dfrac{f'(x)}{f(x)}\, dx = \log|f(x)|$.

14) $x = \varphi(t)$ のとき，$\int f(x)\, dx = \int f(\varphi(t))\, \varphi'(t)\, dt$ （置換積分）.

15) $\int f(x) g(x)\, dx = f(x) \int g(x)\, dx - \int \left[f'(x) \int g(x)\, dx\right] dx$ （部分積分），
もっと分かりやすく書くと，

$\int f(x)\, G'(x)\, dx = f(x)\, G(x) - \int f'(x)\, G(x)\, dx$.

7 定積分

1) m, n が自然数のとき，

$$\int_{-\pi}^{\pi} \cos mx \sin nx\, dx = 0, \quad \int_{-\pi}^{\pi} \cos mx \cos nx\, dx = \begin{cases} 0 & (m \neq n), \\ \pi & (m = n \neq 0), \end{cases}$$

$$\int_{-\pi}^{\pi} \sin mx \sin nx\, dx = \begin{cases} 0 & (m \neq n), \\ \pi & (m = n \neq 0) \end{cases} \quad (\text{例 } 3.5.1).$$

2) $I_n = \int_0^{\frac{\pi}{2}} \sin^n x\, dx = \int_0^{\frac{\pi}{2}} \cos^n x\, dx \quad (n \in \boldsymbol{N})$.

n が偶数なら $I_n = \dfrac{(n-1)!!}{n!!} \dfrac{\pi}{2}$,

n が奇数なら $I_n = \dfrac{(n-1)!!}{n!!}$ (例 3.5.2).

ただし，$n!!$ は n から小さい方にひとつおきにとって，2 ないし 1 にいたる自然数を全部かけたもの．

3) $\int_{-\infty}^{+\infty} e^{-x^2}\, dx = \sqrt{\pi}$ (例 6.1.11 の 2) および例 6.4.4).

8 級数

1) $e^x = \sum_{n=0}^{\infty} \dfrac{1}{n!} x^n, \quad \cos x = \sum_{n=0}^{\infty} \dfrac{(-1)^n}{(2n)!} x^{2n}, \quad \sin x = \sum_{n=0}^{\infty} \dfrac{(-1)^n}{(2n+1)!} x^{2n+1}$.

2) $\log(1+x) = \sum_{n=1}^{\infty} \dfrac{(-1)^{n-1}}{n} x^n \quad (-1 < x \leq 1)$, とくに $\log 2 = 1 - \dfrac{1}{2} + \dfrac{1}{3} - \cdots$.

3) $\arctan x = \sum_{n=0}^{\infty} \dfrac{(-1)^n}{2n+1} x^{2n+1} \quad (-1 \leq x \leq 1)$, とくに $\dfrac{\pi}{4} = 1 - \dfrac{1}{3} + \dfrac{1}{5} - \cdots$.

4) $(1+x)^\alpha = \sum_{n=0}^{\infty} {}_\alpha C_n x^n = \sum_{n=0}^{\infty} \dfrac{\alpha(\alpha-1) \cdots (\alpha-n+1)}{n!} x^n$ (一般には $-1 < x < 1$).

とくに

$$\sqrt{1+x} = 1 + \dfrac{1}{2}x + \sum_{n=2}^{\infty} \dfrac{(-1)^{n-1}(2n-3)!!}{(2n)!!} x^n \quad (-1 < x \leq 1),$$

$$\dfrac{1}{\sqrt{1+x}} = 1 - \dfrac{1}{2}x + \sum_{n=2}^{\infty} \dfrac{(-1)^n (2n-1)!!}{(2n)!!} x^n \quad (-1 < x \leq 1).$$

9 その他

下の公式は本書では扱わなかったが，著るしい結果なので書いておく．

1) $\displaystyle\int_{-\infty}^{+\infty}\frac{\sin x}{x}dx=\pi$.

2) $\displaystyle\lim_{n\to\infty}\frac{n!\,e^n}{\sqrt{2\pi n}\cdot n^n}=1$（スターリングの公式）．

3) $\displaystyle\sum_{n=1}^{\infty}\frac{1}{n^2}=\frac{\pi^2}{6}$.

序章
高校微積分の要約

§1 基礎事項

●背理法

0.1.1 背理法は重要な証明法のひとつである．P という主張が成りたつことを証明したいとき，P が成りたたないと仮定してみる．そこから推論をすすめて矛盾をみちびくことができれば，P は成りたたなければならない，ということが分かる．

0.1.2【背理法の例】 $\sqrt{2}$ は無理数である．ただし，無理数とは，分数であらわすことのできない数，すなわち有理数でない実数のことである．
【証明】 かりに $\sqrt{2}$ が有理数だと仮定する．$\sqrt{2}$ を既約分数として
$$\sqrt{2} = \frac{b}{a}$$
とかく．ただし，a と b は自然数で，共通の約数が（1以外に）ないものである．両辺に a を掛けて2乗すれば，$2a^2 = b^2$ となるから，b^2 は偶数である．これから b も偶数であることを示すために，ここでも背理法を使うことにし，かりに b が奇数だと仮定すると，$b = 2c+1$ とかける．c は0または自然数である．両辺を2乗すると
$$b^2 = 4c^2 + 4c + 1 = 2(2c^2 + 2c) + 1$$
となり，これは奇数だから，b^2 が偶数だという仮定に反する．したがって b は偶数である．$b = 2d$（d は自然数）とかくと，$2a^2 = b^2 = 4d^2$ だから $a^2 = 2d^2$ となり，a^2 は偶数である．したがって，さっきと同様に a も偶数である．結局，a と b は共通の約数2をもつことになり，$\frac{b}{a}$ が既約分数だという仮定に

反し，矛盾である．したがって $\sqrt{2}$ は有理数ではなく，無理数である．□

●**数学的帰納法**

0.1.3 数学的帰納法（今後たんに帰納法という）は，自然数変数を含む主張を証明するための方法である．$P(n)$ を自然数変数 n を含む主張とする．

帰納法 各自然数 n について，$P(n)$ が正しければ $P(n+1)$ も正しい，という主張が証明され，さらに出発点の $P(1)$ が正しければ，すべての自然数 n に対して $P(n)$ は正しい．

【証明】 かりに，ある自然数 n に対して $P(n)$ が正しくないと仮定して矛盾をみちびく（背理法）．このような n のうちで最小のものを k とする．$P(1)$ は正しいのだから k は 2 以上である．$P(k-1)$ は正しいから，帰納法の仮定によって $P(k)=P((k-1)+1)$ も正しいことになり，矛盾である．したがって，すべての n に対して $P(n)$ は正しい．□

0.1.4【帰納法の例】
$$s(n)=1^2+2^2+\cdots+n^2=\sum_{k=1}^{n}k^2 \quad (n\geq 1)$$
とおくと，
$$s(n)=\frac{1}{6}n(n+1)(2n+1) \qquad (1)$$
が成りたつ．

【証明】 帰納法による．$s(1)=1=\frac{1}{6}\cdot 1\cdot(1+1)(2\cdot 1+1)$ だから主張は正しい．n のときに式が正しいと仮定すると，

$$s(n+1)=s(n)+(n+1)^2=\frac{1}{6}n(n+1)(2n+1)+(n+1)^2$$
$$=\frac{1}{6}(n+1)[n(2n+1)+6(n+1)]=\frac{1}{6}(n+1)(2n^2+7n+6)$$
$$=\frac{1}{6}(n+1)(n+2)(2n+3)=\frac{1}{6}(n+1)[(n+1)+1][2(n+1)+1]$$

となり，$n+1$ のときも式(1)は正しい．したがって，帰納法により，すべての自然数 n に対して式は正しい．□

● 組合わせの数と二項定理

0.1.5【定義】 n 個のもの（たとえばボール）から r 個（$0 \leq r \leq n$）のものを選びだす仕方の数を**組合わせの数**と言い，${}_nC_r$ または $\binom{n}{r}$ とかく．この本では ${}_nC_r$ を使う．

${}_nC_0 = 1$ とし，また ${}_0C_0 = 1$ とおく．

0.1.6【命題】 1) ${}_nC_n = 1$. ${}_nC_1 = {}_nC_{n-1} = n$.

2) ${}_nC_r = {}_nC_{n-r} = \dfrac{n(n-1)\cdots(n-r+1)}{r!} = \dfrac{n!}{r!(n-r)!}$.

3) ${}_nC_r = {}_{n-1}C_r + {}_{n-1}C_{r-1}$ ($n \geq 1$, $1 \leq r \leq n-1$).

0.1.7【二項定理】
$$(x+y)^n = \sum_{r=0}^{n} {}_nC_r \, x^r y^{n-r} = \sum_{r=0}^{n} {}_nC_r \, x^{n-r} y^r$$
$$= x^n + nx^{n-1}y + \cdots + nxy^{n-1} + y^n.$$

【証明】 $(x+y)^n = (x+y)(x+y)\cdots(x+y)$ を展開すると，n 個ある $x+y$ から，x または y の一方を選んで掛け合わせたものの和になる．このうち，$x^r y^{n-r}$ の係数は，n 個の $x+y$ のうちの r 個から x を選ぶ仕方の数，すなわち ${}_nC_r$ になる．□

● 有限等比級数の和

0.1.8【命題】 x を実数とし，
$$s_n(x) = \sum_{k=0}^{n} x^k = 1 + x + x^2 + \cdots + x^n$$
とおく．$x=1$ なら当然 $s_n(x) = n+1$ であるが，$x \neq 1$ なら
$$s_n(x) = \frac{1-x^{n+1}}{1-x} \qquad (x \neq -1)$$
が成りたつ．

【証明】 $s_n(x) = 1 + x + x^2 + \cdots + x^n$ の両辺に x を掛ければ，
$$xs_n(x) = \quad x + x^2 + \cdots + x^n + x^{n+1}$$

だから，上から下を引くと，中間項が全部消えて
$$(1-x)s_n(x) = 1 - x^{n+1}$$
となる．両辺を $1-x$ で割ればよい．□

§2 極限および連続関数

●数列の極限

0.2.1【定義】 数列 $\langle a_1, a_2, a_3, \cdots \rangle$ をしばしば $\langle a_n \rangle_{n=1,2,3,\cdots}$, または単に $\langle a_n \rangle$ とかく．

1) α を実数とする．n が限りなく大きくなるに従って，a_n が限りなく α に近づくとき，数列 $\langle a_n \rangle$ は α に**収束**すると言い，
$$\lim_{n \to \infty} a_n = \alpha$$
とかく．略式に $a_n \to \alpha$ ($n \to \infty$ のとき) ともかく．

2) どの実数にも収束しない数列は**発散**するという．とくに，n が限りなく大きくなるに従って，a_n も限りなく大きくなるとき，数列 $\langle a_n \rangle$ は $+\infty$ に**発散**すると言い，
$$\lim_{n \to \infty} a_n = +\infty$$
とかく．同様に $\lim_{n \to \infty} a_n = -\infty$ が定義される．∞, $+\infty$, $-\infty$ は単なる記号であり，数ではない．

【例】 $a_n = \dfrac{3n-2}{2n+1}$ とする．$a_n = \dfrac{3 - \dfrac{2}{n}}{2 + \dfrac{1}{n}}$. $\dfrac{2}{n} \to 0$, $\dfrac{1}{n} \to 0$ だから，$\lim_{n \to \infty} a_n = \dfrac{3}{2}$.

0.2.2【定理】 $x > 1$ なら $\lim_{n \to \infty} x^n = +\infty$.

【証明】 $x = 1 + h$ とかくと $h > 0$. 2項定理 0.1.7 により，
$$x^n = (1+h)^n = \sum_{r=0}^{n} {}_n C_r h^r$$
$$= 1 + nh + \sum_{r=2}^{n} {}_n C_r h^r > 1 + nh \to +\infty \quad (n \to \infty \text{ のとき}). \square$$

0.2.3【命題】 $\lim_{n\to\infty} a_n = \alpha$, $\lim_{n\to\infty} b_n = \beta$ とする．

1) $\lim_{n\to\infty}(a_n \pm b_n) = \alpha \pm \beta$．$\lim_{n\to\infty} a_n b_n = \alpha\beta$．$\beta \neq 0$ なら，十分大きい n に対しては $b_n \neq 0$ で，$\lim_{n\to\infty} \dfrac{a_n}{b_n} = \dfrac{\alpha}{\beta}$．

2) $a_n \leqq b_n$ なら $\alpha \leqq \beta$．しかし，$a_n < b_n$ でも $\alpha < \beta$ とは限らない．たとえば $a_n = 0$, $b_n = \dfrac{1}{n}$．

3) （はさみうちの原理）もうひとつの数列 $\langle c_n \rangle$ があり，$\alpha = \beta$, $a_n \leqq c_n \leqq b_n$ なら $\lim_{n\to\infty} c_n = \alpha = \beta$．

● **無限級数の和**

0.2.4【定義】 1) 数列 $a_1, a_2, a_3, \cdots$ があるとき，その項を記号 $+$ でむすんだ形式

$$a_1 + a_2 + a_3 + \cdots \quad \text{ないし} \quad \sum_{n=1}^{\infty} a_n$$

を**無限級数**または単に**級数**という．

2) $s_n = a_1 + a_2 + \cdots + a_n = \sum_{k=1}^{n} a_k$ を上の級数の（第 n）**部分和**という．部分和からできる数列 $s_1, s_2, s_3, \cdots$ が実数 s に収束するとき，級数 $\sum_{n=1}^{\infty} a_n$ は収束して**和** s をもつという．そうでないとき，級数は**発散**するという．とくに $\lim_{n\to\infty} s_n = \pm\infty$ のとき，級数 $\sum_{n=1}^{\infty} a_n$ は $\pm\infty$ に発散するという（複号同順）．

【例】 級数 $\sum_{n=1}^{\infty} \dfrac{1}{n(n+1)} = \dfrac{1}{1\cdot 2} + \dfrac{1}{2\cdot 3} + \dfrac{1}{3\cdot 4} + \cdots$ を考える．まず

$$\frac{1}{n(n+1)} = \frac{1}{n} - \frac{1}{n+1}$$

に注意すると，

$$s_n = \sum_{k=1}^{n} \frac{1}{k(k+1)} = \sum_{k=1}^{n} \left(\frac{1}{k} - \frac{1}{k+1}\right)$$
$$= \left(1 - \frac{1}{2}\right) + \left(\frac{1}{2} - \frac{1}{3}\right) + \cdots + \left(\frac{1}{n} - \frac{1}{n+1}\right) = 1 - \frac{1}{n+1}.$$

したがって級数は収束し，$\sum_{n=1}^{\infty}\dfrac{1}{n(n+1)}=\lim_{n\to\infty}s_n=1$.

　つぎの定理は高校数学の範囲をこえるが，非常に大事であり，この本でも重要な役割をはたす．

0.2.5【定理】 級数 $\sum_{n=1}^{\infty}\dfrac{1}{n}=1+\dfrac{1}{2}+\dfrac{1}{3}+\cdots$ は $+\infty$ に発散する．

【証明】 $s_n=1+\dfrac{1}{2}+\cdots+\dfrac{1}{n}$ とすると，$s_n<s_{n+1}$．とくに $n=2^k$ の場合を考える．

$$s_{2^k}=1+\dfrac{1}{2}+\left(\dfrac{1}{3}+\dfrac{1}{4}\right)+\left(\dfrac{1}{5}+\cdots+\dfrac{1}{8}\right)+\left(\dfrac{1}{9}+\cdots+\dfrac{1}{16}\right)$$
$$+\cdots+\left(\dfrac{1}{2^{k-1}+1}+\cdots+\dfrac{1}{2^k}\right)$$
$$=\sum_{l=1}^{k}\left(\dfrac{1}{2^{l-1}+1}+\cdots+\dfrac{1}{2^l}\right).$$

$\dfrac{1}{2^{l-1}+m}>\dfrac{1}{2^l}$ $(m=1,2,\cdots,2^{l-1})$ であり，カッコ内の項の数は 2^{l-1} だから，

$$\dfrac{1}{2^{l-1}+1}+\cdots+\dfrac{1}{2^l}>2^{l-1}\cdot\dfrac{1}{2^l}=\dfrac{1}{2}.$$

よって $s_{2^k}>\sum_{l=1}^{k}\dfrac{1}{2}=\dfrac{k}{2}\to+\infty$ $(k\to\infty$ のとき$)$．したがって $\sum_{n=1}^{\infty}\dfrac{1}{n}=+\infty$. □

● 関数の極限

0.2.6【定義】 点 a の近くで関数 $f(x)$ が定義されている．a では定義されていなくてもよい．b を実数とする．変数 x が限りなく a に近づくのに従って，関数値 $f(x)$ が限りなく b に近づくとき，

$$\lim_{x\to a}f(x)=b$$

とかく．同様につぎのことが定義される：

$\lim_{x\to+\infty}f(x)=b,\ \lim_{x\to-\infty}f(x)=b,$
$\lim_{x\to a}f(x)=\pm\infty,\ \lim_{x\to+\infty}f(x)=\pm\infty,\ \lim_{x\to-\infty}f(x)=\pm\infty.$

【例】 $f(x) = \dfrac{\sin x}{x}$ は $x=0$ を除くところで定義されている．$\lim_{x\to 0}\dfrac{\sin x}{x}=1$ は高校で習ったはずである．

0.2.7【命題】 1) $\lim_{x\to a}f(x)=\alpha$, $\lim_{x\to a}g(x)=\beta$ のとき，
$$\lim_{x\to a}[f(x)\pm g(x)]=\alpha\pm\beta, \quad \lim_{x\to a}f(x)g(x)=\alpha\beta.$$
$\beta\neq 0$ なら，a に十分近い x に対して $g(x)\neq 0$ で，$\lim_{x\to a}\dfrac{f(x)}{g(x)}=\dfrac{\alpha}{\beta}$.

2) $\lim_{x\to a}f(x)=\alpha$, $\lim_{y\to \alpha}g(y)=\beta$ なら，$\lim_{x\to a}g[f(x)]=\beta$.

● 区間

0.2.8【定義】 はじめに記号から．$P(x)$ が実数 x の性質をあらわすとき，$\{x\,;\,P(x)\}$ は，性質 $P(x)$ をもつ実数 x 全部のつくる集合をあらわす．

1) $a<b$ のとき，集合 $\{x\,;\,a\leqq x\leqq b\}$ を，a と b を端点とする（**有界**）**閉区間**と言い，$[a,b]$ とかく．集合 $\{x\,;\,a<x<b\}$ を，a と b を端点とする（**有界**）**開区間**と言い，(a,b) とかく．

2) $[a,b) = \{x\,;\,a\leqq x<b\}$, $(a,b]=\{x\,;\,a<x\leqq b\}$.

3) $(a,+\infty)=\{x\,;\,a<x\}$, $[a,+\infty)=\{x\,;\,a\leqq x\}$,
$(-\infty,a)=\{x\,;\,x<a\}$, $(-\infty,a]=\{x\,;\,x\leqq a\}$,
$(-\infty,+\infty)$ は実数全部の集合である．

以上の集合はすべて**区間**と呼ばれる．

4) 区間の一般的な定義：I を実数から成る集合とする．I が少なくとも 2 点を含み，かつ a と b が I に属すれば $a<x<b$ なるすべての x も I に属するとき，I を**区間**という．

● 連続関数

0.2.9【定義】 1) $y=f(x)$ を，点 a を含む区間 I で定義された関数とする．$\lim_{x\to a}f(x)=f(a)$ が成りたつとき，関数 f は点 a で**連続**であるという．

2) f が区間 I の各点で連続であるとき，f を I 上の**連続関数**という．

●逆関数

0.2.10【定義】 1) f を区間 I 上の関数とする．I の 2 点 x_1, x_2 が $x_1 < x_2$ をみたせば $f(x_1) < f(x_2)$ となるとき，f は**狭義単調増加**であるという．つまり，f のグラフが右あがりということである．$f(x_1) > f(x_2)$ となるとき，f は**狭義単調減小**であるという．

2) $x_1 \leqq x_2$ なら $f(x_1) \leqq f(x_2)$ のとき，f は**広義単調増加**であるという．**広義単調減小**も同様である．

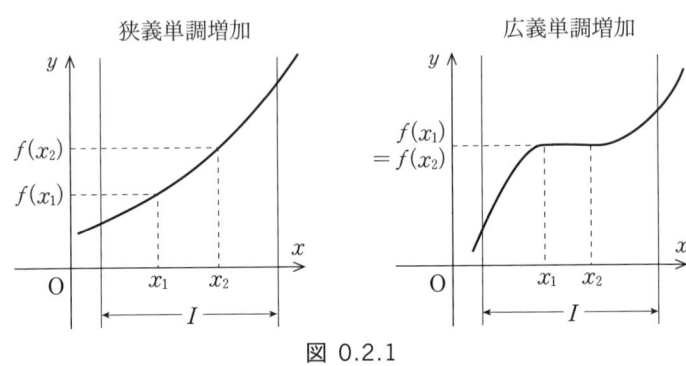

図 0.2.1

0.2.11【定義】 f を区間 I 上の狭義単調増加な連続関数とする．$f(x_1) = f(x_2) = y$ なら $x_1 = x_2$ である．だから，y に $x = x_1 = x_2$ を対応させる関数が定まる．定義域は
$$J = \{y \,;\, I \text{ のある点 } x \text{ に対して } y = f(x)\}$$
である．この関数を f の**逆関数**と言う．これを f^{-1} とかくことが多い．J 上の関数 f^{-1} も狭義単調増加な連続関数である．I の任意の点 x に対して $f^{-1}[f(x)] = x$．J の任意の点 y に対して $f[f^{-1}(y)] = y$．

まったく同様に，狭義単調減小な連続関数 f に対しても連続な逆関数 f^{-1} が定義され，f^{-1} も狭義単調減小である．

0.2.12【例】 1) $y = f(x) = x^3$ は全実数 $(-\infty, +\infty)$ で狭義単調増加な連続関数である．その逆関数はやはり $(-\infty, +\infty)$ 上 $x = f^{-1}(y) = \sqrt[3]{y}$．

2) $y=f(x)=x^2$ は単調でない.しかし,$I=[0,+\infty)$ では狭義単調増加な連続関数である.その逆関数はやはり $I=[0,+\infty)$ で定義され,
$$x=f^{-1}(y)=\sqrt{y}.$$

§3 三角関数・指数関数・対数関数

●三角関数

0.3.1 本書を通じ,三角関数の変数はつねに弧度法による.すなわち角の大きさは,左図のように,半径1の円で,角 x を見込む円周の一部の長さを x とする.直角が $\frac{\pi}{2}$ である.π は円周率 $3.14159\cdots$.

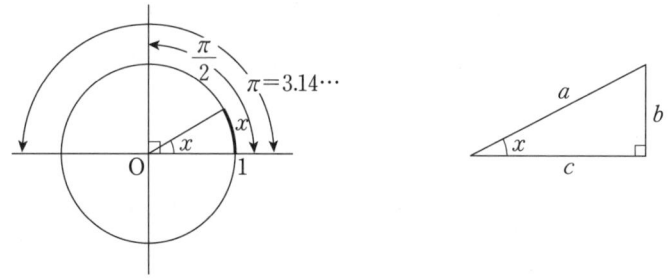

図 0.3.1

はじめ三角比として定義された三角関数は 2π を周期とする $(-\infty,+\infty)$ 上の周期関数に延長されている.ただし,$\sin x=\frac{b}{a}$,$\cos x=\frac{c}{a}$,$\tan x=\frac{b}{c}$.

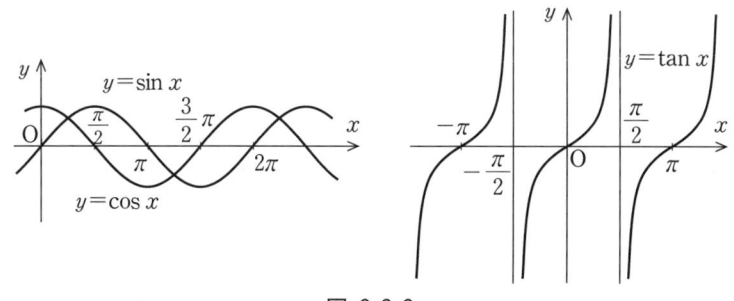

図 0.3.2

$\tan x$ は $x = \pi k + \dfrac{\pi}{2}$ ($k = 0, \pm 1, \pm 2, \cdots$) では定義されない.

0.3.2【命題】 1) $\sin\left(x + \dfrac{\pi}{2}\right) = \cos x$.

2) $\tan x = \dfrac{\sin x}{\cos x}$ ($x \neq \pi k \pm \dfrac{\pi}{2}$, k は整数).

3) $\sin^2 x + \cos^2 x = 1$.

4) (加法定理) $\sin(x+y) = \sin x \cos y + \cos x \sin y$,

$\qquad\qquad\cos(x+y) = \cos x \cos y - \sin x \sin y$,

$\qquad\qquad\tan(x+y) = \dfrac{\tan x + \tan y}{1 - \tan x \tan y}$.

5) $\quad\displaystyle\lim_{x \to 0} \dfrac{\sin x}{x} = 1$, $\quad\displaystyle\lim_{x \to 0} \dfrac{1 - \cos x}{x} = 0$,

$\qquad\displaystyle\lim_{x \to n\pi + \frac{\pi}{2} - 0} \tan x = +\infty$, $\quad\displaystyle\lim_{x \to n\pi + \frac{\pi}{2} + 0} \tan x = -\infty$.

ただし, n は任意の整数, $\displaystyle\lim_{x \to n\pi + \frac{\pi}{2} - 0}$ は x が左から $n\pi + \dfrac{\pi}{2}$ に近づくときの極限, $\displaystyle\lim_{x \to n\pi + \frac{\pi}{2} + 0}$ は x が右から $n\pi + \dfrac{\pi}{2}$ に近づくときの極限をあらわす.

● 指数関数

0.3.3【定義】 a を正の数とする. $a^0 = 1$ と定める. n が自然数のとき, $a^{-n} = \dfrac{1}{a^n}$, $a^{\frac{1}{n}} = \sqrt[n]{a}$. 一般に有理数 $\dfrac{m}{n}$ に対し,

$$a^{\frac{m}{n}} = (\sqrt[n]{a})^m = \sqrt[n]{a^m}.$$

無理数 x に対しては, x を有理数列の極限として $x = \displaystyle\lim_{n \to \infty} x_n$ とかき, $a^x = \displaystyle\lim_{n \to \infty} a^{x_n}$ と定義する.

0.3.4【命題】(指数法則) a, b を正の実数, x, y を実数とする.

1) $a^{x+y} = a^x a^y$.

2) $a^{xy} = (a^x)^y = (a^y)^x$.

3) $(ab)^x = a^x b^x = b^x a^x$.

0.3.5【定義】 正の数 a を固定する．実変数 x の関数 $f(x) = a^x$ を，a を底とする**指数関数**という．

0.3.6【命題】 1) 指数関数 $f(x) = a^x$ は連続である．
2) $a > 1$ なら f は狭義単調増加で，
$$\lim_{x \to +\infty} a^x = +\infty, \qquad \lim_{x \to -\infty} a^x = 0.$$
3) $a < 1$ なら f は狭義単調減小で，
$$\lim_{x \to +\infty} a^x = 0, \qquad \lim_{x \to -\infty} a^x = +\infty.$$

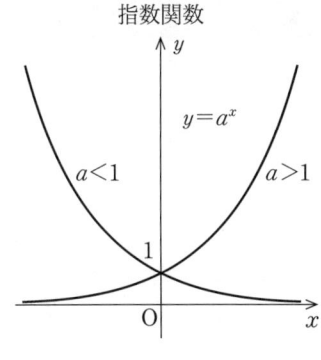
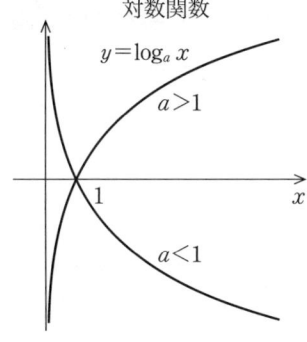

図 0.3.3

● **対数関数**

0.3.7【定義】 $a \neq 1$ なら，指数関数 $y = a^x$ は単調だから，定義 0.2.11 により，区間 $(0, \pm\infty)$ 上の逆関数が定まる．これを，a を底とする**対数関数**と言い，$x = \log_a y$ とかく．

今後は，記号 x と y を交換し，習慣どおりに $y = \log_a x$ とかく．

0.3.8【命題】 1) 対数関数 $y = \log_a x$ は連続である．
2) $a > 1$ なら対数関数 $y = \log_a x$ は狭義単調増加で，
$$\lim_{x \to +\infty} \log_a x = +\infty, \qquad \lim_{x \to +0} \log_a x = -\infty.$$

ただし，$\lim_{x\to +0}$ は，変数 x が右から 0 に近づくときの極限をあらわす．

3) $a<1$ なら対数関数 $y=\log_a x$ は狭義単調減小で，
$$\lim_{x\to +\infty}\log_a x=-\infty, \quad \lim_{x\to +0}\log_a x=+\infty.$$

0.3.9【命題】 1) $\log_a(xy)=\log_a x+\log_a y$．

2) $\log_a x^y=y\log_a x$．

3) $\log_a b\cdot\log_b c=\log_a c$．とくに $\log_a b\cdot\log_b a=\log_a a=1$．

§4 微分法

●微分係数および導関数

0.4.1【定義】 1) 関数 $y=f(x)$ が点 a を含む区間 I で定義されているとする．
$$\lim_{h\to 0}\frac{f(a+h)-f(a)}{h}$$
が存在するとき，関数 f は点 a で**微分可能**であると言い，その極限を関数 f の点 a での**微分係数**と言い，$f'(a)$ とかく．

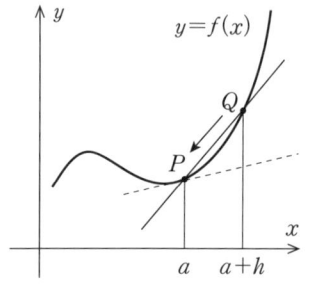 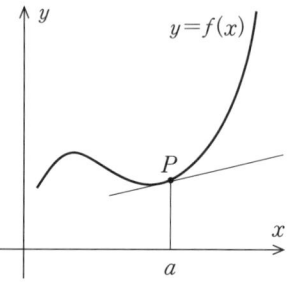

図 0.4.1

2) I の各点で f が微分可能のとき，f は区間 I で微分可能であるという．区間の各点 x に対してその点での f の微分係数 $f'(x)$ を対応させると，I での新らしい関数が定義される．この関数を f の**導関数**と言い，f' であらわす．f から f' を求めることを**微分する**という．導関数 $y'=f'(x)$ は，

$$\frac{dy}{dx}, \quad \frac{d}{dx}f(x)$$

などと書かれることもある．微分係数の定義からすぐ分かるように，微分可能な関数は連続である．

いままでもそうしてきたが，関数 $y=f(x)$ を単に f とかくことが多い．

0.4.2【命題】（導関数の計算規則）

1) $(f+g)'=f'+g'$. $(cf)'=cf'$ （c は定数）．
2) $(fg)'=f'g+fg'$.
3) $g \neq 0$ なら $\left(\dfrac{f}{g}\right)' = \dfrac{f'g - fg'}{g^2}$. すなわち，$g(a) \neq 0$ なら，a を含むある区間で $\dfrac{f}{g}$ は微分可能で，上式が成りたつ．
4) （合成関数） $h(x)=g(f(x))$ のとき，h も微分可能で，
$$h'(x)=g'(f(x))f'(x).$$
$y=f(x)$, $z=g(y)=g(f(x))$ とかけば，この式は
$$\frac{dz}{dx}=\frac{dz}{dy}\frac{dy}{dx}$$
とかける．これは分数の約分の式だからおぼえやすい．
5) （逆関数） 狭義単調関数 $y=f(x)$ の逆関数を $x=g(y)$ とかけば，
$$g'(y)=\frac{1}{f'(x)}=\frac{1}{f'(g(y))}.$$
この式は $\dfrac{dx}{dy}=\dfrac{1}{\frac{dy}{dx}}$ とかけ，これは分数を整理する式にすぎないからおぼえやすい．

0.4.3 1) $f(x)=c$ （定数）なら $f'(x)=0$. 自然数 n に対して
$$(x^n)'=nx^{n-1}.$$

2) 自然数 n に対し，$(\sqrt[n]{x})'=(x^{\frac{1}{n}})'=\dfrac{1}{n}x^{\frac{1}{n}-1}$. 実際，$y=\sqrt[n]{x}$ は $x=y^n$ の

§4 微分法

逆関数だから
$$(\sqrt[n]{x})' = \frac{dy}{dx} = \frac{1}{\frac{dx}{dy}} = \frac{1}{ny^{n-1}} = \frac{1}{n}y^{1-n} = \frac{1}{n}(\sqrt[n]{x})^{1-n} = \frac{1}{n}x^{\frac{1-n}{n}} = \frac{1}{n}x^{\frac{1}{n}-1}.$$

3) 有理数 $a = \frac{m}{n}$ に対し，$(x^a)' = (x^{\frac{m}{n}})' = \frac{m}{n}x^{\frac{m}{n}-1} = ax^{a-1}$．$a$ が無理数のときもこの式は成りたつが，高校では証明されていない．

4) 以上の式と命題 0.4.2 により，任意の分数関数（多項式を多項式で割ったもの）の導関数が計算できる．

● 三角関数の導関数

0.4.4【定理】 $(\sin x)' = \cos x$．$(\cos x)' = -\sin x$．$(\tan x)' = \dfrac{1}{\cos^2 x}$．

● 自然対数の底 e

0.4.5【命題と定義】 変数 t が限りなく 0 に近づくとき，$(1+t)^{\frac{1}{t}}$ はある数に限りなく近づく．この極限を e とかき，**自然対数の底**という：
$$e = \lim_{t \to 0}(1+t)^{\frac{1}{t}} = \lim_{x \to +\infty}\left(1+\frac{1}{x}\right)^x = \lim_{n \to \infty}\left(1+\frac{1}{n}\right)^n = 2.718\cdots.$$

しかし，この命題は高校ではぜんぜん証明されていない．大学の数学としてこのままでは困るので，第 3 章でまったく別のやりかたで e および指数関数や対数関数も定義しなおす．しかし，そこまでこれらの関数が使えないと，微積分の内容が貧困になってしまうので，しばらくのあいだ高校式の不完全な定義を受けいれておく．

0.4.6 数 e を底とする対数 $\log_e x$ を**自然対数**と言い，e を省略して単に $\log x$ とかく．当然 $\log e = 1$．数学ではもっぱら自然対数を使うので，この本でも，単に対数と言ったらつねに自然対数を意味する．

● 対数関数および指数関数の導関数

0.4.7【定理】 $(\log x)' = \dfrac{1}{x}$ $(x>0)$.

【証明】 $x>0$ と $|h|<x$ なる h に対し,
$$\frac{\log(x+h)-\log x}{h} = \frac{1}{h}\log\frac{x+h}{x} = \frac{1}{h}\log\left(1+\frac{h}{x}\right) = \frac{1}{x}\cdot\frac{x}{h}\log\left(1+\frac{h}{x}\right).$$
$t=\dfrac{h}{x}$ とすると,
$$\frac{\log(x+h)-\log x}{h} = \frac{1}{x}\cdot\frac{1}{t}\log(1+t) = \frac{1}{x}\log(1+t)^{\frac{1}{t}}.$$
$h\to 0$ のとき $t\to 0$ だから, 命題と定義 0.4.5 によって $(1+t)^{\frac{1}{t}}\to e$ となる. $\log e = 1$ だから,
$$(\log x)' = \lim_{h\to 0}\frac{\log(x+h)-\log x}{h} = \frac{1}{x}. \quad \square$$

0.4.8【定理】 1) $(e^x)' = e^x$.

2) $a>0$ に対して $a^x = e^{x\log a}$ であり, $(a^x)' = a^x \log a$.

【証明】 1) $y=e^x$ の逆関数が $x=\log y$ だから,
$$(e^x)' = \frac{dy}{dx} = \frac{1}{\dfrac{dx}{dy}} = \frac{1}{(\log y)'} = y = e^x.$$

2) $a^x = y$ とすれば $x\log a = \log y$ だから, $y = e^{x\log a}$. 合成関数の微分法(命題 0.4.2 の 4))により,
$$(a^x)' = (e^{x\log a})' = e^{x\log a}\cdot\log a = a^x \log a. \quad \square$$

0.4.9【命題】(対数微分法) $f(x)>0$ のとき,
$$\frac{d}{dx}\log f(x) = \frac{f'(x)}{f(x)}.$$

0.4.10【コメント】 高校微積分には, 平均値の定理をはじめとする諸定理もあるが, われわれの目から見ると論理的に完全とはいえない. だから, これらの事項は第 2 章でやりなおすことにする. それには実数の完備性や, 有名な, または悪名たかい ε-δ 論法(イプシロン・デルタ論法)が欠かせない. これ

§4 微分法

も第2章で導入する．

§5 積 分 法

●原始関数

0.5.1【定義】 関数 $F(x)$ の導関数が $f(x)$ のとき，$F(x)$ を $f(x)$ の**原始関数**という．

　高校数学では，原始関数のほかに，不定積分ということばも使われているが，われわれはこれを避け，不定積分は定積分に関連して定義される別の概念として，第3章までなるべく使わずにおく．

　$F(x)$ が $f(x)$ の原始関数のとき，
$$F(x) = \int f(x)\,dx$$
とかく．この記号も第3章まで取っておきたいのだが，これを使わないとあまりに不便なので，やむをえず使うことにする．

　関数 $f(x)$ から原始関数 $\int f(x)\,dx$ を求めることを，$f(x)$ を**積分する**という．

　$F(x)$ が $f(x)$ の原始関数なら，任意の定数 C に対して，$F(x)+C$ も $f(x)$ の原始関数である．だから，原始関数 $\int f(x)\,dx$ はひとつだけ定まるのではなく，$F(x)$ がひとつの原始関数なら，
$$\int f(x)\,dx = F(x) + C$$
の形になる．C を**積分定数**という．積分定数を忘れてはならないが，誤解のおそれのないときには，これを省略することが多い．

　積分法と微分法とは互いに逆の操作だから，微分法の公式を見なおせば，ただちに積分法の公式が得られる．

0.5.2【命題】 $\quad \int [f(x)+g(x)]\,dx = \int f(x)\,dx + \int g(x)\,dx.$

$$\int cf(x)\,dx = c\int f(x)\,dx \quad (c \text{ は定数}).$$

ただし，積分定数は省略してある．

0.5.3【命題】 積分定数は省略する．

1) $\displaystyle\int x^a\,dx = \begin{cases} \dfrac{1}{a+1}x^{a+1} & (a\neq -1 \text{ のとき}), \\ \log x & (a=-1 \text{ のとき}). \end{cases}$

ただし，a が無理数のときの微分法の公式はまだ証明されていない．

2) $\displaystyle\int \cos x\,dx = \sin x. \quad \int \sin x\,dx = -\cos x. \quad \int \dfrac{dx}{\cos^2 x} = \tan x.$

3) $\displaystyle\int e^x\,dx = e^x. \quad \int \dfrac{dx}{x} = \log x.$

● 置換積分法

0.5.4【命題】（置換積分法） $x = g(t)$ のとき，
$$\int f(x)\,dx = \int f(g(t))g'(t)\,dt.$$
$y = f(x)$ とかけば，$\displaystyle\int y\,dx = \int y\dfrac{dx}{dt}dt.$

もし $\dfrac{dx}{dt}$ が分数なら，これはあたりまえの式である．積分記号のなかの dx や dt はダテについているのではない．

【証明】 $F(x) = \displaystyle\int f(x)\,dx$ とすると，
$$\dfrac{dF}{dt} = \dfrac{dF}{dx}\dfrac{dx}{dt} = f(x)g'(t) = f(g(t))g'(t).$$
よって $\displaystyle\int f(x)\,dx = F(x) = \int \dfrac{dF}{dt}dt = \int f(g(t))g'(t)\,dt.$ □

[ノート] $x = g(t)$ なら，$\dfrac{dx}{dt} = g'(t)$．これを使って置換積分を実行するのだが，このとき $dx = g'(t)dt$ とかくことが許される．すなわち，
$$\int f(x)\,dx = \int f(g(t))g'(t)\,dt.$$

いまのところ dx や dt に独立した意味はないはずなのだが，$\dfrac{dx}{dt}$ を本当の分数のように扱ってもよいことが分かっている．非常に便利な上に，記法 $dx=\dfrac{dx}{dt}dt$ はものごとの本質を表現している．われわれもこの記号法を多用することにする．

0.5.5【例】 1) $\int \cos(2x+3)\,dx$ を求める．$t=2x+3$ とおくと，$x=\dfrac{1}{2}t-\dfrac{3}{2}$ だから $\dfrac{dx}{dt}=\dfrac{1}{2}$，または直接 $dt=2dx$．したがって，
$$\int \cos(2x+3)\,dx = \int \cos t \cdot \frac{1}{2}dt = \frac{1}{2}\sin t = \frac{1}{2}\sin(2x+3).$$

2) $\int \dfrac{\log x}{x}dx$ を求める．$t=\log x$ とおくと $x=e^t$ だから $\dfrac{dx}{dt}=e^t=x$，または直接に $dt=\dfrac{1}{x}dx$．よって
$$\int \frac{\log x}{x}dx = \int \frac{t}{x}x\,dt = \int t\,dt = \frac{1}{2}t^2 = \frac{1}{2}(\log x)^2.$$

● 部分積分法

0.5.6【命題】（部分積分法）
$$\int f'(x)g(x)\,dx = f(x)g(x) - \int f(x)g'(x)\,dx.$$

【証明】 積の微分法の公式
$$[f(x)g(x)]' = f'(x)g(x) + f(x)g'(x)$$
の両辺を積分して右辺第2項を移項すればよい．□

0.5.7【例】 1) $\int x\sin x\,dx$．$\sin x = (-\cos x)'$ だから，
$$\int x\sin x\,dx = \int x(-\cos x)'\,dx = x(-\cos x) - \int (x)'(-\cos x)\,dx$$
$$= -x\cos x + \int \cos x\,dx = -x\cos x + \sin x.$$

積分法は微分法よりずっと難しく，まちがえやすい．結果が出たら，

両辺を微分して検算すべきである.

2) $\int \log x \, dx$. $1=(x)'$ だから,
$$\int \log x \, dx = \int (x)' \log x \, dx = x \log x - \int x (\log x)' \, dx = x \log x - \int x \cdot \frac{1}{x} dx$$
$$= x \log x - \int 1 \, dx = x \log x - x.$$

● 定積分

0.5.8【コメント】 高校微積分の定積分は非常に不十分である.ここでは,定積分が直観的に面積をあらわすことを示すのにとどめ,本格的な定積分の定義および理論は第3章にまわす.

0.5.9 下の図の状況を考える.曲線は $y=f(x)$ のグラフである. x 軸上に一点 a を固定し, a から x までの部分,すなわち図のアミ点の部分の面積を $F(x)$ とする.これを $y=f(x)$ の**面積関数**と言おう.右側の x と $x+h$ の部分の面積は $F(x+h)-F(x)$ である.この面積は,幅が h で高さがそれぞれ $f(x)$, $f(x+h)$ の長方形の面積の中間の値である.すなわち,
$$hf(x) \leq F(x+h) - F(x) \leq hf(x+h)$$
である.いま $h>0$ だから両辺を h で割ると,

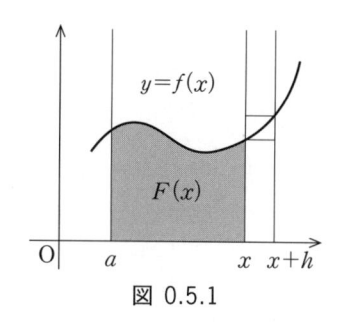

図 0.5.1

$$f(x) \leq \frac{F(x+h)-F(x)}{h} \leq f(x+h).$$

ここで h を 0 に近づけると,関数 $f(x)$ の連続性により, $f(x+h)$ は $f(x)$ に近づく. h を動かしても,上の不等式はつねに成りたつから,《はさみうちの原理》によって

$$F'(x) = \lim_{h \to 0} \frac{F(x+h)-F(x)}{h} = f(x)$$

となる.すなわち,面積関数 $F(x)$ はもとの関数 $f(x)$ の原始関数である.点

a を変えれば，$F(x)$ は定数だけ変わり，やはり $f(x)$ の原始関数である．

図 0.5.1 は典型的な場合である．$y=f(x)$ のグラフが x 軸より下にきたら面積に符号マイナスをつけたものが出るし，また点 x が a より左にあるときも，面積にマイナスをつけたものが出る．

図 0.5.1 の場合の $F(x)$ は，a と x のあいだの部分の面積だから，これを
$$F(x) = \int_a^x f(x)\,dx$$
とかく．x のかわりに b とかいて定数扱いすれば
$$\int_a^b f(x)\,dx$$
となる．これは不定の要素を含まないひとつの数なので，関数 $f(x)$ の a から b までの**定積分**という．$f(x)$ のどんな原始関数 $F(x)$ に対しても
$$F(b) - F(a) = \int_a^b f(x)\,dx$$
が成りたつ．b のかわりに x とかくと，$\int_a^x f(x)\,dx$ は上端 x の関数である．これを**不定積分**という．

また，
$$\int_a^{+\infty} f(x)\,dx = \lim_{b \to +\infty} \int_a^b f(x)\,dx, \quad \int_{-\infty}^b f(x)\,dx = \lim_{a \to -\infty} \int_a^b f(x)\,dx,$$
$$\int_{-\infty}^{+\infty} f(x)\,dx = \lim_{\substack{a \to -\infty \\ b \to +\infty}} \int_a^b f(x)\,dx$$
を意味する（存在するとは限らない）．

以上の議論で，任意の連続関数に対してその原始関数が存在することは証明されていない．第 3 章で証明する．

第1章
初等関数の微積分法

§1 逆三角関数

●逆三角関数

1.1.1【定義】 1) 三角関数は単調でないので，全区間での逆関数は存在しない．しかし，たとえば $y=\sin x$ は $-\dfrac{\pi}{2} \leqq x \leqq \dfrac{\pi}{2}$ で狭義単調増加なので，そこに限定すれば逆関数が $-1 \leqq y \leqq 1$ で定義される（図0.3.2）．この関数を**逆正弦関数**と言い，$x=\arcsin y$ または $x=\sin^{-1} y$ とかく．読みかたは《アークサイン》である．慣例に従って x と y を交換すると $y=\arcsin x$ となり，そのグラフは図1.1.1に示されるものである．$y=\arcsin x$ $(-1 \leqq x \leqq 1)$ は狭義単調増加で，

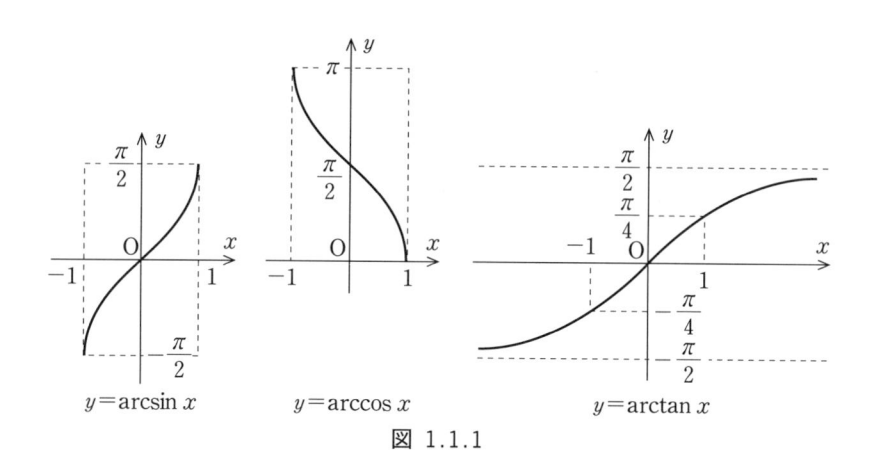

図 1.1.1

$y=\arcsin x$　　$y=\arccos x$　　$y=\arctan x$

$$\arcsin(-x) = -\arcsin x, \qquad \arcsin(-1) = -\frac{\pi}{2},$$
$$\arcsin 1 = \frac{\pi}{2}, \qquad\qquad \arcsin 0 = 0.$$

2) つぎに $y = \cos x$ は $0 \leq x \leq \pi$ で狭義単調減小だから，そこでの逆関数を**逆余弦関数**と言い，$x = \arccos y$ または $x = \cos^{-1} y$ とかく（アークコサインとよむ）．x と y を交換したものの図が図 1.1.1 である．

3) 最後に $y = \tan x$ は $-\frac{\pi}{2} < x < \frac{\pi}{2}$ （等号がないことに注意）で狭義単調増加なので，そこでの逆関数を**逆正接関数**と言い，$x = \arctan y$ または $x = \tan^{-1} y$ とかく（アークタンジェントとよむ）．x と y を取りかえた関数 $y = \arctan x$ は図 1.1.1 で示される．この関数は全実数 $-\infty < x < +\infty$ で定義されて狭義単調増加，連続であり，
$$\arctan(-x) = -\arctan x, \qquad \arctan 0 = 0,$$
$$\arctan(\pm 1) = \pm\frac{\pi}{4} \text{ (複号同順)},$$
$$\lim_{x \to +\infty} \arctan x = \frac{\pi}{2}, \qquad \lim_{x \to -\infty} \arctan x = -\frac{\pi}{2}.$$

1.1.2【例】
$$\arctan x + \arctan \frac{1}{x} = \pm \frac{\pi}{2} \quad (x \neq 0)$$
を示す．ただし，右辺の符号 $\pm$ は x の正負による．

【証明】 $x > 0$ なら $\theta = \arctan x$ は 0 と $\frac{\pi}{2}$ のあいだにあるから，図 1.1.2 のような直角三角形ができる．$x = \tan \theta = \frac{a}{b}$ である．一方 $\tan\left(\frac{\pi}{2} - \theta\right) = \frac{b}{a}$ だから，$\tan\left(\frac{\pi}{2} - \theta\right) = \frac{1}{x}$．よって $\frac{\pi}{2} - \theta = \arctan\frac{1}{x}$．したがって
$$\arctan x + \arctan \frac{1}{x} = \frac{\pi}{2}$$
となる．$\arctan(-x) = -\arctan x$ だから，$x < 0$ なら $\arctan x + \arctan \frac{1}{x} = -\frac{\pi}{2}$ となる．□

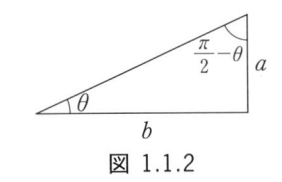

図 1.1.2

●逆三角関数の導関数

1.1.3【命題】 1) $y = \arcsin x$ $(-1 \leqq x \leqq 1)$ のグラフは両端で垂直になり，微分できない．しかし，$-1 < x < 1$ では微分可能であり，命題 0.4.2 の 5) によって

$$\frac{dy}{dx} = \frac{1}{\frac{dx}{dy}} = \frac{1}{(\sin y)'} = \frac{1}{\cos y}$$

となる．この区間で $-\frac{\pi}{2} < y < \frac{\pi}{2}$ だから $\cos y > 0$．したがって，

$$(\arcsin x)' = \frac{dy}{dx} = \frac{1}{\cos y} = \frac{1}{\sqrt{1 - \sin^2 y}} = \frac{1}{\sqrt{1 - x^2}}$$

となる．すなわち，

$$(\arcsin x)' = \frac{1}{\sqrt{1 - x^2}}, \quad \int \frac{dx}{\sqrt{1 - x^2}} = \arcsin x.$$

2) $y = \arccos x$ $(-1 < x < 1)$ の導関数は

$$-\frac{1}{\sqrt{1 - x^2}}$$

であるが，これは今後ほとんど使わない．

3) $y = \arctan x$ は全実数 $-\infty < x < +\infty$ で微分可能で，

$$\frac{dy}{dx} = \frac{1}{\frac{dx}{dy}} = \frac{1}{(\tan y)'} = \frac{1}{\frac{1}{\cos^2 y}} = \frac{1}{1 + \tan^2 y} = \frac{1}{1 + x^2}$$

すなわち，

$$(\arctan x)' = \frac{1}{1 + x^2}, \quad \int \frac{dx}{1 + x^2} = \arctan x.$$

4) 以上の結果を微分公式，積分公式の形にまとめておこう．ふたつとも非常に大事である．

$$(\arcsin x)' = \frac{1}{\sqrt{1 - x^2}}, \quad (\arctan x)' = \frac{1}{1 + x^2},$$

$$\int \frac{dx}{\sqrt{1 - x^2}} = \arcsin x, \quad \int \frac{dx}{1 + x^2} = \arctan x.$$

1.1.4 【例】 1) $(x \arctan x)' = \arctan x + \dfrac{x}{1+x^2}$ （積の微分法）．

2) $(e^x \arcsin x)' = e^x \arcsin x + \dfrac{e^x}{\sqrt{1-x^2}}$ （積の微分法）．

3) $\dfrac{d}{dx} \log(\arcsin x) = \dfrac{1}{\arcsin x} \cdot \dfrac{1}{\sqrt{1-x^2}}$ （対数微分法）．

4) $\displaystyle\int \dfrac{dx}{\sqrt{a^2-x^2}}$ $(a>0)$. $u = \dfrac{x}{a}$ とすると $x = au$, $dx = a\,du$ だから，

$$\int \dfrac{dx}{\sqrt{a^2-x^2}} = \int \dfrac{a\,du}{\sqrt{a^2-a^2u^2}} = \int \dfrac{du}{\sqrt{1-u^2}} = \arcsin u = \arcsin \dfrac{x}{a}.$$

5) $\displaystyle\int \dfrac{dx}{a^2+x^2}$ $(a \neq 0)$. $u = \dfrac{x}{a}$ とすると $x = au$, $dx = a\,du$ だから，

$$\int \dfrac{dx}{a^2+x^2} = \int \dfrac{a\,du}{a^2+a^2u^2} = \dfrac{1}{a}\int \dfrac{du}{1+u^2} = \dfrac{1}{a}\arctan u = \dfrac{1}{a}\arctan \dfrac{x}{a}.$$

6) $\displaystyle\int \arcsin x\,dx = \int (x)' \arcsin x\,dx = x \arcsin x - \int \dfrac{x}{\sqrt{1-x^2}}\,dx.$

ここまでは部分積分法である．残った積分に置換積分法を使う．
$1-x^2 = u$ とおくと，$-2x\,dx = du$ だから，

$$\int \dfrac{x}{\sqrt{1-x^2}}\,dx = \int \dfrac{1}{\sqrt{u}} \cdot -\dfrac{du}{2} = -\dfrac{1}{2}\int u^{-\frac{1}{2}}\,du = -\dfrac{1}{2} \cdot 2u^{\frac{1}{2}} = -\sqrt{1-x^2}.$$

したがって $\displaystyle\int \arcsin x\,dx = x \arcsin x + \sqrt{1-x^2}$．

1.1.5 【命題】 大事な積分を計算しておこう．

$$\int \sqrt{a^2-x^2}\,dx = \dfrac{1}{2}\left(x\sqrt{a^2-x^2} + a^2 \arcsin \dfrac{x}{a}\right) \quad (a>0).$$

【証明】 $1°$ 第1法（部分積分法）．求める原始関数を $F(x)$ とかく．

$$F(x) = \int (x)' \sqrt{a^2-x^2}\,dx = x\sqrt{a^2-x^2} - \int x(\sqrt{a^2-x^2})'\,dx$$

$$= x\sqrt{a^2-x^2} + \int x \dfrac{x}{\sqrt{a^2-x^2}}\,dx = x\sqrt{a^2-x^2} + \int \dfrac{x^2-a^2+a^2}{\sqrt{a^2-x^2}}\,dx$$

$$= x\sqrt{a^2-x^2} - F(x) + a^2\int \dfrac{dx}{\sqrt{a^2-x^2}}.$$

右辺の第2項 $F(x)$ を移項して，

$$F(x) = \frac{1}{2}\left(x\sqrt{a^2-x^2} + a^2\int \frac{dx}{\sqrt{a^2-x^2}}\right) = \frac{1}{2}\left(x\sqrt{a^2-x^2} + a^2\arcsin\frac{x}{a}\right). \ \square$$

$2°$ <u>第2法（置換積分法）</u>．$|x| \leqq a$ だから $x = a\sin u \left(-\frac{\pi}{2} \leqq u \leqq \frac{\pi}{2}\right)$ とおける．$dx = a\cos u\, du$ であり，$\cos u > 0$ だから，

$$\int \sqrt{a^2-x^2}\, dx = \int \sqrt{a^2 - a^2\sin^2 u}\cdot a\cos u\, du = a^2 \int \cos^2 u\, du$$

$$= \frac{a^2}{2}\int (\cos 2u + 1)\, du = \frac{a^2}{2}\left(\frac{1}{2}\sin 2u + u\right)$$

$$= \frac{a^2}{2}(\sin u \cos u + u) = \frac{1}{2}\left(x\sqrt{a^2-x^2} + a^2\arcsin\frac{x}{a}\right). \ \square$$

<u>ノート</u>　この結果をおぼえる必要はないが，計算を再現できることが望ましい．

1.1.6【例】 1)　楕円 $\dfrac{x^2}{a^2} + \dfrac{y^2}{b^2} = 1$（$a, b > 0$）の内部の面積を求める．

第1象限（$x, y > 0$ の領域）で $y = \dfrac{b}{a}\sqrt{a^2 - x^2}$ とかけるから，

$$\text{面積} = 4\int_0^a \frac{b}{a}\sqrt{a^2-x^2}\, dx = \frac{4b}{a}\cdot\frac{1}{2}\left[x\sqrt{a^2-x^2} + a^2\arcsin\frac{x}{a}\right]_0^a$$

$$= \frac{2b}{a}\cdot\left(a^2\cdot\frac{\pi}{2}\right) = \pi ab.$$

ただし，$\Big[F(x)\Big]_0^a$ は $F(a) - F(0)$ をあらわす．

2)　$f(x) = \arctan\sqrt{\dfrac{1+x}{1-x}}$（$-1 < x < 1$）とする．合成関数の微分法により，

$$f'(x) = \frac{1}{1+\dfrac{1+x}{1-x}} \cdot \frac{1}{2}\sqrt{\frac{1-x}{1+x}}\,\frac{(1-x)+(1+x)}{(1-x)^2}$$

$$= \frac{1}{2}\frac{1-x}{(1-x)+(1+x)}\sqrt{\frac{1-x}{1+x}}\,\frac{2}{(1-x)^2}$$

$$= \frac{1}{2}\frac{1}{\sqrt{1+x}}\frac{1}{\sqrt{1-x}} = \frac{1}{2\sqrt{1-x^2}}$$

となる．この右辺は $\left(\dfrac{1}{2}\arcsin x\right)'$ に等しい．あとで証明する原始関数の一意性により，

$$f(x) = \frac{1}{2}\arcsin x + C$$

が成りたつ（C は定数）．これは恒等式だから，$x=0$ を代入して $C=\dfrac{\pi}{4}$ を得る．したがって二種類の逆三角関数を結びつける式

$$\arctan\sqrt{\frac{1+x}{1-x}} = \frac{1}{2}\arcsin x + \frac{\pi}{4} \quad (-1 < x < 1)$$

が得られた．または，$\dfrac{1+x}{1-x} = y$ とすると $x = \dfrac{y-1}{y+1}$ （$0 < y < +\infty$）となるから，

$$\arctan\sqrt{y} = \frac{1}{2}\arcsin\frac{y-1}{y+1} + \frac{\pi}{4} \quad (0 < y < +\infty).$$

3)

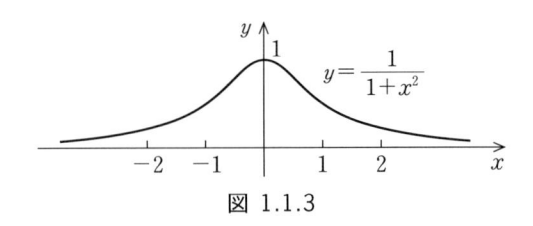

図 1.1.3

$y = \dfrac{1}{1+x^2}$ のグラフは図 1.1.3 である．$x \to \pm\infty$ のとき，y は 0 に近づく．このグラフと x 軸とに挟まれる部分は非有界領域であるが，その直観的な意味での《面積》S を求めよう．$a < b$ とする．

$$\int_a^b \frac{dx}{1+x^2} = \Big[\arctan x\Big]_a^b = \arctan b - \arctan a.$$

ここで $a \to -\infty$, $b \to +\infty$ とすると，$\arctan a \to -\dfrac{\pi}{2}$, $\arctan b = \dfrac{\pi}{2}$ だから，$S = \dfrac{\pi}{2} - \left(-\dfrac{\pi}{2}\right) = \pi$ を得る．これを

$$S = \int_{-\infty}^{+\infty} \frac{dx}{1+x^2} = \Big[\arctan x\Big]_{-\infty}^{+\infty} = \pi$$

とかく．面積の理論や，非有界区間での積分の理論は，あとでやりなおす．

● 関数 $\arctan x$ の級数表示

1.1.7【定理】 $-1 \leq x \leq 1$ なる任意の x に対し,
$$\arctan x = \sum_{n=0}^{\infty} \frac{(-1)^n}{2n+1} x^{2n+1} = x - \frac{1}{3}x^3 + \frac{1}{5}x^5 - \frac{1}{7}x^7 + \cdots.$$
ただし，この意味は，$\arctan x = \lim_{n \to \infty} \sum_{k=0}^{n} \frac{(-1)^k}{2k+1} x^{2k+1}$ である.

【証明】 有限等比級数の和の公式（命題 0.1.8）を思いだそう.
$$s_n(a) = \sum_{k=0}^{n} a^k = 1 + a + a^2 + \cdots + a^n = \frac{1-a^{n+1}}{1-a} \quad (a \neq 1). \tag{1}$$
この式からただちに,
$$\frac{1}{1-a} = \sum_{k=0}^{n} a^k + \frac{a^{n+1}}{1-a} \quad (a \neq 1) \tag{2}$$
が得られる．ここで $a = -u^2$ とすると,
$$\frac{1}{1+u^2} = \sum_{k=0}^{n} (-1)^k u^{2k} + \frac{(-1)^{n+1} u^{2n+2}}{1+u^2} \tag{3}$$
となる．この両辺を 0 から実数 x まで積分すると,
$$\arctan x = \int_0^x \frac{du}{1+u^2} = \sum_{k=0}^{n} \frac{(-1)^k}{2k+1} x^{2k+1} + R_n(x) \tag{4}$$
となる．ただし，$R_n(x) = \int_0^x \frac{(-1)^{n+1} u^{2n+2}}{1+u^2} du$.

もし $-1 \leq x \leq 1$ なら，$1 + u^2 \geq 1$ だから
$$|R_n(x)| \leq \int_0^{|x|} u^{2n+2} du = \frac{|x|^{2n+3}}{2n+3} \leq \frac{1}{2n+3}. \tag{5}$$
したがって $\lim_{n \to \infty} R_n(x) = 0$ となって定理が証明された. □

[ノート] これは非常に大事な式だから，おぼえておくとよい．

1.1.8【命題】 $\dfrac{\pi}{4} = \arctan 1 = \sum_{n=0}^{\infty} \dfrac{(-1)^n}{2n+1} = 1 - \dfrac{1}{3} + \dfrac{1}{5} - \dfrac{1}{7} + \cdots.$

【証明】 前定理で $x = 1$ とすればよい. □

1.1.9【コメント】 はじめてこの式を得たライプニッツは結果に驚き，もしかしたら円周率 π は有理数かもしれないと思ったという（実際は無理数）.

この式によって π の値をいくらでも精密に計算することができる．しかし,

この級数の収束は非常におそい．実際，第 100 項までとっても，つぎに来る項の大きさはほぼ 0.005 である．

そこでつぎのような工夫をする．$\alpha = \arctan \dfrac{1}{5}$ とすると，4α が $\dfrac{\pi}{4}$ に近いことに注目する（$4\alpha = 0.789\cdots$，$\dfrac{\pi}{4} = 0.785\cdots$）．加法定理により，

$$\tan 2\alpha = \frac{5}{12}, \qquad \tan 4\alpha = 1 + \frac{1}{119},$$

$$\tan\left(4\alpha - \frac{\pi}{4}\right) = \frac{\tan 4\alpha - 1}{\tan 4\alpha + 1} = \frac{1}{239}.$$

$\left|4\alpha - \dfrac{\pi}{4}\right| < \dfrac{\pi}{4}$ だから $4\alpha - \dfrac{\pi}{4} = \arctan \dfrac{1}{239}$，すなわち

$$\frac{\pi}{4} = 4 \arctan \frac{1}{5} - \arctan \frac{1}{239}.$$

これを級数でかけば，

$$\pi = 16\left(\frac{1}{5} - \frac{1}{3 \cdot 5^3} + \frac{1}{5 \cdot 5^5} - \frac{1}{7 \cdot 5^7} + \cdots\right) - 4\left(\frac{1}{239} - \frac{1}{3 \cdot 239^3} + \cdots\right)$$

となる．この第一級数を第 6 項まで，第二級数を第 2 項までとすると，π の真の値と小数 8 ケタまで合う．

18 世紀以来 1970 年代まで，円周率はこの式，またはこれと類似の無限級数式によって計算されてきた．追加（2014）：最近ではぜんぜん別の級数により，π の値は 1 兆ケタ以上 16 進法で計算されている（340 ページを見よ）．

【付】 $\log(1+x)$ の級数表示

$\arctan x$ と同様，$\log(1+x)$（$-1 < x \leq 1$）も簡単な級数に展開される．

1.1.10【定理】 $-1 < x \leq 1$ なる任意の x に対し，

$$\log(1+x) = \sum_{n=1}^{\infty} \frac{(-1)^{n-1}}{n} x^n = x - \frac{1}{2} x^2 + \frac{1}{3} x^3 - \frac{1}{4} x^4 + \cdots.$$

【証明】 ふたたび有限等比級数の和公式（命題 0.1.8）による：

$$s_n(a) = \sum_{k=0}^{n} a^k = 1 + a + a^2 + \cdots + a^n = \frac{1 - a^{n+1}}{1 - a} \quad (a \neq 1). \qquad (1)$$

この式からただちに

$$\frac{1}{1-a} = \sum_{k=0}^{n} a^k + \frac{a^{n+1}}{1-a} \quad (a \neq 1) \qquad (2)$$

が得られる．ここで $a=-u$ とすると，

$$\frac{1}{1+u} = \sum_{k=0}^{n}(-1)^k u^k + \frac{(-1)^{n+1} u^{n+1}}{u+1} \quad (u \neq -1). \qquad (3)$$

この両辺を 0 から実数 x（$x>-1$）まで積分すると，

$$\log(1+x) = \int_0^x \frac{du}{1+u} = \sum_{k=0}^{n} \frac{(-1)^k x^{k+1}}{k+1} + R_n(x) \quad (x>-1) \qquad (4)$$

となる．ただし，$R_n(x) = \int_0^x \frac{(-1)^{n+1} u^{n+1}}{u+1} du$．

もし $0 \leq x \leq 1$ なら $u+1 \geq 1$ だから，

$$|R_n(x)| \leq \int_0^x u^{n+1} du = \frac{x^{n+2}}{n+2} \to 0 \quad (n \to \infty \text{ のとき}).$$

また，$-1 < x < 0$ なら，$v = -u$ とおくと，

$$R_n(x) = \int_0^{-x} \frac{v^{n+1}}{1-v}(-dv).$$

$1-v \geq 1+x$ だから，

$$|R_n(x)| \leq \int_0^{-x} \frac{v^{n+1}}{1+x} dv = \frac{1}{1+x} \frac{(-x)^{n+2}}{n+2} \to 0 \quad (n \to \infty \text{ のとき})$$

となる．したがって，$-1 < x \leq 1$ なる任意の x に対して $\lim_{n \to \infty} R_n(x) = 0$，すなわち

$$\log(1+x) = \sum_{n=1}^{\infty} \frac{(-1)^{n-1}}{n} x^n = x - \frac{1}{2}x^2 + \frac{1}{3}x^3 - \frac{1}{4}x^4 + \cdots \quad (-1 < x \leq 1) \qquad (5)$$

となって定理が証明された．□

1.1.11【命題】 $\log 2 = 1 - \frac{1}{2} + \frac{1}{3} - \frac{1}{4} + \cdots$． $\qquad (6)$

【証明】 式 (5) で $x=1$ とすればよい．□

1.1.12【コメント】 1) これも驚くべき結果である．手間をいとわなければ，この式によって $\log 2$ をいくらでも精密に計算することができる．しかし級数 (6) の収束も非常におそい．第 100 項まで計算しても，真の値とは小数 1 ケタしか合わない（近似値は $0.68817218\cdots$，真の値は $0.69314718\cdots$）．

§1 逆三角関数

そこで，$\log 2$ だけでなく，一般に $\log x$ を速く計算するために式を変形する．式 (5) で x を $-x$ に変え，符号マイナスをつけると，

$$-\log(1-x) = x + \frac{1}{2}x^2 + \frac{1}{3}x^3 + \frac{1}{4}x^4 + \cdots \quad (-1 \leqq x < 1) \quad (7)$$

となる．(5) と (7) を足して 2 で割ると，

$$\frac{1}{2}\log\frac{1+x}{1-x} = x + \frac{1}{3}x^3 + \frac{1}{5}x^5 + \cdots \quad (-1 < x < 1) \quad (8)$$

が得られる．$y = \dfrac{1+x}{1-x}$ とおくと $x = \dfrac{y-1}{y+1}$ であり，$y = 2$ のとき $x = \dfrac{1}{3}$ だから，

$$\log 2 = 2\left(\frac{1}{3} + \frac{1}{3\cdot 3^3} + \frac{1}{5\cdot 3^5} + \frac{1}{7\cdot 3^7} + \cdots\right)$$
$$= \frac{2}{3}\left(1 + \frac{1}{3\cdot 9} + \frac{1}{5\cdot 9^2} + \frac{1}{7\cdot 9^3} + \cdots\right) \quad (9)$$

となる．これで $\log 2$ を計算すると，第 10 項までで $0.69314718\cdots$ となり，真の値と小数 8 ケタまで合う．

2) つぎに，$x = \dfrac{y-1}{y+1} = 1 - \dfrac{2}{y+1}$ だから，y が小さくなると x も小さくなる．したがって，$1 < y < 2$ なる y に対して，級数 (8) は級数 (9) より速く収束する．たとえば $y = 1.5$ とすると $x = \dfrac{1}{5}$ だから，

$$\log 1.5 = 2\left(\frac{1}{5} + \frac{1}{3\cdot 5^3} + \frac{1}{5\cdot 5^5} + \frac{1}{7\cdot 5^7} + \cdots\right)$$
$$= \frac{2}{5}\left(1 + \frac{1}{3\cdot 25} + \frac{1}{5\cdot 25^2} + \frac{1}{7\cdot 25^3} + \cdots\right) \fallingdotseq 0.40546511.$$

1 より大きい任意の実数 z は $z = 2^n y$ $(1 \leqq y < 2,\ n = 0, 1, 2, \cdots)$ とかけるから，$\log z = n\log 2 + \log y$ によって $\log z$ が計算できる．たとえば

$$\log 3 = \log 2 + \log 1.5 \fallingdotseq 1.09861229,$$
$$\log 5 = \log\left(2^2 \cdot \frac{5}{4}\right) = 2\log 2 + \log\frac{5}{4},$$
$$\log\frac{5}{4} = \frac{2}{9}\left(1 + \frac{1}{3\cdot 81} + \frac{1}{5\cdot 81^2} + \cdots\right) \fallingdotseq 0.22314355,$$
$$\log 5 = 2\log 2 + \log\frac{5}{4} \fallingdotseq 1.60943791,$$

$$\log 10 = \log 2 + \log 5 = 3\log 2 + \log \frac{5}{4} \fallingdotseq 2.30258509.$$

この最後の式によって常用対数 $\log_{10} x$ が計算される．

---
§1 の問題

問題1 つぎの関数を微分せよ．

1) $\dfrac{\arctan x}{x}$ 2) $\dfrac{\arcsin x}{\sqrt{x}}$ 3) $\arctan \sqrt{x}$ 4) $\arcsin \dfrac{1-x}{1+x}$

問題2 つぎの関数を積分せよ．

1) $\dfrac{x}{x^4+1}$ ［ヒント：$x^2=u$ とおく］

2) $\dfrac{\arcsin x}{\sqrt{1-x^2}}$ ［ヒント：$(f(x)^2)'=2f(x)f'(x)$］

3) $\dfrac{x^2}{(x^2+1)^2}$ ［ヒント：$=x\dfrac{x}{(x^2+1)^2}$ と見て部分積分］

4) $\dfrac{1}{x\sqrt{x^2-1}}$ ［ヒント：$u=\sqrt{x^2-1}$ とおく］ 5) $\dfrac{\arctan x}{1+x^2}$

---
§2 原始関数の計算

●部分分数分解

1.2.1【定義】 1) 多項式 $f(x)$ の**次数**を $\deg f$ とかく．0 でない定数関数の次数は 0 である．便宜上，恒等的に 0 である関数 $f(x)\equiv 0$ の次数を $-\infty$ と定め，すべての自然数 n に対して $-\infty < n$ とする．

2) f, g が多項式（$f\not\equiv 0$）のとき，分数関数 $\dfrac{g(x)}{f(x)}$ を**有理関数**という．

$\deg g < \deg f$ のとき，$\dfrac{g(x)}{f(x)}$ を**真分数関数**という．

1.2.2【命題】 任意の有理関数 $\dfrac{g(x)}{f(x)}$ は，多項式と真分数関数の和として，

$$\frac{g(x)}{f(x)} = p(x) + \frac{r(x)}{f(x)} \quad \text{すなわち} \quad g(x) = p(x)f(x) + r(x)$$

とかける．ただし $p(x)$, $r(x)$ は多項式で $\deg r < \deg f$.

【証明】 $\deg f = n$, $\deg g = m$ とする．$m < n$ なら $\dfrac{g(x)}{f(x)}$ は真分数関数だから，なにもすることはない（$p(x) \equiv 0$, $r(x) = g(x)$）．$m \geq n$ のとき，命題を $m = \deg g$ に関する帰納法で証明する．$m = 1$ ならあきらか．

$$f(x) = a_0 x^n + a_1 x^{n-1} + \cdots + a_{n-1} x + a_n \quad (a_0 \neq 0),$$
$$g(x) = b_0 x^m + b_1 x^{m-1} + \cdots + b_{m-1} x + b_m \quad (b_0 \neq 0)$$

とかく．$g_1(x) = g(x) - \dfrac{b_0}{a_0} x^{m-n} f(x)$ は多項式で，$\deg g_1 < m$ だから，帰納法の仮定によって $g_1(x) = p_1(x) f(x) + r(x)$ とかける．ただし $\deg r < \deg f$. $p(x) = \dfrac{b_0}{a_0} x^{m-n} + p_1(x)$ とおくと，簡単な計算によって $p(x) f(x) + r(x) = g(x)$ となる． □

1.2.3【コメント】 これからやる部分分数分解は，真分数関数を簡単な分数関数の和としてかく技法である．しかし，その一般論は分かりやすく記述するのが難かしい上に，定理の証明も簡単でない．そこでわれわれは，これらの一般論は付録§1にまわし，ここではいくつかの例によって状況を理解してもらうことにする．

定理の証明はなくても，個個の例について結果を検算すれば，式の変形が正しいことが確かめられるから，論理的に不備ということはない．そもそも，検算は必ずやらなければならない．

1.2.4【例】 1) $\dfrac{x^4 + 1}{x^3 - x} = \dfrac{x^4 - x^2 + x^2 + 1}{x^3 - x} = x + \dfrac{x^2 + 1}{x(x-1)(x+1)}.$

$$\dfrac{x^2 + 1}{x(x-1)(x+1)} = \dfrac{a}{x} + \dfrac{b}{x-1} + \dfrac{c}{x+1} \quad (a, b, c \text{ は定数})$$

とかける（証明は付録§1）．分母をはらって

$$x^2 + 1 = a(x-1)(x+1) + bx(x+1) + cx(x-1)$$

とし，たとえば $x = 0, 1, -1$ とおいて $a = -1$, $b = c = 1$ を得る：

$$\dfrac{x^4 + 1}{x^3 - x} = x - \dfrac{1}{x} + \dfrac{1}{x-1} + \dfrac{1}{x+1}.$$

右辺を通分して検算せよ．

2) $\dfrac{x+1}{x(x-1)(x+2)} = \dfrac{a}{x} + \dfrac{b}{x-1} + \dfrac{c}{x+2}$ として分母をはらうと，
$$x+1 = a(x-1)(x+2) + bx(x+2) + cx(x-1).$$
順に $x=0, 1, -2$ として $1=-2a, 2=3b, -1=6c$ となるから，
$$\dfrac{x+1}{x(x-1)(x+2)} = \dfrac{1}{6}\left(-\dfrac{3}{x} + \dfrac{4}{x-1} - \dfrac{1}{x+2}\right).$$
右辺を通分して検算せよ．

3) $\dfrac{x+1}{(x-1)^2(x+2)}$．分母に $(x-1)^2$ があるので，
$$\dfrac{x+1}{(x-1)^2(x+2)} = \dfrac{a}{(x-1)^2} + \dfrac{b}{x-1} + \dfrac{c}{x+2}$$
となる．分母をはらうと
$$x+1 = a(x+2) + b(x-1)(x+2) + c(x-1)^2.$$
$x=1, -2$ として $2=3a, -1=9c$．$x=0$ として $1=2a-2b+c$．よって $a=\dfrac{2}{3}, c=-\dfrac{1}{9}, b=\dfrac{1}{9}$ となり，
$$\dfrac{x+1}{(x-1)^2(x+2)} = \dfrac{1}{9}\left[\dfrac{6}{(x-1)^2} + \dfrac{1}{x-1} - \dfrac{1}{x+2}\right].$$

4) $\dfrac{x}{(x^2+1)(x-1)}$ は分母に x^2+1 があり，これは（実数の範囲では）1次式の積に分解できない．このときは
$$\dfrac{x}{(x^2+1)(x-1)} = \dfrac{ax+b}{x^2+1} + \dfrac{c}{x-1}$$
の形になる．前と同様に
$$x = (ax+b)(x-1) + c(x^2+1).$$
係数をきめて
$$\dfrac{x}{(x^2+1)(x-1)} = \dfrac{1}{2}\left(\dfrac{1}{x-1} - \dfrac{x-1}{x^2+1}\right).$$
検算せよ．

5) $\dfrac{x+1}{x^4+x^2} = \dfrac{x+1}{x^2(x^2+1)} = \dfrac{a}{x} + \dfrac{b}{x^2} + \dfrac{cx+d}{x^2+1}$．
$$x+1 = ax(x^2+1) + b(x^2+1) + x^2(cx+d)$$

$$= (a+c)x^3 + (b+d)x^2 + ax + b.$$

x^k ($k=0,1,2,3$) の係数を順に比較して $a=b=1$, $c=d=-1$.

$$\frac{x+1}{x^4+x^2} = \frac{1}{x} + \frac{1}{x^2} - \frac{x+1}{x^2+1}.$$

6) $\dfrac{x^5+1}{x^3+x} = \dfrac{x^5+x^3-x^3-x+x+1}{x^3+x} = x^2-1+\dfrac{x+1}{x(x^2+1)}.$

$$\frac{x+1}{x(x^2+1)} = \frac{a}{x} + \frac{bx+c}{x^2+1}$$

となるはずだから，$x+1 = a(x^2+1) + x(bx+c)$ で，たとえば x^2, x^1, x^0 の係数をくらべて $a=c=1$, $b=-1$. よって

$$\frac{x^5+1}{x^3+x} = x^2 - 1 + \frac{1}{x} - \frac{x}{x^2+1} + \frac{1}{x^2+1}.$$

7) $\dfrac{1}{x^3+1} = \dfrac{1}{(x+1)(x^2-x+1)} = \dfrac{a}{x+1} + \dfrac{bx+c}{x^2-x+1}$

となるはずだから，たとえば $x=-1, 0$ とおき，つぎに x^2 の係数をくらべて $a=\dfrac{1}{3}$, $b=-\dfrac{1}{3}$, $c=\dfrac{2}{3}$. よって $\dfrac{1}{x^3+1} = \dfrac{1}{3}\left(\dfrac{1}{x+1} - \dfrac{x-2}{x^2-x+1}\right)$.

以上に例示したもののもととなる定理はつぎのとおりである．

1.2.5【定理】（部分分数分解） 任意の有理関数 $\dfrac{f(x)}{g(x)}$ はつぎのものの線型結合，すなわち定数倍の和としてかける．

a) 多項式   b) $\dfrac{1}{(x-\alpha)^n}$ ($\alpha \in \mathbf{R}$, $n \geq 1$)

c) $\dfrac{\gamma x + \delta}{[(x-\alpha)^2 + \beta^2]^k}$ ($\alpha, \beta, \gamma, \delta \in \mathbf{R}$, $\beta > 0$, $k \geq 1$).

ただし，$\dfrac{f(x)}{g(x)}$ は既約分数式（分母分子を割りきる1次以上の多項式はない）であり，$(x-\alpha)^n$ や $[(x-\alpha)^2+\beta^2]^k$ は分母 $g(x)$ を割りきるものである．

証明は付録の定理 A.1.5 および定理 A.1.6 を見よ．☐

●**有理関数の原始関数**

いままでにやったことから，有理関数の原始関数が計算できる．そのまえに

対数関数についての注意をしておく．

1.2.6【ノート】 $x>0$ なら $\dfrac{d}{dx}\log x=\dfrac{1}{x}$．$x<0$ のとき，$\dfrac{d}{dx}\log(-x)$ を計算すると，$-x=u$ として，

$$\frac{d}{dx}\log(-x)=\frac{d}{du}\log u\cdot\frac{du}{dx}=-\frac{1}{u}=\frac{1}{x}$$

となるから，x が正負の場合を合わせて，

$$\frac{d}{dx}\log|x|=\frac{1}{x}, \quad \int\frac{dx}{x}=\log|x|$$

とかくことができる．

また例からはじめる．例 1.2.4 の関数を順に扱う．

1.2.7【例】 1) $\dfrac{x^4+1}{x^3-x}=x-\dfrac{1}{x}+\dfrac{1}{x-1}+\dfrac{1}{x+1}$ だから，

$$\int\frac{x^4+1}{x^3-x}dx=\frac{1}{2}x^2-\log|x|+\log|x-1|+\log|x+1|$$
$$=\frac{1}{2}x^2+\log\left|\frac{x^2-1}{x}\right|.$$

右辺を微分して検算せよ．くりかえさないが，原始関数を計算して結果が出たら，必ずそれを微分して検算しなければならない．

2) $\dfrac{x+1}{x(x-1)(x+2)}=\dfrac{1}{6}\left(-\dfrac{3}{x}+\dfrac{4}{x-1}-\dfrac{1}{x+2}\right)$ だから，

$$\int\frac{x+1}{x(x-1)(x+2)}dx=\frac{1}{6}(-3\log|x|+4\log|x-1|-\log|x+2|)$$
$$=\frac{1}{6}\log\frac{|x-1|^4}{|x|^3|x+2|}.$$

3) $\dfrac{x+1}{(x-1)^2(x+2)}=\dfrac{1}{9}\left(\dfrac{6}{(x-1)^2}+\dfrac{1}{x-1}-\dfrac{1}{x+2}\right)$ だから，

$$\int\frac{x+1}{(x-1)^2(x+2)}dx=\frac{1}{9}\left(-\frac{6}{x-1}+\log|x-1|-\log|x+2|\right)$$
$$=\frac{1}{9}\left(\log\left|\frac{x-1}{x+2}\right|-\frac{6}{x-1}\right).$$

§2 原始関数の計算

4) $\dfrac{x}{(x^2+1)(x-1)} = \dfrac{1}{2}\left(\dfrac{1}{x-1} - \dfrac{x-1}{x^2+1}\right)$ だから，

$$\int \dfrac{x}{(x^2+1)(x-1)}\,dx = \dfrac{1}{2}\left(\int \dfrac{dx}{x-1} - \int \dfrac{x}{x^2+1}\,dx + \int \dfrac{dx}{x^2+1}\right)$$

$$= \dfrac{1}{2}\left(\log|x-1| - \dfrac{1}{2}\log(x^2+1) + \arctan x\right)$$

$$= \dfrac{1}{4}\log\dfrac{(x-1)^2}{x^2+1} + \dfrac{1}{2}\arctan x.$$

5) $\dfrac{x+1}{x^4+x^2} = \dfrac{1}{x} + \dfrac{1}{x^2} - \dfrac{x+1}{x^2+1}$ だから，

$$\int \dfrac{x+1}{x^4+x^2}\,dx = \log|x| - \dfrac{1}{x} - \dfrac{1}{2}\log(x^2+1) - \arctan x$$

$$= \dfrac{1}{2}\log\dfrac{x^2}{x^2+1} - \dfrac{1}{x} - \arctan x.$$

6) $\dfrac{x^5+1}{x^3+x} = x^2 - 1 + \dfrac{1}{x} - \dfrac{x}{x^2+1} + \dfrac{1}{x^2+1}$ だから，

$$\int \dfrac{x^5+1}{x^3+x}\,dx = \dfrac{1}{3}x^3 - x + \log|x| - \dfrac{1}{2}\log(x^2+1) + \arctan x.$$

7) $\dfrac{1}{x^3+1} = \dfrac{1}{3}\left(\dfrac{1}{x+1} - \dfrac{x-2}{x^2-x+1}\right)$. 右辺の第 2 項を変形すると，

$$\dfrac{x-2}{x^2-x+1} = \dfrac{1}{2}\dfrac{2x-1-3}{x^2-x+1} = \dfrac{1}{2}\dfrac{2x-1}{x^2-x+1} - \dfrac{3}{2}\cdot\dfrac{1}{\left(x-\dfrac{1}{2}\right)^2 + \left(\dfrac{\sqrt{3}}{2}\right)^2}$$

となる．したがって

$$\int \dfrac{dx}{x^3+1} = \dfrac{1}{3}\log|x+1| - \dfrac{1}{6}\log(x^2-x+1) + \dfrac{1}{\sqrt{3}}\arctan\left[\dfrac{2}{\sqrt{3}}\left(x-\dfrac{1}{2}\right)\right].$$

1.2.8【例】 1) $\displaystyle\int \dfrac{dx}{(x^2+1)^2}$. これにはちょっと工夫がいる．

$$\arctan x = \int \dfrac{(x)'}{x^2+1}\,dx = \dfrac{x}{x^2+1} + 2\int \dfrac{x^2+1-1}{(x^2+1)^2}\,dx$$

$$= \dfrac{x}{x^2+1} + 2\arctan x - 2\int \dfrac{dx}{(x^2+1)^2}$$

となって $\displaystyle\int \dfrac{dx}{(x^2+1)^2}$ が求まる．

2) $\int \dfrac{dx}{(x^2+1)^3}.$ $\int \dfrac{dx}{(x^2+1)^2} = \int \dfrac{(x)'}{(x^2+1)^2}\,dx$

$$= \dfrac{x}{(x^2+1)^2} + 4\int \dfrac{x^2+1-1}{(x^2+1)^3}\,dx$$

$$= \dfrac{x}{(x^2+1)^2} + 4\int \dfrac{dx}{(x^2+1)^2} - 4\int \dfrac{dx}{(x^2+1)^3}$$

となって前問に帰着する．

3) 一般に $F_k(x) = \int \dfrac{dx}{[(x-\alpha)^2+\beta^2]^k}$ $(k\geqq 2,\ \beta>0)$ とすると，上と同じ部分積分によって

$$F_{k-1}(x) = \dfrac{x-\alpha}{[(x-\alpha)^2+\beta^2]^{k-1}} + 2(k-1)F_{k-1}(x) - 2(k-1)\beta^2 F_k(x)$$

が得られ，F_k の計算は F_{k-1} の計算に帰着する．

これによってつぎの定理が得られる．

1.2.9【定理】 有理関数の原始関数は初等関数である．もっと詳しく，有理関数の原始関数はつぎの形の関数の線型結合，すなわち定数倍の和である．
  a) 有理関数， b) $\arctan(ax+b)$, c) $\log|ax^2+bx+c|$.

● **三角関数の有理関数**

以後，$R(x,y)$ は 2 変数 x,y の有理関数，すなわち x,y の多項式を多項式で割った関数をあらわす．

1.2.10【命題】 $\int R(\sin x, \cos x)\,dx$ は $t=\tan\dfrac{x}{2}$ とおくことにより，t の有理関数の積分になる．

【証明】 倍角公式により，$\tan x = \dfrac{2\tan\dfrac{x}{2}}{1-\tan^2\dfrac{x}{2}} = \dfrac{2t}{1-t^2}$ だから，

$\cos^2 x = \dfrac{1}{1+\tan^2 x} = \left(\dfrac{1-t^2}{1+t^2}\right)^2$. $|t|<1 \Leftrightarrow \cos x > 0$ だから $\cos x = \dfrac{1-t^2}{1+t^2}$.

$\sin x = \tan x \cos x = \dfrac{2t}{1+t^2}$. $\dfrac{x}{2} = \arctan t$ だから $dx = \dfrac{2}{1+t^2}\,dt$. よって

$$\int R(\sin x, \cos x)\, dx = \int R\left(\frac{2t}{1+t^2}, \frac{1-t^2}{1+t^2}\right) \cdot \frac{2}{1+t^2}\, dt. \quad \square$$

ノート　これは一般論であり，具体的な関数が与えられた場合には，三角関数のままで工夫するほうが簡単なことも多い．

1.2.11【例】 1) $\int \dfrac{dx}{\sin x}$. $t = \tan \dfrac{x}{2}$ により，

$$\int \frac{dx}{\sin x} = \int \frac{1+t^2}{2t} \frac{2}{1+t^2}\, dt = \log|t| = \log\left|\tan\frac{x}{2}\right|.$$

2) $F(x) = \int \tan^3 x\, dx$. $t = \tan \dfrac{x}{2}$ によって有理化すると

$$F(x) = 16 \int \frac{t^3}{(1+t^2)(1-t^2)^3}\, dt.$$

このままではあまりに複雑だから $u = t^2$ として

$$F(x) = 8 \int \frac{u}{(1+u)(1-u)^3}\, du,$$ 部分分数に分解して，

$$F(x) = \int \left[\frac{1}{u-1} - \frac{1}{u+1} - \frac{2}{(u-1)^2} - \frac{4}{(u-1)^3}\right] du$$

$$= \log\left|\frac{u-1}{u+1}\right| + \frac{2}{u-1} + \frac{2}{(u-1)^2}.$$

$u = \tan^2 \dfrac{x}{2}$ によってもとに戻すと，すこし計算が複雑だが，

$$F(x) = \log|\cos x| + \frac{1}{2}\tan^2 x$$

を得る．別法として三角関数のままでやると，

$$F(x) = \int \frac{\sin^3 x}{\cos^3 x}\, dx = \int \frac{\sin x}{\cos^3 x}\, dx - \int \frac{\sin x}{\cos x}\, dx$$

$$= \frac{1}{2\cos^2 x} + \log|\cos x|$$

となり，非常に簡単に答えが出る．さっきの答えとの見かけの違いは定数の差による．

3) $\cos^2 x$, $\sin^2 x$ の有理関数の場合には，$t = \tan x$ とするほうがよい．実際，$dx = \dfrac{dt}{t^2+1}$, $\cos^2 x = \dfrac{1}{t^2+1}$, $\sin^2 x = \dfrac{t^2}{t^2+1}$ となる．たとえば，

$$\int \frac{dx}{\cos^4 x} = \int (t^2+1)^2 \frac{dt}{t^2+1} = \int (t^2+1)\,dt = \frac{1}{3}t^3 + t = \frac{1}{3}\tan^3 x + \tan x.$$

● その他の関数の原始関数

1.2.12【命題】 1) $\displaystyle\int R\!\left(x, \sqrt[n]{\dfrac{ax+b}{cx+d}}\right)dx$ は，$t=\sqrt[n]{\dfrac{ax+b}{cx+d}}$ とおくと，

$x=\dfrac{dt^n-b}{-ct^n+a}$ となって有理化される（$ad\neq bc$, $n\geq 2$）．

2) $\displaystyle\int R(x, \sqrt{ax^2+bx+c})\,dx$ は，$t=\sqrt{ax^2+bx+c}-\sqrt{a}\,x$ とおくと，

$x=\dfrac{t^2-c}{b-2\sqrt{a}\,t}$ によって有理化される（$a>0$, $b^2-4ac<0$）．

1.2.13【例】 1) $\displaystyle\int \frac{dx}{\sqrt{x^2+a}}$ ($a\neq 0$)．$\sqrt{x^2+a}+x=t$ とおくと，

$$x=\frac{t^2-a}{2t}, \qquad \sqrt{x^2+a}=\frac{t^2+a}{2t}, \qquad dx=\frac{t^2+a}{2t^2}dt.$$

$$\int \frac{dx}{\sqrt{x^2+a}} = \int \frac{2t}{t^2+a}\frac{t^2+a}{2t^2}dt = \int \frac{dt}{t} = \log|t| = \log|\sqrt{x^2+a}+x|.$$

2) $\displaystyle\int \sqrt{x^2+a}\,dx$ ($a\neq 0$). 上の例と同じようにしてもできるが，部分積分を使うと，

$$\int \sqrt{x^2+a}\,dx = x\sqrt{x^2+a} - \int \frac{x^2}{\sqrt{x^2+a}}dx$$
$$= x\sqrt{x^2+a} - \int \sqrt{x^2+a}\,dx + a\int \frac{dx}{\sqrt{x^2+a}}.$$

上の例により，$\displaystyle\int \sqrt{x^2+a}\,dx = \frac{1}{2}(x\sqrt{x^2+a} + a\log|\sqrt{x^2+a}+x|)$．

1.2.14【例】 1) $\displaystyle\int \frac{dx}{x\sqrt{1+x^n}}$ ($n\geq 1$)．$t=\sqrt{1+x^n}$ とおくと，$x^n=t^2-1$, $nx^{n-1}dx=2t\,dt$ だから

$$\int \frac{dx}{x\sqrt{1+x^n}} = \int \frac{x^{n-1}dx}{x^n\sqrt{1+x^n}} = \int \frac{1}{t(t^2-1)}\frac{2}{n}t\,dt$$

$$= \frac{1}{n}\int\left(\frac{1}{t-1}-\frac{1}{t+1}\right)dt = \frac{1}{n}\log\left|\frac{\sqrt{1+x^n}-1}{\sqrt{1+x^n}+1}\right|.$$

2) $\int e^x \frac{x^2+1}{(x+1)^2}dx$. $\frac{d}{dx}\left(e^x\frac{1}{x+1}\right)=e^x\frac{x}{(x+1)^2}$ だから,

$$\int e^x\frac{x^2+1}{(x+1)^2}dx = \int e^x\frac{(x+1)^2-2x}{(x+1)^2}dx$$

$$= e^x - 2\int\frac{e^x x}{(x+1)^2}dx = e^x - e^x\frac{2}{x+1} = e^x\frac{x-1}{x+1}.$$

[ノート] 原始関数を初等関数の形で求めるのは，一般的にそれほど意味のあることではない．技法に凝ってはならない．

─────── §2 の問題 ───────

問題 1 つぎの関数 $f(x)$ の原始関数 $F(x)$ を求めよ．必ず結果を微分して検算せよ．

1) $\dfrac{1}{x^2+x-2}$ 2) $\dfrac{1}{x^2+2x}$ 3) $\dfrac{x}{x^4-1}$ 4) $\dfrac{1}{x(x-1)^2}$

5) $\dfrac{x+1}{x(x^2+1)}$ 6) $\sin^2 x$ 7) $\sin^3 x$ 8) $\tan x$ 9) $\cos^5 x$

10) $\arctan x$ 11) $\arcsin x$ 12) $\dfrac{1}{x\log x}$

13) $\log(1+x^2)$ [ヒント：部分積分] 14) xe^x 15) xe^{-x^2}

16) $e^{\sqrt{x}}$ [ヒント：$u=\sqrt{x}$ とおく] 17) $\dfrac{1}{e^x+e^{-x}}$ 18) $e^x\sin x$

第2章
極限・連続関数および微分法の理論と応用

§1　極限の再定義とその威力

● 数列の極限

2.1.1【コメント】 1) $\lim_{n\to\infty} a_n = b$ の定義はつぎのものだった：n が限りなく大きくなるとき，a_n は限りなく b に近づく．

　直観的にはこれでよいし，いままではこの定義ですませてきたが，これは二重の意味で不十分である．すなわち，

a) 《限りなく》とか《近づく》とかいうような，数学的定義のないことばを使うのは厳密性に欠ける．

b) これから扱う数列や関数の複雑な現象は，こういう定義ではうまく処理できない．もっと厳密で強力な定義が必要である．

2) そこで $\lim_{n\to\infty} a_n = b$ をつぎのように考える．n が限りなく大きくなるとき，a_n は b に限りなく近づくのだから，$|a_n - b|$ を誤差とみると，それは限りなく 0 に近づく．

　そこで誤差の許容限界として正の数 ε（イプシロンとよむ）が与えられたとしよう．$|a_n - b|$ は限りなく 0 に近づくから，十分先の方の a_n はすべて許容限界のなかに入る．すなわち

$$|a_n - b| < \varepsilon$$

が成りたつ．したがって，限界の外に出るような a_n は有限個しかない．このような a_n の番号 n のもっとも大きいものを L とかくと，L 以下の n については何も分からないが，$L < n$ なら a_n はすべて限界内にある．すなわち

$$L < n \text{ なら } |a_n - b| < \varepsilon$$

が成りたつ．

　3)　この許容限界は正でありさえすれば何でもよい．実際，$|a_n-b|$ は限りなく 0 に近づくのだから，どんなに小さい許容限界 ε が与えられたとしても，それに応じて L を十分大きくとれば，やはり L より先のすべての n に対して
$$|a_n-b|<\varepsilon$$
が成り立つことになる．

このやりかただと，《限りなく近づく》というようなあいまいな表現がなく，厳密である．以上の理由により，これからはつぎの定義を採用する．

2.1.2【定義】 $\lim_{n\to\infty} a_n = b$ とはつぎのことである：任意に与えられた正の数 ε に対し，ある番号 L を選ぶと，L より先のすべての番号 n に対して
$$|a_n-b|<\varepsilon$$
が成りたつ．最後の式は
$$b-\varepsilon<a_n<b+\varepsilon$$
とかいてもよい．

　なお，心のなかで思うのはつぎのことである：どんなに小さな正の数 ε が与えられても，それに応じて十分大きな番号 L を選ぶと，L より先のすべての n に対して
$$|a_n-b|<\varepsilon$$
が成りたつ．すなわち，《小さい》とか《大きい》とかいうことばは，数学的には定義できないから，正式な文章からは消しさるのである．

2.1.3【コメント】 数列 $\langle a_n \rangle$ が数 b に収束しないということはつぎのように書ける：ある正の数 ε をとると，どんなに大きな自然数 L に対しても，L より大きい番号 n で
$$|a_n-b|\geqq\varepsilon$$
が成りたつものが存在する．

　これを理解するのは論理的推論の問題であり，よく考えれば分かると思う．

かりに今すぐ分からなくても，慣れればだんだん分かってくる．

同じように，つぎの定義をしておく．

2.1.4【定義】 $\lim_{n\to\infty} a_n = +\infty$ とはつぎのことである：任意に与えられた数 M に対し，ある番号 L を選ぶと，L より先のすべての番号 n に対して
$$M < a_n$$
が成りたつ．$\lim_{n\to\infty} a_n = -\infty$ も同様に定義される．

[ノート] 数列の極限は，先の方がどうなっているか，という問題であり，数列のはじめの有限個の項を変えても，取りさっても，付けたしてもまったく影響しない．数列の番号も，$a_1, a_2, \cdots$ と1からはじめるが，これは $a_0, a_1, a_2, \cdots$ と0からはじめてもよい．1,2からでも3からでも，どこからでもよい．

従来の定義では扱いにくい例をふたつ挙げる．

2.1.5【例】 1) $\lim_{n\to\infty} a_n = b$ のとき，$s_n = \dfrac{a_1 + a_2 + \cdots + a_n}{n}$ とおくと $\lim_{n\to\infty} s_n = b$.

2) $\lim_{n\to\infty} \sqrt[n]{n} = 1$.

【証明】 1) 正の数 ε が与えられたとする．$\dfrac{\varepsilon}{2}$ も正だから，仮定により，ある番号 L_1 をとると，$L_1 < n$ なら $|a_n - b| < \dfrac{\varepsilon}{2}$ が成りたつ．この L_1 を固定すると，$\sum_{k=1}^{L_1} |a_k - b|$ は決まった数だから，十分大きな番号 L_2 ($L_1 \leq L_2$ としてよい) をとると，$L_2 < n$ なるすべての n に対して $\dfrac{\sum_{k=1}^{L_1} |a_k - b|}{n} < \dfrac{\varepsilon}{2}$ が成りたつ．

さて，L_2 より先の任意の n に対し，
$$|s_n - b| = \left| \frac{\sum_{k=1}^{L_1} a_k + \sum_{k=L_1+1}^{n} a_k}{n} - \frac{\overbrace{b + b + \cdots + b}^{n個}}{n} \right|$$
$$\leq \frac{\sum_{k=1}^{L_1} |a_k - b|}{n} + \frac{\sum_{k=L_1+1}^{n} |a_k - b|}{n} < \frac{\varepsilon}{2} + \frac{(n-L_1)\varepsilon}{2n} \leq \frac{\varepsilon}{2} + \frac{\varepsilon}{2} = \varepsilon$$

となり，問題の主張が証明された．□

2) ちょっと難かしい．あきらかに $\sqrt[n]{n}>1$ だから，正の数 ε が与えられたとき，十分大きな n に対して $\sqrt[n]{n}<1+\varepsilon$, すなわち $(1+\varepsilon)^n>n$ が成りたてばよい．$(1+\varepsilon)^n$ を2項定理（定理0.1.7）で展開して第3項（ε^2 の項）までとると，

$$(1+\varepsilon)^n > 1+n\varepsilon + \frac{n(n-1)}{2}\varepsilon^2 > 1+\frac{n(n-1)}{2}\varepsilon^2$$

だから，$1+\frac{n(n-1)}{2}\varepsilon^2 > n$ となればよい．この不等式を変形すると $n > \frac{2}{\varepsilon^2}$ となるから，$L > \frac{2}{\varepsilon^2}$ なる自然数 L をとると，$L<n$ なるすべての n に対して $n > \frac{2}{\varepsilon^2}$, すなわち $1+\frac{n(n-1)}{2}\varepsilon^2 > n$ となり，$(1+\varepsilon)^n > n$ が成りたつ．□

ノート 任意の正の数 a に対し，$\lim_{n\to\infty}\sqrt[n]{a}=1$ が成りたつ．実際，$a\geqq 1$ のとき，十分大きな n に対して $1\leqq \sqrt[n]{a} \leqq \sqrt[n]{n}$ だから，はさみうちの原理（命題2.1.8の5)) によって結果が出る．$a<1$ でも同様．

2.1.6【定義】 数列 $\langle a_n \rangle_{n=1,2,\ldots}$ が**有界**だとはつぎのことである：ある数 M をとると，すべての n に対して $|a_n|\leqq M$ ($|a_n|<M$ でもよい).

2.1.7【命題】 1) 収束数列は有界である．

2) $\lim_{n\to\infty}a_n = \alpha$ なら $\lim_{n\to\infty}|a_n|=|\alpha|$.

3) $\lim_{n\to\infty}a_n=\alpha$ で $\alpha\neq 0$ なら，十分大きな n に対する a_n は 0 でない．もっと強く，ある番号 L をとると，L より先のすべての番号 n に対して $|a_n|>\frac{|\alpha|}{2}$ が成りたつ．

【証明】 1) $\lim_{n\to\infty}a_n=\alpha$ とする．1 という正の数に対し，ある番号 L をとると，$L<n$ なるすべての n に対して $|a_n-\alpha|<1$ が成りたつから，$|a_n|<|\alpha|+1$. そこで $M=\max\{|a_1|,|a_2|,\cdots,|a_L|,|\alpha|+1\}$ とおくと，すべての

n に対して $|a_n| \leq M$ となる．

2) 絶対値の不等式 $||x|-|y|| \leq |x-y|$ を思いだそう．正の数 ε が与えられたとする．ある L をとると，$L<n$ なるすべての n に対して $|a_n-\alpha|<\varepsilon$ が成りたつから，
$$||a_n|-|\alpha|| \leq |a_n-\alpha|<\varepsilon.$$

3) $\lim_{n\to\infty}|a_n|=|\alpha|$ である．$\dfrac{|\alpha|}{2}$ は正の数だから，ある番号 L をとると，$L<n$ なるすべての n に対して，
$$\frac{|\alpha|}{2}=|\alpha|-\frac{|\alpha|}{2}<|a_n|. \quad \square$$

2.1.8【命題】 $\lim_{n\to\infty}a_n=\alpha$, $\lim_{n\to\infty}b_n=\beta$ とする．

1) $\lim_{n\to\infty}(a_n\pm b_n)=\alpha\pm\beta$ （複号同順）．

2) $\lim_{n\to\infty}a_n b_n=\alpha\beta$.

3) $\beta\neq 0$ なら，十分大きな n に対しては $b_n\neq 0$ で，$\lim_{n\to\infty}\dfrac{a_n}{b_n}=\dfrac{\alpha}{\beta}$.

4) $a_n\leq b_n$ なら $\alpha\leq\beta$．ただし，$a_n<b_n$ でも $\alpha<\beta$ とはかぎらない．

5) もうひとつの数列 $\langle c_n\rangle$ があって $a_n\leq c_n\leq b_n$ であり，$\alpha=\beta$ とする．このとき $\lim_{n\to\infty}c_n=\alpha=\beta$ （はさみうちの原理）．

【証明】 1) 正の数 ε が与えられたとする．$\dfrac{\varepsilon}{2}$ も正の数だから，仮定によってある L_1 をとると，$L_1<n$ なら $|a_n-\alpha|<\dfrac{\varepsilon}{2}$，ある L_2 をとると，$L_2<n$ なら $|b_n-\beta|<\dfrac{\varepsilon}{2}$ が成りたつ．$L=\max\{L_1,L_2\}$ とすると，$L<n$ なら
$$|(a_n\pm b_n)-(\alpha\pm\beta)|\leq |a_n-\alpha|+|b_n-\beta|<\frac{\varepsilon}{2}+\frac{\varepsilon}{2}=\varepsilon. \quad \square$$

2) $|a_n b_n-\alpha\beta|=|a_n b_n-\alpha b_n+\alpha b_n-\alpha\beta|\leq |a_n-\alpha||b_n|+|\alpha||b_n-\beta|$．これを与えられた ε より小さくすればよい．まず，$\langle b_n\rangle$ も有界だから $M=\max\{|\alpha|,|b_1|,|b_2|,\cdots\}$ とかく．$\dfrac{\varepsilon}{2M}$ は正の数だから，仮定によってある

番号 L をとると，$L<n$ なら $|a_n-\alpha|<\dfrac{\varepsilon}{2M}$, $|b_n-\beta|<\dfrac{\varepsilon}{2M}$ が成りたつ．よって

$$|a_nb_n-\alpha\beta|\leqq|a_n-\alpha||b_n|+|\alpha||b_n-\beta|<\dfrac{\varepsilon}{2M}\cdot M+M\cdot\dfrac{\varepsilon}{2M}=\varepsilon.$$

3) 1° 命題 2.1.7 の 3) により，ある L_1 をとると，$L_1<n$ なら $|b_n|>\dfrac{|\beta|}{2}$ となる．また，命題 2.1.7 の 1) により，ある M をとると $|a_n|,|b_n|,|\alpha|,|\beta|$ はすべて M 以下になる．試みに計算すると，

$$\left|\dfrac{a_n}{b_n}-\dfrac{\alpha}{\beta}\right|=\left|\dfrac{a_n}{b_n}-\dfrac{\alpha}{b_n}+\dfrac{\alpha}{b_n}-\dfrac{\alpha}{\beta}\right|\leqq\dfrac{|a_n-\alpha|}{|b_n|}+\dfrac{|\alpha||\beta-b_n|}{|b_n\beta|}$$

$$=\dfrac{1}{|b_n||\beta|}[|\beta||a_n-\alpha|+|\alpha||b_n-\beta|]$$

$$\leqq\dfrac{2M}{|\beta|^2}[|a_n-\alpha|+|b_n-\beta|].$$

2° さて，正の数 ε が与えられたとき，上式の最右辺が ε より小さくなるようにすればよい．そのために，$\dfrac{|\beta|^2}{4M}\varepsilon$ は正の数だから，L_1 より大きなある L_2 を選ぶと，$L_2<n$ なる n に対して

$$|a_n-\alpha|<\dfrac{|\beta|^2}{4M}\varepsilon, \quad |b_n-\beta|<\dfrac{|\beta|^2}{4M}\varepsilon$$

が成りたつ．そうすると，$L_2<n$ なる n に対し，

$$\left|\dfrac{a_n}{b_n}-\dfrac{\alpha}{\beta}\right|<\dfrac{2M}{|\beta|^2}\left[\dfrac{|\beta|^2}{4M}\varepsilon+\dfrac{|\beta|^2}{4M}\varepsilon\right]=\varepsilon$$

となって結果が成りたつ．□

4) 背理法．$\alpha>\beta$ と仮定し，$\varepsilon=\dfrac{\alpha-\beta}{2}$ とおくと，$\varepsilon>0$ だから，ある番号 L をとると，$L<n$ なら $a_n>\alpha-\varepsilon$，$b_n<\beta+\varepsilon$ が成りたつ．$a_n-b_n>(\alpha-\varepsilon)-(\beta+\varepsilon)=\alpha-\beta-2\varepsilon=0$ となり，$a_n\leqq b_n$ に反する．

つぎに $a_n=0$, $b_n=\dfrac{1}{n}$ とすると，$a_n<b_n$ だが，$\lim\limits_{n\to\infty}a_n=\lim\limits_{n\to\infty}b_n=0$．

5) 与えられた正の数 ε に対し，ある番号 L をとると，$L<n$ なら $\alpha-\varepsilon<a_n$, $b_n<\alpha+\varepsilon$ が成りたつ．$a_n\leqq c_n\leqq b_n$ だから $|c_n-\alpha|<\varepsilon$ となる．□

[ノート] 上の証明はどれもかなり面倒のようにみえるが，これは叙述をていねいにしたからでもある．ε-L論法に慣れてくると，面倒な計算をしなくても，結果が見とおせるようになる．

● 関数の極限

数列の極限と同様，関数の極限も定義しなおす必要がある．

2.1.9【定義】 a を区間 I の一点とする（区間については定義 0.2.8 を見よ）．I から a を除いたところで定義された関数 $f(x)$ があるとし，b を実数とする（a でも定義されていてもよい）．
$$\lim_{x \to a} f(x) = b$$
とはつぎのことである：任意に与えられた正の数 ε に対し，ある正の数 δ（デルタとよむ）を選ぶと，$0<|x-a|<\delta$ をみたすような I のすべての点 x に対して
$$|f(x) - b| < \varepsilon$$
が成りたつ．□

【解説】 数列の極限のときと同様，x が a に限りなく近づくとき，$f(x)$ が b に限りなく近づく，というのだから，図 2.1.1 のように，ε を許される誤差の限界と考える．これに対して正の数 δ を十分小さくとれば，a からの距離が δ より小さいようなすべての x に対して，$f(x)$ が許される誤差の範囲 $b-\varepsilon < f(x) < b+\varepsilon$ に入る，ということである．

ε を小さくとれば，それに応じて δ も小さくとる必要があるだろう．しか

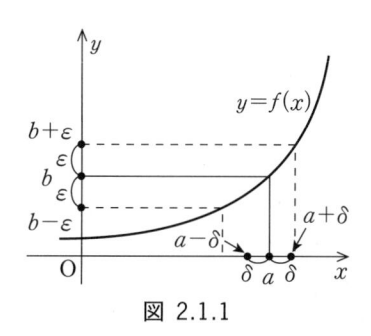

図 2.1.1

§1 極限の再定義とその威力

し，どんな小さな ε が与えられても，それに応じて δ を非常に小さく選べば，やはり $0<|x-a|<\delta$ なるかぎり $|f(x)-b|<\varepsilon$ となる，ということである．

関数の極限にはいろいろな変種がある．それらについて簡潔に述べる．

2.1.10【定義】 1) $\lim_{x\to a} f(x) = +\infty$ とはつぎのことである：任意に与えられた数 M に対してある正の数 δ をとると，$0<|x-a|<\delta$ なるすべての x に対して $f(x)>M$ が成りたつ．これも，心のなかで思うことはつぎのとおり：どんなに大きな数 M に対しても，それに応じて十分小さい正の数 δ を選ぶと，$0<|x-a|<\delta$ なるすべての x に対して $f(x)$ は M より大きい．

$\lim_{x\to a} f(x) = -\infty$ も同様に定義される．

2) $\lim_{x\to +\infty} f(x) = b$：任意の正の数 ε に対してある数 L をとると，$x>L$ なら $|f(x)-b|<\varepsilon$ が成りたつ．

$\lim_{x\to -\infty} f(x) = b$ も同様．

3) $\lim_{x\to +\infty} f(x) = +\infty$：任意の数 M に対してある数 L を選ぶと，$x>L$ なら $f(x)>M$ が成りたつ．

$\lim_{x\to \pm\infty} f(x) = \pm\infty$（複号自由）も同様．

4)（右または左からの極限）$\lim_{x\to a+0} f(x) = b$：任意の正の数 ε に対してある正の数 δ を選ぶと，$a<x<a+\delta$ なら $|f(x)-b|<\varepsilon$ が成りたつ．

$\lim_{x\to a-0} f(x) = b$ も同様．また，$a=0$ のときには $\lim_{x\to 0\pm 0}$ と書かず，$\lim_{x\to \pm 0}$ とかく（複号同順）．

5) $\lim_{x\to a\pm 0} f(x) = \pm\infty$（複号自由）もまったく同様だから，書かなくてもいいだろう．

2.1.11【命題】（基本的な極限） すでに序章および第 1 章 §1 にかいた重要な公式をまとめて列挙する．

1) $\displaystyle\lim_{x\to 0}\frac{\sin x}{x}=1$. $\displaystyle\lim_{x\to 0}\frac{1-\cos x}{x}=0$.

   $\displaystyle\lim_{x\to n\pi+\frac{\pi}{2}-0}\tan x=+\infty$. $\displaystyle\lim_{x\to n\pi+\frac{\pi}{2}+0}\tan x=-\infty$. n は任意の整数である.

2) $\displaystyle\lim_{x\to\pm\infty}\arctan x=\pm\frac{\pi}{2}$ (複号同順).

3) $\displaystyle\lim_{x\to+\infty}e^x=+\infty$. $\displaystyle\lim_{x\to-\infty}e^x=0$. $\displaystyle\lim_{x\to 0}\frac{e^x-1}{x}=1$.

4) $\displaystyle\lim_{x\to+\infty}\log x=+\infty$. $\displaystyle\lim_{x\to+0}\log x=-\infty$.

3) と 4) は第3章で厳密に証明する.

●連続関数

2.1.12【定義】 1) I を区間,a を I の点とする.I で定義された関数 f が a で**連続**であるとは,$\displaystyle\lim_{x\to a}f(x)=f(a)$ が成りたつことである.a が I の端点のときには $\displaystyle\lim_{x\to a\pm 0}f(x)=f(a)$ となる.

2) これをつぎのように書きなおすことができる:任意に与えられた正の数 ε に対してある正の数 δ を選ぶと,$|x-a|<\delta$ なるすべての I の点 x に対して $|f(x)-f(a)|<\varepsilon$ が成りたつ.

3) 心のなかではつぎのように思っている:どんなに小さい正の数 ε に対しても,それに応じて十分小さい正の数 δ をとると,$a-\delta<x<a+\delta$ なら $f(a)-\varepsilon<f(x)<f(a)+\varepsilon$ が成りたつ.

4) 区間 I のすべての点で関数 f が連続のとき,f を区間 I 上の**連続関数**という.

2.1.13【コメント】 関数 f が a で連続でないということは,つぎのように書ける:ある正の数 ε を選ぶと,任意の正の数 δ に対し,$|x-a|<\delta$ なる数 x で $|f(x)-f(a)|\geqq\varepsilon$ なるものが存在する.これも論理の問題であり,よく考えれば分かると思う.

2.1.14【命題】 1) f が a で連続なら,a の近くで f は有界である.詳しく

は，ある正の数 δ をとると，$a-\delta<x<a+\delta$ の範囲で $|f(x)|<|f(a)|+1$ が成りたつ．

2) f が a で連続で $f(a)\neq 0$ のとき，ある正の数 δ をとると，$|x-a|<\delta$ なる I のすべての点 x に対して $|f(x)|>\dfrac{|f(a)|}{2}$ が成りたつ．

【証明】 1) 1 は正の数だから，ある正の数 δ をとると，$|x-a|<\delta$ なら，絶対値の不等式を使って
$$||f(x)|-|f(a)||\leqq|f(x)-f(a)|<1$$
が成りたち，$|f(x)|<|f(a)|+1$ となる．

2) $\varepsilon=\dfrac{|f(a)|}{2}>0$ に対してある $\delta>0$ をとると，$|x-a|<\delta$ なら
$$||f(x)|-|f(a)||\leqq|f(x)-f(a)|<\varepsilon$$
が成りたつから，$\dfrac{|f(a)|}{2}=|f(a)|-\varepsilon<|f(x)|$ となる．□

2.1.15【命題】 f が a で連続，g が $b=f(a)$ で連続なら，合成関数 $h(x)=g[f(x)]$ は a で連続である．

【証明】 与えられた正の数 ε に対し，g の連続性によってある正の数 δ をとると，$|y-b|<\delta$ なら $|g(y)-g(b)|<\varepsilon$ が成りたつ．つぎにこの δ に対し，f の連続性によってある正の数 γ をとると，$|x-a|<\gamma$ なら $|f(x)-f(a)|<\delta$ が成りたつから，
$$|h(x)-h(a)|=|g[f(x)]-g(b)|<\varepsilon$$
となり，h は a で連続である．□

2.1.16【命題】 f と g は a で連続とする．
1) $f\pm g$ は a で連続である．
2) fg は a で連続である．
3) $g(a)\neq 0$ なら a の近くで $g(x)$ は 0 でなく，$\dfrac{f(x)}{g(x)}$ は a で連続である．

【証明】 1) はやさしいから省略し，2) と 3) を証明する．

2) 正の数 ε が与えられたとし，まず見当をつける．正の数 M,ε' に対し，

$|g(x)|, |f(a)| \leq M$, $|f(x)-f(a)|<\varepsilon'$, $|g(x)-g(a)|<\varepsilon'$ なら,
$$|f(x)g(x)-f(a)g(a)|=|f(x)g(x)-f(a)g(x)+f(a)g(x)-f(a)g(a)|$$
$$\leq |f(x)-f(a)||g(x)|+|f(a)||g(x)-g(a)|<2M\varepsilon'.$$

そこで,ある $\delta_1>0$ をとると, $|x-a|<\delta_1$ なら $|g(x)|<|g(a)|+1$. $M=\max\{|g(a)|+1, |f(a)|\}$ とする. ある $\delta_2>0$ をとると, $|x-a|<\delta_2$ なら $|f(x)-f(a)|<\dfrac{\varepsilon}{2M}$. ある $\delta_3>0$ をとると, $|x-a|<\delta_3$ なら $|g(x)-g(a)|<\dfrac{\varepsilon}{2M}$. $\delta=\min\{\delta_1, \delta_2, \delta_3\}$ とおくと, $|x-a|<\delta$ なら
$$|f(x)g(x)-f(a)g(a)|<2M\varepsilon'=\varepsilon$$
となる.

3) $\left|\dfrac{f(x)}{g(x)}-\dfrac{f(a)}{g(a)}\right|=\left|\dfrac{f(x)g(a)-f(a)g(x)}{g(x)g(a)}\right|$
$$=\left|\dfrac{f(x)g(a)-f(a)g(a)+f(a)g(a)-f(a)g(x)}{g(x)g(a)}\right|$$
$$\leq \dfrac{|f(x)-f(a)||g(a)|+|f(a)||g(a)-g(x)|}{|g(x)||g(a)|}$$

$\varepsilon>0$ が与えられたとき,これを ε より小さくすればよい.まず $M=\max\{f(a), g(a)\}$ とおく.ある $\delta_1>0$ をとると, $|x-a|<\delta_1$ なら $|g(x)|>\dfrac{|g(a)|}{2}$ となる.ある $\delta_2>0$ をとると, $|x-a|<\delta_2$ なら
$$|f(x)-f(a)|<\dfrac{g(a)^2}{4M}\varepsilon, \quad |g(x)-g(a)|<\dfrac{|g(a)|^2}{4M}\varepsilon$$
となるから, $\delta=\min\{\delta_1, \delta_2\}$ とおくと, $|x-a|<\delta$ なら
$$\left|\dfrac{f(x)}{g(x)}-\dfrac{f(a)}{g(a)}\right|<\dfrac{2}{|g(a)|^2}\cdot 2M\cdot\dfrac{|g(a)|^2}{4M}\varepsilon=\varepsilon. \quad \square$$

2.1.17【例】 1) $f(x)=\begin{cases} x\sin\dfrac{1}{x} & (x\neq 0 \text{ のとき}), \\ 0 & (x=0 \text{ のとき}). \end{cases}$

x が 0 でなければ, $f(x)$ は $g(x)=\dfrac{1}{x}$ と $h(x)=\sin x$ の合成関数に x を掛けたものだから,前ふたつの命題によって連続である. $x=0$ の近くで

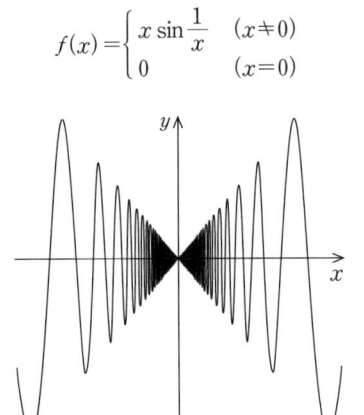

$$f(x)=\begin{cases} x\sin\dfrac{1}{x} & (x\neq 0) \\ 0 & (x=0) \end{cases} \qquad f(x)=\begin{cases} \sin\dfrac{1}{x} & (x\neq 0) \\ 0 & (x=0) \end{cases}$$

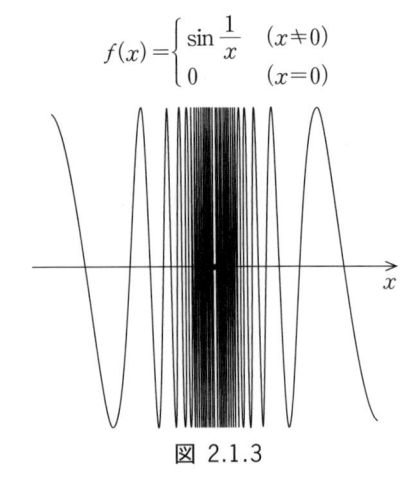

図 2.1.2　　　　　　　　　　　図 2.1.3

ははげしく振動して図がかけない（図 2.1.2）が，$|f(x)|\leqq|x|$ なので，0 でも連続であることが期待される．

実際，与えられた正の ε に対して $\delta=\varepsilon$ とすると，$|x-0|<\delta$ なら $|f(x)-f(0)|=|f(x)|\leqq|x|<\delta=\varepsilon$ が成りたつ．

2)　$f(x)=\begin{cases} \sin\dfrac{1}{x} & (x\neq 0 \text{ のとき}), \\ 0 & (x=0 \text{ のとき}). \end{cases}$

前と同様，$f(x)$ は 0 以外の点では連続である．0 の近くではこの関数もはげしく振動し，しかもその振幅は小さくならない（図 2.1.3）から，0 で連続であることは期待できない．

実際，$\varepsilon=\dfrac{1}{2}$ とする．どんなに小さい $\delta>0$ に対しても，$\dfrac{1}{\delta}$ より大きい自然数 n をとって $x=\dfrac{1}{2n\pi+\dfrac{\pi}{2}}$ とすると，$0<x<\delta$ で，しかも

$$f(x)=\sin\left(2n\pi+\dfrac{\pi}{2}\right)=1$$

だから，$|f(x)-f(0)|=1>\dfrac{1}{2}=\varepsilon$ となり，$f(x)$ は 0 で不連続である．

──────────§1 の問題──────────

問題 1 つぎの数列 $\langle a_n \rangle$ の極限を（もしあれば）求めよ．

1) $\dfrac{(n-1)(3n-2)}{(n+1)(2n+3)}$ 2) $\dfrac{\sqrt{n^3+1}}{(n-1)^2}$

3) $\sqrt{n+1}-\sqrt{n}$ 4) $\dfrac{a^n}{n!}$ (a は定数)

5) a_0, b, c は定数，$|b|<1$ のとき，漸化式 $a_{n+1}=ba_n+c$ で定義される数列

6) 定数 a_0, a_1 に対し，漸化式 $a_n = \dfrac{a_{n-1}+a_{n-2}}{2}$ で定義される数列

7) $\log\dfrac{3n+2}{2n+1}$ 8) $\dfrac{\log(3n+2)}{\log(2n+1)}$

9) a, b が正の定数のとき，$(a^n+b^n)^{\frac{1}{n}}$ 10) 同じく $(a^{\frac{1}{n}}+b^{\frac{1}{n}})^n$

11) $\dfrac{n!}{n^n}$

問題 2 つぎのことを証明せよ．

1) $\lim\limits_{n\to\infty} a_n = \pm\infty$ のとき，$s_n = \dfrac{a_1+a_2+\cdots+a_n}{n}$ とおくと，$\lim\limits_{n\to\infty} s_n = \pm\infty$（複号同順）．これは例 2.1.5 の 1) の極限 b を $\pm\infty$ に変えたものである．

2) $a_n > 0$，$\lim\limits_{n\to\infty} a_n = \alpha$ とすると，$\lim\limits_{n\to\infty} \sqrt[n]{a_1 a_2 \cdots a_n} = \alpha$．

3) $a_n > 0$，$\lim\limits_{n\to\infty} \dfrac{a_n}{a_{n-1}} = \alpha$ とすると，$\lim\limits_{n\to\infty} \sqrt[n]{a_n} = \alpha$．

問題 3 関数 f は x の正の範囲で定義されているとする．

1) $\lim\limits_{x\to+\infty} f(x) = \alpha$（$\pm\infty$ でもよい）なら $\lim\limits_{n\to\infty} f(n) = \alpha$．

2) f が広義単調のとき，$\lim\limits_{n\to\infty} f(n) = \alpha$（$\pm\infty$ でもよい）なら $\lim\limits_{x\to+\infty} f(x) = \alpha$．

問題 4 点 a で関数 $f(x)$ が連続なら，関数 $|f|(x) = |f(x)|$ も連続であることを示せ．

問題 5 有界閉区間 $[a,b]$ 内の数列 $\langle a_n \rangle$ が実数 α に収束すれば，α も $[a,b]$ に属することを示せ．

問題 6 I を区間，f を I 上の連続関数，$\langle a_n \rangle$ を I の点列，α を I の点とする．$\lim\limits_{n\to\infty} a_n = \alpha$ なら $\lim\limits_{n\to\infty} f(a_n) = f(\alpha)$ が成りたつことを示せ．

問題 7 x が無理数のとき $f(x)=0$，x が有理数のとき $f(x)=1$ とした関数 f はいたるところ不連続であることを示せ．

§1 極限の再定義とその威力

問題 8 x が 0 および無理数のとき $f(x)=0$ とおく．x が有理数のときは既約分数で $x=\dfrac{p}{q}$ $(q>0)$ とかき，$f(x)=\dfrac{1}{q}$ とする．この f は 0 および無理数で連続，0 以外の有理数で不連続であることを示せ．

問題 9 点 a の近くで定義された関数 f がある．a に収束する任意の点列 $\langle a_n\rangle_{n=1,2,\cdots}$ に対して $\lim\limits_{n\to\infty}f(a_n)$ が存在すれば，$\lim\limits_{x\to a}f(x)$ も存在することを示せ．

§2 実数体の完備性からの直接の帰結

● はじめに

2.2.1【コメント】 1) 今後，実数全部のつくる集合を**実数体**と呼び，$\boldsymbol{R}$ とかく．有理数全部のつくる集合を**有理数体**と呼び，$\boldsymbol{Q}$ とかく．

2) $\boldsymbol{R}$ も $\boldsymbol{Q}$ も，そのなかで加減乗除の演算ができること，および大小関係があるという共通点がある．しかし大きな違いがある．有理数体には《すきま》がある．実際，$\sqrt{2}$ は無理数であり，$\boldsymbol{Q}$ に属さない（例 0.1.2）．これに反し，実数体にはすきまがない．これを明確な形で述べたものを公理として採用する．

2.2.2【定義】 数列 $\langle a_n\rangle=\langle a_1,a_2,a_3,\cdots\rangle$ があるとき，ここからとびとびに，しかし順番をかえずに無限個の数を選びだすと，新らしい数列ができる．こうしてできる数列をもとの数列の**部分列**という．$\langle a_n\rangle$ 自身も $\langle a_n\rangle$ の部分列とみなす．

たとえば，$\langle a_n\rangle=\langle 1,2,3,\cdots\rangle$ のとき，$\langle b_n\rangle=\langle 2,4,6,\cdots\rangle$ や $\langle c_n\rangle=\langle 1^2,2^2,3^2,\cdots\rangle$ は $\langle a_n\rangle$ の部分列である．

● 完備性の公理

2.2.3【公理】 数列 $\langle a_n\rangle$ が有界（すなわち，ある数 M をとると，すべての n に対して $|a_n|\leqq M$）なら，$\langle a_n\rangle$ の部分列で収束するものが存在する．このことを実数体の**完備性**という．

 ノート 公理はなるべく単純で当りまえにみえるものがよい．この公理はどうか．

有界閉区間 $I=[-M, M]$ に無限に多くの点があれば，I の少なくともひとつの点の近くに無限個の点が蝟集する，というのである．

2.2.4【定理】 有界な広義単調数列は収束する．

【証明】 $\langle a_n \rangle$ を上に有界な広義単調増加数列とする．すなわち，ある M をとると，すべての n に対して $a_n \leqq M$，かつ $a_n \leqq a_{n+1}$ である．

$\langle a_n \rangle$ は有界だから，公理によって収束部分列 $\langle b_n \rangle$ がある．その極限を α とし，正の数 ε が与えられたとしよう．ある番号 L をとると，$L \leqq n$ なら $|b_n - \alpha| < \varepsilon$ となるが，$\langle b_n \rangle$ は広義単調増加だから，これは

$$\alpha - \varepsilon < b_n \leqq \alpha \quad \text{とくに} \quad \alpha - \varepsilon < b_L \leqq \alpha$$

とかける．$\langle b_n \rangle$ は $\langle a_n \rangle$ の部分列だから，ある K をとると $b_L = a_K$ とかける．$K < n$ なる任意の n に対し，$n < m$ なる m で $a_m = b_l$ とかけるものがある．したがって

$$\alpha - \varepsilon < b_L = a_K \leqq a_n \leqq a_m = b_l \leqq \alpha$$

となり，$\lim_{n \to \infty} a_n = \alpha$ が示された．広義単調減小の場合も同様．□

ノート この定理を仮定すれば公理2.2.3が証明できる．この定理のほうが単純で当りまえにみえるから，これを公理にしてもよいのだが，これから公理2.2.3を証明するのはあまり簡単でない．われわれは一見強力なものを公理に選んだ．

2.2.5【例】 1) $a_0 > 0$，$a_{n+1} = \sqrt{a_n + 2}$ によって数列 $\langle a_n \rangle$ を定義する（こういう式を漸化式と言う）．これが収束することを示す．

$a_0 = 2$ ならすべての n に対して $a_n = 2$．$a_0 > 2$ のとき．まず帰納法によって $a_n > 2$ を示す．実際，$a_n > 2$ を仮定すれば $a_{n+1} = \sqrt{a_n + 2} > \sqrt{2+2} = 2$ となる．つぎに，

$$a_n - a_{n+1} = a_n - \sqrt{a_n + 2} = \frac{a_n^2 - a_n - 2}{a_n + \sqrt{a_n + 2}} = \frac{(a_n + 1)(a_n - 2)}{a_n + \sqrt{a_n + 2}} > 0$$

だから，$\langle a_n \rangle$ は狭義単調減小である．しかも $a_n > 2$ だから定理2.2.4によって $\langle a_n \rangle$ は収束する．$a_0 < 2$ の場合も同様（不等式の向きが逆になる）．

収束することが分かれば，極限 α を求めるのはやさしい．実際，$a_{n+1} =$

$\sqrt{a_n+2}$ の両辺で $n\to\infty$ とすれば $\alpha=\sqrt{\alpha+2}$ を得る．
$$0=\alpha^2-\alpha-2=(\alpha+1)(\alpha-2).$$
$\alpha\geqq 2$ だから $\alpha=2$．

2) a_0, b_0 を正の実数とし，ふたつの漸化式
$$a_{n+1}=\frac{a_n+b_n}{2}, \qquad b_{n+1}=\sqrt{a_n b_n}$$
によって同時に定義されるふたつの数列 $\langle a_n\rangle, \langle b_n\rangle$ を考える．これがともに収束し，同じ極限をもつことを示す．

a_{n+1}, b_{n+1} はそれぞれ a_n, b_n の相加平均，相乗平均だから，$b_{n+1}\leqq a_{n+1}$．つぎに $a_{n+1}-a_n=\frac{b_n-a_n}{2}\leqq 0$ だから $\langle a_n\rangle$ は広義単調減小，$\frac{b_{n+1}}{b_n}=\sqrt{\frac{a_n}{b_n}}\geqq 1$ だから $\langle b_n\rangle$ は広義単調増加である：
$$b_1\leqq b_2\leqq\cdots\leqq b_n\leqq\cdots\leqq a_n\leqq\cdots\leqq a_2\leqq a_1.$$
$\langle a_n\rangle$ も $\langle b_n\rangle$ も有界だから，定理 2.2.4 によってどちらも収束する．$\lim_{n\to\infty}a_n=\alpha$, $\lim_{n\to\infty}b_n=\beta$ とし，式 $a_{n+1}=\frac{a_n+b_n}{2}$ の両辺で $n\to\infty$ とすれば $\alpha=\frac{\alpha+\beta}{2}$ すなわち $\alpha=\beta$ を得る．この値を a_0, b_0 の簡単な関数式であらわすことはできない．

● 連続関数

2.2.6【定理】（中間値の定理） f を有界閉区間 $I=[a,b]$ 上の連続関数とする．もし $f(a)<0, f(b)>0$ なら，$f(c)=0$ となる I の点 c が存在する．

【証明】 1° I の点 x で，$y\leqq x$ なるすべての I の点 y に対して $f(y)\leqq 0$ となるもの全部の集合を A とする．a は A に属する．I の 2^n 等分点（2^n+1 個）のうち，A に入る最大のものを a_n とする．$a_0=a$, $a_0\leqq a_1\leqq a_2\leqq\cdots\leqq b$ だから，定理 2.2.4 によって数列 $\langle a_n\rangle$ は収束する．その極限を c とすると，§1 の問題 5 によって c は I に属する．

2° $f(c)=0$ を示す．かりに $f(c)<0$ とする．ある正の δ をとると，$x<c+\delta$ なら $f(x)<0$ となる．十分大きな自然数 n をとると，c と $c+\delta$ の

あいだに I の 2^n 等分点 d があり，$a_n<d$ だから，a_n が A のなかで最大ということに反する．

$f(c)>0$ なら，ある正の δ をとると $f(c-\delta)>0$．十分大きな n をとり，$c-\delta$ と c のあいだの a_n をとると，a_n が A に属することに反する．□

[ノート]　すぐ分かるように，$f(a)<\gamma<f(b)$ なら，$f(c)=\gamma$ となる I の点 c が存在する．

2.2.7【命題】（逆関数）　f を区間 I 上の連続関数とする．
1) f による I の像 $J=f[I]$，すなわち I の点 x での f の値 $f(x)$ 全部の集合 J も区間である．
2) とくに f が狭義単調なら f は一対一であり，区間 J で定義される逆関数 f^{-1} が存在する．
3) 逆関数 f^{-1} は連続である．

【証明】　1) α,β を J の 2 点とし，$\alpha<\beta$ とする．$\alpha=f(a)$，$\beta=f(b)$ となる I の点 a,b がある．$\alpha<\gamma<\beta$ なる任意の γ に対し，中間値の定理によって $\gamma=f(c)$ となる点が a と b のあいだ，したがって I のなかにあるから $\gamma\in J$ であり，J は区間である．

2) 一対一はあきらか．J の任意の点 u に対し，$f(x)=u$ となる I の点 x がただひとつあるから，$g(u)=x$ として J 上の関数 g を定義する．当然 $f(g(u))=u$，$g(f(x))=x$ だから，g は f の逆関数である．

3) f は狭義単調とし，J の点 a は J の端点ではないとする．正の数 ε が与えられたとき，$a=f^{-1}(\alpha)$ とすると，$[a-\varepsilon,a+\varepsilon]\cap I$ は f によって α を含む区間 K に移る．α は K の端点ではないから，ある正の数 δ をとると $[\alpha-\delta,\alpha+\delta]$ は K に含まれる．したがってもし $y\in J$，$|y-b|<\delta$ なら $|f^{-1}(y)-f^{-1}(b)|<\varepsilon$ が成りたつ．

α が J の端点のときはちょっと修正すればよい．□

2.2.8【定理】（最大最小値）　有界閉区間 I 上の連続関数には最大値・最小値がある．したがってもちろん有界である．

【証明】　区間 I の n 等分点のなかの f の最大値（のひとつ）を $f(a_n)$ とする

§2　実数体の完備性からの直接の帰結

($a_n \in I$). 数列 $\langle a_n \rangle$ は有界だから, 完備性の公理2.2.3により, 収束部分列 $\langle b_n \rangle$ がある. その極限を c とすると c は I に属する (§1の問題5).

$f(c)$ が最大値であることを背理法で示す. I の点 d で $f(c) < f(d)$ なるものがあったとする. $\varepsilon = f(d) - f(c) > 0$ に対してある $\delta > 0$ をとると, $x \in I$, $|x - d| < \delta$ なら $|f(x) - f(d)| < \varepsilon$, したがって $f(c) < f(x)$ が成りたつ. $\dfrac{1}{\delta}$ より大きい自然数 n をとると, $d - \delta$ と $d + \delta$ のあいだに I の n 等分点 u がある. $f(u) \leq f(a_n) \leq f(c)$ となり, 矛盾である. 最小値も同様. □

[ノート] 有界閉区間でなければ定理は成りたたない. たとえば有界な開区間 $I = (0, 1)$ 上の関数 $f(x) = x^2$ には最大値も最小値もない. 実際, x が左から1に近づけば, $f(x)$ は下から限りなく1に近づくが, 1にはならない. x が右から0に近づけば, $f(x)$ は上から限りなく0に近づくが, 0にはならない.

―――――――――― §2の問題 ――――――――――

問題1 1) $a_0 \geq 2$, $a_{n+1} = \sqrt{3a_n - 2}$ によって実数列 $\langle a_n \rangle$ が定まることを示せ. $\langle a_n \rangle$ が収束することを示し, 極限を求めよ.

2) $a_0 > 0$, $a_{n+1} = 1 + \dfrac{2}{a_n}$ によって定まる数列 $\langle a_n \rangle$ が収束することを示し, 極限を求めよ.

[ヒント] かりに収束すると仮定して極限候補 α を求め, $\lim\limits_{n \to \infty} a_n = \alpha$ を示せ.

問題2 有界閉区間 $[a, b]$ で連続な f が $a \leq f(x) \leq b$ をみたせば, $[a, b]$ の点 c で $f(c) = c$ となるものが存在することを示せ.

問題3 つぎの3次方程式の根 (=解) の個数を調べ, 根のだいたいの所在を探せ.
   1) $x^3 - x^2 - 2x + 1 = 0$ 2) $x^3 - x^2 - 4x - 1 = 0$

問題4 ($\sqrt[n]{a}$ の定義) 任意の自然数 n と任意の $a \geq 0$ に対し, $x^n = a$ となる実数 x がただひとつ存在することを示せ.

問題5 1) 1次以上の多項式 $f(x) = a_0 x^n + a_1 x^{n-1} + \cdots + a_{n-1} x + a_n$ ($a_0 > 0$) に対し, $\lim\limits_{x \to +\infty} f(x) = +\infty$ および n の偶奇に従って $\lim\limits_{x \to -\infty} f(x) = \pm\infty$ であることを証明せよ.

2) 奇数次の多項式は少なくともひとつの零点 ($f(x) = 0$ となる x) をもつことを示せ.

§3 微分法の諸定理

●微分係数と導関数

高校でやった定義を復習しておこう．

2.3.1【定義】 f を区間 I で定義された実数値関数とする．I の点 a に対し，
$$\lim_{x \to a} \frac{f(x)-f(a)}{x-a} = \lim_{h \to 0} \frac{f(a+h)-f(a)}{h}$$
が存在するとき，f は a で**微分可能**であるという．そのとき，この極限を f の a での**微分係数**と言い，ふつう $f'(a)$ とかく．

a が区間のはじの点（たとえば左端）のときは
$$\lim_{x \to a+0} \frac{f(x)-f(a)}{x-a} = \lim_{h \to +0} \frac{f(a+h)-f(a)}{h}$$
が存在するとき，f は a で右から微分可能と言い，極限を f の a での右からの微分係数という．左についても同じ．

f が I の各点で微分可能のとき，f は I で微分可能という．

f が a で微分可能なら連続だが（確かめよ），逆は成りたたない．$x=0$ の近くでの関数 $f(x)=|x|$ を考えればすぐわかる．

2.3.2【ノート】 微分係数 $f'(a)$ は，$y=f(x)$ のグラフの点 $(a, f(a))$ での接線の傾きをあらわす．接線が x 軸の正方向となす角（左まわりにはかる）を θ とすれば，$f'(a)=\tan\theta$．

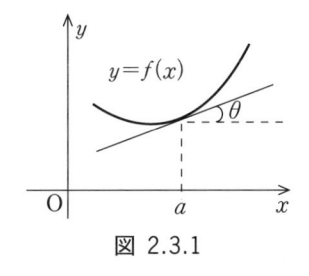

図 2.3.1

2.3.3【定義】 f が区間 I で微分可能のとき，I の各点 x に微分係数 $f'(x)$ を対応させる関数を f の**導関数**と言い，ふつう f' とかく．$y=f(x)$ のとき，$y'=f'(x)$ とかくが，そのほか $\dfrac{dy}{dx}$, $\dfrac{df}{dx}$, $\dfrac{d}{dx}f(x)$ などともかく．

x の微小変化を $\varDelta x$ とかき，$\varDelta y = f(x+\varDelta x)-f(x)$ とかくとき，
$$\frac{dy}{dx}=\lim_{\varDelta x \to 0}\frac{\varDelta y}{\varDelta x}$$
という意味である．

2.3.4【命題】（導関数の計算規則） f,g を I 上の微分可能関数，c を定数とする．
1) $(f+g)(x)=f(x)+g(x)$ も $(cf)(x)=cf(x)$ も微分可能であり，
$$(f+g)'=f'+g',\quad (cf)'=cf'.$$
2) $(fg)(x)=f(x)g(x)$ も微分可能であり，
$$(fg)'=f'g+fg'.$$
3) $g(x)\neq 0$ なら $\left(\dfrac{f}{g}\right)(x)=\dfrac{f(x)}{g(x)}$ も微分可能であり，
$$\left(\frac{f}{g}\right)'=\frac{f'g-fg'}{g^2}.$$

証明略．

2.3.5【定義】 $\displaystyle\lim_{x\to a}f(x)=\lim_{x\to a}g(x)=0$ とし，a の近くでは $g(x)\neq 0$ とする．$\displaystyle\lim_{x\to a}\dfrac{f(x)}{g(x)}=0$ のとき，f は（a の近くで）g より**高位の無限小**であるという．これを $f(x)=o(g(x))$ とかくと便利なことが多い（**ランダウの記号**）．たとえば $m>n$ なら，$x\to 0$ のとき $x^m=o(x^n)$．

特例として，$f(x)=o(1)$ は $\displaystyle\lim_{x\to 0}f(x)=0$ を意味する．

2.3.6【命題】 f が a で微分可能で微分係数が b だということは，
$$f(a+h)-f(a)=hb+o(h)$$
と同値である．

【証明】 f が微分可能のとき，$\dfrac{f(a+h)-f(a)}{h}=f'(a)+\varphi(h)$ とかくと，$f(a+h)-f(a)=hf'(a)+h\varphi(h)$ であり，$\lim\limits_{h\to 0}\varphi(h)=0$ だから $h\varphi(h)=o(h)$.
逆に $f(a+h)-f(a)=hb+o(h)$ のとき，
$$\lim_{h\to 0}\frac{f(a+h)-f(a)}{h}=b+\lim_{h\to 0}\frac{o(h)}{h}=b. \quad \square$$

2.3.7【定理】（合成関数の導関数） f が a の近くで定義された微分可能関数，g が $b=f(a)$ の近くで定義された微分可能関数なら，合成関数
$$(g\circ f)(x)=g(f(x))$$
は a の近くで微分可能であり，
$$(g\circ f)'(a)=g'(b)f'(a).$$
$y=f(x)$，$z=g(y)=g(f(x))$ とかけば，$\dfrac{dz}{dx}=\dfrac{dz}{dy}\dfrac{dy}{dx}$. これは分数の約分の式だから自然であり，おぼえやすい．

【証明】 前命題 2.3.6 を使う．$k=f(a+h)-f(a)=f(a+h)-b$ とすると，$\lim\limits_{h\to 0}k=0$ で，
$$(g\circ f)(a+h)-(g\circ f)(a)=g[f(a+h)]-g[f(a)]=g(b+k)-g(b)$$
$$=kg'(b)+o(k)=g'(b)[f(a+h)-f(a)]+o[f(a+h)-f(a)]$$
$$=g'(b)[hf'(a)+o(h)]+o[hf'(a)+o(h)]=hg'(b)f'(a)+o(h). \quad \square$$

[ノート] $y=f(x)$，$z=g(y)=(g\circ f)(x)$ とかき，$\dfrac{\varDelta z}{\varDelta x}=\dfrac{\varDelta z}{\varDelta y}\dfrac{\varDelta y}{\varDelta x}$ で $\varDelta x\to 0$ とすると $\dfrac{dz}{dx}=\dfrac{dz}{dy}\dfrac{dy}{dx}$ が得られるようにみえる．しかし，$\varDelta y$ は 0 になるかもしれず，とくに 0 の近くでの $f(x)=x\sin\dfrac{1}{x}$ のように，無限にくりかえし 0 になるかもしれないので，これは厳密な証明とはいえない．

2.3.8【定理】（逆関数の導関数） f を区間 I の連続関数で狭義単調なものとする．I の点 a で f が微分可能で $f'(a)\neq 0$ なら，像区間 $J=f[I]$ 上の逆関数（命題 2.2.7 によって連続）f^{-1} は $b=f(a)$ で微分可能であり，

$$(f^{-1})'(b) = \frac{1}{f'(a)} \quad \text{または} \quad \frac{dx}{dy} = \frac{1}{\frac{dy}{dx}}.$$

【証明】 $\dfrac{f^{-1}(b+k) - f^{-1}(b)}{k}$ が $k \to 0$ のとき $\dfrac{1}{f'(a)}$ に収束することを示せばよい. $h = f^{-1}(b+k) - f^{-1}(b)$ とすると, f^{-1} の連続性により, $k \to 0$ のとき $h \to 0$ となる. $f^{-1}(b+k) = a + h$ だから $b + k = f(a+h)$. したがって

$$\frac{f^{-1}(b+k) - f^{-1}(b)}{k} = \frac{h}{f(a+h) - f(a)} \to \frac{1}{f'(a)} \quad (k \to 0 \text{ のとき}). \quad \square$$

● ロルの定理・平均値の定理・原始関数の一意性

2.3.9【定理】(ロルの定理) 関数 f が閉区間 $[a, b]$ で連続, 開区間 (a, b) で微分可能で $f(a) = f(b)$ なら, $f'(c) = 0$ となる点 c ($a < c < b$) がある.

【証明】 f が定値関数ならいたるところ $f'(x) = 0$. $f(x) < f(a)$ なる点 x があるとする ($f(x) > f(a)$ でもよい). 定理 2.2.8 によって f は最小値をもつから, f を最小にする点のひとつ c をとる ($a < c < b$).

$h > 0$ なら $\dfrac{f(c+h) - f(c)}{h} \geqq 0$ だから $f'(c) \geqq 0$.

同様に $f'(c) = \lim\limits_{h \to -0} \dfrac{f(c+h) - f(c)}{h} \leqq 0$, したがって $f'(c) = 0$. $\square$

2.3.10【定理】(平均値の定理) 関数 f が閉区間 $[a, b]$ で連続, 開区間 (a, b) で微分可能なら,

$$f'(c) = \frac{f(b) - f(a)}{b - a}$$

となる点 c ($a < c < b$) がある.

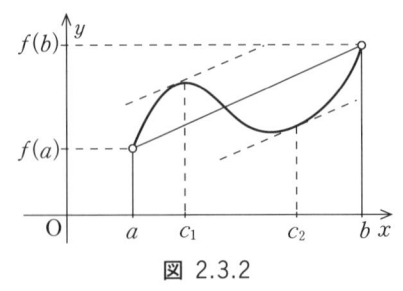

図 2.3.2

【証明】 $g(x) = f(x) - f(a) - \dfrac{f(b)-f(a)}{b-a}(x-a)$ とおくと，g は $[a,b]$ で連続，(a,b) で微分可能で $g(a)=g(b)=0$ だから，ロルの定理によって $g'(c)=0$ となる c $(a<c<b)$ がある．$g'(x) = f'(x) - \dfrac{f(b)-f(a)}{b-a}$ だから $f'(c) = \dfrac{f(b)-f(a)}{b-a}$ となる．□

2.3.11【定理】（平均値の定理の別形） f を区間 I で微分可能な関数とし，a を I の点とする．このとき I の任意の点 x に対し，
$$f(x) = f(a) + f'(c)(x-a)$$
とかくことができる．ただし c は a と x のあいだの適当な点である．

【証明】 前定理で b を x とかけばよい．□

2.3.12【定理】 1) ある区間でつねに $f'(x) \geq 0$ なら，f は広義単調増加である．逆も成りたつ．
 2) つねに $f'(x) > 0$ なら，f は狭義単調増加である．逆は成りたたない．

【証明】 1) $x_1 < x_2$ なら，前定理によって $f(x_2) - f(x_1) = f'(c)(x_2 - x_1) \geq 0$．ただし，$x_1 < c < x_2$．逆に f が広義単調増加なら，任意の点 a に対し，
$$f'(a) = \lim_{x \to a+0} \dfrac{f(x)-f(a)}{x-a} \geq 0.$$
 2) $x_1 < x_2$ なら $f(x_2) - f(x_1) = f'(c)(x_2 - x_1) > 0$ $(x_1 < c < x_2)$．逆については，$f(x) = x^3$ は狭義単調増加だが，$f'(0) = 0$．□

2.3.13【定義】 $f'(x) = g(x)$ のとき，もとの関数 f を g の **原始関数** という．

2.3.14【定理】 f が区間 I 上の微分可能関数で導関数 f' が恒等的に 0 ならば，f は定値関数である．

【証明】 I の点 a をひとつ定めると，平均値の定理 2.3.11 により，任意の x に対して $f(x) = f(a) + f'(c)(x-a) = f(a)$．□

2.3.15【定理】（原始関数の一意性） f を区間 I 上の連続関数とする．f の原始関数はあっても定数の違いを除いてひとつしかない（必ずあることは第3章で証明する）．

【証明】 F, G が f の原始関数なら，$(F-G)' = F' - G' = f - f = 0$．前定理によって $F-G$ は定数である．□

――――――― §3 の問題 ―――――――

問題 1 f が全実数で微分可能な関数で $\lim_{x \to +\infty} f(x) = \lim_{x \to -\infty} f(x) = 0$ なら，$f'(x) = 0$ となる点 x が存在することを示せ．

問題 2 a を含む区間 I で定義された関数 f が a で微分可能であるためには，I 上の関数 g で，a で連続かつ $f(x) - f(a) = g(x)(x-a)$ となるものが存在することが必要十分であることを示せ．

問題 3 （コーシーの定理）f, g は $[a, b]$ で連続，(a, b) で微分可能とし，$g'(x)$ は決して 0 にならないとする．このとき $g(a) \neq g(b)$ であり，$\dfrac{f(b) - f(a)}{g(b) - g(a)} = \dfrac{f'(c)}{g'(c)}$ となる点 c $(a < c < b)$ が存在することを示せ．

［ヒント］ $h(x) = [g(b) - g(a)]f(x) - [f(b) - f(a)]g(x)$ としてロルの定理を使う．

問題 4 （ドロピタルの定理） a の右側（左側でもよい）で定義された微分可能な関数 f, g があり，$\lim_{x \to a+0} f(x) = \lim_{x \to a+0} g(x) = 0$, $g(x) \neq 0$, $g'(x) \neq 0$ をみたすとする．もし $\lim_{x \to a+0} \dfrac{f'(x)}{g'(x)} = \alpha$ が存在すれば，$\lim_{x \to a+0} \dfrac{f(x)}{g(x)}$ も存在して α に等しいことを示せ．

［ヒント］ 前問のコーシーの定理を使う．

問題 5 右半直線 $[a, +\infty)$ $(a > 0)$ で微分可能な関数 f, g があり，$\lim_{x \to +\infty} f(x) = \lim_{x \to +\infty} g(x) = 0$, $g'(x) \neq 0$ をみたすとする．もし $\lim_{x \to +\infty} \dfrac{f'(x)}{g'(x)} = \alpha$ が存在すれば，$\lim_{x \to +\infty} \dfrac{f(x)}{g(x)}$ も存在して α に等しいことを示せ．

［ヒント］ $t = \dfrac{1}{x}$ として前問を使う．

問題 6 つぎの極限 a を求めよ．

1) $\displaystyle\lim_{x\to 0}\frac{e^x-1}{x}$　　2) $\displaystyle\lim_{x\to 0}\frac{a^x-b^x}{x}$　　3) $\displaystyle\lim_{x\to 0}\frac{1-\cos x}{x}$　　4) $\displaystyle\lim_{x\to 0}\frac{1-\cos x}{x^2}$

5) $\displaystyle\lim_{x\to 0}\frac{\tan x-x}{x-\sin x}$　　6) $\displaystyle\lim_{x\to 0}\frac{\arctan x}{x}$　　7) $\displaystyle\lim_{x\to 0}\frac{\arcsin x}{\sin x}$

8) $\displaystyle\lim_{x\to 0}\frac{\log(\cos x)}{x^2}$　　9) $\displaystyle\lim_{x\to +\infty}x\log\frac{x-a}{x+a}$

[ヒント] 問題4と問題5を利用する．

問題 7 開区間 $(0, b)$（b は $+\infty$ でもよい）で微分可能な関数 f があり，$-1<f'(x)<0$，$\displaystyle\lim_{x\to b-0}f(x)=0$ をみたすとする．このとき，$0<a_0<b$ なる a_0 から出発して $a_1=f(a_0)$，帰納的に $a_{n+1}=f(a_n)$ によって数列 $\langle a_n\rangle$ が定義されること，およびこの数列がある実数に収束することを示せ．

[ヒント] $y=f(x)$ と $y=x$ の概念図をかけ．

問題 8 a_0 を実数とする．

1) $a_{n+1}=e^{-a_n}$ で定まる数列 $\langle a_n\rangle$ は収束することを示せ．
2) $a_{n+1}=\cos a_n$ で定まる数列 $\langle a_n\rangle$ も収束することを示せ．

問題 9 区間 $[-a, a]$（$a>0$）で定義された関数が微分可能とする．f が偶関数なら f' は奇関数，f が奇関数なら f' は偶関数であることを示せ．偶関数・奇関数については例2.4.5の3) をみよ．

§4 高階導関数

●極大と極小

極大極小は既知であるが，ここでは2階導関数を使ってこの問題を扱う．

2.4.1【定義】 区間 I 上の関数 f を考える．a を I の点とする．a の近くの，a 以外のすべての点 x に対して $f(a)<f(x)$ が成りたつとき，f は a で**極小**であるという．逆向きの不等式 $f(a)>f(x)$ が成りたつとき，f は a で**極大**であるという．極大と極小を合わせて**極値**という．

[ノート] 極大は最大ということではない．図2.4.1でも，$y=f(x)$ は a と c で極大，b と d で極小だが，$f(a)$ は $f(d)$ より小さい．極大や極小の概念は一点のすぐ近くだけにかかわるものであり，遠くのほうは問題にしない．こういうこ

図 2.4.1

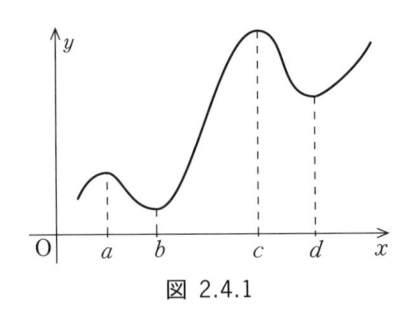

とがらを《**局所的概念**》という．これに対し，全体を問題にする最大最小とか，面積とかいうのは《**大域的概念**》と呼ばれる．微分法は多く局所的概念にかかわり，積分法は大域的概念にかかわる．

2.4.2【命題】 開区間 I で微分可能な関数 f が I の点 a で極小または極大なら，$f'(a)=0$ である．逆は成りたたない．
【証明】 f が a で極小とする．a の十分近くの点は I に属する．$x>a$ なら $\dfrac{f(x)-f(a)}{x-a}>0$ だから $f'(a)\geqq 0$．$x<a$ なら $\dfrac{f(x)-f(a)}{x-a}<0$ だから $f'(a)\leqq 0$，よって $f'(a)=0$．

逆の成りたたない例：$f(x)=x^3$ とすると $f'(0)=0$ だが，f は 0 で極値でない．□

2.4.3【定義】 関数 f の導関数 f' がまた微分可能のとき，f' の導関数をもとの関数 f の **2 階導関数** と言い，f'' とかく．

2.4.4【命題】 $f'(a)=0$ であり，$f''(a)>0$ なら f は a で極小であり，$f''(a)<0$ なら極大である．
【証明】 $f''(a)>0$ とする．
$$\lim_{x\to a}\frac{f'(x)}{x-a}=\lim_{x\to a}\frac{f'(x)-f'(a)}{x-a}=f''(a)>0.$$
極限の定義により，x が a に十分近ければ $\dfrac{f'(x)}{x-a}$ も正，すなわち $x<a$ なら $f'(x)<0$，$x>a$ なら $f'(x)>0$ である．平均値の定理により，

$$f(x)-f(a)=f'(c)(x-a) \quad (c\text{ は }a\text{ と }x\text{ のあいだの数})$$
とかけるから，$f(x)>f(a)$ となり，f は a で極小である．$f''(a)<0$ のときも同様．□

2.4.5【例】 1) $f(x)=\dfrac{1}{4}x^4+\dfrac{2}{3}x^3-\dfrac{1}{2}x^2-2x+1$．$f'(x)=x^3+2x^2-x-2=(x+2)(x+1)(x-1)$．したがって極値候補は左から順に $-2, -1, 1$ の三点である．$f''(x)=3x^2+4x-1$ だから $f''(-2)=3>0$，$f''(-1)=-2<0$，$f''(1)=6>0$．したがって f は -2 と 1 で極小，-1 で極大である（図2.4.2）．そこでの値は
$$f(-2)=\dfrac{5}{3}=1.666\cdots, \quad f(-1)=\dfrac{25}{12}=2.083\cdots,$$
$$f(1)=-\dfrac{7}{12}=-0.583\cdots.$$
この方法が万能というわけではない．

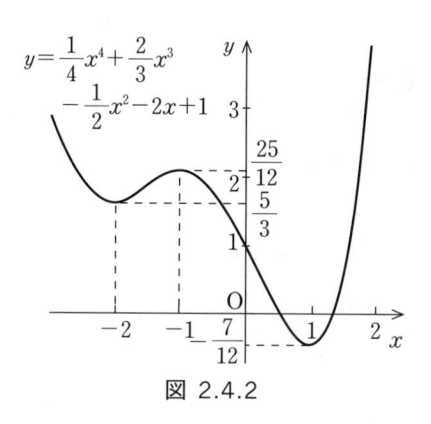

図 2.4.2

2) $f(x)=x^4$．$f'(x)=4x^3$，$f''(x)=12x^2$．極値候補 $x=0$ で $f''(0)=0$ だから判定できない．しかし，$x\neq0$ なら $x^4>0$ だから，0 はあきらかに極小である．計算も結構だが，グラフの概形を思いえがくのがもっと大事である．

3) $f(x)=\dfrac{x}{x^2+1}$．$f'(x)=\dfrac{1-x^2}{(x^2+1)^2}$ だから，±1 が極値候補である．

$$y = \frac{x}{x^2+1}$$

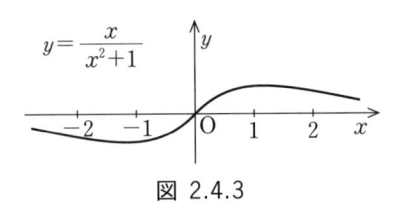

図 2.4.3

$f''(x) = \dfrac{2x^3 - 6x}{(x^2+1)^3}$, $f''(-1) > 0$, $f''(1) < 0$ だから，f は -1 で極小，1 で極大となる（図 2.4.3）．

この関数のグラフを描くときに大事なのはつぎの三点である（図 2.4.3）．

a) -1 で極小，1 で極大，$f(-1) = -\dfrac{1}{2}$, $f(1) = \dfrac{1}{2}$.

b) $f(-x) = -f(x)$, すなわちグラフは原点に関して対称である．
もちろん $f(0) = 0$．こういう関数を**奇関数**という．一方，$f(-x) = f(x)$ となる関数，すなわちグラフが y 軸に関して対称であるような関数を**偶関数**という．

c) $\lim\limits_{x \to \pm\infty} f(x) = 0$. 実際，$f(x) = \dfrac{\dfrac{1}{x}}{1 + \dfrac{1}{x^2}} \to 0 \quad (x \to \pm\infty \text{ のとき})$.

4) $f(x) = x^2 e^{-x}$. $f'(x) = (2x - x^2) e^{-x}$ だから，0 と 2 が極値候補である．$f''(x) = (x^2 - 4x + 2) e^{-x}$, $f''(0) > 0$, $f''(2) < 0$ だから，f は 0 で極小，2 で極大である（図 2.4.4）．なお，つぎのことに注意する．$f(0) = 0$, $f(2)$

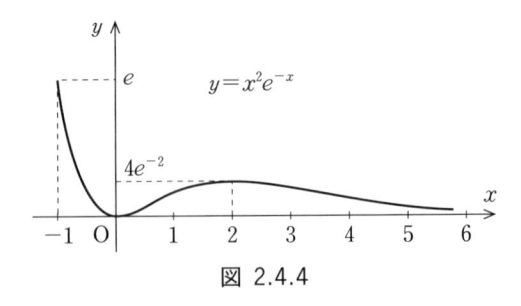

$$y = x^2 e^{-x}$$

図 2.4.4

$=4e^{-2}=0.54134\cdots$, $\lim_{x\to +\infty}f(x)=0$, $\lim_{x\to -\infty}f(x)=+\infty$. 計算道具がなくても，$2.7<e<2.8$ を知っていれば，$7<e^2<8$ だから，$0.5<4e^{-2}<0.571\cdots$ がわかる．

● **最大と最小**

定理 2.2.8 により，有界閉区間 $I=[a,b]$ 上の連続関数には最大値も最小値もある．しかし，端点 a,b の一方を取りのぞくと，最大最小の存在は保証されない．この節（§）のはじめに注意したように，極大極小と最大最小は別のものである．しかし密接な関係がある．最大最小の求めかたをふたつの命題にまとめよう．

2.4.6【命題】 有界閉区間 $I=[a,b]$ での連続関数 $y=f(x)$ には必ず最大最小がある（定理2.2.8）．それらは両端での値 $f(a), f(b)$ および開区間 (a,b) での f の極値のなかにある．

【証明】 命題 2.4.2 による．□

2.4.7【命題】 開区間 (a,b) や無限区間 $(-\infty, +\infty), (a, +\infty)$ などでの連続関数の最大値や最小値は存在するとは限らないが，もし存在すれば，それらは極値のなかにある．

【証明】 命題 2.4.2 による．□

2.4.8【例】 1) $f(x)=\dfrac{1}{4}x^4+\dfrac{2}{3}x^3-\dfrac{1}{2}x^2-2x+1$ $(-\infty<x<+\infty)$（例 2.4.5 の 1)）．まず $x\to \pm\infty$ のとき $f(x)$ はいくらでも大きくなるから最大値はない．最小値はふたつの極小値 $f(-2)=\dfrac{5}{3}$, $f(1)=-\dfrac{7}{12}$ のどちらかだから，大きさをくらべて $f(1)=-\dfrac{7}{12}$ が最小値である．

もし定義域を $[-3,3]$ に制限すると，最小値は変わらないが，最大値（必ず存在する）は両端の値 $f(-3)=\dfrac{19}{4}$, $f(3)=\dfrac{115}{4}$ およびただひとつ

の極大値 $f(-1)=\dfrac{25}{12}$ をくらべて，$f(3)=\dfrac{115}{4}$ を得る．

2) $f(x)=\dfrac{x}{x^2+1}$ $(-\infty<x<+\infty)$（例 2.4.5 の 3))．$x\to\pm\infty$ のとき $f(x)$ は 0 に近づくから，$x=-1$ で最小値 $-\dfrac{1}{2}$，$x=1$ で最大値 $\dfrac{1}{2}$ である．もし定義域を $[0,+\infty)$ に制限すると，最大値はそのまま．$x\to+0$ および $x\to+\infty$ のとき，$f(x)$ は上から限りなく 0 に近づくが，0 には達しないから，最小値はない．

3) $f(x)=x^2e^{-x}$ $(-\infty<x<+\infty)$（例 2.4.5 の 4))．図 2.4.4 からあきらかに最大値はなく，最小値は $f(0)=0$．もし定義域を $[1,4]$ に制限すると，最大はただひとつの極大値 $f(2)=4e^{-2}\doteqdot 0.54$ である．図では $f(1)$ と $f(4)$ のどっちが小さいか分かりにくい．そこで計算することにする．$f(1)=e^{-1}$ と $f(4)=16e^{-4}$ をくらべるためには，e^3 と 16 をくらべればよい．$e>2.7$ だから $e^3>(2.7)^3=19.683>16$ であり，$f(1)>f(4)$．すなわち最小値は $f(4)=16e^{-4}$．

4) 周の長さが一定の方形のうち，面積が最大のものを求める．方形のタテヨコの長さをそれぞれ x,y とすると，$x+y=a$ は一定である．面積は xy だから，$f(x)=x(a-x)$，$f'(x)=a-2x=0$ から $x=\dfrac{a}{2}$．両端 $x=0$，a では面積 0 だから，正方形 $\left(x=y=\dfrac{a}{2}\right)$ のとき面積最大となる．

5) よこながの楕円 $\dfrac{x^2}{a^2}+\dfrac{y^2}{b^2}=1$ $(a>b>0)$ を考える．点 $(0,-b)$ をとおる弦のうち，長さが最大のものを求めよう（図 2.4.5)．

弦と楕円のもうひとつの交点を (x,y) とする．左右対称だから $x\geqq 0$ としてよい．長さのかわりに長さの 2 乗 $f(y)=x^2+(y+b)^2$ を最大にすればよい．$x^2=a^2-\dfrac{a^2}{b^2}y^2$ だから，

$$f(y)=a^2-\dfrac{a^2}{b^2}y^2+(y+b)^2 \quad (-b\leqq y\leqq b)$$

の最大値を求めればよい．$f'(y)=2\left(1-\dfrac{a^2}{b^2}\right)y+2b=0$ を解いて $y_0=$

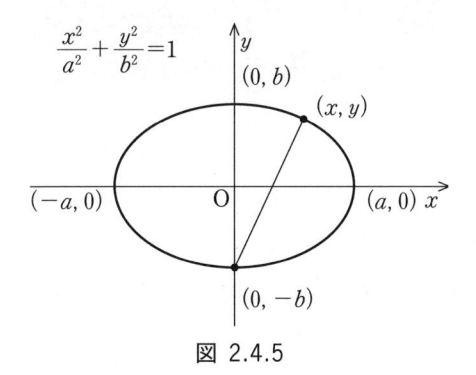

$$\frac{x^2}{a^2}+\frac{y^2}{b^2}=1$$

図 2.4.5

$\frac{b^3}{a^2-b^2}$ を得る．$|y_0|\leqq b$ になるのは $a^2\geqq 2b^2$ のときである．このとき $x_0=\frac{a^2\sqrt{a^2-2b^2}}{a^2-b^2}$ となる．答えはつぎのとおり．

a) $a^2\geqq 2b^2$ のとき，f は y_0 で極大かつ最大となり，弦の長さは

$$\frac{a^2}{\sqrt{a^2-b^2}}.$$

b) $a^2<2b^2$ のとき（円に近い楕円），f は狭義単調増加で $y=b$ のとき最大，すなわち垂直弦が最長で長さは $2b$ である．

● 曲線の凹凸・ニュートン法

2.4.9【定義等】 $y=f(x)$ のグラフの1点 $(a,f(a))$ で接線を引く．図 2.4.6(a) のように接線が曲線の下側にあるとき，関数 f ないし曲線 $y=f(x)$ は $x=a$ で下に凸または単に凸であるという．いたるところ凸である関数を凸関数という．図 2.4.6(b) のように，接線が曲線の上側にあるとき，上に凸とか凹とか言うこともあるが，むしろ《$-f$ が凸》というほうが普通だと思う．

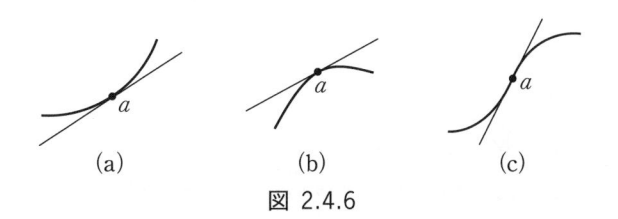

(a) (b) (c)

図 2.4.6

点 a の近くで f が凸だということは，導関数 $f'(x)$ が a の近くで狭義単調に増加することを意味する．したがってそれは a の近くで $f''(x)>0$ ということにほかならない．

今後 $f''(x)$ も連続とする．点 a で曲線が凸から凹に，または凹から凸に変わるとき，点 $(a,f(a))$（または点 a）を曲線 $y=f(x)$ の**変曲点**という（図 2.4.6 (c)）．このとき f'' の連続性によって $f''(a)=0$ となる．逆は成りたたない．たとえば $f(x)=x^4$ のとき，$f''(0)=0$ だが，曲線は凸のままである．

[ノート] 曲線 $y=f(x)$ のグラフをちょっと傾けると，極大や極小は変わってしまう．しかし変曲点や凹凸は変わらない．すなわち，変曲点や凹凸は曲線に内在する（座標に無関係な）概念であり，曲線の研究にとって本質的な意味をもつ．

2.4.10【例】 例 2.4.5 で扱った関数の変曲点をしらべよう．そこの図を見ながら考えよ．

1) $f(x)=\dfrac{1}{4}x^4+\dfrac{2}{3}x^3-\dfrac{1}{2}x^2-2x+1$. $f'(x)=x^3+2x^2-x-2$ だから $f''(x)=3x^2+4x-1$. $f''(x)=0$ を解いてふたつの変曲点の x 座標 $\dfrac{-2\pm\sqrt{7}}{3}\fallingdotseq -1.54858,\ 0.21525$ を得る．

2) $f(x)=x^4$. $f''(0)=0$ だが，これは極小であって変曲点ではない．

3) $f(x)=\dfrac{x}{x^2+1}$. $f'(x)=\dfrac{1-x^2}{(x^2+1)^2}$, $f''(x)=\dfrac{2x^3-6x}{(x^2+1)^3}$. $f''(x)=0$ を解くと $-\sqrt{3}, 0, \sqrt{3}$．三点とも変曲点である．

4) $f(x)=x^2e^{-x}$. $f'(x)=(2x-x^2)e^{-x}$, $f''(x)=(x^2-4x+2)e^{-x}$. $f''(x)=0$ を解いてふたつの変曲点 $2\pm\sqrt{2}$ を得る．

2.4.11【命題】（ニュートン法） 有界閉区間 $[a,b]$ 上の凸関数 f があり，f の2階導関数 f'' が存在して連続とする．$f(a)<0,\ f(b)>0$ なら，中間値の定理によって $f(c)=0$ となる点 c があるが，f が凸だということから，このような点 c はひとつしかない．この c を計算するよい方法がある．

いま $x_0=b$ とし，図 2.4.7 のように，点 $(x_0,f(x_0))$ での接線が x 軸とまじわる点を x_1 とする．つぎに点 $(x_1,f(x_1))$ での接線が x 軸とまじわる点を

図 2.4.7

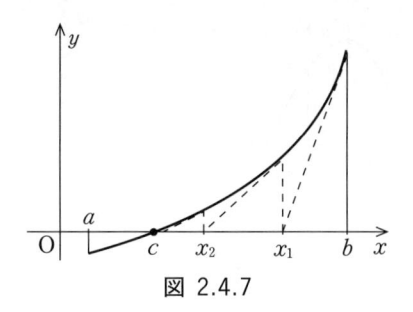

x_2 とする．この操作を続けると，点列 $x_0, x_1, x_2, \cdots$ は単調に減少し，急速に c に近づく．こうして方程式 $f(x)=0$ のただひとつの解を求める方法を**ニュートン法**という．

式による計算はつぎのようになる．点 $(x_0, f(x_0))$ での接線の方程式は
$$y - f(x_0) = f'(x_0)(x - x_0)$$
だから，$x_1 = x_0 - \dfrac{f(x_0)}{f'(x_0)}$ である．同様に
$$x_{n+1} = x_n - \frac{f(x_n)}{f'(x_n)} \qquad (n = 0, 1, 2, \cdots)$$
となる．

ノート $f(a) > 0$, $f(b) < 0$ の場合や $f''(x) < 0$ の場合に命題をどう修正すればよいかは，図をかいてみればすぐ分かる．

2.4.12【例】 1) 正の数 a の p 乗根 $\sqrt[p]{a}$ を求めるために，$f(x) = x^p - a$ とすると，
$$x_{n+1} = x_n - \frac{x_n^p - a}{p x_n^{p-1}} = \left(1 - \frac{1}{p}\right) x_n + \frac{a}{p x_n^{p-1}}.$$
たとえば $\sqrt[3]{2}$ を求めるために $x_0 = 2$ からはじめると，$x_1 = 1.5$, $x_2 \fallingdotseq 1.296296$, $x_3 \fallingdotseq 1.260932$, $x_4 \fallingdotseq x_5 \fallingdotseq 1.259921$.

2) $f(x) = x^3 - x^2 - 2x + 1 = 0$ を解く．これは §2 問題 3 の 1) で扱い，三つの実根 α, β, γ があり，$-2 < \alpha < -1$, $0 < \beta < 1 < \gamma < 2$ であることが分かっている（図 2.4.8）．

α については $x_0 = -2$ からはじめると，$x_5 \fallingdotseq x_6 \fallingdotseq -1.246979$. β につい

図 2.4.8

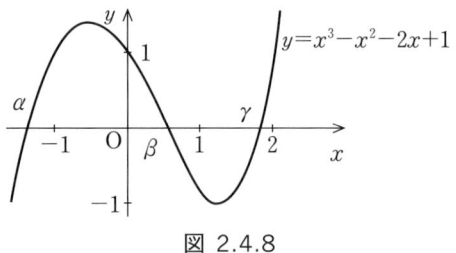

ては $x=\frac{1}{3}$ が変曲点だから，$x_0=\frac{1}{3}$ として $x_2 \fallingdotseq x_3 \fallingdotseq 0.445041$．$\gamma$ は $x_0=2$ として $x_4 \fallingdotseq x_5 \fallingdotseq 1.801937$．

● 高階導関数

2.4.13【定義】 1) 関数 $y=f(x)$ を n 回微分して得られる関数を，f の n 階導関数と言い，$y^{(n)}$，$f^{(n)}(x)$，$\frac{d^n y}{dx^n}$，$\frac{d^n}{dx^n} f(x)$ などとかく．

2) 関数 f が微分可能で，導関数 f' が連続のとき，もとの関数 f は C^1 級であるという．一般に n 階導関数が存在して連続のとき，f は C^n 級であるという．何回でも微分できる関数は C^∞ 級であるという．

しかし，いちいちこまかい指定をしない方がよいときもあるので，そういう場合には必要なだけ微分可能と仮定し，そのために**十分なめらかな関数**ということばを使うことにする．何も言わないこともあるだろう．

2.4.14【例】 関数によっては，その n 階導関数が n を含む簡単な式でかけることがある．

1) $y=e^{ax}$ なら $y^{(n)}=a^n e^{ax}$．
2) $y=x^a$（a は実数）なら $y^{(n)}=a(a-1)\cdots(a-n+1)x^{a-n}$．もし a が自然数なら，これは途中から 0 になる．
3) $y=\sin x$ のとき，n を 4 で割ったあまりが $0,1,2,3$ であるのに従って $y^{(n)}$ は $\sin x$，$\cos x$，$-\sin x$，$-\cos x$ である．これをひとつの式でかきたければ，$\cos x = \sin\left(x+\frac{\pi}{2}\right)$ を使って，$y^{(n)}=\sin\left(x+\frac{\pi}{2}n\right)$．

2.4.15（ライプニッツの公式） 関数 f, g がある区間で n 回微分可能なら，積 fg も n 回微分可能で，
$$(fg)^{(n)} = \sum_{k=0}^{n} {}_nC_k f^{(n-k)} g^{(k)}.$$
ただし ${}_nC_k = \dfrac{n(n-1)\cdots(n-k+1)}{k!}$ （定義 0.1.5 および命題 0.1.6）．

【証明】 帰納法．$n=1$ なら $(fg)' = f'g + fg'$．$n-1$ のときに結果を仮定すると，右辺は $n-1$ 回微分可能だから fg は n 回微分可能である．この両辺を $n-1$ 回微分すると，帰納法の仮定により，
$$(fg)^{(n)} = \sum_{k=0}^{n-1} {}_{n-1}C_k f'^{(n-1-k)} g^{(k)} + \sum_{l=0}^{n-1} {}_{n-1}C_l f^{(n-1-l)} g'^{(l)}.$$
一番右の Σ で $l+1$ を k とかき，両端の項を分離すると，
$$(fg)^{(n)} = f^{(n)}g + \sum_{k=1}^{n-1} {}_{n-1}C_k f^{(n-k)} g^{(k)} + \sum_{k=1}^{n-1} {}_{n-1}C_{k-1} f^{(n-k)} g^{(k)} + fg^{(n)}$$
$$= f^{(n)}g + \sum_{k=1}^{n-1} \left[{}_{n-1}C_k + {}_{n-1}C_{k-1} \right] f^{(n-k)} g^{(k)} + fg^{(n)}$$
$$= \sum_{k=0}^{n} {}_nC_k f^{(n-k)} g^{(k)}. \quad \square$$

2.4.16【例】 1) $f(x) = e^x \sin x$．$(e^x)^{(n-k)} = e^x$, $(\sin x)^{(k)} = \sin\left(x + \dfrac{k\pi}{2}\right)$

だから，$f^{(n)}(x) = \sum_{k=0}^{n} {}_nC_k e^x \sin\left(x + \dfrac{k\pi}{2}\right)$．

2) $f(x) = \dfrac{\log x}{x}$．$(\log x)^{(k)} = \dfrac{(-1)^{k-1}(k-1)!}{x^k}$ $(k \geq 1)$,

$\left(\dfrac{1}{x}\right)^{(n-k)} = \dfrac{(-1)^{n-k}(n-k)!}{x^{n-k+1}}$ だから，$k=0$ の項を分離して，

$$f^{(n)}(x) = \dfrac{(-1)^n n!}{x^{n+1}} \log x + \sum_{k=1}^{n} \dfrac{n!}{k!(n-k)!} \dfrac{(-1)^{k-1}(k-1)!}{x^k} \dfrac{(-1)^{n-k}(n-k)!}{x^{n-k+1}}$$
$$= \dfrac{(-1)^n n!}{x^{n+1}} \log x + \sum_{k=1}^{n} \dfrac{(-1)^{n-1} n!}{k x^{n+1}} = \dfrac{(-1)^n n!}{x^{n+1}} \left(\log x - \sum_{k=1}^{n} \dfrac{1}{k} \right).$$

3) $f(x) = x^\alpha$ $(x > 0,\ \alpha$ は実数$)$．正の数の実数乗の厳密な定義は第 3 章でやるが，いま $(x^\alpha)' = \alpha x^{\alpha-1}$ を認めれば，ただちに
$$f^{(n)}(x) = \alpha(\alpha-1)\cdots(\alpha-n+1) x^{\alpha-n}.$$

―――――――――――――――――――― §4 の問題 ――――――――――――――――――――

問題 1 $0<|x|<\dfrac{\pi}{2}$ なる x に対して $\dfrac{\sin x}{x}>\dfrac{2}{\pi}$ が成りたつことを示せ．

問題 2 $|a_0|\leqq\dfrac{\pi}{2}$ とし，漸化式 $a_{n+1}=\dfrac{\pi}{2}\sin a_n$ によって数列 $\langle a_n\rangle$ を定める．これが収束することを示し，極限を求めよ．

問題 3 つぎの関数 $f(x)$ の極大極小を論じ，略図をかけ．

1) x^4-2x^2+1 2) $x+\dfrac{1}{x}$ 3) $\dfrac{e^x+e^{-x}}{2}$ 4) $\dfrac{e^{-x}}{x}$ 5) e^{-x^2}

6) $\dfrac{x-1}{x^2+3}$

問題 4 つぎの関数 $f(x)$ の最大最小を論じ，略図をかけ．

1) $0\leqq x\leqq 2$ で x^4-2x^2+1 2) $x>0$ で $x+\dfrac{1}{x}$

3) $-2\leqq x\leqq 3$ で $\dfrac{1}{4}x^4-\dfrac{1}{3}x^3-x^2$ 4) $x\geqq -1$ で $x^2 e^{-x}$

問題 5 x 軸上の定点 $(p,0)$ $(p\geqq 0)$ から，双曲線 $\dfrac{x^2}{a^2}-\dfrac{y^2}{b^2}=1$ $(a,b>0)$ への距離を最小にせよ．

問題 6 半径 a の球に内接する直円錐のうち，体積が最大のものの高さおよび底円の半径を求めよ．

問題 7 問題3の6個の関数について，それぞれ変曲点を調べて図を精密にせよ．

問題 8 ニュートン法により，適当な計算道具を使ってつぎの問題を解け（数値はたとえば小数第6位まで）．

1) $y=\log x$ と $y=e^{-x}$ の交点がちょうどひとつあることを示し，その点の座標を求めよ．

2) $x^3-x^2-4x-1=0$ の根の数をしらべ，その値を求めよ．

3) $x^4-2x^2+x+1=0$ の根の数をしらべ，その値を求めよ．

4) $x=\sin 10°$ を求めよ．

問題 9 つぎの関数の n 階導関数をなるべく簡潔な式であらわせ．

1) $\dfrac{1}{x^2+3x+2}$ 2) $\dfrac{1}{(ax+b)(cx+d)}$ $(ad\neq bc)$

3) $\dfrac{ax+b}{cx+d}$ $(ad\neq bc)$ 4) $\sin^3 x$

§5 テイラーの定理とその応用

● **テイラーの定理**

平均値の定理を高階の場合に拡張する．

2.5.1【定理】（テイラーの定理）　区間 $[a,b]$ または $[b,a]$ で n 階導関数 $f^{(n)}$ が連続であり，(a,b) または (b,a) で $f^{(n)}$ が微分可能のとき，

$$f(b) = \sum_{k=0}^{n} \frac{f^{(k)}(a)}{k!}(b-a)^k + R_n, \quad R_n = \frac{f^{(n+1)}(c)}{(n+1)!}(b-a)^{n+1}$$

が成りたつ．ただし，c は a と b のあいだの適当な数（$a<c<b$ または $b<c<a$）である．この式を $n+1$ 階の**テイラー公式**と言い，

$$\sum_{k=0}^{n} \frac{f^{(k)}(a)}{k!}(b-a)^k$$

をその**主要部**，R_n を（$n+1$ 階の）**残項**という．

【証明】　$b \neq a$ としてよい．あまくだりではあるが，

$$g(x) = f(b) - \sum_{k=0}^{n} \frac{f^{(k)}(x)}{k!}(b-x)^k$$

とおくと，$g(b) = 0$，$g(a) = R_n$（残項）．ロルの定理を使うために

$$h(x) = g(x) - \frac{(b-x)^{n+1}}{(b-a)^{n+1}} g(a)$$

とおくと，$h(a) = h(b) = 0$．したがって $h'(c) = 0$ となる点 c が a と b のあいだにある．一方，計算すると

$$h'(c) = -\sum_{k=0}^{n} \frac{f^{(k+1)}(c)}{k!}(b-c)^k + \sum_{k=1}^{n} \frac{f^{(k)}(c)}{(k-1)!}(b-c)^{k-1}$$
$$+ \frac{(n+1)(b-c)^n}{(b-a)^{n+1}} g(a).$$

右辺の最初の $\sum$ で $k+1$ を改めて k とかくと，第二の $\sum$ とほとんどすべての項が消しあうから，$g(a)$ を R_n とかけば，

$$0 = h'(c) = -\frac{f^{(n+1)}(c)}{n!}(b-c)^n + \frac{(n+1)(b-c)^n}{(b-a)^{n+1}} R_n$$

となるから，$R_n(x) = \frac{f^{(n+1)}(c)}{(n+1)!}(b-a)^{n+1}$ が成りたつ．□

ここでランダウの記号（定義2.3.5）を思いだそう．$\lim_{x \to a} f(x) = \lim_{x \to a} g(x) = \lim_{x \to a} \frac{f(x)}{g(x)} = 0$ のとき $f(x) = o(g(x))$ とかき，（a の近くで）f は g より高位の無限小だというのだった．

2.5.2【定理】 関数 f は点 a を含む開区間 I で $n+1$ 回微分可能とする．

1) I の任意の点 x に対して
$$f(x) = \sum_{k=0}^{n} \frac{f^{(k)}(a)}{k!}(x-a)^k + R_n(x), \quad R_n(x) = \frac{f^{(n+1)}(c)}{(n+1)!}(x-a)^{n+1}$$
が成りたつ．ただし，c は a と x のあいだの数である．

2) もし区間 I で $f^{(n+1)}(x)$ が有界なら，$R_n(x) = o((x-a)^n)$ だから，
$$f(x) = \sum_{k=0}^{n} \frac{f^{(k)}(a)}{k!}(x-a)^k + o((x-a)^n)$$
が成りたつ．とくに f が C^{n+1} 級（$f^{(n+1)}$ が連続）なら，最大最小値の定理2.2.8によって $f^{(n+1)}$ は a を含むある区間で有界だから，定理が成りたつ．

[ノート] この式は，a の近くで関数 $f(x)$ が n 次多項式
$$\sum_{k=0}^{n} \frac{f^{(k)}(a)}{k!}(x-a)^k$$
によって近似されることを意味する．ランダウの記号を使うと，定理の精密さは減るけれども，便利で使いやすくなる．

【証明】 1) は前定理の b を x に変えただけである．2) は，I で $|f^{(n+1)}(x)| \leq M$ とすれば $\left| \frac{R_n(x)}{(x-a)^n} \right| \leq M \frac{|x-a|}{(n+1)!} \to 0$ （$x \to a$ のとき）．□

2.5.3【ノート】 テイラーの公式はつぎのようにも書ける．

1) $f(x+h) = \sum_{k=0}^{n} \frac{f^{(k)}(x)}{k!} h^k + R_n(x, h), \quad R_n(x, h) = \frac{f^{(n+1)}(x+\theta h)}{(n+1)!} h^{n+1}$,
θ は 0 と 1 のあいだの適当な数．

2) $f(a+x) = \sum_{k=0}^{n} \frac{f^{(k)}(a)}{k!} x^k + R_n(x), \quad R_n(x) = \frac{f^{(n+1)}(a+\theta x)}{(n+1)!} x^{n+1}$,
θ は 0 と 1 のあいだの適当な数．

証明略（やさしい）．

2.5.4【定理】（0 でのテイラー公式）
$$f(x)=\sum_{k=0}^{n}\frac{f^{(k)}(0)}{k!}x^k+R_n(x), \quad R_n(x)=\frac{f^{(n+1)}(\theta x)}{(n+1)!}x^{n+1} \quad (0<\theta<1).$$
この式を**マクローリンの公式**ということもある．今後ほとんどすべての場合，0 でのテイラー公式だけを使うことになるだろう．

2.5.5【ノート】 0 でのテイラー公式にランダウの記号を適用すると，
$$f(x)=\sum_{k=0}^{n}\frac{f^{(k)}(0)}{k!}x^k+o(x^n)$$
とかける．これをもっと雑に
$$f(x) \sim \sum_{k=0}^{n}\frac{f^{(k)}(0)}{k!}x^k$$
とかくこともある．この記号法は，n を変えると意味が変わってしまうので注意を要するが，うまく使えば非常に簡潔で便利である．

2.5.6【命題】 1) 十分なめらかな関数 $f(x)$ を 0 の近くで n 次多項式によって近似する仕方は一通り（0 でのテイラー公式）しかない．言いかえると，
$$f(x)=\sum_{k=0}^{n}a_k x^k+o(x^n)=\sum_{k=0}^{n}b_k x^k+o(x^n)$$
なら $a_k=b_k$ $(0\leqq k\leqq n)$ が成りたつ．

2) f が偶関数（$f(-x)=f(x)$）なら，f の 0 でのテイラー公式にあらわれる x の奇数乗の係数は 0，奇関数（$f(-x)=-f(x)$）なら偶数乗の係数は 0 である．

【証明】 1) $0=\sum_{k=0}^{n}(a_k-b_k)x^k+o(x^n)$ だから，$x=0$ として $a_0=b_0$．よって $\sum_{k=1}^{n}(a_k-b_k)x^{k-1}=o(x^{n-1})$．$x=0$ として $a_1=b_1$．これを続ければよい（帰納法）．

2) 1) により，f が偶関数なら，$(-1)^k f^{(k)}(0)=f^{(k)}(0)$ だから，k が奇数

なら $f^{(k)}=0$. 奇関数のときも同様. □

2.5.7【定理】（重要な関数の 0 でのテイラー公式）

1) $e^x = \sum_{k=0}^{n} \frac{1}{k!} x^k + R_n(x) \sim 1 + x + \frac{1}{2!} x^2 + \cdots + \frac{1}{n!} x^n$,

   $R_n(x) = \frac{e^{\theta x}}{(n+1)!} x^{n+1} \quad (0 < \theta < 1)$.

2) $\log(1+x) = \sum_{k=1}^{n} \frac{(-1)^{k-1}}{k} x^k + R_n(x) \sim x - \frac{1}{2} x^2 + \frac{1}{3} x^3 - \cdots + \frac{(-1)^{n-1}}{n} x^n$,

   $R_n(x) = \frac{(-1)^n}{n+1} \frac{x^{n+1}}{(1+\theta x)^{n+1}} \quad (-1 < x)$.

   定理 1.1.10 の証明の式 (4) によれば, $R_n(x) = \int_0^x \frac{(-1)^{n+1} u^{n+1}}{u+1} du$ ともかける.

3) $\cos x = \sum_{k=0}^{n} \frac{(-1)^k}{(2k)!} x^{2k} + R_n(x) \sim 1 - \frac{1}{2!} x^2 + \frac{1}{4!} x^4 - \cdots + \frac{(-1)^n}{(2n)!} x^{2n}$,

   $R_n(x) = \frac{(-1)^{n+1} \cos(\theta x)}{(2n+2)!} x^{2n+2}$.

   $\sin x = \sum_{k=0}^{n} \frac{(-1)^k}{(2k+1)!} x^{2k+1} + R_n(x) \sim x - \frac{1}{3!} x^3 + \frac{1}{5!} x^5 - \cdots$

   $+ \frac{(-1)^n}{(2n+1)!} x^{2n+1}, \quad R_n(x) = \frac{(-1)^{n+1} \cos(\theta x)}{(2n+3)!} x^{2n+3}$.

4) $\arctan x = \sum_{k=0}^{n} \frac{(-1)^k}{2k+1} x^{2k+1} + R_n(x) \sim x - \frac{1}{3} x^3 + \frac{1}{5} x^5 - \cdots$

   $+ \frac{(-1)^n}{2n+1} x^{2n+1}, \quad R_n(x) = \int_0^x \frac{(-1)^{n+1} u^{2n+2}}{1+u^2} du$.

5) 任意の実数 a と 0 または自然数 k に対し, **一般二項係数** ${}_a C_k$ を, ${}_a C_0 = 1$, ${}_a C_k = \frac{a(a-1)\cdots(a-k+1)}{k!} \quad (k \geq 1)$ として定義する. a が 0 または自然数なら, これはふつうの二項係数ないし組みあわせの数である. さて, テイラー公式は

   $(1+x)^a = \sum_{k=0}^{n} {}_a C_k x^k + R_n(x) \sim 1 + ax + \frac{a(a-1)}{2 \cdot 1} x^2 + \cdots$

   $+ \frac{a(a-1)\cdots(a-n+1)}{n!} x^n, \quad R_n(x) = {}_a C_{n+1} (1+\theta x)^{a-n-1} x^{n+1}$.

【証明】 1) $(e^x)^{(k)} = e^x$.

2) $[\log(1+x)]^{(k)} = \dfrac{(-1)^{k-1}(k-1)!}{(1+x)^k}$ $(k \geq 1)$.

3) $(\cos x)' = -\sin x$, $(\cos x)'' = -\cos x$, $(\cos x)''' = \sin x$, $(\cos x)'''' = \cos x$ による. $\sin x$ も同様.

4) 定理 1.1.7 の証明の式 (4) による.

5) 例 2.4.16 の 3) による.

以上どの場合も, 関数は 0 の近くで C^∞ 級だから $f^{(n+1)}(x)$ は有界であり, 多項式による近似式が成りたつ. □

2.5.8【定理】(積分型残項のテイラー公式) f が C^{n+1} 級なら, テイラー公式 $f(b) = \sum_{k=0}^{n} \dfrac{f^{(k)}(a)}{k!}(b-a)^k + R_n$ の残項 R_n は

$$R_n = \int_a^b \frac{f^{(n+1)}(x)}{n!}(b-x)^n dx$$

とかける.

【証明】 $f(b) - f(a) = \int_a^b f'(x) dx$ だから, 部分積分により,

$$f(b) = f(a) - \int_a^b f'(x)(b-x)' dx$$

$$= f(a) - \left[f'(x)(b-x)\right]_a^b + \int_a^b f''(x)(b-x) dx$$

$$= f(a) + f'(a)(b-a) + \left[\frac{f''(x)}{2!}(b-x)^2\right]_a^b + \int_a^b \frac{f'''(x)}{2!}(b-x)^2 dx$$

$$= \cdots = \sum_{k=0}^{n} \frac{f^{(k)}(a)}{k!}(b-a)^k + \int_a^b \frac{f^{(n+1)}(x)}{n!}(b-x)^n dx.$$

途中の…は帰納法であり, 最後の積分で $f^{(n+1)}$ の連続性が要請される (第 3 章をみよ).

● 多項式による近似

[ノート] 多項式は扱いやすいので, 関数を多項式で近似することは, たいへん役にたつ. 定理 2.5.7 のいくつかのテイラー公式の, 記号〜でむすんだ式は, どれも関数の多項式による近似式である. さらにいくつかの例をあげよう.

2.5.9【例】 1) 0 の近くで $f(x)=\tan x$ を 5 次（以下の）多項式で近似する（ふつう 5 次まではいらないが，これは練習のためである）．$\tan x$ を 5 回微分するのは得策でない．つぎのようにする．

$$\sin x \sim x - \frac{1}{6}x^3 + \frac{1}{120}x^5 + 0 \cdot x^6,$$

$$\cos x \sim 1 - \frac{1}{2}x^2 + \frac{1}{24}x^4 + 0 \cdot x^5.$$

$u = 1 - \cos x$ とおくと，$x \to 0$ のとき $u \to 0$，$u^3 = o(x^5)$ だから，

$$\frac{1}{\cos x} = \frac{1}{1-u} = 1 + u + u^2 + o(x^5) \sim 1 + \left(\frac{1}{2}x^2 - \frac{1}{24}x^4\right) + \left(\frac{1}{2}x^2 - \frac{1}{24}x^4\right)^2$$

$$\sim 1 + \frac{1}{2}x^2 + \frac{5}{24}x^4.$$

$$\tan x = \frac{\sin x}{\cos x} \sim \left(x - \frac{1}{6}x^3 + \frac{1}{120}x^5\right)\left(1 + \frac{1}{2}x^2 + \frac{5}{24}x^4\right)$$

$$\sim x + \frac{1}{3}x^3 + \frac{2}{15}x^5.$$

ここで §5 問題 1 の結果を使った．

2) $y = (1+x)^x$ を 4 次多項式で近似する．

$$\log y = x \log(1+x) \sim x^2 - \frac{1}{2}x^3 + \frac{1}{3}x^4,$$

$$y = e^{x\log(1+x)} \sim 1 + \left(x^2 - \frac{1}{2}x^3 + \frac{1}{3}x^4\right) + \frac{1}{2}\left(x^2 - \frac{1}{2}x^3\right)^2$$

$$\sim 1 + x^2 - \frac{1}{2}x^3 + \frac{5}{6}x^4.$$

3) a) $(1+x)^\alpha$ の近似式で $\alpha = -\frac{1}{2}$，$n=3$ とすると，

$$\frac{1}{\sqrt{1+x}} = (1+x)^{-\frac{1}{2}} \sim 1 - \frac{1}{2}x + \frac{-\frac{1}{2} \cdot -\frac{3}{2}}{2 \cdot 1}x^2 + \frac{-\frac{1}{2} \cdot -\frac{3}{2} \cdot -\frac{5}{2}}{3 \cdot 2 \cdot 1}x^3$$

$$= 1 - \frac{1}{2}x + \frac{3}{8}x^2 - \frac{5}{16}x^3.$$

b) この式で x を $-x^2$ におきかえると，

$$\frac{1}{\sqrt{1-x^2}} = 1 + \frac{1}{2}x^2 + \frac{3}{8}x^4 + \frac{5}{16}x^6 + \varphi(x), \quad \varphi(x) = o(x^7).$$

c) この両辺を 0 から x まで積分すると，

$$\arcsin x = x + \frac{1}{6}x^3 + \frac{3}{40}x^5 + \frac{5}{112}x^7 + \int_0^x \varphi(x)\,dx.$$

0 の近くで $|\varphi(x)| \leq x^7$ だから，$\left|\int_0^x \varphi(x)\,dx\right| \leq \frac{1}{8}x^8$. したがって

$$\arcsin x = x + \frac{1}{6}x^3 + \frac{3}{40}x^5 + o(x^6).$$

● 無限大・無限小の比較

基本的な極限を復習しておこう．

2.5.10【復習】

$$\lim_{x \to +\infty} e^x = +\infty, \quad \lim_{x \to -\infty} e^x = 0.$$

$$\lim_{x \to +\infty} \log x = +\infty, \quad \lim_{x \to +0} \log x = -\infty.$$

$a > 0$ のとき，$\lim_{x \to +\infty} x^a = +\infty$，$\lim_{x \to +0} x^a = 0$．

$$\lim_{x \to 0} \frac{\sin x}{x} = 1, \quad \lim_{x \to 0} \frac{e^x - 1}{x} = 1.$$

ノート 無限に大きくなる関数のなかでも，大きくなる速さにはいろいろなものがある．これからその比較をする．重要な関数たちの大きくなる（または小さくなる）速さを感覚的に理解することは，微積分にとって非常に重要である．

2.5.11【定義】

1) （定義 2.3.5 の復習）$\lim_{x \to a} f(x) = \lim_{x \to a} g(x) = 0$ であり（a は $\pm\infty$ でもよい），しかも $\lim_{x \to a} \frac{f(x)}{g(x)} = 0$ のとき，$f(x)$ は $g(x)$ より速く 0 に近づく，またはより速く（絶対値が）小さくなる，または $f(x)$ は $g(x)$ より高位の無限小であると言い，$f(x) = o(g(x))$（$x \to a$ のとき）とかく．

2) $\lim_{x \to a} f(x) = \lim_{x \to a} g(x) = \pm\infty$（$a$ は $\pm\infty$ でもよい）であり，しかも $\lim_{x \to a} \frac{f(x)}{g(x)} = \pm\infty$ のとき，$f(x)$ は $g(x)$ より速く $\pm\infty$ に近づく，またはより速く（絶対値が）大きくなる，または $f(x)$ は $g(x)$ より高位の無限大であると言い，$g(x) \ll f(x)$（$x \to a$ のとき）とかく．

もっとも大事なのはつぎの定理である．

2.5.12【定理】 a を正の実数とする．x が $+\infty$ に近づくとき，
$$\log x \ll x^a \ll e^x.$$
とくに
$$\log x \ll x\text{の多項式} \ll e^x.$$
$a<\beta$ なら $x^a \ll x^\beta$．

【証明】 $a+1$ より大きい自然数 n をとり，$n+1$ 階のテイラー公式を e^x に適用すると（$0<\theta<1$），
$$e^x = 1 + x + \frac{1}{2!}x^2 + \cdots + \frac{1}{n!}x^n + \frac{e^{\theta x}}{(n+1)!}x^{n+1} > \frac{1}{n!}x^n > \frac{1}{n!}x^{a+1} = \frac{x}{n!}x^a.$$
よって $\dfrac{e^x}{x^a} > \dfrac{x}{n!} \to +\infty$ （$x \to +\infty$ のとき）．

つぎに $u = a\log x$ とおくと，$x \to +\infty$ のとき $u \to +\infty$，$e^u = x^a$ だから，
$$\frac{x^a}{\log x} = \frac{ae^u}{u} \to +\infty.$$
$a<\beta$ なら $\dfrac{x^\beta}{x^a} = x^{\beta-a} = e^{(\beta-a)\log x} \to +\infty$ （$x \to +\infty$ のとき）．□

2.5.13【例】 1) $\lim_{x \to +0} x\log x = 0$．実際，$u = \dfrac{1}{x}$ とおくと $u \to +\infty$ だから，
$$x\log x = -\frac{\log u}{u} \to 0.$$ 同様に $\lim_{x \to +0} x^a \log x = 0$（$a>0$）．

2) $x>0$ での関数 $y = x^x$ の様子を調べる．$\log y = x\log x$ だから，1) によって $x \to +0$ のとき $\log y \to 0$，したがって $y \to e^0 = 1$．対数微分法によ

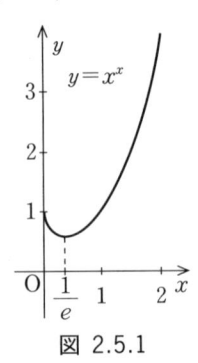

図 2.5.1

って $\dfrac{y'}{y}=\log x+1$, すなわち $y'=x^x(\log x+1)$. $x\to +0$ のとき $\log x\to -\infty$, $x^x=y\to 1$ だから $y'\to -\infty$. すなわち, x が右から 0 に近づくと $y=x^x$ のグラフは垂直に近づき, 点 $(0,1)$ で y 軸に接する. $y'=0$ となるのは $\log x=-1$ すなわち $x=\dfrac{1}{e}$ のときであり, この点だけで y は極小かつ最小となる. $x=1$ での傾き $y'(1)$ は 1, そこから右は急速に大きくなる.

──────── §5 の問題 ────────

問題 1 $f(x)=o(x^n)$, $g(x)=o(x^m)$ のとき, $l=\min(n,m)$ とすると, $f(x)+g(x)=o(x^l)$, $f(x)g(x)=o(x^{n+m})$ が成りたつことを示せ.

問題 2 1) e^x のテイラー公式を使って $2.5<e<3$ を示せ.
2) やはりテイラー公式によって, e が無理数であることを示せ.

問題 3 つぎの関数を 0 の近くで 3 次多項式によって近似せよ.

1) $\dfrac{x}{\sin x}$ 2) $\dfrac{1}{\sin x+\cos x}$ 3) $\dfrac{1}{\sin x}-\dfrac{1}{x}$ 4) $\dfrac{x}{e^x-1}$

5) $\dfrac{x}{\log(1+x)}$ 6) $\sqrt{1-x+x^2}$ 7) $(1+x)^{\frac{1}{x}}$

問題 4 0 の近くでつぎのふたつの関数はどちらが大きいか.

1) $\dfrac{x}{\sin x}$ と $\dfrac{\arcsin x}{x}$ 2) $\dfrac{x}{\tan x}$ と $\dfrac{\arctan x}{x}$ 3) $\dfrac{1}{\sqrt{1+x}}$ と $\dfrac{\log(1+x)}{x}$

問題 5 つぎの極限を求めよ.

1) $\displaystyle\lim_{x\to 0}\left(\dfrac{1}{\sin x}-\dfrac{1}{x}\right)$ 2) $\displaystyle\lim_{x\to 0}\left(\dfrac{1}{\sin^2 x}-\dfrac{1}{x^2}\right)$ 3) $\displaystyle\lim_{x\to 0}\left(\dfrac{1}{x\sqrt{1-x}}-\dfrac{1}{x\sqrt{1+x}}\right)$

4) $\displaystyle\lim_{x\to 0}(\cos x)^{\frac{1}{\sin^2 x}}$ 5) $\displaystyle\lim_{x\to +\infty}\dfrac{x}{\sqrt{1+x^2}}$ 6) $\displaystyle\lim_{x\to +\infty}\dfrac{\log(e^x+e^{x^2})}{x^2}$

問題 6 1) 例 2.5.13 の 2) にならって, $x>0$ での関数 $y=x^{\frac{1}{x}}$ の様子を調べて略図をかけ.
2) 上の結果を使って, e^π と π^e とどちらが大きいか調べよ.

問題 7 1) $\alpha,\beta>0$ なら, $x\to +\infty$ のとき $x^\alpha\to +\infty$, $(\log x)^\beta\to +\infty$. $\displaystyle\lim_{x\to\infty}\dfrac{x^\alpha}{(\log x)^\beta}=+\infty$ を示せ.

2) $\alpha, \beta > 0$ なら, $x \to +0$ のとき $x^\alpha \to +0$, $(-\log x)^\beta \to +\infty$. $\displaystyle\lim_{x \to +0} x^\alpha (-\log x)^\beta = 0$ を示せ.

第3章
定 積 分

§1 重要な基礎概念

●一様連続性

定積分の定義に必要な一様連続性について述べる．これは微妙な概念なので，しっかり理解することが望ましい．

3.1.1【コメント】 区間 I 上の関数 f が連続ということはつぎのように定義された：任意の正の数 ε と I の任意の点 x に対してある正の数 δ をとると，I の点 y が $|y-x|<\delta$ をみたせば $|f(y)-f(x)|<\varepsilon$ が成りたつ．この δ は ε だけでなく，点 x にも依存する．たとえば開区間 $(0,1)$ 上の関数 $f(x)=\dfrac{1}{x}$ は連続だが，x が 0 に近づくと $f(x)$ は $+\infty$ に近づき，グラフの傾斜が垂直に近づくので，同じ ε に対してでも，δ は非常に小さくとらなければならない．

もっとおとなしい関数のときは，ひとつの δ でどの x にも通用することがある．これを定式化したのが一様連続性の概念であり，大域的な理論（たとえば積分）をやるときに非常に役にたつ．

3.1.2【定義】 区間 I 上の関数 f が**一様連続**であるとはつぎのことである：任意に与えられた正の数 ε に対してある正の数 δ をとると，I の2点 x, y が $|x-y|<\delta$ をみたせば $|f(x)-f(y)|<\varepsilon$ が成りたつ．

3.1.3【例】 1) 全区間 $\boldsymbol{R}$ 上の関数 $f(x)=x^2$ はもちろん連続だが，一様連続ではない．実際，たとえば $\varepsilon=1$ に対し，どんなに小さな δ をとって

も，$\frac{1}{\delta}<x$ なる x をとって $y=x+\delta$ とすると，$|y^2-x^2|=2\delta x+\delta^2>1$ となってしまう．

2) $\boldsymbol{R}$ 上の関数 $f(x)=\sin x$ は一様連続である．実際，$\varepsilon>0$ が与えられたとしよう．$\sin x$ は 0 で連続だから，ある $\delta>0$ をとると，$|x|<\delta$ なら $|\sin x|<\frac{\varepsilon}{2}$ が成りたつ．

$$\sin x - \sin y = 2\cos\frac{x+y}{2}\sin\frac{x-y}{2}$$

だから，$|x-y|<\delta$ なら $\left|\sin\frac{x-y}{2}\right|<\frac{\varepsilon}{2}$，$\left|\cos\frac{x+y}{2}\right|\leqq 1$ だから $|\sin x-\sin y|<\varepsilon$ となる．

3) 開区間 $\{0, +\infty\}$ 上の関数 $f(x)=\sin\frac{1}{x}$ は連続だが，一様連続ではない．実際，x が右から 0 に近づくと，$f(x)$ は 1 と -1 のあいだを激しく振動する．たとえば $\varepsilon=\frac{1}{2}$ のとき，δ をどんなに小さくとっても，$\frac{1}{\delta}$ より大きい整数 n をとり，

$$x=\frac{1}{n\pi}, \quad y=\frac{1}{n\pi+\frac{\pi}{2}}$$

とすると，$|x-y|<\frac{1}{2n}$，$f(x)=0$，$f(y)=\pm 1$ となる．

3.1.4【定理】 有界閉区間上の連続関数は一様連続である．

【証明】 背理法．有界閉区間 I 上の連続関数 f が一様連続でなかったと仮定する．ある正の数 ε をとると，どんな正の数 δ に対しても，I の点 x, y で，$|x-y|<\delta$ かつ $|f(x)-f(y)|\geqq\varepsilon$ なるものがある．そこで各自然数 n に対し，I の点 x_n, y_n を $|x_n-y_n|<\frac{1}{n}$，$|f(x_n)-f(y_n)|\geqq\varepsilon$ となるように選ぶ．数列 $\langle x_n\rangle$ は有界だから，公理 2.3.2 によって収束部分列 $\langle x_{n'}\rangle$ がある．その極限を c とする．対応する $\langle y_n\rangle$ の部分列 $\langle y_{n'}\rangle$ も有界だから，同じ公理によって収束部分列 $\langle y_{n''}\rangle$ がある．その極限を d とする．$\langle x_{n''}\rangle$ は収束列 $\langle x_{n'}\rangle$ の

部分列だから，同じ極限 c に収束する．$|x_{n''}-y_{n''}|\leq\dfrac{1}{n}$ だから $c=d$．第2章 §1問題5によって c は I の点であり，f は c でも連続だから，第2章§1問題6によって $f(x_{n''})$ も $f(y_{n''})$ も $f(c)$ に収束する．したがってある番号 L をとると

$$|f(x_L)-f(c)|<\frac{\varepsilon}{2}, \quad |f(y_L)-f(c)|<\frac{\varepsilon}{2}$$

が成りたち，これは $|f(x_L)-f(y_L)|\geq\varepsilon$ に反する．□

● 一様連続性の判定法

3.1.5【命題】 区間 I をそのなかの一点 c で左右にわけ，左側（c を含む）を I_1，右側（c を含む）を I_2 とする．I 上の関数 f が I_1, I_2 の両方で一様連続なら，f は I で一様連続である．

【証明】 正の数 ε が与えられたとする．$k=1,2$ とし，ある $\delta_k>0$ をとると，I_k の点 x,y が $|x-y|<\delta_k$ をみたせば $|f(x)-f(y)|<\dfrac{\varepsilon}{2}$ が成りたつ．$\delta=\min\{\delta_1,\delta_2\}$ とし，I の点 x,y が $|x-y|<\delta$ をみたすとする．x,y の両方が I_1 または I_2 の一方に含まれていれば，上記によって $|f(x)-f(y)|<\dfrac{\varepsilon}{2}<\varepsilon$ となる．$x\in I_1$，$y\in I_2$ の場合，$x\leq c\leq y$ だから $|x-c|<\delta$，$|y-c|<\delta$．c は I_1, I_2 の両方に含まれるから，$|f(x)-f(c)|<\dfrac{\varepsilon}{2}$，$|f(y)-f(c)|<\dfrac{\varepsilon}{2}$，よって $|f(x)-f(y)|<\varepsilon$ となる．□

3.1.6【命題】（一様連続性の判定法）

1) f が区間 $I=[a,+\infty)$ 上の連続関数で，$\displaystyle\lim_{x\to+\infty}f(x)$ が存在すれば，f は I で一様連続である．$(-\infty,a]$ でも同様．

2) f が区間 $I=[a,b)$ 上の連続関数で，$\displaystyle\lim_{x\to b-0}f(x)$ が存在すれば，f は I で一様連続である．$(a,b]$ でも同様．

3) f が区間 I で微分可能な関数で，導関数 $f'(x)$ が有界なら，f は I で一様連続である．

4) f が区間 $I=[a,+\infty)$ で微分可能で，$\lim_{x\to+\infty}f'(x)=\pm\infty$ なら，f は I で一様連続でない．$(-\infty,a]$ でも同様．

5) f が区間 $I=[a,b)$ 上の関数で $\lim_{x\to b-0}f(x)=\pm\infty$ なら，f は I で一様連続でない．$(a,b]$ でも同様．

【証明】 1) $\lim_{x\to+\infty}f(x)=\alpha$ とし，正の数 ε が与えられたとする．a より大きいある正の K をとると，$K\leq x$ なら $|f(x)-\alpha|<\frac{\varepsilon}{2}$ が成りたつ．したがって $x,y\geq K$ なら $|f(x)-f(y)|<\varepsilon$ が成りたつ．定理 3.1.4 により，f は $[a,2K]$ で一様連続だから，$0<\delta<K$ なるある δ をとると，$a\leq x$, $y\leq 2K$, $|x-y|<\delta$ なら $|f(x)-f(y)|<\varepsilon$ が成りたつ．

さて，$a\leq x<y$ とすると，残る場合は $x<K$, $y>2K$ のときだが，$|x-y|<\delta<K$ なら，これは不可能である．□

2) $f(b)=\lim_{x\to b-0}f(x)$ と定義すれば，f は有界閉区間 $[a,b]$ 上の連続関数になるから，定理 3.1.4 によって一様連続である．

3) $|f'(x)|\leq M$ とする．与えられた正の数 ε に対し，$\delta=\frac{\varepsilon}{M}$ とする．$0<y-x<\delta$ なら，平均値の定理 2.3.10 により，
$$f(y)-f(x)=f'(c)(y-x) \quad (x<c<y)$$
とかけるから，$|f(y)-f(x)|\leq M|y-x|<M\delta=\varepsilon$ となる．

4) $\varepsilon=1$ とする．任意の正の数 δ に対し，ある x をとると，$x<y$ なら $f'(y)>\frac{1}{\delta}$ が成りたつ．また平均値の定理により，$f(x+\delta)-f(x)=\delta f'(c)>1=\varepsilon$ となる $(x<c<x+\delta)$．

5) $\varepsilon=1$ とする．任意の正の数 δ に対し，$b-\delta<x<b$ なる x で $f(x)>1$ となるものがある．この x に対し，$x<y<b$ なる y で $f(y)>2f(x)$ となるものがある．$0<y-x<\delta$ だが，$f(y)-f(x)>f(x)>1$．□

ノート この判定法を使えば，例 3.1.3 の 1) と 2) はすぐにわかる．実際，$f(x)=x^2$ なら $f'(x)=2x$ だから $\lim_{x\to+\infty}f'(x)=+\infty$，4) によって f は一様連続でない．$f(x)=\sin x$ なら $|f'(x)|=|\cos x|\leq 1$ だから，3) によって f は一様連続である．例 3.1.3 の 3) にはこの判定法は適用できない．

3.1.7【例】　1)　$(-\infty, +\infty)$ での関数 $f(x) = \arctan x$ は，
$$\lim_{x \to \pm\infty} f(x) = \pm\frac{\pi}{2} \quad (\text{複号同順})$$
だから，前命題の 1) によって一様連続である．

2)　$(0, +\infty)$ での関数 $f(x) = \sqrt{x}$．区間を 1 で左右にわける．$[1, +\infty)$ で $|f'(x)| = \dfrac{1}{2\sqrt{x}} \leqq \dfrac{1}{2}$ だから，前命題の 3) によって一様連続．$(0, 1]$ では $\lim_{x \to +0} f(x) = 0$ だから，前命題の 2) によって一様連続．命題 3.1.5 によって $\sqrt{x}$ は $(0, +\infty)$ で一様連続である．

$\lim_{x \to +0} f'(x) = +\infty$ だから，この条件は必ずしも一様連続性をさまたげないことが分かる．

3)　$(0, 1]$ での $f(x) = \log x$．$f(x) \to -\infty$ $(x \to +0 \text{ のとき})$ だから，前命題 5) によって，一様連続でない．

4)　$[1, +\infty)$ での $f(x) = \log x$．$|f'(x)| = \dfrac{1}{x} \leqq 1$ だから前命題の 3) によって一様連続．

5)　$[1, +\infty)$ での $f(x) = x\log x$．$f'(x) = \log x + 1 \to +\infty$ $(x \to +\infty \text{ のとき})$ だから，前命題の 4) によって非一様連続．

6)　$(0, 1]$ での $f(x) = x\log x$．例 2.5.13 の 1) によって $\lim_{x \to +0} x\log x = 0$ だから，前命題の 2) によって一様連続．

●上限・下限の概念

　ここで集合に関する用語と記号を確認しておく．点 x が実数の集合 A に属することを $x \in A$，属さないことを $x \notin A$ とかく．$x \in A$ のとき，x を A の元(げん)という．元のまったくないものも集合と認め，空集合(くうしゅうごう)と称する．

3.1.8【定義】　A を実数から成る集合とする．A が上に有界であるとは，ある実数 M をとると，A のすべての元 x に対して $x \leqq M$ が成りたつことである．このような M を A の上界(じょうかい)という．M が上界で $M \leqq M'$ なら M' も上界である．A が下に有界だという概念およびそのときの下界(かかい)も同様に定義され

る．

　A が上にも下にも有界のとき，単に A は**有界**であるという．

3.1.9【定理と定義】　実数の空でない集合 A が上に有界なら，最小の上界が存在する．これを A の**上限**と言い，$\sup A$ とかく．同様に，A が下に有界なら最大の下限が存在する．これを A の**下限**と言い，$\inf A$ とかく．

【証明】　A のひとつの点 a および A のひとつの上界 b をとる．各自然数 n に対し，区間 $[a,b]$ の 2^n 等分点（2^n+1 個）のうち，A の上界である数（たとえば b がそう）のうち，もっとも小さいものを c_n とする．すぐ分かるように，数列 $\langle c_n \rangle$ は広義単調減小で下に有界（$a \leq c_n$）だから，定理 2.2.4 によってある数 d に収束する．$a \leq c_n \leq b$ だから $a \leq d \leq b$．この d が A の上限であることを示す．

　まず，$x \in A$ なら，すべての n に対して $x \leq c_n$，したがって $x \leq d$，すなわち d は A の上界である．

　つぎに，d より小さい A の上界 d' があったとする．n を十分大きくとれば，d' と $\dfrac{d+d'}{2}$ のあいだに少なくともひとつの 2^n 等分点 c があり，c は A の上界だから $c_n \leq c \leq \dfrac{d+d'}{2} < d$ となり，$d \leq c_n$ に反する．すなわち d は A の最小上界である．□

　ノート　この定理も実数体の完備性のひとつの表現であり，公理 2.2.3 や定理 2.2.4 と論理的に同値である．だから，公理 2.2.3 のかわりにこの定理を公理にしてもよい．実際そうしている本もたくさんある．

3.1.10【命題】　数 b が集合 A の上限だということはつぎの 2 条件と同値である．

1) A のすべての元 x に対して $x \leq b$．
2) 任意に与えられた正の数 ε に対し，$b - \varepsilon < x$ なる A の元 x が存在する．

【証明】 まず $b=\sup A$ とする．b は A の上界だから 1) が成りたつ．2) が成りたたないと仮定する．ある正の数 ε をとると $b-\varepsilon<x$ なる A の元はない．すなわち A のすべての元 x に対して $x\leqq b-\varepsilon$ が成りたつから，$b-\varepsilon$ は A の上界であり，これは b が最小上界だという仮定に反する．

つぎに b が条件 1),2) をみたすとする．条件 1) によって b は A の上界である．もし b より小さい A の上界 c があったとすると，A のすべての元 x に対して $x\leqq c$．$\varepsilon=b-c$ とすると，$b-\varepsilon=c<x$ となる A の元は存在せず，条件 2) に反する．□

§1 の問題

問題 1 つぎの関数の一様連続性をしらべよ．

1) $\{0, +\infty\}$ で xe^{-x} 　　2) $[1, +\infty\}$ で $\log\dfrac{1}{x}$ 　　3) $\{0, 1]$ で $\log\dfrac{1}{x}$

4) $\{0, +\infty\}$ で $x\sin\dfrac{1}{x}$ 　　5) $\{0, +\infty\}$ で $x^2\sin\dfrac{1}{x}$

6) $\{0, +\infty\}$ で $x^3\sin\dfrac{1}{x}$

問題 2 A, B を $\boldsymbol{R}$ の空でない部分集合で，上に有界なものとする．$C=\{x+y\,;\,x\in A,\,y\in B\}$ とするとき，$\sup C=\sup A+\sup B$ が成りたつことを示せ．

§2 定積分の定義

われわれは話をほぼ連続関数に限定する．不連続な関数に対しても積分は定義できるし，それなりに有効でもあるが，苦労が大きすぎる．ただし，定義だけは一般の有界関数に対してやっておく．

● 定積分の定義

3.2.1【定義】 有界閉区間 $[a, b]$ の**分割**とは，有限点列 $P=\langle a_0, a_1, \cdots, a_n\rangle$ で，$a=a_0<a_1<\cdots<a_{n-1}<a_n=b$ なるもののことである．各 a_i を分割 P

の**分点**という．$[a_{i-1}, a_i]$ $(1 \leq i \leq n)$ を小区間と呼ぶことにし，それらの幅(はば)の最大値 $\max_{1 \leq i \leq n}(a_i - a_{i-1})$ を分割 P の**幅**といい，$d(P)$ とかく．

3.2.2【定義】（定積分） 1° 閉区間 $[a, b]$ 上の有界な関数 f を考える．

$[a, b]$ の分割 $P = \langle a_0, a_1, \cdots, a_n \rangle$ に対し，
$$m_i(f; P) = \inf_{a_{i-1} \leq x \leq a_i} f(x), \quad M_i(f; P) = \sup_{a_{i-1} \leq x \leq a_i} f(x)$$
とおく．ただし，$\inf_{a_{i-1} \leq x \leq a_i} f(x)$ は，実数の有界集合 $\{f(x); a_{i-1} \leq x \leq a_i\}$ の下限をあらわす．sup のほうも同様．つぎに
$$s(f; P) = \sum_{i=1}^n m_i(f; P)(a_i - a_{i-1}), \quad S(f; P) = \sum_{i=1}^n M_i(f; P)(a_i - a_{i-1})$$
とおいて，これらをそれぞれ f の P に関する**下限和**，**上限和**という．分割 P をさらに細分した分割 R をとると，簡単に分かるように
$$s(f; P) \leq s(f; R) \leq S(f; R) \leq S(f; P)$$
が成りたつ．

2° 任意の分割 P, Q に対し，両方の分点を合わせた分割を R とすると，上の式によって
$$s(f; P) \leq s(f; R) \leq S(f; R) \leq S(f; Q)$$
となる．この式により，P が $[a, b]$ の分割すべてを動くとき，$s(f; P)$ たちは上に有界，$S(f; P)$ たちは下に有界である．そこで
$$s(f) = \sup_P s(f; P), \quad S(f) = \inf_P S(f; P)$$
とおく．ただし，$\sup_P s(f; P)$ は，P が $[a, b]$ の分割すべてを動くときの $s(f; P)$ たちの上限をあらわす．$\inf_P S(f; P)$ も同様．

不等式 $s(f; P) \leq S(f; Q)$ から $s(f) \leq S(f)$ が出る．

3° $s(f) = S(f)$ のとき，f は $[a, b]$ で**積分可能**または**可積**であると言い，この値を
$$\int_a^b f(x) \, dx$$
とかいて，a から b までの f の**積分**または**定積分**という．ここの x はど

うせかりの変数だから，x 以外のなんでもよい．$\int_a^b f(t)\,dt$, $\int_a^b f(u)\,du$ など．$\int_b^a f(x)\,dx = -\int_a^b f(x)\,dx$ とし，とくに $\int_a^a f(x)\,dx = 0$ と定める．

●連続関数の積分可能性

3.2.3【定理】 有界閉区間上の連続関数は積分可能である．

【証明】 関数 f が $[a,b]$ で連続とし，正の数 ε が与えられたとする．定理 3.1.4 によって f は一様連続だから，ある正の数 δ をとると，$[a,b]$ の点 x, y が $|x-y| \leq \delta$ をみたせば $|f(x)-f(y)| < \varepsilon$ となる．そこで，幅が δ 以下であるような $[a,b]$ の分割 $P = \langle a_0, a_1, \cdots, a_n \rangle$ をひとつとる．定理 2.2.8 により，各小区間 $[a_{i-1}, a_i]$ の点 x_i, y_i で
$$f(x_i) = m_i(f\,;P), \qquad f(y_i) = M_i(f\,;P)$$
なるものがある．$|x_i - y_i| \leq \delta$ だから $f(y_i) - f(x_i) < \varepsilon$．よって
$$S(f\,;P) - s(f\,;P) = \sum_{i=1}^n (f(y_i) - f(x_i))(a_i - a_{i-1}) < (b-a)\varepsilon$$
が成りたつ．ところが，$s(f\,;P) \leq s(f) \leq S(f) \leq S(f\,;P)$ だから $S(f) - s(f) < (b-a)\varepsilon$ であり，ε は任意だから $s(f) = S(f)$ となる．すなわち f は $[a,b]$ で積分可能である．□

●リーマン和

3.2.4【定義】 有界閉区間 $[a,b]$ の分割 $P = \langle a_0, a_1, \cdots, a_n \rangle$ に対し，$a_{i-1} \leq x_i \leq a_i$ $(1 \leq i \leq n)$ なる有限点列 $X = \langle x_1, x_2, \cdots, x_n \rangle$ を P の**代表値系**という．$[a,b]$ 上の有界関数 f に対し，$\sum_{i=1}^n f(x_i)(a_i - a_{i-1})$ を P, X に関する f の**リーマン和**と言い，$R(f\,;P,X)$ とかく．当然 $s(f\,;P) \leq R(f\,;P,X) \leq S(f\,;P)$ が成りたつ．

3.2.5【命題】 区間 $[a,b]$ で積分可能な関数 f に対し，分割 P の幅を限りなく小さくしていくと，代表値系 X のとりかたにかかわらず，リーマン和 $R(f\,;P,X)$ は積分 $\int_a^b f(x)\,dx$ に近づく．すなわち，任意に与えられた正の

数 ε に対してある正の数 δ をとると，幅が δ 以下の任意の分割 P および P の任意の代表値系 X に対して

$$\left|\int_a^b f(x)\,dx - R(f\,;P,X)\right| < \varepsilon$$

が成りたつ．

【証明】 実際，$s(f\,;P) \leqq R(f\,;P,X) \leqq S(f\,;P)$ だから，積分可能の定義によって命題が成りたつ．□

ノート この事実を印象的に

$$\int_a^b f(x)\,dx = \lim_{d(P)\to 0} R(f\,;P,X)$$

とかいてもいいだろう．積分は和の極限である．

3.2.6【命題】 とくに $[a,b]$ を n 等分する分割を $P_n = \langle a_0, a_1, \cdots, a_n \rangle$ ($a_i = a + \dfrac{i}{n}(b-a)$) とし，$X_n = \langle a_0, a_1, \cdots, a_{n-1} \rangle$，$Y_n = \langle a_1, a_2, \cdots, a_n \rangle$ とすれば，

$$\int_a^b f(x)\,dx = \lim_{n\to\infty} R(f\,;P_n, X_n) = \lim_{n\to\infty} \sum_{i=1}^n f(a_{i-1}) \frac{b-a}{n},$$

$$\int_a^b f(x)\,dx = \lim_{n\to\infty} R(f\,;P_n, Y_n) = \lim_{n\to\infty} \sum_{i=1}^n f(a_i) \frac{b-a}{n}.$$

これが**区分求積法**である．

●区分連続関数

3.2.7【定義】 ある区間で定義された関数 f が有限個の例外点を除いて連続であり，各例外点 c に対して $\lim_{x\to c-0} f(x)$，$\lim_{x\to c+0} f(x)$ が存在するとき，f はその区間で**区分連続**であるという．有界閉区間上の区分連続関数は有界である．

3.2.8【命題】 $[a,b]$ 上の区分連続関数は積分可能である．

【証明】 複雑さを避けるために，$a < c < b$ なる 1 点 c 以外で f は連続とする．正の数 ε が与えられたとしよう．$M = \max_{a\leqq x\leqq b}|f(x)|$ とおくと，任意の x,y に対して $|f(x) - f(y)| \leqq 2M$．$\delta_1 = \min\left\{c-a, b-c, \dfrac{\varepsilon}{2M}\right\}$ とおく．ふたつの閉区間 $[a, c-\delta_1]$ および $[c+\delta_1, b]$ では f は一様連続だから，ある $\delta \leqq \delta_1$ を

とすると，2区間の一方に属する2点 x, y が $|x-y| \leqq \delta$ をみたせば $|f(x)-f(y)|<\varepsilon$ となる．$c-\delta, c+\delta$ を分点にもつ分割 P で幅が δ 以下のものをとると，
$$S(f; P) - s(f; P) \leqq 2M \cdot \frac{\varepsilon}{2M} + (b-a)\varepsilon = (1+b-a)\varepsilon$$
となり，f は積分可能である．□

ノート 上の証明から分かるように，有限個の点での f の値を別の勝手な数に取りかえても，積分の値は変わらない．

以下，連続関数に関して述べることの大部分は区分連続関数にも通用するが，いちいちことわらない．

———— §2の問題 ————

問題 1 区間 $[a, b]$ で広義単調な関数は積分可能であることを示せ．

§3 定積分の性質

●基本性質

3.3.1【命題】（区間に関する加法性） 関数 f が連続ならば，
$$\int_a^b f(x)\,dx = \int_a^c f(x)\,dx + \int_c^b f(x)\,dx.$$

【証明】 $a<c<b$ のときに証明すればよいが，c を分点にもつ $[a, b]$ の分割を考えればあきらか．□

3.3.2【命題】（線型性） 連続関数 f, g に対し，
$$\int_a^b [f(x) \pm g(x)]\,dx = \int_a^b f(x)\,dx \pm \int_a^b g(x)\,dx,$$
$$\int_a^b cf(x)\,dx = c\int_a^b f(x)\,dx \quad (c \text{ は定数}).$$

【証明】 命題 3.2.6 の区分求積法の式からあきらか．□

3.3.3【命題】 1)（単調性） $[a, b]$ 上の連続関数がいたるところ $f(x) \leqq$

$g(x)$ をみたせば $\int_a^b f(x)\,dx \leq \int_a^b g(x)\,dx$.

2) (正値性) $[a,b]$ 上の連続関数 f がいたるところ $f(x) \geq 0$ をみたせば $\int_a^b f(x)\,dx \geq 0$. とくに f が恒等的に 0 でなければ $\int_a^b f(x)\,dx > 0$.

【証明】 1) は積分の定義からあきらか.

2) $f(c) > 0$ とする. 面倒をさけて $a < c < b$ としよう. 命題 2.1.14 の 2) により, ある正の数 $\delta \leq \min\{c-a, b-c\}$ をとると, $|x-c| \leq \delta$ なら $f(x) \geq \dfrac{f(c)}{2}$ となる. よって

$$\int_a^b f(x)\,dx = \int_a^{c-\delta} f(x)\,dx + \int_{c-\delta}^{c+\delta} f(x)\,dx + \int_{c+\delta}^b f(x)\,dx \geq \frac{f(c)}{2} \cdot 2\delta > 0. \quad \square$$

3.3.4【命題】 f が $[a,b]$ 上の連続関数なら

$$\left| \int_a^b f(x)\,dx \right| \leq \int_a^b |f(x)|\,dx.$$

【証明】 $-|f(x)| \leq f(x) \leq |f(x)|$ だから, 単調性によって

$$-\int_a^b |f(x)|\,dx \leq \int_a^b f(x)\,dx \leq \int_a^b |f(x)|\,dx. \quad \square$$

ノート 上記四つの命題(正値性を除く)は, $[a,b]$ で積分可能な任意の関数に対しても成りたつ. 証明は省略する.

● **微積分の基本定理**

3.3.5【定理】(微積分の基本定理) f を区間 I 上の連続関数とし, I の 1 点 a を固定する. I の各点 x に対して $F(x) = \int_a^x f(t)\,dt$ とおくと, F は I の各点 x で微分可能で, $F'(x) = f(x)$ が成りたつ (不定積分).

【証明】 I の点 x と正の数 ε が与えられたとする. f は x で連続だから, ある正の数 δ をとると, $|t-x| < \delta$ なら $f(x) - \varepsilon < f(t) < f(x) + \varepsilon$ が成りたつ. 積分の単調性(命題 3.3.3 の 1))により, $0 < h < \delta$ なる任意の h に対して

$$(f(x) - \varepsilon)h \leq \int_x^{x+h} f(t)\,dt \leq (f(x) + \varepsilon)h$$

となる. 区間に関する加法性(命題 3.3.1)によって

$$\int_x^{x+h} f(t)\,dt = F(x+h) - F(x)$$

だから，

$$f(x) - \varepsilon \leqq \frac{F(x+h) - F(x)}{h} \leqq f(x) + \varepsilon$$

が成りたつ．つぎに $-\delta < h < 0$ としても同じ不等式が得られる．したがって F は x で微分可能で，

$$F'(x) = \lim_{h \to 0} \frac{F(x+h) - F(x)}{h} = f(x). \quad \square$$

ノート　上の基本定理と原始関数の一意性（定理 2.3.15）により，連続関数には定数の差を除いてただひとつの原始関数が存在することが分かった．したがって第1章でやった原始関数の計算法は，すべて不定積分の計算法でもある．

● 定積分の諸定理

3.3.6【定理】（積分の平均値定理）　閉区間 $[a, b]$ 上 f, g は連続とし，いたるところ $g(x) \geqq 0$ または $g(x) \leqq 0$ とする．このとき，$a < c < b$ なる適当な c をとると，

$$\int_a^b f(x) g(x)\,dx = f(c) \int_a^b g(x)\,dx$$

が成りたつ．とくに $g(x) \equiv 1$ とすれば（$\equiv$ は恒等的に等しいという記号），

$$\int_a^b f(x)\,dx = f(c)(b - a).$$

【証明】 $g(x) \geqq 0$ とする．$g(x) \equiv 0$ なら当りまえだから，$g(x) \not\equiv 0$ とする．積分の正値性（命題 3.3.3 の 2)）によって $p = \int_a^b g(x)\,dx > 0$ となる．$m = \min_{a \leqq x \leqq b} f(x)$, $M = \max_{a \leqq x \leqq b} f(x)$ とすると（定理 2.2.8），いたるところ $mg(x) \leqq f(x)g(x) \leqq Mg(x)$ だから，この各辺を a から b まで積分して p で割れば，積分の単調性（定理 3.3.3 の 1)）によって

$$m \leqq \frac{1}{p} \int_a^b f(x) g(x)\,dx \leqq M$$

となるから，中間値の定理 2.2.6 により，

$$f(c) = \frac{1}{p} \int_a^b f(x) g(x)\,dx$$

となる c ($a<c<b$) が存在する. □

3.3.7【命題】（置換積分） φ を有界閉区間 $[\alpha,\beta]$ 上の C^1 級関数（定義 2.4.13 の 2)) とする. $a=\varphi(\alpha)$, $b=\varphi(\beta)$ ($a \neq b$) とし, $[\alpha,\beta]$ の任意の点 t に対して $\varphi(t)$ は a と b のあいだ（等号つき）にあるとする. 有界閉区間 $[a,b]$ または $[b,a]$ (a,b の大小による）上の任意の連続関数 f に対して
$$\int_a^b f(x)\,dx = \int_\alpha^\beta f(\varphi(t))\varphi'(t)\,dt$$
が成りたつ. もし $x=\varphi(t)$, $y=f(x)$ とかけば, この式は
$$\int_a^b y\,dx = \int_\alpha^\beta y\frac{dx}{dt}\,dt$$
とかけ, 自然な分数計算となる. 積分記号のなかの dx や dt はダテについているのではない.

【証明】 f のひとつの原始関数を F とし, $[\alpha,\beta]$ の点 t に対して $G(t) = F(\varphi(t))$ とおくと, 合成関数の微分法（定理 2.3.7) によって
$$G'(t) = F'(\varphi(t))\varphi'(t) = f(\varphi(t))\varphi'(t) \text{ だから,}$$
$$\int_a^b f(x)\,dx = F(b) - F(a) = G(\beta) - G(\alpha) = \int_\alpha^\beta f(\varphi(t))\varphi'(t)\,dt. □$$

[ノート] ある関数の原始関数ないし不定積分 $F(x)$ について, $F(b)-F(a)$ のことを計算の途中でしばしば $\bigl[F(x)\bigr]_a^b$ とかく. 上の式は
$$\int_a^b f(x)\,dx = \Bigl[F(x)\Bigr]_a^b = \Bigl[G(t)\Bigr]_\alpha^\beta = \int_\alpha^\beta f(\varphi(t))\varphi'(t)\,dt$$
とかくことになる.

3.3.8【命題】（部分積分） 関数 f,g が $[a,b]$ で C^1 級なら
$$\int_a^b f(x)g'(x)\,dx = \Bigl[f(x)g(x)\Bigr]_a^b - \int_a^b f'(x)g(x)\,dx.$$

【証明】 $[f(x)g(x)]' = f'(x)g(x) + f(x)g'(x)$ の両辺を a から b まで積分すればよい. □

3.3.9【例】 f が $[a,b]$ で C^1 級なら $\displaystyle\lim_{t\to\pm\infty}\int_a^b f(x)\sin tx\,dx = 0.$

【証明】 $\int_a^b f(x)\sin tx\,dx = \left[f(x)\dfrac{-\cos tx}{t}\right]_{x=a}^{x=b} + \int_a^b f'(x)\dfrac{\cos tx}{t}dx$

$= -\dfrac{1}{t}[f(b)\cos tb - f(a)\cos ta]$

$+ \dfrac{1}{t}\int_a^b f'(x)\cos tx\,dx.$

ここで $\max_{a\leq x\leq b}|f(x)|$, $\max_{a\leq x\leq b}|f'(x)|$ の大きいほうを M とすると,

$\left|\int_a^b f(x)\sin tx\,dx\right| \leq \dfrac{2M}{t} + \dfrac{M(b-a)}{t} \to 0 \quad (t\to\pm\infty \text{ のとき}).$ □

ノート 実は f が連続と仮定するだけで同じ結果が出る（問題3）.

●定積分の近似計算

定積分の値を有限和で近似するやりかたはたくさんあるが，そのなかでもっとも簡単なものをひとつだけ紹介する．

3.3.10【命題】 f を区間 $[a,b]$ 上の C^2 級関数（定義2.4.13の2)）とする．$[a,b]$ の中点 $c=\dfrac{a+b}{2}$ での関数値 $f(c)$ と区間の幅 $b-a$ との積 $f(c)(b-a)$ と定積分 $\int_a^b f(x)\,dx$ との差は

$$\left|\int_a^b f(x)\,dx - f(c)(b-a)\right| \leq \dfrac{(b-a)^3 M}{24}$$

という不等式で評価される．ただし，$M=\max_{a\leq x\leq b}|f''(x)|$.

図 3.3.1

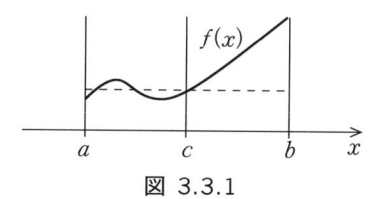

【証明】 F を f のひとつの原始関数とし，この F に点 c での3階のテイラー公式を適用する．$F'(x)=f(x)$ だから

$$F(x) = F(c) + f(c)(x-c) + \dfrac{f'(c)}{2!}(x-c)^2 + \dfrac{f''(p)}{3!}(x-c)^3$$

§3 定積分の性質

が得られる．p は c と x のあいだの適当な数である．

ここで x に b と a を代入した式をかくと，

$$F(b) = F(c) + f(c)\frac{b-a}{2} + \frac{f'(c)}{2}\left(\frac{b-a}{2}\right)^2 + \frac{f''(p)}{6}\left(\frac{b-a}{2}\right)^3,$$

$$F(a) = F(c) - f(c)\frac{b-a}{2} + \frac{f'(c)}{2}\left(\frac{b-a}{2}\right)^2 - \frac{f''(q)}{6}\left(\frac{b-a}{2}\right)^3$$

となる．p は c と b のあいだの数，q は a と c のあいだの数である．上から下を引くと，

$$\int_a^b f(x)\,dx = F(b) - F(a) = f(c)(b-a) + \frac{1}{6}\frac{(b-a)^3}{2^3}[f''(p) + f''(q)]$$

だから，

$$\left|\int_a^b f(x)\,dx - f(c)(b-a)\right| \leq \frac{(b-a)^3 M}{24}. \quad \square$$

3.3.11【命題】（中点公式） f を区間 $[a, b]$ 上の C^2 級関数とする．自然数 n を固定し，$[a, b]$ を n 等分する分割を $P_n = \langle a_0, a_1, \cdots, a_n \rangle$ とする．a_{i-1} と a_i の中点を $c_i = \dfrac{a_{i-1} + a_i}{2}$ として代表値系 $X_n = \langle c_1, c_2, \cdots, c_n \rangle$ を作る．リーマン和 $R_n = R(P_n, X_n)$ を定積分 $\int_a^b f(x)\,dx$ の近似値と考えると，誤差の限界として

$$\left|\int_a^b f(x)\,dx - R(P_n, X_n)\right| \leq \frac{(b-a)^3 M}{24n^2}$$

という評価式が得られる（**中点公式**）．ただし，$M = \max_{a \leq x \leq b}|f''(x)|$．

【証明】 各小区間 $[a_{i-1}, a_i]$ に前命題を適用すると，$a_i - a_{i-1} = \dfrac{b-a}{n}$ だから

$$\left|\int_{a_{i-1}}^{a_i} f(x)\,dx - f(c_i)\frac{b-a}{n}\right| \leq \frac{(b-a)^3 M}{24n^3}$$

となる．したがって

$$\left|\int_a^b f(x)\,dx - R(P_n, X_n)\right| = \left|\sum_{i=1}^n \int_{a_{i-1}}^{a_i} f(x)\,dx - \sum_{i=1}^n f(c_i)\frac{b-a}{n}\right|$$

$$\leq \sum_{i=1}^n \left|\int_{a_{i-1}}^{a_i} f(x)\,dx - f(c_i)\frac{b-a}{n}\right| \leq \frac{(b-a)^3 M}{24n^2}. \quad \square$$

[ノート] 関数 f がおだやかで M があまり大きくないとき，区間の幅 $b-a$ にくらべて分割数 n を十分大きくとれば，誤差の限界（上式の右辺）はかなり小さくなるだろう．

とくに分割された小区間でもし関数が単調なら，両端の値を高さとする短冊（区分求積法）より，中点での高さをもつ短冊のほうが積分をよく近似する．関数がおだやかなとき，分割を多少こまかくすれば，大抵の小区間で関数は単調になるだろう．中点公式はそれを利用したものである．

3.3.12【例】 $f(x)=\sin x$, $a=0$, $b=\dfrac{\pi}{2}$, $n=10$ とする．もちろん定積分の真の値は 1 である．

$$R_{10}=\left[f\left(\frac{\pi}{2}\cdot\frac{1}{20}\right)+f\left(\frac{\pi}{2}\cdot\frac{3}{20}\right)+\cdots+f\left(\frac{\pi}{2}\cdot\frac{19}{20}\right)\right]\cdot\frac{\pi}{20}\fallingdotseq 1.001028$$

だから，誤差はほぼ 0.001028．一方 $f''(x)=-\sin x$ だから $M=1$ であり，誤差の理論的限界は $E=\left(\dfrac{\pi}{2}\right)^3\cdot\dfrac{1}{2400}\fallingdotseq 0.001615$．

―――――――――――――― §3 の問題 ――――――――――――――

問題 1 有界閉区間 $[a,b]$ 上の連続関数 f, g に対して

$$\left[\int_a^b f(x)g(x)\,dx\right]^2 \leq \int_a^b f(x)^2\,dx \int_a^b g(x)^2\,dx$$

が成りたつことを示せ．これを**コーシー・シュヴァルツの不等式**という．等号が成りたつのはどんな場合か．

[ヒント] 実変数 t の 2 次式 $\int_a^b [tf(x)+g(x)]^2\,dx$ を考える．

問題 2 区間 $[a,b]$ を有限個の小区間に分け，その各小区間では定数であるような関数を**階段関数**という．$[a,b]$ 上の連続関数 f と任意の正の数 ε に対し，ある階段関数 g をとると，$[a,b]$ のすべての点 x に対して $|f(x)-g(x)|<\varepsilon$ が成りたつことを示せ．

問題 3 $[a,b]$ 上の連続関数 f に対し，$\displaystyle\lim_{t\to\pm\infty}\int_a^b f(x)\sin tx\,dx=0$ を示せ（例 3.3.9 の一般化）．[ヒント] 前問の階段関数 g を使う．

問題 4 $n=10$ のときの中点公式により，つぎの定積分の近似値および誤差の限界

§3 定積分の性質

を求めよ： 1) $\int_0^1 e^{-x^2} dx$, 2) $\int_0^1 \dfrac{dx}{x^3+1}$.

問題 5 $P_n(x) = \dfrac{1}{2^n n!} \cdot \dfrac{d^n}{dx^n}(x^2-1)^n$ $(n=0,1,2,\cdots)$ をルジャンドルの多項式という．すぐ分かるように，これは n 次の多項式であり，x^n の係数は $\dfrac{(2n)!}{2^n(n!)^2}$ である．

1) $n-1$ 次以下のすべての多項式 $f(x)$ に対して $\int_{-1}^1 P_n(x)f(x) = 0$ となることを示せ．したがって，$m \neq n$ なら $\int_{-1}^1 P_n(x)P_m(x) = 0$．

2) $\int_{-1}^1 P_n(x)^2 dx$ を求めよ．

[ヒント] どちらも部分積分．$G_n(x) = (x^2-1)^n$ とおくと $k<n$ なら
$$G_n^{(k)}(1) = G_n^{(k)}(-1) = 0.$$

§4 数 e および対数関数・指数関数の定義

これまで数 e や対数関数・指数関数を自由に扱ってきたが，その定義は論理的に不完全な高校式のものだった．ここで新らしくこれらを厳密に定義しなおす．この定義はやや便宜主義的な印象を与えるかもしれないが，簡潔性に特色がある．

3.4.1【定義】 $x>0$ なら，関数 $\dfrac{1}{u}$ は $[1,x]$ または $[x,1]$ (x と 1 の大小による) で連続だから，定理 3.2.3 によって定積分 $\int_1^x \dfrac{du}{u}$ が存在する．これを $\log x$ と定義する：
$$\log x = \int_1^x \dfrac{du}{u}.$$
$\log x$ を**対数関数**という．もちろん $\log 1 = 0$．

3.4.2【命題】 1) $\log x$ は $(0, +\infty)$ で C^∞ 級で，$(\log x)' = \dfrac{1}{x}$.

2) (**乗法定理**)　$x, y > 0$ なら $\log(xy) = \log x + \log y$. とくに
$$\log \frac{1}{x} = -\log x.$$

3) $\log x$ は狭義単調増加であり，
$$\lim_{x \to +\infty} \log x = +\infty, \quad \lim_{x \to +0} \log x = -\infty.$$

【証明】　1) 微積分の基本定理によって $\log x$ は微分可能であり，$(\log x)' = \dfrac{1}{x}$. この式によって $\log x$ は C^∞ 級である.

2) 区間に関する加法性（命題 3.3.1）により，
$$\log xy = \int_1^{xy} \frac{du}{u} = \int_1^x \frac{du}{u} + \int_x^{xy} \frac{du}{u}.$$

右辺の第2項で $u = xv$ とすると $du = x\,dv$ で，
$$\int_x^{xy} \frac{du}{u} = \int_1^y \frac{x\,dv}{xv} = \int_1^y \frac{dv}{v} = \log y.$$

3) $x < y$ なら $\log y = \int_1^y \frac{du}{u} = \int_1^x \frac{du}{u} + \int_x^y \frac{du}{u}$. 連続関数の積分の正値性（命題 3.3.3）によって $\int_x^y \frac{du}{u} > 0$ だから，$\log y > \log x$.

つぎに $\sum_{n=1}^\infty \dfrac{1}{n} = +\infty$ に注目する（定理 0.2.5, これはちゃんと証明した）. $k-1 \leq u \leq k$（$k \geq 2$）なら $\dfrac{1}{k-1} \geq \dfrac{1}{u} \geq \dfrac{1}{k}$ だから，積分の単調性（命題 3.3.3）によって
$$\int_{k-1}^k \frac{du}{u} \geq \int_{k-1}^k \frac{du}{k} = \frac{1}{k}.$$

よって
$$\log n = \int_1^n \frac{du}{u} = \sum_{k=2}^n \int_{k-1}^k \frac{du}{u} \geq \sum_{k=2}^n \frac{1}{k} \to +\infty \quad (n \to \infty \text{ のとき}).$$

したがって，第2章§1問題3の2）によって $\lim_{x \to +\infty} \log x = +\infty$.

最後に $x = \dfrac{1}{u}$ とすると，
$$\lim_{x \to +0} \log x = \lim_{n \to +\infty} \log \frac{1}{u} = -\lim_{u \to +\infty} \log u = -\infty. \quad \square$$

3.4.3【定義】 命題2.2.7により，$\log x$ の逆関数が全区間 $(-\infty, +\infty)$ で定義される．これを**指数関数**と言い，しばらくのあいだ $\exp x$ とかく．同じ命題により，任意の実数 x に対して $\exp x > 0$ であり，指数関数 $\exp x$ は連続で狭義単調増加である．当然 $\exp 0 = 1$．$\exp 1$ を e とかき（18世紀のオイラー以来の普遍的記号），**自然対数の底**という（実は $e = 2.71828\cdots$）．もちろん $\log e = 1$．

また，$\exp$ は $\log$ の逆関数だから
$$\lim_{x \to +\infty} \exp x = +\infty, \quad \lim_{x \to -\infty} \exp x = +0.$$

3.4.4【命題】 1) $\exp x$ は微分可能で $(\exp x)' = \exp x$．したがって $\exp x$ は C^∞ 級である．

2)（**加法定理**） $\exp(x+y) = \exp x \cdot \exp y$．

【証明】 1) 定理2.3.8によって $y = \exp x$ は微分可能である．$x = \log y$ だから，同じ定理により，
$$\frac{dy}{dx} = \frac{1}{\dfrac{dx}{dy}} = \frac{1}{(\log y)'} = y = \exp x.$$

2) $u = \exp x$，$v = \exp y$ とすると $x = \log u$，$y = \log v$ だから，
$$\exp(x+y) = \exp[\log u + \log v] = \exp(\log uv) = uv = \exp x \cdot \exp y. \quad \square$$

3.4.5【定義】 a を正の実数とする．任意の実数 x に対し，
$$a^x = \exp(x \log a) = e^{x \log a}$$
と定義する．正の数の実数乗 a^x はいまはじめて厳密に定義されたのである．

とくに $a^{\frac{1}{n}} = \exp\left(\dfrac{1}{n} \log a\right)$ は $\overbrace{a^{\frac{1}{n}} \cdot a^{\frac{1}{n}} \cdot \cdots \cdot a^{\frac{1}{n}}}^{n \text{個}} = a$ をみたす．これで任意の正の数の n 乗根が存在することがはじめて分かった．

また，x が自然数 n なら，
$$a^n = \exp(n \log a) = \exp(\overbrace{\log a + \log a + \cdots + \log a}^{n \text{個}}) = \overbrace{a \cdot a \cdot \cdots \cdot a}^{n \text{個}}$$

だから，この定義は正当である．

3.4.6【命題】 1) $a^{x+y}=a^x a^y$.

2) $\log a^x = x \log a$.

3) $(a^x)^y = a^{xy}$. とくに $(e^x)^y = e^{xy}$.

4) $(ab)^x = a^x b^x$. とくに $\left(\dfrac{1}{a}\right)^x = a^{-x} = \dfrac{1}{a^x}$.

5) $a>1$ なら関数 a^x は狭義単調増加で，$\displaystyle\lim_{x\to+\infty} a^x = +\infty$，$\displaystyle\lim_{x\to-\infty} a^x = +0$.

$a<1$ なら関数 a^x は狭義単調減少で，$\displaystyle\lim_{x\to+\infty} a^x = +0$，$\displaystyle\lim_{x\to-\infty} a^x = +\infty$.

6) 関数 a^x は C^∞ 級で，$(a^x)' = a^x \log a$.

【証明】 1) $a^{x+y} = \exp[(x+y)\log a] = \exp(x\log a + y\log a) = e^{x\log a} e^{y\log a}$
$= a^x a^y$.

2) 定義 $a^x = \exp(x\log a)$ の両辺の $\log$ をとればよい．

3) $(a^x)^y = \exp(y \log a^x) = \exp(yx \log a) = a^{xy}$.

4) $(ab)^x = \exp(x \log ab) = \exp[x\log a + x\log b] = a^x b^y$.

5) $a>1$ なら $\log a > 0$ だから，$a^x = \exp(x\log a)$ は狭義単調増加で，
$$\lim_{x\to+\infty} a^x = +\infty, \quad \lim_{x\to-\infty} a^x = +0.$$
$a<1$ なら $\dfrac{1}{a} > 1$. 4) によって $a^x = \left(\dfrac{1}{a}\right)^{-x}$ だからよい．

6) $(a^x)' = [\exp(x\log a)]' = \exp(x\log a) \cdot \log a = a^x \log a$. □

3.4.7【命題】 a を実数とする．$(0, +\infty)$ 上の関数 x^a は C^∞ で，$(x^a)' = ax^{a-1}$. したがって積分公式

$$\int x^a dx = \begin{cases} \dfrac{1}{a+1} x^{a+1} & (a \neq -1 \text{ のとき}), \\ \log x & (a = -1 \text{ のとき}) \end{cases}$$

が得られる．

【証明】 $x^a = \exp(a \log x)$ だから，定理 2.3.7 によって x^a は微分可能で，
$$(x^a)' = \exp(a\log x) \cdot \frac{a}{x} = x^a \cdot \frac{a}{x} = ax^{a-1}.$$

§4 数 e および対数関数・指数関数の定義

したがって x^a は C^∞ 級である．これを書きなおせば積分公式になる．なお，微分公式・積分公式とも，ここではじめて厳密に証明されたのである．□

3.4.8【命題】 $\lim_{x\to 0}(1+x)^{\frac{1}{x}} = \lim_{x\to +\infty}\left(1+\frac{1}{x}\right)^x = e$．とくに $\lim_{n\to\infty}\left(1+\frac{1}{n}\right)^n = e$．

【証明】 $f(x) = \log(1+x)$ に 0 での 2 階のテイラー公式を使うと，

$$f(x) = f(0) + f'(0)x + \frac{1}{2}f''(\theta x)x^2 \quad (0 < \theta < 1),$$

すなわち $\log(1+x) = x - \dfrac{1}{2(1+\theta x)^2}x^2$．$|x| < \dfrac{1}{2}$ なら $\left|-\dfrac{x^2}{2(1+\theta x)^2}\right| \leqq 2x^2$ だから $\log(1+x) = x + o(x)$．よって $\log(1+x)^{\frac{1}{x}} = \dfrac{1}{x}\log(1+x) = 1 + o(1) \to 1$ ($x \to 0$ のとき)．したがって $\lim_{x\to 0}(1+x)^{\frac{1}{x}} = \exp 1 = e$．

第 2 の式は $\dfrac{1}{x}$ を考えればよい．第 3 の式 $\lim_{n\to\infty}\left(1+\dfrac{1}{n}\right)^n = e$ は，高校微積分で対数関数や指数関数の理論の基礎にしたものだが，証明されていなかった．□

⌐ノート⌐ 以上で対数関数や指数関数がしっかりした基礎の上に定義され，基本性質が確立された．これにより，これまでに扱ってきた e^x や $\log x$ の理論は，そのまま全面的に生きる．めでたい境地というべきだろう．

────────── §4 の問題 ──────────

問題 1 $f(x) = \left(1+\dfrac{1}{x}\right)^x$ $(x > 0)$ は狭義単調増加であることを示せ．

問題 2 正の数 x に対し，$\lim_{n\to\infty} n(\sqrt[n]{x}-1) = \log x$ を示せ．

§5 広義積分

いままでは積分する対象を有界閉区間での有界関数にかぎっていたが，ここで積分の定義を一般の区間での必ずしも有界でない関数に拡張する．関数は連

続と仮定する．

● **非有界区間上の関数**

3.5.1【定義】 非有界区間 $[a, +\infty)$ 上の連続関数 f に対して $\lim_{b \to +\infty} \int_a^b f(x)\,dx$ が存在するとき，f は（$+\infty$ で）**広義積分可能である**，または $+\infty$ での広義積分が**収束する**と言い，その極限を $\int_a^{+\infty} f(x)\,dx$ とかく．$-\infty$ も同様．

ノート　もし $f(x) \geq 0$ であれば，広義積分 $\int_a^{+\infty} f(x)\,dx$ の収束性は，b の関数 $S(b) = \int_a^b f(x)\,dx$（$b \geq a$）の有界性と同値である．実際，もし $S(b)$ が有界なら，数列 $\langle S(n) \rangle_{n \geq a}$ は上に有界で広義単調増加だから，定理 2.2.4 によってある数 S に収束する．第 2 章 §1 問題 3 の 2) によって $\lim_{b \to +\infty} S(b) = S$ となる．

3.5.2【例】 1) $\int_0^b \dfrac{dx}{1+x^2} = \arctan b \to \dfrac{\pi}{2}$（$b \to +\infty$ のとき）だから，$+\infty$ での広義積分 $\int_0^{+\infty} \dfrac{dx}{1+x^2}$ は収束し，積分値は $\dfrac{\pi}{2}$．

2) $\int_0^b e^{-x}\,dx = 1 - e^{-b} \to 1$（$b \to +\infty$ のとき）だから，$+\infty$ での広義積分 $\int_0^{+\infty} e^{-x}\,dx$ は収束し，積分値は 1．

3) $\int_e^b \dfrac{dx}{x \log x} = \Big[\log(\log x) \Big]_e^b = \log(\log b) \to +\infty$（$b \to +\infty$ のとき）だから，$+\infty$ での広義積分 $\int_e^{+\infty} \dfrac{dx}{x \log x}$ は発散する．

以上の三例では不定積分が計算できたが，そうでない場合に広義積分の収束性を判定する方法をいくつか紹介する．

3.5.3【定理または典型例】 $+\infty$ での広義積分 $\int_1^{+\infty} \dfrac{dx}{x^a}$ は $a > 1$ なら収束し，$a \leq 1$ なら発散する．

§5　広義積分

【証明】 $a=1$ なら $\int_1^b \dfrac{dx}{x} = \log b \to +\infty$ ($b \to +\infty$ のとき) だから発散. $a \neq 1$ なら $\int_1^b \dfrac{dx}{x^a} = \dfrac{1}{1-a}(b^{1-a}-1)$. $b \to +\infty$ のとき, これは $a>1$ なら $\dfrac{1}{a-1}$ に近づき, $a<1$ なら $+\infty$ に近づく. □

3.5.4【定義】 f, g を区間 $[a, b)$ (b は $+\infty$ でもよい) 上の関数で $f(x) \geq 0$, $g(x) \geq 0$ なるものとする. ある数 K をとると b の近くで ($b=+\infty$ のときは十分大きな x に対して) $f(x) \leq Kg(x)$ が成りたつとき, $f(x) = O(g(x))$ ($x \to b-0$ のとき) とかく. 同時に $g(x) = O(f(x))$ も成りたつとき, $f \sim g$ とかく (ノート 2.5.5 の〜と混同しないように).

3.5.5【命題】 f, g を $[a, +\infty)$ 上の関数で $f(x) \geq 0$, $g(x) \geq 0$, $f(x) = O(g(x))$ ($x \to +\infty$ のとき) なるものとする. もし $\int_a^{+\infty} g(x)\,dx$ が収束すれば $\int_a^{+\infty} f(x)$ も収束する.

【証明】 定義 3.5.1 のあとのノートによる. □

ノート したがって, もし $f(x) \sim g(x)$ ($x \to +\infty$ のとき) なら, ふたつの広義積分 $\int_a^{+\infty} f(x)\,dx$ と $\int_a^{+\infty} g(x)\,dx$ は同時に収束ないし発散する.

3.5.6【例】 $\int_e^{+\infty} \dfrac{dx}{x^a (\log x)^\beta}$ (a, β は実数). この広義積分は, $a>1$ なら収束, $a<1$ なら発散し, $a=1$ のときは $\beta>1$ なら収束し, $\beta \leq 1$ なら発散する.

【証明】 1° $a>1$ のとき. $\beta \geq 0$ なら $f(x) = \dfrac{1}{x^a (\log x)^\beta} \leq \dfrac{1}{x^a}$ だから, 定理 3.5.3 によって収束. $\beta < 0$ のときは $\gamma = -\beta$ とし, $a > \delta > 1$ なる δ をとると, $f(x) = \dfrac{1}{x^\delta} \dfrac{(\log x)^\gamma}{x^{a-\delta}}$. 第 2 章 §5 問題 7 の 1) によって $\lim\limits_{x \to +\infty} \dfrac{(\log x)^\gamma}{x^{a-\delta}} = 0$ だから $f(x) = O\left(\dfrac{1}{x^\delta}\right)$ となり, 命題 3.5.5 により収束.

2° $a<1$ のとき. $f(x) = \dfrac{1}{x} \dfrac{x^{1-a}}{(\log x)^\beta} \gg \dfrac{1}{x}$ (第 2 章 §5 問題 7 の 1) による)

だから，定理 3.5.3 によって発散．

3° $\alpha=1$ のとき．$\beta=1$ なら $\int \frac{dx}{x(\log x)} = \log(\log x)$ だから発散．$\beta \neq 1$ なら $\int_e^b \frac{dx}{x(\log x)^\beta} = \frac{1}{1-\beta}[(\log b)^{1-\beta}-1]$．よって $\beta>1$ なら収束，$\beta<1$ なら発散．□

3.5.7【定理】 $\pm\infty$ で収束する広義積分に対しても，本来の定積分に対して成りたつ諸命題がそのまま成りたつ．すなわち区間に関する加法性，線型性，単調性，正値性．

証明略．

●有界区間上の非有界関数

3.5.8【定義】 半開区間 $(a,b]$ 上の連続関数 f に対して $\lim_{c\to a+0}\int_c^b f(x)dx$ が存在するとき，f は $(a+0)$ で**広義積分可能**である，または $a+0$ での広義積分が**収束**すると言い，その極限を $\int_a^b f(x)dx$ とかく．$[a,b)$ の場合も同様．

ノート　もし $f(x) \geq 0$ であれば，広義積分 $\int_a^b f(x)dx$ の収束性は，c の関数 $S(c) = \int_c^b f(x)dx$ $(c>a)$ の有界性と同値である．その理由は定義 3.5.1 のあとのノートと同様，数列 $\langle S(a+\frac{1}{n}) \rangle$ を考えればよい．

3.5.9【例】 1) $\int_0^1 \frac{dx}{\sqrt{x}}$．これは $+0$ で広義積分だが，$\int_c^1 \frac{dx}{\sqrt{x}} = [2\sqrt{x}]_c^1 = 2-2\sqrt{c} \to 2$ ($c \to +0$ のとき) だから収束し，$\int_0^1 \frac{dx}{\sqrt{x}} = 2$．

2) $\int_0^1 \frac{dx}{\sqrt{1-x^2}}$．これは $1-0$ で広義積分だが，$\int_0^c \frac{dx}{\sqrt{1-x^2}} = [\arcsin x]_0^c = \arcsin c \to \frac{\pi}{2}$ ($c \to 1-0$ のとき) だから収束し，$\int_0^1 \frac{dx}{\sqrt{1-x^2}} = \frac{\pi}{2}$．

3) $\int_0^1 \dfrac{dx}{x^2}$. これは $+0$ で広義積分であり，$\int_c^1 \dfrac{dx}{x^2} = \left[-\dfrac{1}{x}\right]_c^1 = \dfrac{1}{c} - 1 \to +\infty$ ($c \to +0$ のとき) だから発散する．

4) $\int_0^1 \log x\, dx$. これは $+0$ で広義積分だが $\int_c^1 \log x\, dx = \left[x\log x - x\right]_c^1 = -1 - c\log c + c \to -1$ ($c \to +0$ のとき，例 2.5.13 による)．よって収束し，$\int_0^1 \log x\, dx = -1$.

3.5.10【定理または典型例】 $a > 0$ なら $\int_0^1 \dfrac{dx}{x^a}$ は $+0$ で広義積分である．これは $a < 1$ なら収束し，$a \geq 1$ なら発散する．

【証明】 $a = 1$ なら $\int_c^1 \dfrac{dx}{x} = \left[\log x\right]_c^1 = -\log c \to +\infty$ ($c \to +0$ のとき) だから発散する．$a \neq 1$ なら $\int_c^1 \dfrac{dx}{x^a} = \left[\dfrac{1}{1-a} x^{1-a}\right]_c^1 = \dfrac{1}{1-a}(1 - c^{1-a})$．$a < 1$ なら $c^{1-a} \to 0$ だから収束，$a > 1$ なら発散．□

3.5.11【命題】 f, g を $(a, b]$ 上の関数で $f(x) \geq 0$, $g(x) \geq 0$, $f(x) = O(g(x))$ ($x \to a+0$ のとき) (定義 3.5.4) なるものとする．

もし $\int_a^b g(x)\, dx$ が収束すれば $\int_a^b f(x)\, dx$ も収束する．

【証明】 定義 3.5.8 のあとのノートによる．□

ノート したがって，もし $f(x) \sim g(x)$ ($x \to a+0$ のとき) なら，ふたつの広義積分 $\int_a^b f(x)\, dx$ と $\int_a^b g(x)\, dx$ は同時に収束ないし発散する．

3.5.12【例】 1) s を実数とし，広義積分 $\int_0^{+\infty} e^{-x} x^{s-1} dx$ を考える．$s < 1$ ならこれは $+0$ でも広義積分である．$e^{-x} x^{s-1} \sim x^{s-1}$ ($x \to +0$ のとき) だから，命題 3.5.11 と定理 3.5.10 により，$+0$ での広義積分は $s > 0$ なら収束し，$s \leq 0$ なら発散する．一方 $+\infty$ では $e^{-x} x^{s-1} = O\left(\dfrac{1}{x^2}\right)$ だから収束する．そこで $s > 0$ に対して

$$\Gamma(s) = \int_0^{+\infty} e^{-x} x^{s-1} dx$$

とおくことができる．これをオイラーの**ガンマ関数**という．非常に大事な関数である．$\Gamma(s)$ は初等関数ではない．

$$\Gamma(s+1) = \int_0^{+\infty} e^{-x} x^s dx = \left[-e^{-x} x^s\right]_0^{+\infty} + \int_0^{+\infty} e^{-x} s x^{s-1} dx = s\Gamma(s).$$

この等式 $\Gamma(s+1) = s\Gamma(s)$ をガンマ関数の**関数等式**という．とくに $\Gamma(1) = \int_0^{+\infty} e^{-x} dx = 1$ だから，帰納法によって

$$\Gamma(n) = (n-1)\Gamma(n-1) = \cdots = (n-1)! \quad (n=1,2,3,\cdots).$$

2) $\int_0^1 x^{p-1}(1-x)^{q-1} dx$ （p, q は実数）．この積分は $p<1$ なら左端 $+0$ で広義積分，$q<1$ なら右端 $1-0$ で広義積分である．定理または典型例 3.5.10 により，これらはそれぞれ $p>0$, $q>0$ のとき収束する（右端については $y=1-x$ と変換せよ）．したがって正の実数 p, q に対して

$$B(p,q) = \int_0^1 x^{p-1}(1-x)^{q-1} dx$$

とおくことができる．この2変数関数をオイラーの**ベータ関数**という．ガンマ関数とならんで重要な関数である．すぐ分かるように $B(p,q) = B(q,p)$ が成りたつ．

p, q が自然数のとき，$p \geq q$ として部分積分をくりかえすと，

$$B(p,q) = \left[\frac{1}{p} x^p (1-x)^{q-1}\right]_0^1 + \frac{q-1}{p} \int_0^1 x^p (1-x)^{q-2} dx = \frac{q-1}{p} B(p+1, q-1)$$

$$= \cdots = \frac{(q-1)(q-2)\cdots 1}{p(p+1)\cdots(p+q-2)} \int_0^1 x^{p+q-2} dx = \frac{(p-1)!(q-1)!}{(p+q-1)!}.$$

したがって $B(p,q) = \dfrac{\Gamma(p)\Gamma(q)}{\Gamma(p+q)}$ となる．あとでこの等式が任意の正の実数 p, q に対して成りたつことを示す（例 6.4.5）．

3.5.13【命題】 $a+0$ での広義積分に対しても，本来の定積分に対して成りたつ諸命題がそのまま成りたつ．すなわち区間に関する加法性，線型性，単調性，正値性．

証明略．

§5 広義積分

3.5.14【例】 1) $\int_0^b \dfrac{dx}{x^a(-\log x)^\beta}$ $(0<b<1)$. $u=\dfrac{1}{x}$ とすると,

$$\int_0^b \dfrac{dx}{x^a(-\log x)^\beta} = \int_{+\infty}^{\frac{1}{b}} \dfrac{1}{u^{-a}(\log u)^\beta} \cdot -\dfrac{du}{u^2} = \int_{\frac{1}{b}}^{+\infty} \dfrac{du}{u^{2-a}(\log u)^\beta}.$$

例 3.5.6 により, $2-a>1$ すなわち $a<1$ なら収束, $a>1$ なら発散. $a=1$ のとき, $\beta>1$ なら収束, $\beta\leqq 1$ なら発散.

2) $\int_1^b \dfrac{dx}{(x-1)^a(\log x)^\beta}$. $x-1=u$ とおくと積分 $= \int_0^{b-1} \dfrac{du}{u^a[\log(1+u)]^\beta}$.
$u\to 0$ のとき $\log(1+u)\sim u$ だから $\dfrac{1}{u^a[\log(1+u)]^\beta} \sim \dfrac{1}{u^{a+\beta}}$. よって $a+\beta<1$ なら収束, $a+\beta\geqq 1$ なら発散.

---

§5 の問題

問題 1 $[a,+\infty)$ で $f(x)$ は連続, $f(x)\geqq 0$ とする. 広義積分 $\int_a^{+\infty} f(x)dx$ が収束すれば $\lim\limits_{x\to +\infty} f(x)=+0$ か, 百歩ゆずっても $f(x)$ は有界と思うかもしれないが, そうではない. $f(x)$ が有界でなく, しかも $\int_a^{+\infty} f(x)dx$ が収束する例をつくれ.

問題 2 1) $L_n(x)=\dfrac{e^x}{n!}\dfrac{d^n}{dx^n}(e^{-x}x^n)$ $(n=0,1,2,\cdots)$ が n 次の多項式であり, $L_n(x)=\sum\limits_{k=0}^{n} \dfrac{(-1)^k {}_nC_k}{k!} x^k$ とかけることを示せ. これらを**ラゲルの多項式**という.

2) 任意の多項式 $f(x), g(x)$ に対して広義積分 $\int_0^{+\infty} e^{-x} f(x) g(x) dx$ は収束する. これを $(f|g)$ とかく. $n-1$ 次以下の任意の多項式 $f(x)$ に対して $(L_n|f)=0$ が成りたつことを示せ. したがって, $m\neq n$ なら $(L_n|L_m)=0$ となる(直交性). [ヒント:部分積分]

3) $(L_n|L_n)$ を求めよ. [ヒント:部分積分]

問題 3 つぎの広義積分の収束性を判定せよ.

1) $\int_a^{+\infty} \sin\dfrac{1}{x} dx$ $\left(a>\dfrac{1}{\pi}\right)$ 　　2) $\int_a^{+\infty} \sin\dfrac{1}{x^2} dx$ $\left(a>\dfrac{1}{\sqrt{\pi}}\right)$

3) $\alpha, \beta > 0$ のとき, $\int_0^{+\infty} \dfrac{dx}{\sqrt[\beta]{x^\alpha+1}}$ 4) $\int_a^1 \dfrac{dx}{(1-x)^\alpha(-\log x)^\beta}$ $(0 < a < 1)$

§6 定積分の計算

●定積分の計算

もし不定積分 $\int f(x)\,dx$ の計算が実行できれば，それに限界の値を入れることによって定積分 $\int_a^b f(x)\,dx$ が求まる．不定積分が初等関数の範囲で求まらなくても，限界値の特殊性によって定積分が求まることがある．

3.6.1【例】 m, n が 0 または自然数のとき，

$$\int_{-\pi}^{\pi} \cos mx \sin nx\,dx = 0.$$

$$\int_{-\pi}^{\pi} \cos mx \cos nx\,dx = \begin{cases} 0 & (m \neq n \text{ のとき}), \\ \pi & (m = n \neq 0 \text{ のとき}). \end{cases}$$

$$\int_{-\pi}^{\pi} \sin mx \sin nx\,dx = \begin{cases} 0 & (m \neq n \text{ のとき}), \\ \pi & (m = n \neq 0 \text{ のとき}). \end{cases}$$

この式の全体を三角関数の**直交性**という．フーリエ解析の基礎である．さて，これらの式の証明は，三角関数の加法定理をもとに，積を和になおす公式を使えば簡単にできる（略）．

3.6.2【例】 1) $I_n = \int_0^{\frac{\pi}{2}} \sin^n \theta\,d\theta$ $(n \geq 0)$. まず $I_0 = \dfrac{\pi}{2}$, $I_1 = 1$. $n \geq 2$ のとき, $\sin^n \theta = \sin^{n-1} \theta \cdot \sin \theta$ と考えて部分積分すると, $I_n = (n-1)I_{n-2} - (n-1)I_n$. よって $I_n = \dfrac{n-1}{n} I_{n-2}$ という漸化式が得られる．したがって n が偶数のとき，奇数のときそれぞれ

$$I_n = \frac{(n-1)(n-3)\cdots 1}{n(n-2)\cdots 2} \cdot \frac{\pi}{2}, \qquad I_n = \frac{(n-1)(n-3)\cdots 2}{n(n-2)\cdots 3}$$

となる．この分母分子にあらわれる数，すなわち自然数 n から 2 ずつ減

らしていって 2 ないし 1 に達するまでの数をぜんぶ掛けあわせた数を $n!!$ とかくことにすれば，

$$I_n = \frac{(n-1)!!}{n!!} \frac{\pi}{2} \quad (n:偶数), \quad I_n = \frac{(n-1)!!}{n!!} \quad (n:奇数)$$

となる．これは重要な結果である．

2) $\int_0^{\frac{\pi}{2}} \cos^n x\, dx = \int_0^{\frac{\pi}{2}} \sin^n x\, dx$．実際，$u = \frac{\pi}{2} - x$ とすると $\cos x = \sin u$ だから，$\int_0^{\frac{\pi}{2}} \cos^n x\, dx = \int_{\frac{\pi}{2}}^0 \sin^n u\, (-du) = \int_0^{\frac{\pi}{2}} \sin^n u\, du$．

3) $I = \int_0^1 \frac{x^n}{\sqrt{1-x^2}}\, dx$．これは $1-0$ で広義積分だが，$\theta = \arcsin x$ とおくと $I = \int_0^{\frac{\pi}{2}} \frac{\sin^n \theta}{\sqrt{1-\sin^2 \theta}} \cos \theta\, d\theta = \int_0^{\frac{\pi}{2}} \sin^n \theta\, d\theta$ だから普通の積分になり，値は 1) と同じになった．

4) $I = \int_0^{+\infty} \frac{dx}{(x^2+1)^n}$．この広義積分はもちろん収束する．$\theta = \arctan x$ とおくと，

$$I = \int_0^{\frac{\pi}{2}} \frac{1}{(\tan^2 \theta + 1)^n} \frac{d\theta}{\cos^2 \theta} = \int_0^{\frac{\pi}{2}} \cos^{2n-2} \theta\, d\theta = \int_0^{\frac{\pi}{2}} \sin^{2n-2} \theta\, d\theta$$

となり，これも 1) と同じになった．

3.6.3【例】 $I = \int_0^{\frac{\pi}{2}} \frac{dx}{a^2 \sin^2 x + b^2 \cos^2 x} \quad (a, b > 0)$．これは広義積分ではないが，$u = \tan x$ とおくと，

$$I = \int_0^{\frac{\pi}{2}} \frac{1}{a^2 \tan^2 x + b^2} \frac{dx}{\cos^2 x} = \int_0^{+\infty} \frac{du}{a^2 u^2 + b^2}$$

となり，広義積分である．これはもちろん収束する．例 1.1.4 の 5) により，

$$I = \frac{1}{a^2} \int_0^{+\infty} \frac{du}{u^2 + \frac{b^2}{a^2}} = \frac{1}{a^2} \left[\frac{a}{b} \arctan \frac{a}{b} u \right]_0^{+\infty} = \frac{\pi}{2ab}.$$

3.6.4【例】 $\int_0^{+\infty} \frac{\log x}{1+x^2}\, dx$．これは $+0$ と $+\infty$ で広義積分であり，しかも不

定積分の計算はできない．$x \to +0$ では $\dfrac{\log x}{1+x^2} \sim \log x$ だから，例 3.5.9 の 4) によって広義積分は収束する．積分を 0 から 1 までと 1 から $+\infty$ までに分ける．$x>1$ に対し，$x=\dfrac{1}{u}$ とおくと，$b \to +\infty$ のとき，

$$\int_1^b \frac{\log x}{1+x^2}dx = \int_1^{\frac{1}{b}} \frac{-\log u}{1+\frac{1}{u^2}} \frac{-du}{u^2} = -\int_{\frac{1}{b}}^1 \frac{\log u}{1+u^2}du \to -\int_0^1 \frac{\log x}{1+x^2}dx.$$

したがって $\int_0^{+\infty} \dfrac{\log x}{1+x^2}dx = 0$.

3.6.5【例】 1) $\int_0^{\frac{\pi}{2}} \log\sin x\,dx$．これは $+0$ で広義積分であり，不定積分は求まらない．しかし，$\log\sin x \sim \log x$ $(x \to +0$ のとき) だから，例 3.5.9 の 4) と命題 3.5.11 のあとのノートにより，広義積分は収束する．$I = \int_0^{\frac{\pi}{2}} \log\sin x\,dx$ とする．$y = \dfrac{\pi}{2} - x$ として，$I = \int_0^{\frac{\pi}{2}} \log\cos y\,dy$．つぎに $z = \pi - x$ として，$I = -\int_\pi^{\frac{\pi}{2}} \log\sin z\,dz = \int_{\frac{\pi}{2}}^\pi \log\sin z\,dz$．よって $2I = \int_0^\pi \log\sin x\,dx$．ここで $x = 2t$ として，

$$I = \int_0^{\frac{\pi}{2}} \log\sin 2t\,dt = \int_0^{\frac{\pi}{2}} \log(2\sin t\cos t)\,dt$$
$$= \int_0^{\frac{\pi}{2}} (\log 2 + \log\sin t + \log\cos t)\,dt = \frac{\pi}{2}\log 2 + I + I.$$

したがって，$I = -\dfrac{\pi}{2}\log 2$.

2) $\int_0^{\frac{\pi}{2}} \dfrac{x}{\tan x}dx$．$\lim_{x \to 0} \dfrac{x}{\tan x} = 1$ だから，これは普通の積分である．$\int \dfrac{dx}{\tan x} = \log\sin x$ だから，部分積分によって

$$\int_0^{\frac{\pi}{2}} \frac{x}{\tan x}dx = \Big[x\log\sin x\Big]_0^{\frac{\pi}{2}} - \int_0^{\frac{\pi}{2}} \log\sin x\,dx = -\int_0^{\frac{\pi}{2}} \log\sin x\,dx.$$

前問によって $\int_0^{\frac{\pi}{2}} \frac{x}{\tan x} dx = \frac{\pi}{2} \log 2$.

3.6.6【例】 $I_n = \int_0^{+\infty} x^n e^{-x^2} dx$ $(n=0,1,2,\cdots)$. この広義積分はもちろん収束する. 部分積分により,

$$I_n = -\frac{1}{2}\int_0^{+\infty} x^{n-1} \cdot -2xe^{-x^2} dx$$

$$= \left[-\frac{1}{2} x^{n-1} e^{-x^2}\right]_0^{+\infty} + \frac{n-1}{2}\int_0^{+\infty} x^{n-2} e^{-x^2} dx = \frac{n-1}{2} I_{n-2}$$

$$= \frac{n-1}{2} \cdot \frac{n-3}{2} I_{n-4} = \cdots = \frac{(n-1)(n-3)\cdots(n-2k+1)}{2^k} I_{n-2k}.$$

$n=2m$ なら, $k=m$ として $I_{2m} = \frac{(2m-1)!!}{2^m} I_0$, $n=2m+1$ なら, $k=m$ として $I_{2m+1} = \frac{(2m)!!}{2^m} I_1$. $I_1 = \int_0^{+\infty} xe^{-x^2} dx = \left[-\frac{1}{2}e^{-x^2}\right]_0^{+\infty} = \frac{1}{2}$ だから, $I_{2m+1} = \frac{(2m)!!}{2^{m+1}}$. 一方, $I_0 = \int_0^{+\infty} e^{-x^2} dx$ はいまの知識では求まらない. しかし, これは大事な積分なので, 第6章で計算する（例6.1.11の2）および例6.4.4）.

────────── §6の問題 ──────────

問題1 つぎの定積分を計算せよ. 広義積分の場合は, まずその収束・発散を判定せよ.

1) $\int_0^{+\infty} x^n e^{-x} dx$ 2) $\int_0^{\frac{\pi}{2}} \frac{x}{1+\cos x} dx$ ［ヒント：$x=2u$］

3) $I = \int_0^{+\infty} e^{-ax} \cos bx\, dx$, $J = \int_0^{+\infty} e^{-ax} \sin bx\, dx$ $(a>0)$ ［ヒント：部分積分］

4) $\int_0^1 \frac{\log x}{\sqrt{1-x^2}} dx$ ［ヒント：$x=\sin\theta$］

5) $\int_0^1 \frac{\arcsin x}{x} dx$ ［ヒント：$x=\sin\theta$］

6) $\int_{-\infty}^{+\infty} \frac{dx}{e^{ax}+e^{-ax}}$ $(a>0)$ 7) $\int_0^1 \frac{\arcsin x}{\sqrt{1-x^2}} dx$

§7 面積・長さ・体積

面積の概念をわれわれはすでに持っている．しかし一般の図形の面積を厳密に定義するのはあまりやさしくない．そこで，われわれは親しみのある図形に対して面積を定義しなおし，それがわれわれの持っている直観に反しないことを示す．面積の概念の基礎となるのはつぎの三点である．
1) 方形の面積はタテ×ヨコ．
2) 共通点のないふたつの図形を合わせた図形の面積は，それぞれの面積の和である．
3) 図形 A が図形 B の一部（等号つき）なら，A の面積は B の面積より大きくない．
4) 図形の位置をずらしても，回転しても，また裏がえしても面積はかわらない．

●タテ線領域の面積

3.7.1【定義】 区間 $I=[a,b]$ 上の連続関数 f, g があって $g(x) \leq f(x)$ とする．座標 (x,y) が $a \leq x \leq b$, $g(x) \leq y \leq f(x)$ をみたす点全部の集合 A を**タテ線領域**という．A の**面積** $|A|$ を

$$|A| = \int_a^b (f(x) - g(x))\,dx$$

によって定義する．$f(x), g(x)$ が定値関数なら，A は方形であり，$|A|$ はタテ×ヨコに一致する．

I が一般の区間で，そこでの広義積分が収束する場合にも，同じ式によって面積を定義する．

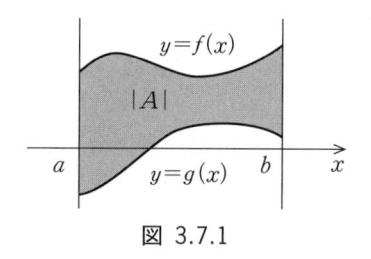

図 3.7.1

3.7.2【定義】 f を区間 I 上の連続関数で $f(x) \geq 0$ なるものとする．I の点 x, y を座標とする点 (x, y) の全体 $I \times I$ は正方形である（無限に広がっている場合も含む）．そこで定義された2変数関数 $A(x, y)$ がつぎの2条件をみたすとき，$A(x, y)$ を関数 f の**面積関数**という：

1) （加法性） I の点 r, s, t に対し，$A(r, t) = A(r, s) + A(s, t)$.
2) （単調性） r, s が I の点で $r < s$ のとき，
$$\min_{r \leq x \leq s} f(x) \cdot (s - r) \leq A(r, s) \leq \max_{r \leq x \leq s} f(x) \cdot (s - r).$$

頭のなかにある $A(r, s)$ は，r から s までのタテ線領域 $\{(x, y) ; r \leq x \leq s, \ 0 \leq y \leq f(x)\}$ の《面積》である．《面積》と呼ぶからには，上のふたつの性質ぐらいはなければ困るだろう．つぎの定理によってわれわれの面積の定義 3.7.1 が正当化される．

3.7.3【定理】 f の面積関数は $\int_r^s f(x)\, dx$ しかない．

【証明】 r, s の関数 $\int_r^s f(x)\, dx$ が面積関数の資格をもつことは，定積分の区間に関する加法性および単調性（定理3.3.1と定理3.3.3）からあきらか．いま $A(r, s)$ を f の面積関数とする．$[r, s]$ の任意の分割 $P = \langle a_0, a_1, \cdots, a_n \rangle$ に対し，$c_i = \min_{a_{i-1} \leq x \leq a_i} f(x)$, $d_i = \max_{a_{i-1} \leq x \leq a_i} f(x)$ とすると，$X = \langle c_1, c_2, \cdots, c_n \rangle$ および $Y = \langle d_1, d_2, \cdots, d_n \rangle$ は P の代表値系である．$A(r, s)$ の条件2) によって
$$c_i(a_i - a_{i-1}) \leq A(a_{i-1}, a_i) \leq d_i(a_i - a_{i-1}) \quad (1 \leq i \leq n)$$
だから，これらを $i = 1$ から n まで加えると，条件1) によって
$$R(P, X) \leq A(r, s) \leq R(P, Y)$$
となる．$R(P, X)$, $R(P, Y)$ はリーマン和である．分割 P を細かくすると，両方とも定積分 $\int_r^s f(x)\, dx$ に近づくから，$A(r, s) = \int_r^s f(x)\, dx$. □

3.7.4【例】 1) 楕円 $\dfrac{x^2}{a^2} + \dfrac{y^2}{b^2} = 1$ $(a, b > 0)$ の面積 S：

$$S = 4\int_0^a \frac{b}{a}\sqrt{a^2-x^2}\,dx = \frac{4b}{a}\left[x\sqrt{a^2-x^2}+a^2\arcsin\frac{x}{a}\right]_0^a = \pi ab.$$

不定積分は命題 1.1.5 による．

2) 星型（アステロイド）
$$x^{\frac{2}{3}}+y^{\frac{2}{3}}=a^{\frac{2}{3}} \quad (a>0)$$
の面積 S．第 1 象限では $x=a\sin^3 t\ \left(0\leqq t\leqq \frac{\pi}{2}\right)$ とおくことができる．
$$y=a\cos^3 t, \quad dx=3a\sin^2 t\cos t\,dt$$
$$S = 4\int_0^a y\,dx = 12a^2\int_0^{\frac{\pi}{2}}\sin^2 t\cos^4 t\,dt$$
$$= \frac{3a^2}{2}\int_0^{\frac{\pi}{2}}\sin^2 2t(\cos 2t+1)\,dt$$
$$= \frac{3a^2}{2}\left[\frac{1}{6}\sin^3 2t+\frac{1}{4}\left\{2t-\frac{1}{2}\sin 4t\right\}\right]_0^{\frac{\pi}{2}} = \frac{3}{8}\pi a^2.$$

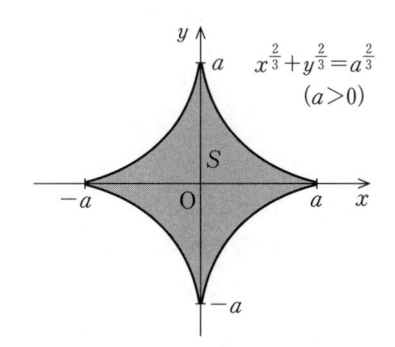

図 3.7.2 アステロイド

3) サイクロイド．直線上に半径 a の輪をおき，すべらないように右にまわしていく（図3.7.3）．はじめの接点 P はある曲線を描いてうごく．こ

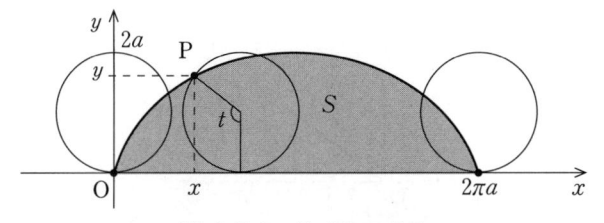

図 3.7.3 サイクロイド

§7 面積・長さ・体積

の曲線を**サイクロイド**という．角度を t とすると，動点 P の座標は
$$x = a(t - \sin t), \quad y = a(1 - \cos t)$$
であらわされる．t が 2π に達すると，P はふたたび直線にのる．ここまでの曲線と x 軸が囲む図形の面積を S とすると，
$$S = \int_0^{2\pi a} y\,dx = \int_0^{2\pi} y\frac{dx}{dt}dt = a^2\int_0^{2\pi}(1-\cos t)^2 dt = 3\pi a^2.$$

4) $0 \leqq y \leqq \dfrac{1}{1+x^2}$ をみたす点 (x, y) 全部のつくる非有界集合の面積 S：
$$S = \int_{-\infty}^{+\infty}\frac{dx}{1+x^2} = \Big[\arctan x\Big]_{-\infty}^{+\infty} = \pi.$$

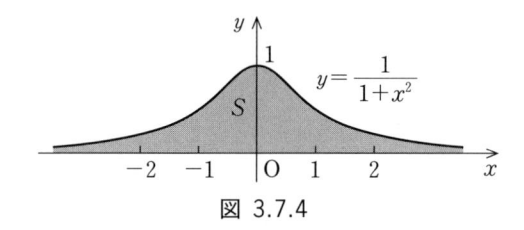

図 3.7.4

● **極座標**

ここで平面の極座標を復習しておこう．

3.7.5【定義】 正の向きの直交座標のある平面の，原点以外の点 $P(x, y)$ を考える（図 3.7.5）．線分 OP の長さを r とし，x 軸の正方向から左まわりに線分 OP までの角を θ とする．$r > 0$, $0 \leqq \theta < 2\pi$ である．数のペア (r, θ) を点 P の**極座標**という．原点は例外である．

逆に，はじめにペア (r, θ) があれば，それを極座標とする点 P が定まる．

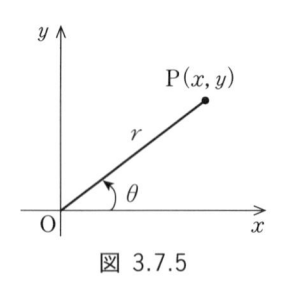

図 3.7.5

したがって極座標は平面の座標系としての資格をもっている．ふたつの式
$$x = r\cos\theta, \quad y = r\sin\theta$$
または
$$r = \sqrt{x^2+y^2}, \quad \theta = \arctan\frac{y}{x}$$
が直交座標と極座標を結びつける．

3.7.6【例】 1) $r = \sin\theta \quad (0 \leqq \theta \leqq \pi)$.

θ を 0 から π まで動かすと，x 軸の上側にまるい図形（図 3.7.6）ができる．これが円であることがつぎのようにして分かる．
$$x^2 + y^2 = r^2 = r\sin\theta = y$$
だから，$x^2 + \left(y - \dfrac{1}{2}\right)^2 = \left(\dfrac{1}{2}\right)^2$ となり，これは点 $\left(0, \dfrac{1}{2}\right)$ を中心とする半径 $\dfrac{1}{2}$ の円をあらわす．

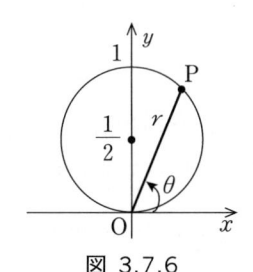

図 3.7.6

2) $(x^2+y^2)^2 = 2a^2(x^2-y^2) \quad (a>0)$.

このままではこれがどんな図形をあらわすのか見当もつかないが，極座標になおすと，
$$(x^2+y^2)^2 = (r^2)^2 = r^4,$$
$$2a^2(x^2-y^2) = 2a^2 r^2(\cos^2\theta - \sin^2\theta) = 2a^2 r^2 \cos 2\theta$$
だから，
$$r^2 = 2a^2 \cos 2\theta$$
となる．はじめの式から，図形が x, y 両軸に関して対称なことはすぐ分かる．だから，θ を 0 から $\dfrac{\pi}{2}$ まで動かすと，ほぼ図 3.7.7 の第 1 象限の

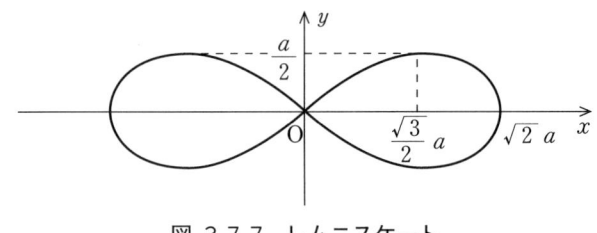

図 3.7.7 レムニスケート

部分がかける $\left(\dfrac{\pi}{4}\text{ から }\dfrac{\pi}{2}\text{ までは図形がない}\right)$. この図の曲線を**レムニスケート**という.

● 極領域の面積

3.7.7【定義と命題】 半径 r の円板のうち, 角度 α をなす2本の半径にはさまれる部分 $A(\alpha)$ を**扇形**（センケイまたはオオギガタ）という. 円の面積は πr^2 である（例3.7.4 の 1)). だから, $A(\alpha)$ の面積 S は $\pi r^2 \cdot \dfrac{\alpha}{2\pi} = \dfrac{1}{2} r^2 \alpha$ でなければならない. もうひとつの根拠として, 図3.7.8のように $A(\alpha)$ をタテ線領域とみなし, 定義3.7.1 に従って計算すると,

$$S = \int_0^{r\sin\alpha} \sqrt{r^2-x^2}\,dx - \frac{1}{2}r^2\cos\alpha\sin\alpha$$
$$= \frac{1}{2}\left[x\sqrt{r^2-x^2} + r^2\arcsin\frac{x}{r}\right]_0^{r\sin\alpha} - \frac{1}{2}r^2\cos\alpha\sin\alpha = \frac{1}{2}r^2\alpha.$$

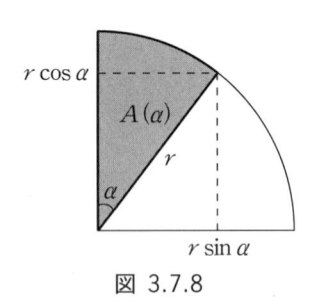

図 3.7.8

3.7.8【定義】 極座標で $r=f(\theta)$ なる曲線と, 2直線 $\theta=a$, $\theta=b$ $(a<b)$

図 3.7.9

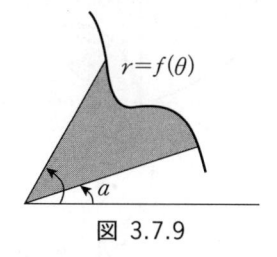

とで囲まれる領域を**極領域**または**角領域**という．

その面積 S を
$$S = \frac{1}{2}\int_a^b r^2 d\theta = \frac{1}{2}\int_a^b f(\theta)^2 d\theta$$
によって定義する．

コメント これが正当な定義であることを示さなければならない．そのために，関数 $r=f(\theta)$ $(a\leq\theta\leq b)$ に対してその**面積関数** $A(t,s)$ なる概念を，定義 3.7.2 と同様に定義する．ただし，2 条件のうち，1) の加法性はそのままでよいが，2) の単調性はつぎのように変える：$a\leq t\leq s\leq b$ のとき，
$$\frac{1}{2}\left[\min_{t\leq\theta\leq s}f(\theta)^2\right](s-t) \leq A(t,s) \leq \frac{1}{2}\left[\max_{t\leq\theta\leq s}f(\theta)^2\right](s-t).$$

そうすると，定理 3.7.3 と同様，関数 $r=f(\theta)$ の面積関数は $\frac{1}{2}\int_t^s f(\theta)^2 d\theta$ しかないことが分かる．その証明はまったく同じだから省略する．こうして極領域の面積の定義が正当化された．

3.7.9【例】 1) レムニスケート $(x^2+y^2)^2 = 2a^2(x^2-y^2)$ (例 3.7.6 の 2)) の面積 S．極座標で $r^2 = 2a^2\cos 2\theta$ だから，
$$S = 4\cdot\frac{1}{2}\int_0^{\frac{\pi}{4}} 2a^2\cos 2\theta\, d\theta = 2a^2.$$

2) **デカルトの葉形** $x^3+y^3 = 3axy$ $(a>0)$ の第 1 象限部分の面積 S (図 3.7.10)．極座標になおすと，
$$r = \frac{3a\cos\theta\sin\theta}{\cos^3\theta+\sin^3\theta}.$$

§7 面積・長さ・体積

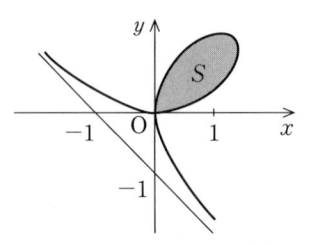

図 3.7.10 デカルトの葉形

$$S = \frac{1}{2}\int_0^{\frac{\pi}{2}} r^2 d\theta = \frac{9a^2}{2}\int_0^{\frac{\pi}{2}} \frac{\tan^2\theta}{(1+\tan^3\theta)^2} \frac{d\theta}{\cos^2\theta}.$$

$\tan\theta = t$ により,

$$S = \frac{9a^2}{2}\int_0^{+\infty} \frac{t^2}{(1+t^3)^2} dt = \frac{3}{2}a^2.$$

3) ふたつの楕円

$$\frac{x^2}{a^2}+\frac{y^2}{b^2}=1, \quad \frac{x^2}{b^2}+\frac{y^2}{a^2}=1 \quad (0<b\leq a)$$

の共通部分 (図 3.7.11) の面積 S.

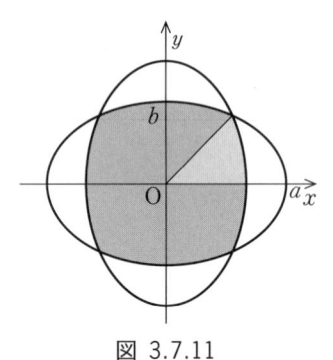

図 3.7.11

タテ長の楕円 $\dfrac{x^2}{b^2}+\dfrac{y^2}{a^2}=1$ を極座標でかくと

$$r^2 = \frac{a^2 b^2}{a^2\cos^2\theta + b^2\sin^2\theta}$$

とかける.図の薄いアミ点部分の極領域の面積は $\dfrac{1}{2}\int_0^{\frac{\pi}{4}} r^2 d\theta$ だから,

$$S = 8 \cdot \frac{1}{2} \int_0^{\frac{\pi}{4}} r^2 d\theta = 4a^2b^2 \int_0^{\frac{\pi}{4}} \frac{d\theta}{a^2\cos^2\theta + b^2\sin^2\theta}$$

$$= 4a^2b^2 \int_0^{\frac{\pi}{4}} \frac{1}{a^2 + b^2\tan^2\theta} \cdot \frac{d\theta}{\cos^2\theta}$$

となる．$u = \tan\theta$ とすると，$du = \dfrac{d\theta}{\cos^2\theta}$ だから，

$$S = 4a^2b^2 \int_0^1 \frac{du}{a^2 + b^2u^2} = 4a^2 \int_0^1 \frac{du}{\left(\frac{a}{b}\right)^2 + u^2} = 4a^2 \left[\frac{b}{a}\arctan\frac{b}{a}u\right]_0^1$$

$$= 4ab \cdot \arctan\frac{a}{b}.$$

ちょっと複雑になるが，直交座標のままでも計算できる．

●曲線の長さ

3.7.10【定義】 変数 t（$\alpha \leq t \leq \beta$）のふたつの関数 $x = x(t)$，$y = y(t)$ があるとき，各 t に対して平面の点 $P(t) = (x(t), y(t))$ を対応させる．関数 $x(t)$，$y(t)$ が適度になめらかであれば，t が動くにつれて動点 $P(t)$ は平面上の曲線 C を描くだろう．こうして得られる曲線 C を**パラメーター曲線**，変数 t を C の**パラメーター**という．いままで扱ってきた曲線 $y = f(x)$ は $t = x$ の場合である．

<u>ノート</u> 長さの概念もわれわれはすでに持っている．曲線をひもだと思って，それをまっすぐに伸ばしてものさしではかればよい．この直観に合うように一般的な定義をしなければならない．

3.7.11【定義】 パラメーター曲線 C：
$$x = x(t), \quad y = y(t) \quad (\alpha \leq t \leq \beta)$$
を考える．関数 $x(t)$，$y(t)$ は C^1 級と仮定する．定積分
$$l(C) = \int_\alpha^\beta \sqrt{\left(\frac{dx}{dt}\right)^2 + \left(\frac{dy}{dt}\right)^2} \, dt$$
を曲線 C の**長さ**という．

<u>コメント</u> $[\alpha, \beta]$ の分割 $P = \langle a_0, a_1, \cdots, a_n \rangle$ をとる．これによって曲線 C の点 $(x(a_i), y(a_i))$（$1 \leq i \leq n$）が定まる．となりあう点をむすぶ小弦の長さの和

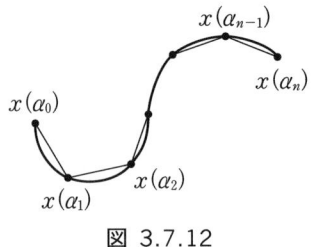

図 3.7.12

によって C の長さを近似していく。$1 \leq i \leq n$ に対して
$$\Delta t_i = a_i - a_{i-1}, \quad \Delta x_i = x(a_i) - x(a_{i-1}), \quad \Delta y_i = y(a_i) - y(a_{i-1})$$
とかくと，小弦の長さ Δs_i は $\sqrt{\Delta x_i^2 + \Delta y_i^2}$ である.
$$\sum_{i=1}^{n} \Delta s_i = \sum_{i=1}^{n} \sqrt{\left(\frac{\Delta x_i}{\Delta t_i}\right)^2 + \left(\frac{\Delta y_i}{\Delta t_i}\right)^2} \Delta t_i$$
であり，分割 P を細かくするとき，この右辺は $\int_a^\beta \sqrt{\left(\frac{dx}{dt}\right)^2 + \left(\frac{dy}{dt}\right)^2}\, dt$ に近づく．したがって長さの定義が正当化された．

また，図による説明から分かるように，同じ曲線を別のパラメーターであらわしてもその長さは変わらない（そうでなければ困る）．

3.7.12【命題】 1) とくに $t = x$ ($a \leq x \leq b$)，$y = f(x)$ であらわされる曲線の長さは $\int_a^b \sqrt{1 + f'(x)^2}\, dx$ である.

2) 極座標によって $r = f(\theta)$ ($a \leq \theta \leq \beta$) とあらわされる曲線の長さは
$$\int_a^\beta \sqrt{f'(\theta)^2 + f(\theta)^2}\, d\theta = \int_a^\beta \sqrt{\left(\frac{dr}{d\theta}\right)^2 + r^2}\, d\theta$$
で与えられる．

【証明】 1) $\dfrac{dx}{dt} = 1, \quad \dfrac{dy}{dt} = f'(x)$.

2) $\left(\dfrac{dx}{d\theta}\right)^2 + \left(\dfrac{dy}{d\theta}\right)^2 = [f'(\theta)\cos\theta - f(\theta)\sin\theta]^2 + [f'(\theta)\sin\theta + f(\theta)\cos\theta]^2$
$= f'(\theta)^2 + f(\theta)^2$. □

3.7.13【例】 1) 星型 $x^{\frac{2}{3}} + y^{\frac{2}{3}} = a^{\frac{2}{3}}$ ($a > 0$) の全長 l (例 3.7.4 の 2))．この

式の両辺を x で微分すると $\frac{2}{3}x^{-\frac{1}{3}}+\frac{2}{3}y^{-\frac{1}{3}}y'=0$ だから，$y'=-x^{-\frac{1}{3}}y^{\frac{1}{3}}$．

$$1+y'^2=1+x^{-\frac{2}{3}}y^{\frac{2}{3}}=1+x^{-\frac{2}{3}}(a^{\frac{2}{3}}-x^{\frac{2}{3}})=1+a^{\frac{2}{3}}x^{-\frac{2}{3}}-1=a^{\frac{2}{3}}x^{-\frac{2}{3}}.$$

$$l=4\int_0^a\sqrt{1+y'^2}\,dx=4\int_0^a a^{\frac{1}{3}}x^{-\frac{1}{3}}\,dx=4a^{\frac{1}{3}}\left[\frac{3}{2}x^{\frac{2}{3}}\right]_0^a=6a.$$

2) サイクロイドの1弧の長さ（例3.7.4の3））．

$$x=a(t-\sin t),\quad y=a(1-\cos t)\quad (0\leqq t\leqq 2\pi),$$

$$\frac{dx}{dt}=a(1-\cos t),\quad \frac{dy}{dt}=a\sin t.$$

$$\sqrt{\left(\frac{dx}{dt}\right)^2+\left(\frac{dy}{dt}\right)^2}=a\sqrt{1-2\cos t+\cos^2 t+\sin^2 t}=\sqrt{2}\,a\sqrt{1-\cos t}=2a\sin\frac{t}{2}.$$

$$l=\int_0^{2\pi}2a\sin\frac{t}{2}\,dt=\left[-4a\cos\frac{t}{2}\right]_0^{2\pi}=8a.$$

3) 楕円 $\frac{x^2}{a^2}+\frac{y^2}{b^2}=1$ $(a,b>0)$ の全長 l．簡単な計算により，

$$\frac{l}{4}=\int_0^a\sqrt{\frac{a^4-(a^2-b^2)x^2}{a^2(a^2-x^2)}}\,dx.$$

$a\neq b$ なら，これは a,b の初等関数ではない．$x=a\cos t,\ y=b\sin t$ $\left(0\leqq t\leqq\frac{\pi}{2}\right)$ として計算すると，

$$\frac{l}{4}=\int_0^{\frac{\pi}{2}}\sqrt{a^2\sin^2 t+b^2\cos^2 t}\,dt.$$

もちろんこれも同様．この積分を楕円積分という．

4) 放物線 $y=\frac{1}{2}x^2$ の，$x=0$ から $x=b>0$ までの長さ l．$y'=x$ だから

$$l=\int_0^b\sqrt{1+x^2}\,dx=\frac{1}{2}\left[x\sqrt{x^2+1}+\log|x+\sqrt{x^2+1}|\right]_0^b$$

$$=\frac{1}{2}\left[b\sqrt{b^2+1}+\log(b+\sqrt{b^2+1})\right].$$

ここで使った不定積分 $\int\sqrt{1+x^2}\,dx$ の公式は例1.2.13の2）にある．

[ノート] こういう公式をおぼえる必要はないし，自力でみちびく能力もいらない．これが出てきたら公式集を見ればよい．

一般に不定積分の方法で身につけるべきものはつぎの四点である．

§7 面積・長さ・体積

a) もっとも基本的な公式,たとえば
$$\int \frac{dx}{x} = \log|x|, \quad \int \frac{dx}{\sqrt{1-x^2}} = \arcsin x, \quad \int \frac{dx}{1+x^2} = \arctan x.$$
b) 基本公式に帰着させる能力.
c) 公式集をひく能力.
d) 原始関数が初等関数かどうかを判定する能力.

実際,たとえばつぎの不定積分は初等関数ではない:
$$\int \frac{dx}{\log x}, \quad \int e^{-x^2} dx, \quad \int \frac{\sin x}{x} dx, \quad \int \frac{dx}{\sqrt{1-x^4}}.$$

不定積分の技法に凝らないほうがよい.

●回転図形の体積と表面積

3.7.14【定義】 $I = [a, b]$ 上の連続関数 $y = f(x)$ が $f(x) \geqq 0$ をみたすとする.このグラフを x 軸のまわりに回転して得られる筒型の図形(図 3.7.13)の内部領域の体積 V を

$$V = \int_a^b \pi f(x)^2 dx$$

によって定義する.一般の区間の場合も,広義積分が収束するときはその値をもって非有界領域の体積とする.

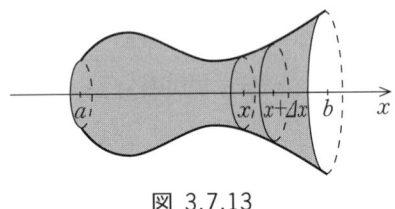

図 3.7.13

コメント この定義は高校微積分では定理だった.《体積》を既知の概念としていたからである.われわれは,一般の空間図形の体積をまだ定義していないので,分かりやすい図形から順に定義していくのである.

この定義が正当であることは,タテ線領域の面積の場合とまったく同じようにして分かる.図 3.7.13 のように,区間の n 等分割を $P = \langle a_0, a_1, \cdots, a_n \rangle$ とすると,小区間の幅は $\varDelta x = \dfrac{b-a}{n}$ である.a_{i-1} と a_i のあいだの薄い円板の

体積はほぼ $\pi f(a_i)^2 \Delta x$ だから，
$$V = \lim_{n \to \infty} \sum_{i=1}^{n} \pi f(a_i)^2 \Delta x = \int_a^b \pi f(x)^2 dx$$
でなければならない．

3.7.15【例】 1) 直円錐の高さが h，底円の半径が a のとき，その体積 V を求める．図 3.7.14 のように横からみると，上側の斜線は $f(x) = \dfrac{a}{h}x$ だから，
$$V = \int_0^h \pi \frac{a^2}{h^2} x^2 dx = \frac{\pi a^2}{h^2} \left[\frac{x^3}{3} \right]_0^h = \frac{1}{3} \pi a^2 h.$$

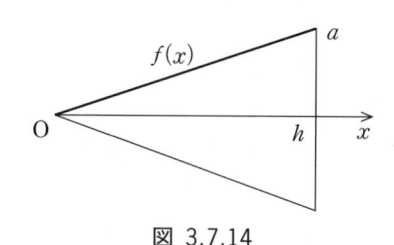

図 3.7.14

2) 回転楕円体．楕円 $\dfrac{x^2}{a^2} + \dfrac{y^2}{b^2} = 1$ を x 軸のまわりに回転したものの体積 V．$y^2 = b^2 \left(1 - \dfrac{x^2}{a^2}\right)$ だから，
$$V = 2\int_0^a \pi b^2 \left(1 - \frac{x^2}{a^2}\right) dx = 2\pi b^2 \left[x - \frac{x^3}{3a^2} \right]_0^a = \frac{4}{3} \pi a b^2.$$

3) $f(x) = e^{-x}$ $(0 \le x < +\infty)$ を x 軸のまわりに回転したものの体積 V．
$$V = \int_0^{+\infty} \pi e^{-2x} dx = \pi \left[-\frac{1}{2} e^{-2x} \right]_0^{+\infty} = \frac{\pi}{2}.$$

4) $f(x) = \dfrac{1}{\sqrt{x}}$ $(0 < x \le 1)$．$V = \int_0^1 \pi \dfrac{1}{x} dx = \pi \left[\log x \right]_0^1 \to +\infty$．しかし，$f(x) = \dfrac{1}{\sqrt[3]{x}}$ なら，$V = \int_0^1 \pi x^{-\frac{2}{3}} dx = \pi \left[3x^{\frac{1}{3}} \right]_0^1 = 3\pi.$

3.7.16【定義】 $I = [a, b]$ 上の C^1 級関数 $y = f(x)$ が $f(x) \ge 0$ をみたすとき，このグラフを x 軸のまわりに回転して得られる筒型の図形（図 3.7.13）

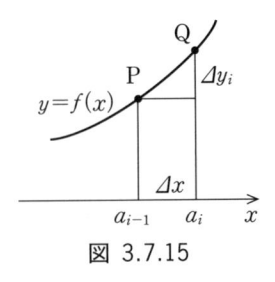

図 3.7.15

の表面積 S を
$$S = \int_a^b 2\pi f(x)\sqrt{1+f'(x)^2}\,dx$$
によって定義する.

コメント　一般の曲面積の定義は難かしいが，この場合は，つぎのように直観に合う形で正当化される．やはり区間の n 等分割 $P=\langle a_0, a_1, \cdots, a_n\rangle$ を考え，その i 番目の区間を拡大したのが図 3.7.15 である．両端で切ると細いリボンの輪ができる．リボンの幅は図の P から Q までの曲線の微小部分の長さだから，ほぼ線分 PQ の長さ $\sqrt{\Delta x^2 + \Delta y_i^2}$ である．リボンの長さはほぼ円周長 $2\pi f(a_i)$ だから，面積は $2\pi f(a_i)\sqrt{\Delta x^2 + \Delta y_i^2}$．したがって，それらの和の極限として，
$$S = \lim_{n\to\infty}\sum_{i=1}^n 2\pi f(x_i)\sqrt{\Delta x^2 + \Delta y_i^2} = \lim_{n\to\infty} 2\pi f(x_i)\sqrt{1+\left(\frac{\Delta y_i}{\Delta x}\right)^2}\Delta x$$
$$= \int_a^b 2\pi f(x)\sqrt{1+f'(x)^2}\,dx$$
でなければならない．

3.7.17【例】　1)　半径 a の球の表面積 S．$y=\sqrt{a^2-x^2}$, $y'=-\dfrac{x}{\sqrt{a^2-x^2}}$,
$1+y'^2=\dfrac{a^2}{a^2-x^2}$.
$$S = \int_{-a}^a 2\pi\sqrt{a^2-x^2}\,\frac{a}{\sqrt{a^2-x^2}}\,dx = 4\pi a^2.$$

2)　サイクロイド（例 3.7.4 の 3)，図 3.7.3）を x 軸のまわりに回転した図形の体積 V と表面積 S．

$$x = a(t-\sin t), \quad y = a(1-\cos t) \quad (0 \leq t \leq 2\pi).$$
$$V = \int_0^{2\pi} \pi y^2 \frac{dx}{dt} dt = \pi a^3 \int_0^{2\pi} (1-\cos t)^3 dt = 5\pi^2 a^3.$$
$$S = \int_0^{2\pi} 2\pi y \sqrt{\left(\frac{dx}{dt}\right)^2 + \left(\frac{dy}{dt}\right)^2} dt = 2\sqrt{2}\,\pi a^2 \int_0^{2\pi} (1-\cos t)^{\frac{3}{2}} dt = \frac{64}{3}\pi a^2.$$

● パラメーター閉曲線の内部の面積

3.7.18【定義】 平面上の C^1 級パラメーター曲線 C:
$$x = x(t), \quad y = y(t) \quad (\alpha \leq t \leq \beta)$$
を考える．$P(\alpha) = (x(\alpha), y(\alpha))$ を**始点**，$P(\beta) = (x(\beta), y(\beta))$ を**終点**という．始点と終点が一致するとき，C を**閉曲線**という．閉曲線 C が途中1回も同じ点を通らないとき，C を**単純閉曲線**という．単純閉曲線 C は平面を C の内部と外部に分ける．

パラメーター曲線 C には自然に向きがついている（t の進行方向）．C が単純閉曲線のとき，進行方向の左側が C の内部であるような向きを**正の向き**という（図 3.7.16）．反対の向きを**負の向き**という．

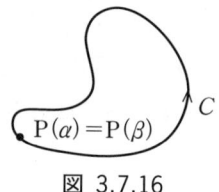

図 3.7.16

ノート これから単純閉曲線 C の内部 D の《面積》を考えるのだが，これはまだ定義されていない．そこで，考える領域 D は有限個のタテ線領域 $D_1, D_2, \cdots, D_n$ を合わせた図形であると仮定し（図 3.7.17），$D_1, D_2, \cdots, D_n$ の面積の総和をもって D の面積と定義する．

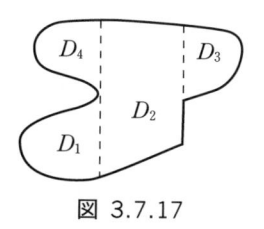

図 3.7.17

§7 面積・長さ・体積

3.7.19【定理】 C^1 級のパラメーター曲線 C：
$$x=x(t), \quad y=y(t) \quad (\alpha \leq t \leq \beta)$$
が正の向きの単純閉曲線を描くとする．このとき，曲線 C の内部 D の面積 S は
$$S=\int_\alpha^\beta x(t)y'(t)\,dt = -\int_\alpha^\beta y(t)x'(t)\,dt$$
で与えられる．

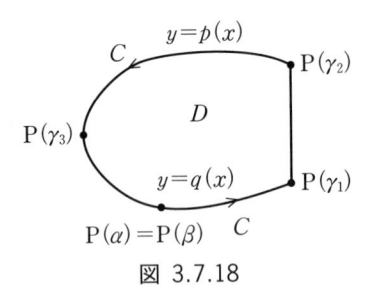

図 3.7.18

【証明】 1° はじめに第2の等式を証明する．まず図3.7.18のように，D がタテ線領域の場合を考える．すなわち，境界 C が x のふたつの関数 $y=p(x), y=q(x)$（$p(x) \geq q(x)$）と何本かの垂直線から成る場合である．図に即して計算すると，タテ線領域の面積の定義3.7.1により，
$$S = \int_{x(\gamma_3)}^{x(\gamma_2)} p(x)\,dx - \int_{x(\gamma_3)}^{x(\gamma_1)} q(x)\,dx.$$
$$\int_{x(\gamma_3)}^{x(\gamma_2)} p(x)\,dx = -\int_{\gamma_2}^{\gamma_3} y(t)\frac{dx}{dt}\,dt = -\int_{\gamma_2}^{\gamma_3} yx'\,dt,$$
$$\int_{x(\gamma_3)}^{x(\gamma_1)} q(x)\,dx = \int_{\gamma_3}^{\beta} yx'\,dt + \int_{\alpha}^{\gamma_1} yx'\,dt.$$
一方，垂直線上では $x'(t)=0$ だから $\int_{\gamma_1}^{\gamma_2} yx'\,dt = 0$．したがって
$$S = -\int_{\gamma_2}^{\gamma_3} yx'\,dt - \int_{\gamma_3}^{\beta} yx'\,dt - \int_{\alpha}^{\gamma_1} yx'\,dt - \int_{\gamma_1}^{\gamma_2} yx'\,dt = -\int_\alpha^\beta y(t)x'(t)\,dt$$
となり，第2の等式が証明された．

2° 一般の場合，図3.7.19のように D を分割し，ひとつひとつの領域 D_i（図の場合 $1 \leq i \leq 4$）がタテ線領域になるようにする．D_i の境界を正の向

図 3.7.19

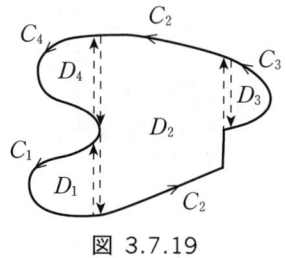

きに一周する単純閉曲線を C_i とする．

このとき，たとえば C_1 と C_2 は1本の垂直線を（逆向きに）共有するが，ここでは $x'(t)=0$ だから $y(t)x'(t)$ の積分値も0であり，全体に影響を与えない．

D_i の面積を S_i とすると，1°の結果によって

$$S=\sum_{i=1}^{4} S_i = -\sum_{i=1}^{4}\int_{C_i} y(t)x'(t)\,dt = -\int_C y(t)x'(t)\,dt$$

となる．ただし，C_i がパラメーター t の値 $\gamma_{i-1} \leq t \leq \gamma_i$ の部分と垂直線とから成るとき，$\int_{C_i} yx'\,dt$ は $\int_{\gamma_{i-1}}^{\gamma_i} yx'\,dt$ を意味する．したがって

$$S = -\int_\alpha^\beta y(t)x'(t)\,dt$$

となり，第2の等式が一般の場合に証明された．

3° 第1の等式は部分積分法により，

$$S = -\int_\alpha^\beta x'(t)y(t)\,dt = -\Big[x(t)y(t)\Big]_\alpha^\beta + \int_\alpha^\beta x(t)y'(t)\,dt$$
$$= \int_\alpha^\beta x(t)y'(t)\,dt$$

となって成りたつ．□

3.7.20【例】 1) $C: x=t^2-1,\ y=t^3-t\ (-1\leq t\leq 1)$．あきらかにこれは閉曲線である．もし $P(t)=P(s)\ (t\neq s)$ なら $t^2-1=s^2-1$ から $s=-t$．$t^3-t=s^3-s=-t^3+t$ だから $t(t^2-1)=0$．よって始点と終点が一致するだけであり，単純閉曲線である．ほぼ図3.7.20のような曲線が描け，これは正の向きである．

§7 面積・長さ・体積　135

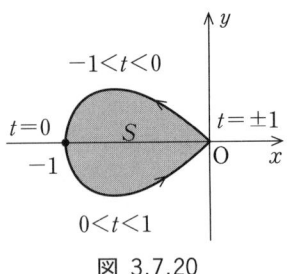

図 3.7.20

$$S = \int_{-1}^{1} xy' \, dt = \int_{-1}^{1} (3t^4 - 4t^2 + 1) \, dt = \frac{8}{15}.$$

$$S = -\int_{-1}^{1} yx' \, dt = -\int_{-1}^{1} (2t^4 - 2t^2) \, dt = \frac{8}{15}.$$

2) $C : x = \sin t, \ y = \sin t + \cos t \ (0 \leq t \leq 2\pi)$. これもあきらかに閉曲線である．もし $P(t) = P(s)$ なら $\sin t = \sin s$, $\cos t = \cos s$ だから，始点と終点だけであり，単純閉曲線である．分かりやすい点をプロットして図を描くと図 3.7.21 のようになり，C は負の向きである．したがって

$$S = -\int_0^{2\pi} xy' \, dt = -\int_0^{2\pi} (\sin t \cos t - \sin^2 t) \, dt$$
$$= -\left[\frac{1}{2} \sin^2 t - \frac{1}{2} \left(t - \frac{1}{2} \sin 2t \right) \right]_0^{2\pi} = \pi.$$

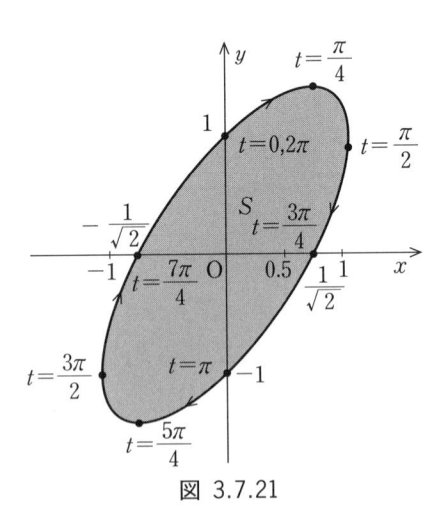

図 3.7.21

$$S = \int_0^{2\pi} yx'\,dt = -\int_0^{2\pi} (\sin t \cos t + \cos^2 t)\,dt$$
$$= \left[\frac{1}{2}\sin^2 t + \frac{1}{2}\left(t + \frac{1}{2}\sin 2t\right)\right]_0^{2\pi} = \pi.$$

曲線の定義式から t を消去すると，$y - x = \cos t$ だから $x^2 + (y-x)^2 = 1$，すなわち $2x^2 - 2xy + y^2 = 1$ となる．これは楕円である．

---

§7 の問題

問題 1 つぎの図形の略図をかき，面積を求めよ．
1) 2本の放物線 $y = x^2 - 1$ と $y = 1 - x^2$ の囲む領域．
2) 放物線 $y = x^2 + 1$ の $x > 0$ の部分に，原点をとおる接線をひく．この接線と放物線と y 軸とで囲む領域
3) $x^{\frac{1}{p}} + y^{\frac{1}{q}} \leq 1$ (p, q は自然数，$x, y \geq 0$)
4) 曲線 $y = xe^{-x^2}$ と x 軸の正の部分にはさまれる（非有界）領域
5) $r = |\sin n\theta|$ (n は自然数) の囲む図形．[ヒント：$n = 2, 3$ のときの略図をかいて見当をつける]
6) ラセン $r = \theta$ ($0 \leq \theta \leq 2\pi$) と，x 軸の 0 から 2π までの部分の囲む領域（図 3.7.22）．
7) 心臓形 $r = a(1 + \cos\theta)$ ($a > 0$) の内部（図 3.7.23）．

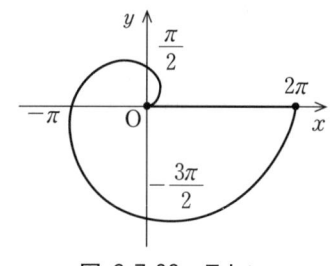

図 3.7.22 ラセン

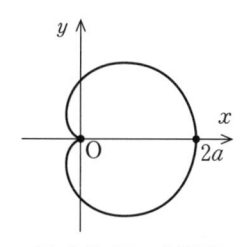

図 3.7.23 心臓形

問題 2 つぎの曲線の長さを求めよ．
1) $0 \leq x \leq b$, $y = \dfrac{a}{2}\left(e^{\frac{x}{a}} + e^{-\frac{x}{a}}\right)$ ($a > 0$).

2) $y=\log(\sin x)$ $\left(\dfrac{1}{3}\pi \leqq x \leqq \dfrac{2}{3}\pi\right)$. $\left[\text{ヒント}: \int \dfrac{dx}{\sin x}=\log\left|\tan\dfrac{x}{2}\right|\right]$

3) $1\leqq x\leqq 9$, $y=(x-1)^{\frac{2}{3}}$. [ヒント：y を独立変数にする]

4) $0\leqq \theta \leqq \dfrac{\pi}{2}$, $x=\cos^3\theta$, $y=\sin^3\theta$.

5) 心臓形 $r=a(1+\cos\theta)$ $(a>0, 0\leqq\theta\leqq 2\pi)$ の全長（問題1の7）の図をみよ）.

問題 3 つぎのグラフを x 軸のまわりに回転した図形の体積 V を求めよ.

1) $\sqrt{x}+\sqrt{y}=1$.

2) ドーナッツ型：$x^2+(y-a)^2=b^2$ $(0<b\leqq a)$.

3) $x\geqq 0$ で $y=\dfrac{1}{1+x}$.

4) 全直線で $y=\dfrac{1}{\sqrt{1+x^2}}$.

問題 4 つぎのグラフを x 軸のまわりに回転した図形の表面積 S を求めよ.

1) ドーナッツ型：$x^2+(y-a)^2=b^2$ $(0<b\leqq a)$.

2) $[-a,a]$ で $\dfrac{e^x+e^{-x}}{2}$.

3) 高さ h，底円の半径 a の直円錐.

問題 5 つぎのパラメーター曲線が正の向きの単純閉曲線であることを（略図をかいて）確かめ，その内部の面積 S を求めよ.

1) $x=t-t^2$, $y=t^2-t^3$ $(0\leqq t\leqq 1)$.

2) $x=a\sin 2t$, $y=b(1-\cos 2t)$ $(0\leqq t\leqq \pi; a, b>0)$.

3) $x=\pi^2-t^2$, $y=\sin t$ $(-\pi\leqq t\leqq \pi)$.

4) $\begin{cases} x=t+1, \ y=t^2+2t & (-2\leqq t\leqq 0) \\ x=1-t, \ y=2t-t^2 & (0\leqq t\leqq 2) \end{cases}$

5) $\begin{cases} x=\cos t, \ y=\cos t\sin t & \left(0\leqq t\leqq \dfrac{\pi}{2}\right) \\ x=-\cos t, \ y=\cos t\sin t & \left(\dfrac{\pi}{2}\leqq t\leqq \pi\right) \end{cases}$

第4章
級　　数

§1　級数の収束と発散

●コーシー列

級数の話に入る前に，数列に関する重要な概念を導入する．

4.1.1【定義】　数列 $a_0, a_1, a_2, \cdots$ がつぎの性質をもつとき，この数列を**コーシー列**という：任意に与えられた正の数 ε に対し，ある番号 L をとると，L より先の任意の n, m に対して $|a_n - a_m| < \varepsilon$ が成りたつ．

4.1.2【命題】　1)　収束列はコーシー列である．
2)　コーシー列は有界である．

【証明】　1)　$\lim_{n \to \infty} a_n = b$ のとき，任意の $\varepsilon > 0$ に対してある番号 L をとると，$L \leqq n, m$ なら $|a_n - b| < \dfrac{\varepsilon}{2}$, $|a_m - b| < \dfrac{\varepsilon}{2}$ となるから，$|a_n - a_m| < \varepsilon$．

2)　$\langle a_n \rangle$ がコーシー列のとき，$\varepsilon = 1$ に対してある L をとると，$L \leqq n$ なるすべての n に対して $|a_n - a_L| < 1$，したがって $|a_n| < |a_L| + 1$．$M = \max_{0 \leqq k \leqq L} |a_k|$ とすれば，すべての n に対して $|a_n| \leqq \max\{M, |a_L| + 1\}$ となる．□

4.1.3【定理】　コーシー列は収束する．

【証明】　$\langle a_n \rangle$ をコーシー列とする．前命題の 2) によって $\langle a_n \rangle$ は有界だから，実数体の完備性の公理 2.2.3 によって収束する部分列 $\langle a_{n'} \rangle$ をとることができる ($n \leqq n'$)．$\lim_{n \to \infty} a_{n'} = b$ とする．与えられた正の数 ε に対してある L_1 をとる

と，$L_1 \leqq n, m$ なら $|a_n - a_m| < \frac{\varepsilon}{2}$ が成りたつ．一方，ある L_2 をとると，$L_2 \leqq n$ なら $|a_{n'} - b| < \frac{\varepsilon}{2}$ が成りたつ．$L = \max\{L_1, L_2\}$ とすると，$L \leqq n$ なら $|a_n - a_{L'}| < \frac{\varepsilon}{2}$, $|a_{L'} - b| < \frac{\varepsilon}{2}$ だから，$|a_n - b| < \varepsilon$ が成りたつ．□

ノート　この定理は公理 2.2.3，定理 2.2.4（有界な単調数列の収束性）および定理と定義 3.1.9 と同値であり，どれも実数体の完備性をあらわす．

応用例をふたつ．

4.1.4【命題】 $[a, +\infty)$ 上の関数 f に対して $\lim_{x \to +\infty} f(x)$ が存在するためには，つぎの条件が必要十分である：任意の $\varepsilon > 0$ に対してある数 L をとると，$L \leqq x, y$ なら $|f(x) - f(y)| < \varepsilon$ が成りたつ．

【証明】　1°　$\lim_{x \to +\infty} f(x) = b$ とし，$\varepsilon > 0$ が与えられたとする．ある数 L をとると，$L \leqq x, y$ なら $|f(x) - b| < \frac{\varepsilon}{2}$, $|f(y) - b| < \frac{\varepsilon}{2}$ だから $|f(x) - f(y)| < \varepsilon$ が成りたつ．

2°　条件がみたされるとする．数列 $\langle f(n) \rangle$ ($n \geqq a$) は条件によってコーシー列だから，定理 4.1.3 によって極限 $b = \lim_{n \to \infty} f(n)$ が存在する．与えられた $\varepsilon > 0$ に対してある自然数 L_1 をとると，$L_1 \leqq x, y$ なら $|f(x) - f(y)| < \frac{\varepsilon}{2}$．またある自然数 L_2 をとると，$L_2 \leqq n$ なら $|f(n) - b| < \frac{\varepsilon}{2}$．$L = \max\{L_1, L_2\}$ とおくと，$L \leqq x$ なら $|f(x) - f(L)| < \frac{\varepsilon}{2}$, $|f(L) - b| < \frac{\varepsilon}{2}$ だから $|f(x) - b| < \varepsilon$ が成りたつ．□

4.1.5【例】　$+\infty$ での広義積分 $\int_0^{+\infty} \frac{\sin x}{x} dx$ は収束し，$\int_0^{+\infty} \frac{|\sin x|}{x} dx$ は発散する．

【証明】　1°　$f(x) = \int_0^x \frac{\sin t}{t} dt$ とおき，f が前命題の条件をみたすことを示

せばよい．実際，与えられた $\varepsilon > 0$ に対して $L = \dfrac{2}{\varepsilon}$ とおくと，$L < x < y$ なら

$$|f(y) - f(x)| = \left|\int_x^y \frac{\sin t}{t} dt\right| = \left|\left[-\frac{\cos t}{t}\right]_x^y - \int_x^y \frac{\cos t}{t^2} dt\right|$$

$$\leq \frac{1}{y} + \frac{1}{x} + \int_x^y \frac{dt}{t^2} = \frac{1}{y} + \frac{1}{x} - \frac{1}{y} + \frac{1}{x} = \frac{2}{x} < \frac{2}{L} = \varepsilon.$$

したがって，前命題によって広義積分 $\int_0^{+\infty} \dfrac{\sin x}{x} dx$ は収束する．この値は本書では扱わないが，$\dfrac{\pi}{2}$ になることが知られている．

2° $\displaystyle\int_{n\pi}^{(n+1)\pi} \frac{|\sin x|}{x} dx = \int_0^\pi \frac{\sin x}{x + n\pi} dx \geq \frac{1}{(n+1)\pi} \int_0^\pi \sin x\, dx$

$\displaystyle = \frac{2}{(n+1)\pi} > \frac{2}{\pi} \int_{n+1}^{n+2} \frac{dx}{x}.$

よって $\displaystyle\int_0^{n\pi} \frac{|\sin x|}{x} dx > \frac{2}{\pi} \int_1^{n+1} \frac{dx}{x} = \frac{2}{\pi} \log(n+1) \to +\infty$ （$n \to \infty$ のとき）となるから，広義積分 $\displaystyle\int_0^{+\infty} \frac{|\sin x|}{x} dx$ は発散する．□

●級数の基本事項

4.1.6【定義】 1) 数列 $a_0, a_1, a_2, \cdots$ があるとき，これを和の記号＋ないし総和記号 Σ でむすんだ形式 $a_0 + a_1 + a_2 + \cdots$ ないし $\displaystyle\sum_{n=0}^{\infty} a_n$ を**級数**という．番号は 0 からでなくても，1 からでも 2 や −2 からでも，どこからでもよい．

2) $S_k = \displaystyle\sum_{n=0}^{k} a_n$ を第 k **部分和**という．部分和数列 $s_0, s_1, s_2, \cdots$ が数 s に収束するとき，級数 $\displaystyle\sum_{n=0}^{\infty} a_n$ は**収束**して**和** s をもつといい，$\displaystyle\sum_{n=0}^{\infty} a_n = s$ とかく．級数が収束するとき，同じ記号 $\displaystyle\sum_{n=0}^{\infty} a_n$ が，単なる形式と和である実数の両方に使われていることに注意．

3) 収束しない級数は**発散**するという．とくに部分和数列 $\langle s_k \rangle$ が $+\infty$ に発散するとき，もとの級数 $\displaystyle\sum_{n=0}^{\infty} a_n$ は $+\infty$ に発散するという．

[ノート] 混乱のおそれのないときには，$\sum_{n=0}^{\infty} a_n$ のことを単に $\sum a_n$ とかくことがある．

4.1.7【命題】 級数 $\sum_{n=0}^{\infty} a_n$ が収束すれば $\lim_{n \to \infty} a_n = 0$．逆は成りたたない．

【証明】 $\sum_{n=0}^{\infty} a_n = s$，$s_k = \sum_{n=0}^{k} a_n$ とすると $\lim_{k \to \infty} s_k = s$．したがって
$$a_n = s_n - s_{n-1} \to s - s = 0 \quad (n \to \infty \text{ のとき}).$$
逆の成りたたない反例として，たとえば $\sum_{n=1}^{\infty} \frac{1}{n} = 1 + \frac{1}{2} + \frac{1}{3} + \cdots$ がある（定理 0.2.5）．

4.1.8【命題】 1) $\sum_{n=0}^{\infty} a_n = s$，$\sum_{n=0}^{\infty} b_n = t$ なら，級数 $\sum_{n=0}^{\infty} (a_n \pm b_n)$ も収束して和 $s \pm t$ をもつ（複号同順）．

2) $\sum_{n=0}^{\infty} a_n = s$ で c が実数なら，$\sum_{n=0}^{\infty} c a_n$ も収束して和 cs をもつ．

証明略．

4.1.9【命題】 級数 $\sum_{n=0}^{\infty} a_n$ が収束するためには，つぎの条件がみたされることが必要十分である：任意に与えられた正の数 ε に対してある番号 L をとると，$L \leqq k < l$ なる任意の番号 k, l に対して
$$\left| \sum_{n=k+1}^{l} a_n \right| = |a_{k+1} + a_{k+2} + \cdots + a_l| < \varepsilon$$
が成りたつ．

【証明】 定理 4.1.3 により，部分和数列 $s_0, s_1, s_2, \cdots$ が収束するためには，つぎの条件が必要十分である：任意の $\varepsilon > 0$ に対してある番号 L をとると，$L \leqq k < l$ なる任意の番号 k, l に対して $|s_l - s_k| < \varepsilon$ が成りたつ．ところが $s_l - s_k = a_{k+1} + \cdots + a_l$ である．□

[ノート] 級数の収束発散には，級数のはじめの有限項は関係しない．だから，これから述べるいろいろな収束判定法は，十分大きな n に対する項だけを調べればよいのだが，いちいち言及しない．

● 正項級数

4.1.10【定義】 $a_n > 0$（場合によっては $a_n \geqq 0$）なる級数 $\sum_{n=0}^{\infty} a_n$ を **正項級数** という．

4.1.11【命題】 正項級数 $\sum a_n$ が収束することと，その部分和数列 $\langle s_k \rangle$ が有界なことは同値である．

【証明】 $\sum a_n$ が和 s に収束すれば，部分和数列 $\langle s_k \rangle$ は単調増加で，$\lim_{k \to \infty} s_k = s$ だから有界である．逆に $\langle s_k \rangle$ が有界なら，それは単調増加だから，定理 2.2.4 によって収束する．□

4.1.12【命題】（比較判定法） $\sum a_n, \sum b_n$ は正項級数とする．

1) $\sum a_n$ が収束し，$b_n \leqq c a_n$（c は正の定数）なら $\sum b_n$ も収束する．とくに $\lim_{n \to \infty} \dfrac{b_n}{a_n}$ が存在すれば $\sum b_n$ も収束する．

2) $\sum a_n$ が収束し，$\dfrac{b_{n+1}}{b_n} \leqq \dfrac{a_{n+1}}{a_n}$ $\left(\text{または } \dfrac{b_n}{a_n} \geqq \dfrac{b_{n+1}}{a_{n+1}}\right)$ なら $\sum b_n$ も収束する．

【証明】 1) $\sum_{n=0}^{k} b_n \leqq c \sum_{n=0}^{k} a_n$ だから前命題によって $\sum b_n$ は収束する．つぎに $\lim_{n \to \infty} \dfrac{b_n}{a_n} = d$ なら，（$\varepsilon = 1$ に対して）ある L をとると，$L \leqq n$ に対して $\dfrac{b_n}{a_n} \leqq d+1$, $b_n \leqq (d+1) a_n$ となるから，1) によって $\sum b_n$ は収束する．

2) $\dfrac{b_n}{a_n} \leqq \dfrac{b_{n-1}}{a_{n-1}} \leqq \cdots \leqq \dfrac{b_0}{a_0}$ だから $b_n \leqq \dfrac{b_0}{a_0} a_n$. □

4.1.13【命題】 $\sum a_n$ は正項級数とする．

1) （**ダランベールの判定法**） 1より小さい数 c があって $\dfrac{a_{n+1}}{a_n} \leqq c$ なら $\sum a_n$ は収束する．1より小さくない数 c があって $\dfrac{a_{n+1}}{a_n} \geqq c$ なら $\sum a_n$ は

発散する．とくに $b=\lim_{n\to\infty}\frac{a_{n+1}}{a_n}$ が存在するとき，$b<1$ なら収束し，$b>1$ なら発散する．$b=1$ のときは分からない．

2) (コーシーの判定法) 1より小さい数 c があって $\sqrt[n]{a_n}\leqq c$ なら $\sum a_n$ は収束する．1より小さくない数 c があって $\sqrt[n]{a_n}\geqq c$ なら $\sum a_n$ は発散する．とくに $b=\lim_{n\to\infty}\sqrt[n]{a_n}$ が存在するとき，$b<1$ なら収束し，$b>1$ なら発散する．$b=1$ のときは分からない．

【証明】 1) 第1の場合，$a_n\leqq ca_{n-1}\leqq\cdots\leqq c^n a_0$ であり，$c<1$ だから等比級数 $\sum a_0 c^n$ は収束する．第2の場合はあきらかに発散．とくに $b=\lim_{n\to\infty}\frac{a_{n+1}}{a_n}$ が存在するとき，$b<1$ なら十分大きい n に対して $\frac{a_{n+1}}{a_n}\leqq\frac{b+1}{2}<1$ だから収束．$b>1$ なら $\frac{a_{n+1}}{a_n}\geqq\frac{b+1}{2}>1$ だから発散．

2) $a_n\leqq c^n$ ないし $a_n\geqq c^n$ だから，級数 $\sum a_n$ と $\sum c^n$ に命題4.1.12を適用すればよい．とくに $b=\lim_{n\to\infty}\sqrt[n]{a_n}$ が存在するとき，$b<1$ なら十分大きい n に対して $\sqrt[n]{a_n}<\frac{b+1}{2}<1$ だから1) によって収束．$b>1$ のときは逆向きの不等式によって発散．□

4.1.14【例】 1) $\sum\frac{1}{n!}$．$\frac{a_{n+1}}{a_n}=\frac{1}{n+1}\to 0$ ($n\to\infty$ のとき) だから，ダランベールの判定法によって収束する．

2) $\sum\frac{n!}{n^n}$．$\frac{a_n}{a_{n+1}}=\frac{n!}{n^n}\cdot\frac{(n+1)^{n+1}}{(n+1)!}=\left(1+\frac{1}{n}\right)^n$．命題3.4.8によってこれは e (自然対数の底) に収束する．$\lim_{n\to\infty}\frac{a_{n+1}}{a_n}=\frac{1}{e}<1$ だから，ダランベールの判定法によって $\sum\frac{n!}{n^n}$ は収束する．

3) $\sum\frac{1}{n^k}$ ($k=1,2,3,\cdots$)．$\frac{a_n}{a_{n+1}}=\left(1+\frac{1}{n}\right)^k\to 1$ ($n\to\infty$ のとき) であり，ダランベールの判定法は使えない．また，$\sqrt[n]{a_n}=\left(\frac{1}{\sqrt[n]{n}}\right)^k$ であり，例

2.1.5 の 2) によって $\lim_{n\to\infty}\sqrt[n]{n}=1$ だから $\lim_{n\to\infty}\sqrt[n]{a_n}=1$ となり，コーシーの判定法も使えない．

結局，このふたつの判定法の適用範囲はかなり限られている．もっと役にたつ判定法を準備する．

4.1.15【定理】 正の範囲で定義された連続関数 f があり，広義単調減小かつ $\lim_{x\to+\infty}f(x)=0$ とする（当然 $f(x)\geqq 0$）．このとき，正項級数 $\sum_{n=1}^{\infty}f(n)$ が収束するためには，$+\infty$ での広義積分 $\int_1^{+\infty}f(x)\,dx$ が収束することが必要十分である．

【証明】 $n\leqq x\leqq n+1$ では $f(n+1)\leqq f(x)\leqq f(n)$ だから，積分の単調性により，
$$f(n+1)=\int_n^{n+1}f(n+1)\,dx\leqq\int_n^{n+1}f(x)\,dx\leqq\int_n^{n+1}f(n)\,dx=f(n).$$
n を 1 から $k-1$ まで動かして足すと，
$$\sum_{n=2}^{k}f(n)=\sum_{n=1}^{k-1}f(n+1)\leqq\int_1^{k}f(x)\,dx\leqq\sum_{n=1}^{k-1}f(n).$$
もし $\sum_{n=1}^{\infty}f(n)$ が収束すれば，$\sum_{n=1}^{k-1}f(n)$ は（k に関して）有界だから，広義積分 $\int_1^{+\infty}f(x)\,dx$ は収束する．逆に $\int_1^{+\infty}f(x)\,dx$ が収束すれば，$\int_1^{k}f(x)\,dx$ は有界，よって $\sum_{n=2}^{k}f(n)$ も有界であり，命題 4.1.11 によって正項級数 $\sum_{n=1}^{\infty}f(n)$ は収束する．□

4.1.16【定理または典型例】 級数 $\sum\dfrac{1}{n^s}$ は $s>1$ なら収束し，$s\leqq 1$ なら発散する．

【証明】 $s\leqq 0$ ならあきらかに発散するから，$s>0$ とし，$f(x)=\dfrac{1}{x^s}$ $(x>0)$ とおくと，f は前定理の条件をみたす．定理または典型例 3.5.3 により，広義

積分 $\int_1^{+\infty}\dfrac{dx}{x^s}$ は $s>1$ なら収束し，$s\leqq 1$ なら発散する．前定理によって結果が出る．□

4.1.17【例】 1) $\sum_{n=2}^{\infty}\dfrac{1}{n\log n}$．$\int_2^b\dfrac{dx}{x\log x}=\Big[\log(\log x)\Big]_2^b\to +\infty$ ($b\to +\infty$ のとき) だから級数は発散する．

2) $\sum_{n=1}^{\infty}\dfrac{1}{\sqrt{n^2+2n+2}}$．$n^2+2n+2\sim n^2$ ($n\to\infty$ のとき) だから発散．

3) $\sum_{n=3}^{\infty}\dfrac{1}{\sqrt{n^3-3n^2-2n-3}}$．$n^3-3n^2-2n-3\sim n^3$ ($n\to\infty$ のとき) だから収束．

4) $\sum_{n=2}^{\infty}\dfrac{1}{n^2-1}$．$n^2-1>(n-1)^2$ だから収束．

$\dfrac{1}{n^2-1}=\dfrac{1}{2}\Big(\dfrac{1}{n-1}-\dfrac{1}{n+1}\Big)$ だから，

$\sum_{n=2}^{k}\dfrac{1}{n^2-1}=\dfrac{1}{2}\Big[\Big(1-\dfrac{1}{3}\Big)+\Big(\dfrac{1}{2}-\dfrac{1}{4}\Big)+\Big(\dfrac{1}{3}-\dfrac{1}{5}\Big)+\cdots+\Big(\dfrac{1}{k-1}-\dfrac{1}{k+1}\Big)\Big]$

$=\dfrac{1}{2}\Big(1+\dfrac{1}{2}-\dfrac{1}{k}-\dfrac{1}{k+1}\Big)\to\dfrac{3}{4}$ ($k\to\infty$ のとき)．

すなわち $\sum_{n=2}^{\infty}\dfrac{1}{n^2-1}=\dfrac{3}{4}$．

●交項級数

4.1.18【定義】 正項と負項が交互にあらわれる級数を**交項級数**という．

4.1.19【定理】（ライプニッツの定理） 交項級数 $\sum_{n=0}^{\infty}a_n$ は，つぎの2条件をみたせば収束する：

a) $|a_n|\geqq|a_{n+1}|$，　b) $\lim_{n\to\infty}a_n=0$．

【証明】 $a_{2n}>0$, $a_{2n+1}<0$ ($n=0,1,2,\cdots$) とし，$s_k=\sum_{n=0}^{k}a_n$ とおく．条件a)によって $a_{2n}+a_{2n+1}\geqq 0$, $a_{2n-1}+a_{2n}\leqq 0$．$s_{2k+1}=s_{2k-1}+(a_{2k}+a_{2k+1})\geqq s_{2k-1}$ だ

から，数列 $\langle s_1, s_3, s_5, \cdots \rangle$ は広義単調増加である．つぎに $s_{2k+1} = a_0 + (a_1 + a_2) + \cdots + (a_{2k-1} + a_{2k}) + a_{2k+1} \leqq a_0$ だから有界であり，定理2.2.4によって $\langle s_1, s_3, s_5, \cdots \rangle$ は収束する．その極限を s とする．$s_{2k} = s_{2k-1} + a_{2k}$ において $k \to \infty$ とすると，右辺の第1項は s に収束し，第2項は条件b)によって0に収束する．したがって左辺 s_{2k} は s に収束する．こうして，奇数項，偶数項とも s に収束するから，数列 $\langle s_0, s_1, s_2, \cdots \rangle$ も s に収束する．□

ノート　定理の条件a), b) はどちらも欠かせない．実際，$a_n = (-1)^n \left(-1 - \dfrac{1}{n} \right)$ とおくと，$\langle a_n \rangle$ は交項級数で条件a)をみたすが，b)をみたさず，発散する．また $a_{2n} = \dfrac{1}{n}$, $a_{2n+1} = -\dfrac{1}{2^n}$ とした級数 $\langle a_n \rangle$ も交項級数で，b)をみたすがa)をみたさず，$+\infty$ に発散する．

4.1.20【例】 1) すでに知っているように，
$$1 - \frac{1}{3} + \frac{1}{5} - \frac{1}{7} + \cdots = \frac{\pi}{4} \quad (\text{命題}1.1.8),$$
$$1 - \frac{1}{2} + \frac{1}{3} - \frac{1}{4} + \cdots = \log 2 \quad (\text{命題}1.1.11).$$

2) $\displaystyle\sum_{n=1}^{\infty} \frac{(-1)^{n-1}}{n(n+1)} = \frac{1}{1\cdot 2} - \frac{1}{2\cdot 3} + \frac{1}{3\cdot 4} - \frac{1}{4\cdot 5} + \cdots$. 定理4.1.19によってこれは収束する．$\dfrac{1}{n(n+1)} = \dfrac{1}{n} - \dfrac{1}{n+1}$ だから，
$$\sum_{n=1}^{\infty} \frac{(-1)^{n-1}}{n(n+1)} = \sum_{n=1}^{\infty} (-1)^{n-1} \left(\frac{1}{n} - \frac{1}{n+1} \right)$$
$$= \left(1 - \frac{1}{2} \right) - \left(\frac{1}{2} - \frac{1}{3} \right) + \left(\frac{1}{3} - \frac{1}{4} \right) - \left(\frac{1}{4} - \frac{1}{5} \right) + \cdots$$
$$= -1 + 2 \left(1 - \frac{1}{2} + \frac{1}{3} - \frac{1}{4} + \cdots \right) = 2\log 2 - 1.$$

●絶対値収束

4.1.21【定義】 1) 級数 $\sum a_n$ に対し，級数 $\sum |a_n|$ をもとの級数の**絶対値級数**という．

2) 絶対値級数 $\sum |a_n|$ が収束するとき，もとの級数 $\sum a_n$ は**絶対値収束**す

る，または**絶対収束**するという．

[ノート] $\sum \frac{(-1)^n}{n}$ と $\sum \frac{1}{n}$ の例から分かるように，ある級数が収束しても，絶対値級数が収束するとは限らない．しかし逆は成りたつ．

4.1.22【定理】 絶対値収束する級数は収束する．

【証明】 $\sum |a_n|$ が収束すると仮定し，正の数 ε が与えられたとする．仮定および定理 4.1.9 により，ある番号 L をとると，$L \leq k < l$ なら
$$|a_{k+1}| + |a_{k+2}| + \cdots + |a_l| < \varepsilon$$
が成りたつ．和の絶対値より絶対値の和のほうが大きい（等号つき）から，
$$|a_{k+1} + a_{k+2} + \cdots + a_l| < \varepsilon$$
が成りたち，ふたたび定理 4.1.9 によって $\sum a_n$ は収束する．□

4.1.23【定理】 絶対値収束する級数は，あたかもそれが有限和であるかのように扱うことができる．すなわちつぎの三つの命題が成りたつ．

1) 絶対値収束する級数は，項の順序をどのように変えても絶対値収束し，同じ和をもつ．
2) 絶対値収束する級数は，その一部を任意に（無限個でも）カッコでくくって先に足してもやはり絶対値収束し，同じ和をもつ．
3) $\sum_{n=0}^{\infty} a_n$, $\sum_{n=0}^{\infty} b_n$ がともに絶対値収束するとき，無限個の数 $a_m b_n$ ($m, n = 0, 1, 2, \cdots$) を勝手な順にならべた級数も絶対値収束し，その和ははじめのふたつの級数それぞれの和の積に等しい．

[コメント] これらの命題の正確な定式化および証明は付録 §2 にまわす．絶対値収束しない級数に対しては定理は成りたたない．反例をあげよう．

$$\log 2 = 1 - \frac{1}{2} + \frac{1}{3} - \frac{1}{4} + \frac{1}{5} - \frac{1}{6} + \frac{1}{7} - \frac{1}{8} + \frac{1}{9} - \frac{1}{10} + \frac{1}{11} - \frac{1}{12} + \cdots$$

の両辺を 2 で割ると，

$$\frac{1}{2}\log 2 = \quad \frac{1}{2} \quad - \frac{1}{4} \quad + \frac{1}{6} \quad - \frac{1}{8} \quad + \frac{1}{10} \quad - \frac{1}{12} + \cdots.$$

このふたつを加えると，

$$\frac{3}{2}\log 2 = 1 \quad +\frac{1}{3}-\frac{1}{2}+\frac{1}{5} \quad +\frac{1}{7}-\frac{1}{4}+\frac{1}{9} \quad +\frac{1}{11}-\frac{1}{6}+\cdots$$

となる．この右辺は，はじめの式の右辺と同じ項から成り，正の項をふたつとってから負の項をひとつとる，というように足す順序を変えたものである．しかし，左辺は$\log 2$と$\frac{3}{2}\log 2$だから等しくない．

──────── §1の問題 ────────

問題 1 第n項がつぎの式で与えられる級数は収束するか．

1) $\dfrac{(n!)^2}{(2n)!}$ 2) $\dfrac{(-1)^n}{\log(\log n)}$ 3) $\log\left(1+\dfrac{1}{n}\right)$ 4) $\dfrac{1}{\sqrt{n}}\log\left(1+\dfrac{1}{n}\right)$

5) $\sin\dfrac{\pi}{n}$ 6) $\dfrac{1}{n(\log n)^\alpha}$ $(\alpha>0)$

7) $\dfrac{1}{(\log n)^\alpha}$ $\left[\text{ヒント：大きい }n\text{ に対して }\dfrac{1}{n}<\dfrac{1}{(\log n)^\alpha}\right]$

問題 2 つぎの級数の収束性をしらべ，和を求めよ．

1) $\displaystyle\sum_{n=0}^{\infty}e^{-n}$ 2) $\displaystyle\sum_{n=2}^{\infty}\dfrac{(-1)^n}{n^2-1}$ 3) $\displaystyle\sum_{n=2}^{\infty}\dfrac{(-1)^n n}{n^2-1}$ 4) $\displaystyle\sum_{n=1}^{\infty}\dfrac{(-1)^{n-1}}{n(2n+1)}$

問題 3 つぎの命題は正しいか．証明するか，または反例をつくれ．

1) $\sum a_n$ が収束すれば $\sum a_n^2$ も収束する．

2) $\sum a_n$ が収束すれば $\sum a_n^3$ も収束する．$\Big[$ヒント：正しくない．
$2-1-1+\dfrac{2}{\sqrt[3]{2}}-\dfrac{1}{\sqrt[3]{2}}-\dfrac{1}{\sqrt[3]{2}}+\dfrac{2}{\sqrt[3]{3}}-\dfrac{1}{\sqrt[3]{3}}-\dfrac{1}{\sqrt[3]{3}}+\cdots$ が反例になる$\Big]$

3) $\sum a_n^2$ が収束すれば $\sum \dfrac{a_n}{n}$ も収束する．

4) 数列$\langle a_n\rangle$が収束すれば級数$\sum|a_n-a_{n-1}|$も収束する．

5) 数列$\langle a_n\rangle$が発散すれば級数$\sum|a_n-a_{n-1}|$も発散する．
　　［ヒント：$\sum|a_n-a_{n-1}|$が収束すれば$\langle a_n\rangle$がコーシー列であることを示せ］

6) 正項級数$\sum a_n$が収束すれば$\displaystyle\lim_{n\to\infty}na_n=0$．［ヒント：正しくない］

§1 級数の収束と発散

§2 整級数

●整級数の収束域

4.2.1【定義】 変数 x を含む形式 $\sum_{n=0}^{\infty} a_n x^n$ を**整級数**という．変数 x に実数を代入すれば普通の級数になる．それが収束するような実数 x 全部の集合を整級数 $\sum_{n=0}^{\infty} a_n x^n$ の**収束域**という．

4.2.2【例】 すでに知っている三つの整級数をあげておこう．収束域に注意．

$$\frac{1}{1+x} = \sum_{n=0}^{\infty} (-1)^n x^n = 1 - x + x^2 - x^3 + \cdots \quad (-1 < x < 1),$$

$$\log(1+x) = \sum_{n=1}^{\infty} \frac{(-1)^{n-1}}{n} x^n = x - \frac{1}{2}x^2 + \frac{1}{3}x^3 - \cdots \quad (-1 < x \leq 1),$$

$$\arctan x = \sum_{n=0}^{\infty} \frac{(-1)^n}{2n+1} x^{2n+1} = x - \frac{1}{3}x^3 + \frac{1}{5}x^5 - \cdots \quad (-1 \leq x \leq 1).$$

4.2.3【命題】 整級数 $\sum_{n=0}^{\infty} a_n x^n$ が $x = x_0$ で収束すれば，$|x| < |x_0|$ なるすべての実数 x で絶対値収束する．

【証明】 $x_0 = 0$ なら何も証明することはないから，$x_0 \neq 0$ とする．命題 4.1.7 により，ある数 M をとると $|a_n x_0^n| \leq M$ $(n=0, 1, 2, \cdots)$ が成りたつ．

$$|a_n x^n| = |a_n x_0^n| \left|\frac{x}{x_0}\right|^n \leq M \left|\frac{x}{x_0}\right|^n.$$

この最右辺を一般項とする級数は公比 $\left|\dfrac{x}{x_0}\right| < 1$ の等比級数だから収束，したがって $\sum_{n=0}^{\infty} |a_n x^n|$ も収束する． □

4.2.4【定理】 整級数 $\sum_{n=0}^{\infty} a_n x^n$ について，つぎの三つの場合のどれかひとつが成りたつ：

a) すべての実数 x に対して収束．
b) 0 以外のすべての実数 x に対して発散．

c) 正の実数 r が存在し，$|x|<r$ なる x に対しては絶対値収束，$|x|>r$ なる x に対しては発散（$\pm r$ については何も言っていない）．

【証明】 a) でも b) でもないとしよう．$\sum a_n x^n$ の収束域，すなわち級数が収束するような点 x 全部の集合を A とする．前命題により，A に属する正の数 x_1 および A に属さない正の数 x_2 がある．したがって A は空でなく，上に有界だから，定理と定義 3.1.9 によって上限 r が存在する．$x_1 \leqq r$ だから $r>0$．$r<|x|$ なら x は A に属さない．$|x|<r$ なら命題 4.2.3 によって x は A に属する．すなわち c) の場合になる．□

4.2.5【定義】 前定理の c) の場合の r を整級数 $\sum a_n x^n$ の**収束半径**という．a) の場合には $r=+\infty$，b) の場合には $r=0$ と定める．

[ノート] 円もないのに半径というのは奇異な感じがするかもしれないが，それはつぎの事情による．変数が複素数の場合にも，整級数の理論はほぼ同様にできる．このとき，収束域は原点を中心とする円板になる（周上でどうなるかは問わない）．ここから収束半径ということばがうまれた．

4.2.6【例】 1) $\sum_{n=0}^{\infty} \frac{1}{n!} x^n$ の収束半径は $+\infty$ である．

2) $\sum_{n=0}^{\infty} n! x^n$ の収束半径は 0 である．

3) $\sum_{n=0}^{\infty} x^n$, $\sum_{n=1}^{\infty} \frac{(-1)^{n-1}}{n} x^n$, $\sum_{n=1}^{\infty} \frac{1}{n^2} x^n$ の収束半径はどれも 1 である．収束域はそれぞれ $(-1, 1)$, $(-1, 1]$, $[-1, 1]$ である．

4.2.7【命題】 整級数 $\sum a_n x^n$ の収束半径を r とする．

1) もし $b = \lim_{n \to \infty} \left| \frac{a_{n+1}}{a_n} \right|$ が存在すれば $r = \frac{1}{b}$．ただし，$b=0$ なら $r=+\infty$，$b=+\infty$ なら $r=0$．

2) もし $c = \lim_{n \to \infty} \sqrt[n]{|a_n|}$ が存在すれば $r = \frac{1}{c}$．ただし，$c=0$ なら $r=+\infty$，$c=+\infty$ なら $r=0$．

【証明】 1) $\left| \frac{a_{n+1} x^{n+1}}{a_n x^n} \right| = \left| \frac{a_{n+1}}{a_n} \right| \cdot |x| \to b|x|$ （$n \to \infty$ のとき）だから，

§2 整級数

ダランベールの判定法（命題 4.1.13 の 1））によって $|x|<\dfrac{1}{b}$ なら収束し，$|x|>\dfrac{1}{b}$ なら発散する．

2) $\sqrt[n]{|a_n x^n|}=\sqrt[n]{|a_n|}\cdot|x|\to c|x|$（$n\to\infty$ のとき）だから，コーシーの判定法（命題 4.1.13 の 2））によって $|x|<\dfrac{1}{c}$ なら収束し，$|x|>\dfrac{1}{c}$ なら発散する．□

4.2.8【例】 1) $\displaystyle\sum_{n=0}^{\infty}\dfrac{n!}{n^n}x^n$．$\dfrac{a_n}{a_{n+1}}=\dfrac{n!(n+1)^{n+1}}{n^n(n+1)!}=\dfrac{(n+1)^n}{n^n}=\left(1+\dfrac{1}{n}\right)^n\to e$

（$n\to\infty$ のとき）だから，収束半径は e である．

2) $\displaystyle\sum_{n=0}^{\infty}{}_a C_n\, x^n$（$a$ は実数）．${}_a C_n=\dfrac{a(a-1)\cdots(a-n+1)}{n!}$ だから，a が 0 または自然数なら整級数は多項式になり，収束半径は $+\infty$．そのほかの場合 $\left|\dfrac{{}_a C_{n+1}}{{}_a C_n}\right|=\left|\dfrac{a-n}{n+1}\right|\to 1$（$n\to\infty$ のとき）だから収束半径は 1 である．

● テイラー展開

4.2.9【復習】（テイラーの定理） 定理 2.5.4 の，0 でのテイラーの定理を復習する．

0 を含むある区間（0 は端点ではないとする）で定義された関数 f が C^∞ 級（何回でも微分可能）とする．このとき，任意の自然数 n に対し，つぎの（0 での）$n+1$ 階のテイラー公式が成りたつ：

$$f(x)=\sum_{k=0}^{n}\dfrac{f^{(k)}(0)}{k!}x^k+R_n(x),$$
$$R_n(x)=\dfrac{f^{(n+1)}(\theta x)}{(n+1)!}x^{n+1}\quad(0<\theta<1).$$

4.2.10【定義】 0 の近くで C^∞ 級の関数 f に対して定まる整級数

$$\sum_{n=0}^{\infty}\dfrac{f^{(n)}(0)}{n!}x^n$$

を f の**テイラー級数**という．

4.2.11【コメント】 1) f のテイラー級数が正の収束半径をもつかどうか分からないし，かりにもっても，その級数がもとの関数 $f(x)$ をあらわす保証はない（この§の問題 7 をみよ）．

2) f のテイラー級数が正の収束半径 r をもち，ある区間 $(-a, a)$ ないし $[-a, a]$ $(0 < a \leq r)$ で
$$f(x) = \sum_{n=0}^{\infty} \frac{f^{(n)}(0)}{n!} x^n$$
が成りたつとき，f はその区間でテイラー級数に**展開される**と言い，上記の式を f の 0 での**テイラー展開**という．

3) $S_n(x) = \sum_{k=0}^{n} \frac{f^{(k)}(0)}{k!} x^k$ とおくと $f(x) = S_n(x) + R_n(x)$ だから，
$$f(x) = \sum_{n=0}^{\infty} \frac{f^{(n)}(0)}{n!} x^n \iff f(x) = \lim_{n \to \infty} S_n(x) \iff \lim_{n \to \infty} R_n(x) = 0$$
となる．どういう場合に最後の式が成りたつかを調べる．

4.2.12【定理】 関数 f は区間 $[-a, a]$ ないし $(-a, a)$ $(a > 0)$ で C^∞ 級とする．もし正の定数 c と M が存在し，すべての自然数 n および区間内のすべての実数 x に対して
$$|f^{(n)}(x)| \leq cM^n$$
が成りたてば，f はこの区間でテイラー級数に展開される．

【証明】 $R_n(x) = \frac{f^{(n+1)}(\theta x)}{(n+1)!} x^{n+1}$ $(0 < \theta < 1)$ だから，$|R_n(x)| \leq c \frac{(Mx)^{n+1}}{(n+1)!}$
となる．第 2 章 §1 問題 1 の 4) によって $\lim_{n \to \infty} \frac{(Mx)^{n+1}}{(n+1)!} = 0$ だから
$$\lim_{n \to \infty} R_n(n) = 0. \quad \square$$

4.2.13【定理】 関数 f は 0 の近くで C^∞ 級とする．もし正の定数 c, M が存在し，すべての自然数 n と $|x| < \frac{1}{M}$ なるすべての実数 x に対して

$$|f^{(n)}(x)| \leqq cM^n n!$$

が成りたてば，区間 $\left(-\dfrac{1}{M}, \dfrac{1}{M}\right)$ で f はテイラー級数に展開される．

【証明】 $|x|<\dfrac{1}{M}$ なら $|R_n(x)|=\left|\dfrac{f^{(n+1)}(\theta x)}{(n+1)!}x^{n+1}\right|$．$0<\theta<1$ だから

$$|R_n(x)|\leqq \left|\dfrac{cM^{n+1}(n+1)!}{(n+1)!}x^{n+1}\right|=c|Mx|^{n+1}\to 0 \quad (n\to\infty \text{ のとき}).\ \square$$

4.2.14【定理】（重要な関数のテイラー展開）

1) $\dfrac{1}{1+x}=\sum_{n=0}^{\infty}(-1)^n x^n = 1-x+x^2-\cdots \quad (-1<x<1)$.

2) $\arctan x = \sum_{n=0}^{\infty}\dfrac{(-1)^n}{2n+1}x^{2n+1}=x-\dfrac{1}{3}x^3+\dfrac{1}{5}x^5-\cdots \quad (-1\leqq x\leqq 1)$.

3) $\log(1+x)=\sum_{n=1}^{\infty}\dfrac{(-1)^{n-1}}{n}x^n=x-\dfrac{1}{2}x^2+\dfrac{1}{3}x^3-\cdots \quad (-1<x\leqq 1)$.

4) $e^x=\sum_{n=0}^{\infty}\dfrac{1}{n!}x^n \quad (-\infty<x<+\infty)$.

5) $\cos x = \sum_{n=0}^{\infty}\dfrac{(-1)^n}{(2n)!}x^{2n}=1-\dfrac{1}{2!}x^2+\dfrac{1}{4!}x^4-\cdots \quad (-\infty<x<+\infty)$.

$\sin x = \sum_{n=0}^{\infty}\dfrac{(-1)^n}{(2n+1)!}x^{2n+1}=x-\dfrac{1}{3!}x^3+\dfrac{1}{5!}x^5-\cdots \quad (-\infty<x<+\infty)$.

6) $(1+x)^{\alpha}=\sum_{n=0}^{\infty}{}_{\alpha}C_n x^n = \sum_{n=0}^{\infty}\dfrac{\alpha(\alpha-1)\cdots(\alpha-n+1)}{n!}x^n$

(α は実数，$-1<x<1$).

【証明】 定理 2.5.7 のテイラー公式をみながら考える．

1) $\sum_{k=0}^{n}(-x)^k = \dfrac{1-(-x)^{n+1}}{1+x}$ からあきらか．

2) 定理 1.1.7 ですんでいる．

3) 定理 1.1.10 ですんでいる．

4) 正の任意の実数 a に対し，$c=e^a$, $M=1$ とすると，$f^{(n)}(x)=e^x$ だから，$-a\leqq x\leqq a$ なるすべての実数 x に対して $|f^{(n)}(x)|=e^x\leqq e^a = cM^n$ となり，定理 4.2.12 によって結果が出る．

5) $\cos x$, $\sin x$ の n 階導関数の絶対値は 1 以下だから，定理 4.2.12 で $c=M=1$ とすればよい．

6) これはすぐあとの項で証明する（定理 4.2.19）．それまで，この式が成りたつと仮定して例などを解説する．

⟨ノート⟩ 以上のテイラー公式はどれも非常に重要であり，できれば全部記憶するのが望ましい．

4.2.15【例】 1) $f(x) = \dfrac{1}{1-3x+2x^2}$ のテイラー展開．

$$f(x) = \frac{1}{(1-2x)(1-x)} = \frac{2}{1-2x} - \frac{1}{1-x} = 2\sum_{n=0}^{\infty}(2x)^n - \sum_{n=0}^{\infty}x^n$$
$$= \sum_{n=0}^{\infty}(2^{n+1}-1)x^n.$$

ただし，ふたつの級数とも収束しなければならないから，$-\dfrac{1}{2} < x < \dfrac{1}{2}$ という条件がつく．

2) $\dfrac{1}{\sqrt{1+x}} = (1+x)^{-\frac{1}{2}}$ のテイラー展開．$n \geq 1$ なら

$$_{-\frac{1}{2}}C_n = \frac{-\dfrac{1}{2} \cdot -\dfrac{3}{2} \cdot \cdots \cdot \left(-\dfrac{1}{2}-n+1\right)}{n!} = \frac{(-1)^n 1 \cdot 3 \cdot 5 \cdot \cdots \cdot (2n-1)}{2^n n!}$$
$$= \frac{(-1)^n (2n-1)!!}{2^n n!} = \frac{(-1)^n (2n-1)!!}{(2n)!!},$$
$$\frac{1}{\sqrt{1+x}} = 1 + \sum_{n=1}^{\infty} \frac{(-1)^n (2n-1)!!}{2^n n!} x^n = 1 - \frac{1}{2}x + \frac{3}{8}x^2 - \frac{5}{16}x^3 + \cdots$$
$$(-1 < x < 1).$$

3) いまの式で x を $-x^2$ に変えると，

$$\frac{1}{\sqrt{1-x^2}} = 1 + \sum_{n=1}^{\infty} \frac{(2n-1)!!}{2^n n!} x^{2n} = 1 + \sum_{n=1}^{\infty} \frac{(2n-1)!!}{(2n)!!} x^{2n} \quad (-1 < x < 1)$$

となる．この両辺を 0 から x まで積分する．もし右辺を項別に積分することが許されるならば，大事な式

$$\arcsin x = x + \sum_{n=1}^{\infty} \frac{(2n-1)!!}{2^n n!} \frac{x^{2n+1}}{2n+1} = x + \sum_{n=1}^{\infty} \frac{(2n-1)!!}{(2n)!!} \frac{x^{2n+1}}{2n+1}$$
$$= x + \frac{1}{6}x^3 + \frac{3}{40}x^5 + \cdots \quad (-1 < x < 1)$$

が得られる．実際に項別積分ができることはつぎの項で示す（定理 4.2.17 の 2））．

● 項別微積分

4.2.16【定理】 整級数 $\sum_{n=0}^{\infty} a_n x^n$ の収束半径が r ならば，項別に形式的に微分ないし積分してえられる整級数

$$\sum_{n=1}^{\infty} n a_n x^{n-1}, \quad \sum_{n=0}^{\infty} \frac{a_n}{n+1} x^{n+1}$$

の収束半径も r である．

【証明】 微分すれば係数の絶対値は n 倍されるのだから，収束半径が大きくなることはない．逆に，$|x|<r$ なる任意の x に対し，$|x|<x_0<r$ なる x_0 をとると，$\sum a_n x_0^n$ は絶対値収束する．

$$\left|\frac{n a_n x^{n-1}}{a_n x_0^n}\right| = \frac{1}{x_0} n \left|\frac{x}{x_0}\right|^{n-1} \to 0 \quad (n \to \infty \text{ のとき})$$

だから $\sum n a_n x^{n-1}$ も収束し，その収束半径は r である．積分した級数は，微分すればもとに戻るのだから，いま示したように収束半径は変わらない．□

4.2.17【定理】（項別微積分） 整級数 $\sum_{n=0}^{\infty} a_n x^n$ の収束半径が $r>0$ のとき，$-r<x<r$ なる x に対して $f(x)=\sum_{n=0}^{\infty} a_n x^n$ とおく．

1) f は連続である．
2) $|x|<r$ なる任意の x に対して
$$\int_0^x f(t)\,dt = \sum_{n=0}^{\infty} \frac{a_n}{n+1} x^{n+1}.$$
3) f は微分可能であり，$|x|<r$ なる任意の x に対して
$$f'(x) = \sum_{n=1}^{\infty} n a_n x^{n-1}.$$

【証明】 $f_k(x) = \sum_{n=0}^{k} a_n x^n$ とおく．これは多項式だから連続である．

1) $|x|<r$ なる x と正の数 ε が与えられたとしよう．$|x|<s<r$ なる s をとる．級数 $\sum a_n s^n$ は絶対値収束するから，ある番号 L をとると，$L \leq k$ なるすべての k に対して $\sum_{n=k+1}^{\infty} |a_n| s^n < \frac{\varepsilon}{3}$ が成りたつ．よって $|y| \leq s$ なる任意の y に対して

$$|f(y)-f_k(y)|=\left|\sum_{n=k+1}^{\infty} a_n y^n\right| \leq \sum_{n=k+1}^{\infty}|a_n|s^n<\frac{\varepsilon}{3} \qquad (1)$$

となる．f_L は x で連続だから，ある正の数 δ ($\delta \leq s-|x|$) をとると，$|y-x|<\delta$ なる任意の y に対して

$$|f_L(y)-f_L(x)|<\frac{\varepsilon}{3} \qquad (2)$$

が成りたつ．したがって (1), (2) により，

$$|f(y)-f(x)| \leq |f(y)-f_L(y)|+|f_L(y)-f_L(x)|+|f_L(x)-f(x)|<\varepsilon$$

となり，f は x で連続である．

2) f は連続だから，$|x|<r$ なる任意の x に対して 0 から x まで積分できる．正の数 ε に対し，1) で使った s および L をとると，$L \leq k$ なる任意の k に対し，

$$\left|\int_0^x f(t)\,dt - \sum_{n=0}^{k} \frac{a_n}{n+1} x^{n+1}\right| = \left|\int_0^x f(t)\,dt - \int_0^x f_k(t)\,dt\right|$$
$$\leq \left|\int_0^x |f(t)-f_k(t)|\,dt\right| \leq |x|\varepsilon \leq r\varepsilon$$

が成りたつ．すなわち $\int_0^x f(t)\,dt = \sum_{n=0}^{\infty} \frac{a_n}{n+1} x^{n+1}$．

3) 整級数 $\sum_{n=1}^{\infty} n a_n x^{n-1}$ の収束半径も r だから，$|x|<r$ なる x に対して $g(x)=\sum_{n=1}^{\infty} n a_n x^{n-1}$ とおいて 1), 2) を適用すると，g は連続で

$$\int_0^x g(t)\,dt = \sum_{n=1}^{\infty} a_n x^n = f(x)-a_0$$

となる．微積分の基本定理（定理 3.3.5）によって左辺は微分可能だから f も微分可能であり，$f'(x)=g(x)=\sum_{n=1}^{\infty} n a_n x^{n-1}$ となる．□

4.2.18【定理】 1° 前定理の記号と仮定のもとで，f は $(-r, r)$ で C^∞ 級であり，

$$f^{(k)}(x) = \sum_{n=k}^{\infty} n(n-1)\cdots(n-k+1) a_n x^{n-k}.$$

2° したがって $a_n = \frac{1}{n!} f^{(n)}(0)$ であり，もとの級数は

$$f(x)=\sum_{n=0}^{\infty}\frac{f^{(n)}(0)}{n!}x^n$$

となる．すなわち，これは関数 f の（0 での）テイラー展開になっている．

【証明】 やさしい．□

4.2.19【定理】 $(1+x)^{\alpha}=\sum_{n=0}^{\infty}{}_{\alpha}C_n x^n$ （$-1<x<1$）．ただし α は任意の実数．

【証明】 これは定理 4.2.14 の 6) の式だが，証明はまだだった．右辺の整級数の収束半径は，α が 0 または自然数でなければ 1 だった（例 4.2.8 の 2））．$|x|<1$ で右辺の定める関数を f とする：$f(x)=\sum_{n=0}^{\infty}{}_{\alpha}C_n x^n$．

$$\frac{d}{dx}\left[\frac{f(x)}{(1+x)^{\alpha}}\right]=\frac{f'(x)(1+x)-\alpha f(x)}{(1+x)^{\alpha+1}}.$$

項別微分の定理により，

$$f'(x)=\sum_{n=1}^{\infty}\frac{\alpha(\alpha-1)\cdots(\alpha-n+1)}{(n-1)!}x^{n-1}=\sum_{n=1}^{\infty}n\,{}_{\alpha}C_n x^{n-1},$$

$$f'(x)(1+x)=\sum_{n=1}^{\infty}n\,{}_{\alpha}C_n x^{n-1}+\sum_{n=1}^{\infty}n\,{}_{\alpha}C_n x^n.$$

右辺の第 1 項で $n-1$ を m とかくと，$(m+1)\,{}_{\alpha}C_{m+1}=(\alpha-m)\,{}_{\alpha}C_m$ だから，

$$f'(x)(1+x)=\alpha+\sum_{m=1}^{\infty}(\alpha-m)\,{}_{\alpha}C_m x^m+\sum_{n=1}^{\infty}n\,{}_{\alpha}C_n x^n$$

$$=\alpha\sum_{m=0}^{\infty}{}_{\alpha}C_m x^m=\alpha f(x).$$

すなわち $\dfrac{d}{dx}\left[\dfrac{f(x)}{(1+x)^{\alpha}}\right]\equiv 0$，したがって $f(x)=c(1+x)^{\alpha}$ （c は実数）とかける．$f(0)=1$ だから $c=1$，すなわち $f(x)=(1+x)^{\alpha}$．□

4.2.20【例】 1) $\sum_{n=1}^{\infty}nx^n$ の収束半径は 1 だから，$(-1,1)$ で $f(x)=\sum_{n=1}^{\infty}nx^n$ とおき，$f(x)$ の形を求める．$\dfrac{f(x)}{x}=\sum_{n=1}^{\infty}nx^{n-1}$ だから，右辺を項別積分すると，

$$\int_0^x \frac{f(x)}{x}dx = \sum_{n=1}^{\infty} x^n = \frac{1}{1-x}-1,$$

$$\frac{f(x)}{x} = \frac{d}{dx}\left(\frac{1}{1-x}-1\right) = \frac{1}{(x-1)^2}, \quad f(x) = \frac{x}{(x-1)^2}.$$

2) $\sum_{n=0}^{\infty} \frac{1}{(2n)!} x^{2n}$ の収束半径は $+\infty$ だから，$f(x) = \sum_{n=0}^{\infty} \frac{1}{(2n)!} x^{2n}$ とおくと，項別に微分して $f'(x) = \sum_{n=1}^{\infty} \frac{1}{(2n-1)!} x^{2n-1}$．したがって $f(x)+f'(x) = e^x$, $f(x)-f'(x) = e^{-x}$ となり，$f(x) = \dfrac{e^x + e^{-x}}{2}$．

3) 例 4.2.15 の 3) の公式
$$\arcsin x = x + \sum_{n=1}^{\infty} \frac{(2n-1)!!}{2^n n!} \frac{x^{2n+1}}{2n+1} = x + \sum_{n=1}^{\infty} \frac{(2n-1)!!}{(2n)!!} \frac{x^{2n+1}}{2n+1}$$
$$(-1 < x < 1)$$

もきっちり証明されたことになる．

● 収束域の端点での様子

4.2.21【定理】（アーベルの連続性定理） 整級数 $\sum_{n=0}^{\infty} a_n x^n$ の収束半径を $r > 0$ とし，収束域内の x に対して $f(x) = \sum_{n=0}^{\infty} a_n x^n$ とおく．もし $x = r$ で級数 $\sum_{n=0}^{\infty} a_n r^n$ が収束していれば，f は r で左から連続であり，$f(r) = \sum_{n=0}^{\infty} a_n r^n = \lim_{x \to r-0} f(x)$ が成りたつ．$x = -r$ でも同様である．

【証明】 1° まず $r = 1$ とし，$\sum_{n=0}^{\infty} a_n$ が収束するとする．初項 a_0 を $a_0 - \sum_{n=0}^{\infty} a_n$ に変えても差しつかえないから，そのようにして，はじめから $\sum_{n=0}^{\infty} a_n = 0$ と仮定する．したがって $f(1) = 0$ である．

正の数 ε（$\varepsilon < 1$ としておく）が与えられたとする．これに対してある正の数 δ をみつけて，$1 - \delta < x < 1$ なる任意の x に対して $|f(x)| < \varepsilon$ が成りたつようにできることを示せばよい．

2° $s_n = a_0 + a_1 + \cdots + a_n$ とおくと $\lim_{n \to \infty} s_n = 0$ だから，ある番号 L をとると，

$L \leq n$ なるすべての n に対して $|s_n| < \varepsilon$ が成りたつ．

したがって，$|x| < 1$ なる x に対して級数 $\sum_{n=0}^{\infty} s_n x^n$ は絶対値収束する．

$$(1-x)\sum_{n=0}^{\infty} s_n x^n = \sum_{n=0}^{\infty} s_n x^n - \sum_{n=0}^{\infty} s_n x^{n+1} = s_0 + \sum_{n=0}^{\infty} s_{n+1} x^{n+1} - \sum_{n=0}^{\infty} s_n x^{n+1}$$

$$= a_0 + \sum_{n=0}^{\infty} a_{n+1} x^{n+1} = \sum_{n=0}^{\infty} a_n x^n = f(x)$$

が成りたつ．そこで

$$g(x) = (1-x)\sum_{n=0}^{L} s_n x^n, \quad h(x) = (1-x)\sum_{n=L+1}^{\infty} s_n x^n$$

とおくと $f(x) = g(x) + h(x)$．$0 < x < 1$ なる x に対し，

$$|h(x)| \leq (1-x)\varepsilon \sum_{n=L+1}^{\infty} x^n = (1-x)\varepsilon \frac{x^{L+1}}{1-x} < \varepsilon.$$

一方，$g(x)$ は多項式だから連続であり，$g(1)=0$ だから，ある正の数 δ をとると，$1-\delta < x < 1$ なる任意の x に対して $|g(x)| \leq \varepsilon$ となる．したがって $|f(x)| \leq |g(x)| + |h(x)| < 2\varepsilon$ が成りたち，f は 1 で左連続である．

3° 一般の場合，まず $x=r$ で級数が収束するとき，$h(x) = \sum_{n=0}^{\infty} a_n r^n x^n$ とすると，右辺の整級数の収束半径は 1 で，$x=1$ で収束するから，上の結果が使えて

$$\lim_{x \to r-0} f(x) = \lim_{x \to 1-0} h(x) = \sum_{n=0}^{\infty} a_n r^n.$$

$x = -r$ の場合は，$g(x) = \sum_{n=0}^{\infty} (-1)^n a_n x^n$ とおいて $x=r$ の場合に移せばよい．□

4.2.22【例】 まず既知の例の再現から．

1) $\log(1+x) = \sum_{n=1}^{\infty} \frac{(-1)^{n-1}}{n} x^n$．右辺は $x=1$ でも収束するから

$$\log 2 = \sum_{n=1}^{\infty} \frac{(-1)^{n-1}}{n} = 1 - \frac{1}{2} + \frac{1}{3} - \frac{1}{4} + \cdots \quad (\text{定理 1.1.10}).$$

2) $\arctan x = \sum_{n=0}^{\infty} \frac{(-1)^n}{2n+1} x^{2n+1}$．右辺は $x=1$ でも収束するから，

$$\frac{\pi}{4}=\sum_{n=0}^{\infty}\frac{(-1)^n}{2n+1}=1-\frac{1}{3}+\frac{1}{5}-\frac{1}{7}+\cdots \quad (\text{定理 1.1.7}).$$

4.2.23【例】 $\sum_{n=0}^{\infty}\frac{(-1)^n}{3n+1}=1-\frac{1}{4}+\frac{1}{7}-\frac{1}{10}+\cdots$ を求める．

$f(x)=\sum_{n=0}^{\infty}\frac{(-1)^n}{3n+1}x^{3n+1}$ とおく．右辺の収束半径は 1 であり，$x=1$ でも収束するから，関数 f は $[-1,1]$ で定義される．アーベルの定理により，$f(1)$ を求めればよい．$|x|<1$ で項別に微分すると，

$$f'(x)=\sum_{n=0}^{\infty}(-1)^n x^{3n}=\frac{1}{1+x^3}.$$

例 1.2.7 の 7) によって

$$\int\frac{dx}{x^3+1}=\frac{1}{\sqrt{3}}\arctan\frac{2}{\sqrt{3}}\left(x-\frac{1}{2}\right)+\frac{1}{6}\log\frac{x^2+2x+1}{x^2-x+1}+C$$

である．したがって

$$\sum_{n=0}^{\infty}\frac{(-1)^n}{3n+1}=f(1)=\int_0^1\frac{dx}{x^3+1}=\frac{\pi}{3\sqrt{3}}+\frac{1}{3}\log 2 \fallingdotseq 0.835648.$$

4.2.24【例】 例 4.2.15 の 3) および例 4.2.20 の 3) の公式

$$\arcsin x=x+\sum_{n=1}^{\infty}\frac{(2n-1)!!}{(2n)!!}\frac{x^{2n+1}}{2n+1} \quad (-1<x<1)$$

において，右辺の整級数の第 k 部分和を $s_k(x)$ とする．x が正なら項はすべて正だから，

$$s_k(x)\leqq\arcsin x\leqq\frac{\pi}{2} \quad (0<x<1)$$

が成りたつ．s_k は多項式だから連続，よって $s_k(1)\leqq\frac{\pi}{2}$．数列 $\langle s_k(1)\rangle$ は単調増加だから収束する．$x=-1$ でもまったく同様である．だからアーベルの定理により，はじめの公式は $x=\pm 1$ でも成りたつ．とくに，

$$\frac{\pi}{2}=\arcsin 1=1+\sum_{n=1}^{\infty}\frac{(2n-1)!!}{(2n)!!}\frac{1}{2n+1}$$

$$=1+\frac{1}{2}\cdot\frac{1}{3}+\frac{3\cdot 1}{4\cdot 2}\cdot\frac{1}{5}+\frac{5\cdot 3\cdot 1}{6\cdot 4\cdot 2}\cdot\frac{1}{7}+\cdots.$$

―――――――――――――― §2 の問題 ――――――――――――――

問題 1 つぎの整級数の収束域を求めよ．

1) $\sum_{n=1}^{\infty}(\sqrt{n+1}-\sqrt{n})x^n$ 2) $\sum_{n=1}^{\infty}\dfrac{1}{\sqrt{n(n+1)(n+2)}}x^n$

3) $\sum_{n=1}^{\infty}\sqrt[n]{a}\,x^n$ $(a>0)$ 4) $\sum_{n=2}^{\infty}\dfrac{1}{n\log n}x^n$ 5) $\sum_{n=1}^{\infty}\dfrac{1}{n}\log\left(1+\dfrac{1}{n}\right)x^n$

6) $\sum_{n=0}^{\infty}\dfrac{(n!)^2}{(2n)!}x^n$ 7) $\sum_{n=1}^{\infty}\dfrac{n!}{n^n}x^n$

問題 2 $|x|<1$ で $\sum_{n=0}^{\infty}n^k x^n = \dfrac{P_k(x)}{(1-x)^{k+1}}$ とかけることを示せ．ただし k は 0 または自然数，$P_k(x)$ は k 次多項式で，x^k の係数は 1，$k\geqq 1$ なら定数項は 0 である．$0^0=1$ と約束してあることに注意．

問題 3 つぎの関数を 0 でテイラー展開せよ．有効範囲も明示せよ．

1) $\dfrac{1}{1-x-2x^2}$ 2) $\left(\dfrac{1+x}{1-x}\right)^2$ 3) $\sin^3 x$ 4) $\log(x+\sqrt{x^2+1})$

5) $\log(1+x+x^2)$

問題 4 つぎの整級数が収束域内で定める関数の形を求めよ．

1) $\sum_{n=2}^{\infty}\dfrac{1}{n(n-1)}x^n$ 2) $\sum_{n=1}^{\infty}n^2 x^2$ 3) $\sum_{n=1}^{\infty}\dfrac{n}{(2n)!}x^{2n}$ 4) $\sum_{n=0}^{\infty}\dfrac{1}{(4n)!}x^{4n}$

問題 5 つぎの級数が収束することを示し，和を求めよ．

1) $\sum_{n=1}^{\infty}\dfrac{n}{a^n}$ $(|a|>1)$ 2) $\sum_{n=1}^{\infty}\dfrac{n^2}{a^n}$ $(|a|>1)$ 3) $\sum_{n=1}^{\infty}\dfrac{n}{(2n)!}$

4) $\sum_{n=1}^{\infty}\dfrac{n^2}{(2n)!}$ 5) $\sum_{n=1}^{\infty}\dfrac{n}{(2n+1)!}$

6) $1+\dfrac{1}{2}-\dfrac{1}{3}-\dfrac{1}{4}+\dfrac{1}{5}+\dfrac{1}{6}-\dfrac{1}{7}-\dfrac{1}{8}+\cdots$

問題 6 $\sum_{n=1}^{\infty}\dfrac{1}{n^2}=\displaystyle\int_0^{+\infty}\dfrac{x}{e^x-1}dx$ を示せ．

問題 7 $f(x)=\begin{cases}e^{-\frac{1}{|x|}} & (x\neq 0\text{ のとき})\\ 0 & (x=0\text{ のとき})\end{cases}$ とおく．f は C^∞ 級であり，すべての自然数 n に対して $f^{(n)}(0)=0$ であることを示せ．したがって f の 0 でのテイラー級数は $\sum_{n=0}^{\infty}0\,x^n$ であり，これは $f(x)$ とは異なる．すなわち，f は 0 でテイラー展開できない．

[ヒント] f は偶関数だから，問題 2.3.9 によって $f^{(2n)}$ は偶関数，$f^{(2n+1)}$ は奇関数

である．だから $x \geq 0$ の範囲で
$$f(x) = \begin{cases} e^{-\frac{1}{x}} & (x>0 \text{ のとき}) \\ 0 & (x=0 \text{ のとき}) \end{cases}$$
を考えればよい．まず，任意の有理関数 $Q(x)$ に対して $\lim_{x \to +0} Q(x) e^{-\frac{1}{x}} = 0$ に注意する（定理 2.5.12 による）．つぎに任意の n に対し，$f^{(n)}$ が C^n 級で
$$f^{(n)}(x) = \begin{cases} P_n(x) e^{-\frac{1}{x}} & (x>0 \text{ のとき}) \\ 0 & (x=0 \text{ のとき}) \end{cases}$$
となることを帰納法によって示せ．ただし $P_n(x)$ は有理関数である．

§3 関数列・関数項級数・一様収束性

●関数列の各点収束と一様収束

4.3.1【定義】 区間 I で定義された関数の列 $f_1, f_2, f_3, \cdots$ が I 上の関数 f に**各点収束**または**単純収束**するとは，I の各点 x に対して数列
$$\langle f_n(x) \rangle_{n=1,2,3,\cdots}$$
が数 $f(x)$ に収束することである．

これはつぎのように書くことができる：任意に与えられた正の数 ε および I の任意の点 x に対し，ある番号 L をとると，L より先のすべての番号 n に対して
$$|f(x) - f_n(x)| \leq \varepsilon$$
が成りたつ（狭義不等式でも同じ）．番号 L は ε と x の両方に依存することに注意せよ．

4.3.2【例】 上の定義は，関数列の収束の定義としてすなおで自然のように思えるが，つぎのふたつの例をみると，必ずしも自然なものとはいえない．

a) $I = [0, 1]$ 上の関数列 $\langle f_n \rangle$ をつぎのように定義する：

$$f_n(x) = \begin{cases} n^2 x & \left(0 \leq x < \dfrac{1}{n} \text{ のとき}\right), \\ 2n - n^2 x & \left(\dfrac{1}{n} \leq x < \dfrac{2}{n} \text{ のとき}\right), \\ 0 & \left(\dfrac{2}{n} \leq x \leq 1 \text{ のとき}\right). \end{cases}$$

関数 f_n は連続で，関数列 $\langle f_n \rangle$ は 0（恒等的に 0 なる関数）に各点収束する．実際，任意の $x \neq 0$ に対し，$\dfrac{2}{n} \leq x$ なる n をとると $f_n(x) = 0$ となる．一方，$f_n\!\left(\dfrac{1}{n}\right) = n$ だから山の頂上はどんどん高くなる．

b) $I = \{0, +\infty\}$ 上の関数列 $\langle f_n \rangle$ をつぎのように定義する：

$$f_n(x) = \begin{cases} 0 & (0 < x < n \text{ のとき}), \\ x - n & (n \leq x < 2n \text{ のとき}), \\ 3n - x & (2n \leq x < 3n \text{ のとき}), \\ 0 & (3n \leq x \text{ のとき}). \end{cases}$$

連続関数の列 $\langle f_n \rangle$ は 0 に各点収束する．一方，f_n の図は，ずっと右のほうに非常に高い山がある．

これらの例から想像できるように，関数列 $\langle f_n \rangle$ が関数 f に各点収束しても，f_n たちのもつ性質はあまり f には伝わらない．そこでもっと強い収束を定義する．

4.3.3【定義】 区間 I 上の関数 f が**有界**だというのは，関数値ぜんぶの集合 $\{f(x) \,;\, x \in I\}$ が有界，ということだった．そこで区間 I 上の有界関数 f に対し，関数値の絶対値の上限

$$\sup_{x \in I} |f(x)| = \sup\{|f(x)| \,;\, x \in I\}$$

を f の**ノルム**と言い，$\|f\|$ とかく．これが存在することは定理 3.1.9 による．

4.3.4【定義】 区間 I 上の関数列 $\langle f_n \rangle$ が I 上の関数 f に**一様収束**するとは，ある番号より先のすべての n に対して $f - f_n$ が有界であり，しかも

$$\lim_{n \to \infty} \|f - f_n\| = 0$$

が成りたつことをいう．当然，$\langle f_n\rangle$ が f に一様収束すれば各点収束する．

4.3.5【命題】 I 上の関数列 $\langle f_n\rangle$ が f に一様収束する条件はつぎのように書ける：任意に与えられた正の数 ε に対してある番号 L をとると，I のすべての点 x および $L\leqq n$ なるすべての n に対して
$$|f(x)-f_n(x)|\leqq\varepsilon$$
が成りたつ．番号 L は ε に依存するだけで，x には依存しないことに注目せよ．この違いだけが各点収束と一様収束を区別する．

【証明】 I のすべての点に対して $|f(x)-f_n(x)|\leqq\varepsilon$ が成りたつことと $\|f-f_n\|\leqq\varepsilon$ とは同値である．□

4.3.6【例】 1) まず，例 4.3.2 のふたつの関数列が 0 に一様収束しないことを確かめておこう．a) の方は，たとえば $\varepsilon=\frac{1}{2}$ とすると，どんなに大きな L をとっても，$x=\frac{1}{L}$ に対して $f_L\left(\frac{1}{L}\right)=L>\varepsilon$ となる．b) も $\varepsilon=\frac{1}{2}$ とすると，どんな L をとっても $x=2L$ に対して $f_L(2L)=L>\varepsilon$ となる．

2) $\boldsymbol{R}$ 上の関数列 $f_n(x)=\dfrac{\sin nx}{\log n}$ $(n=2,3,\cdots)$．$|f_n(x)-0|\leqq\dfrac{1}{\log n}\to 0$ $(n\to\infty$ のとき$)$ だから，関数列 $\langle f_n\rangle$ は 0 に一様収束する．

3) $\boldsymbol{R}$ 上の関数列 $f_n(x)=\dfrac{x}{n}$ $(n=1,2,\cdots)$．当然 $\langle f_n\rangle$ は 0 に各点収束する．$\varepsilon=1$ に対してどんなに大きい L をとっても，$x=2L$ とすれば $f_L(2L)=2>\varepsilon$ となるから，$\langle f_n\rangle$ は 0 に一様収束しない．

● 一様収束極限の性質

4.3.7【定理】 $\langle f_n\rangle$ を区間 I 上の関数列とする．もし二重数列 $\|f_m-f_n\|$ が 0 に収束するならば，関数列 $\langle f_n\rangle$ は I 上のある関数に一様収束する．ただし，一般に二重数列 $\langle a_{m,n}\rangle_{m,n=1,2,3,\cdots}$ が数 b に収束するとはつぎのことである：任意の正の数 ε に対してある番号 L をとると，L より先の任意の m,n に対して $|a_{m,n}-b|<\varepsilon$ が成りたつ．

【証明】 1° 条件をかきなおしておく：任意の正の数 ε に対してある番号 L をとると，I の任意の点 x および $L \leq m, n$ なる任意の番号 m, n に対して
$$|f_m(x) - f_n(x)| < \varepsilon$$
が成りたつ．I の点 x を固定すると，この条件は数列 $\langle f_n(x)\rangle$ がコーシー列（定義 4.1.1）であることをあらわす．したがって定理 4.1.3 によって数列 $\langle f_n(x)\rangle$ はあるただひとつの数 y に収束する．この y を $f(x)$ と定めることによって I 上の関数 f を定義する：
$$\text{各 } x \in I \text{ に対して } f(x) = \lim_{n \to \infty} f_n(x).$$

2° 関数列 $\langle f_n \rangle$ がいま定義した関数 f に一様収束することを示す．正の数 ε が与えられたとする．条件により，ある番号 L をとると，$L \leq m, n$ および任意の $x \in I$ に対して
$$|f_m(x) - f_n(x)| < \frac{\varepsilon}{2} \tag{1}$$
が成りたつ．$L \leq n$ なる n が与えられたとする．I の任意の点 x に対して $f(x) = \lim_{k \to \infty} f_k(x)$ だから，L より先のある番号 m（x に依存する）をとると，
$$|f(x) - f_m(x)| < \frac{\varepsilon}{2} \tag{2}$$
が成りたつ．(1) と (2) を合わせると
$$|f(x) - f_n(x)| \leq |f(x) - f_m(x)| + |f_m(x) - f_n(x)| < \varepsilon$$
となり，$\langle f_n \rangle$ が f に一様収束することが分かった．□

4.3.8【定理】 区間 I 上の関数列 $\langle f_n \rangle$ が関数 f に一様収束するとする．もし f_n たちがすべて連続なら f も連続である．

【証明】 正の数 ε および I の点 a が与えられたとする．仮定により，ある番号 L をとると，I のすべての点 x に対して
$$|f(x) - f_L(x)| < \frac{\varepsilon}{3}$$
が成りたつ．f_L は a で連続だから，ある正の数 δ をとると，$|x - a| < \delta$ なる

I の任意の点 x に対して

$$|f_L(x)-f_L(a)|<\frac{\varepsilon}{3}$$

が成りたつ．このような x に対して

$$|f(x)-f(a)|\leqq|f(x)-f_L(x)|+|f_L(x)-f_L(a)|+|f_L(a)-f(a)|<\varepsilon$$

となり，f は a で連続である．□

[コメント] 一様収束でない各点収束の場合，f_n たちが連続であっても極限関数 f が連続であるとは限らない．反例をあげる．$I=[0,1]$ 上の関数列 $\langle f_n \rangle$ を，$f_n(x)=x^n$ として定義する．関数列 $\langle f_n \rangle$ は関数 $f(x)=\begin{cases} 0 & (0\leqq x<1 \text{ のとき}) \\ 1 & (x=1 \text{ のとき}) \end{cases}$
に各点収束する．

　実際，まず $x=1$ なら $f_n(1)=f(1)=1$．$x<1$ なら $\lim_{n\to\infty}x^n=0$ だから，任意の正の数 ε に対して十分大きい n をとると $|f_n(x)-f(x)|=x^n<\varepsilon$ となる．あきらかに f_n たちは連続，f は $(x=1$ で) 不連続である．前定理によって $\langle f_n \rangle$ が f に一様収束しないことも分かった．

4.3.9【定理】(積分と一様極限の順序交換)　有界閉区間 $[a,b]$ 上の連続関数の列 $\langle f_n \rangle$ が関数 f に一様収束するとする (前定理によって f も連続)．このとき，

$$\int_a^b f(x)\,dx = \lim_{n\to\infty}\int_a^b f_n(x)\,dx$$

が成りたつ．

【証明】　与えられた正の数 ε に対し，仮定によってある番号 L をとると，$L\leqq n$ なるすべての n に対して $\|f-f_n\|<\dfrac{\varepsilon}{b-a}$ が成りたつ．したがって

$$\left|\int_a^b f(x)\,dx-\int_a^b f_n(x)\,dx\right|=\left|\int_a^b[f(x)-f_n(x)]\,dx\right|\leqq\int_a^b|f(x)-f_n(x)|\,dx$$
$$\leqq\|f-f_n\|(b-a)<\varepsilon.\ \square$$

[ノート] いまは関数 f_n たちの連続性を仮定したが，f_n がすべて積分可能と仮定するだけで f の積分可能性が証明され，定理が成りたつ．証明は他の本にゆずる．

4.3.10【定理】　区間 I 上の連続関数の列 $\langle f_n \rangle$ が関数 f に一様収束するとす

る．I の点 a を固定し，I の点 x に対して
$$F_n(x) = \int_a^x f_n(t)\,dt, \quad F(x) = \int_a^x f(t)\,dt$$
とおくと，I 上の関数列 $\langle F_n \rangle$ は関数 F に一様収束する．
【証明】 前定理の証明とほとんど同じ． □

● 関数項級数

4.3.11【定義】 1) 区間 I 上の関数列 $\langle f_n \rangle_{n=0,1,2,\cdots}$ があるとき，これを Σ 記号ないし＋記号でむすんだ形式
$$\sum_{n=0}^{\infty} f_n \quad \text{ないし} \quad f_0 + f_1 + f_2 + \cdots$$
を**関数項級数**という．I の各点 x に対して $s_k(x) = \sum_{n=0}^{k} f_n(x)$ とおいて得られる関数 s_k を第 k **部分和関数**という．

2) I 上の関数列 $\langle s_k \rangle_{k=0,1,2,\cdots}$ がある関数 s に各点収束または一様収束するとき，関数項級数 $\sum_{n=0}^{\infty} f_n$ は**各点収束**または**一様収束**すると言い，関数 s を**和関数**といって $s = \sum_{n=0}^{\infty} f_n$ とかく．I の各点 x に対して $s(x) = \sum_{n=0}^{\infty} f_n(x)$ が成りたつ．

関数列の一様収束極限に関する諸定理を関数項級数の場合にかきなおせば，つぎの諸定理が得られる．

4.3.12【命題】 区間 I 上の関数項級数 $\sum_{n=0}^{\infty} f_n$ が I 上のある関数に一様収束するためには，つぎの条件がみたされることが必要十分である：任意に与えられた正の数 ε に対してある番号 L をとると，I の任意の点 x および $L \leqq k < l$ なる任意の番号 k, l に対して
$$|f_{k+1}(x) + f_{k+2}(x) + \cdots + f_l(x)| < \varepsilon$$
が成りたつ．

4.3.13【定理】 関数項級数 $\sum_{n=0}^{\infty} f_n$ が和関数 s に一様収束するとする．各関数 f_n が連続なら和関数 s も連続である．

4.3.14【定理】（項別積分） 有界閉区間 $[a,b]$ 上の連続関数の級数 $\sum_{n=0}^{\infty} f_n$ が一様収束するとき，
$$\int_a^b \sum_{n=0}^{\infty} f_n(x)\,dx = \sum_{n=0}^{\infty} \int_a^b f_n(x)\,dx.$$

4.3.15【定理】 区間 I 上の連続関数の級数 $\sum_{n=0}^{\infty} f_n$ が一様収束するとする．I の点 a を固定し，$x \in I$ に対して
$$F_n(x) = \int_a^x f_n(x)\,dx, \quad S(x) = \int_a^x \sum_{n=0}^{\infty} f_n(x)\,dx$$
とおくと，関数項級数 $\sum_{n=0}^{\infty} F_n$ は和関数 S に一様収束する．

4.3.16【定理】 整級数 $\sum_{n=0}^{\infty} a_n x^n$ の収束半径を $r>0$ とする．$0<s<r$ なる任意の s に対し，閉区間 $[-s,s]$ でこの関数級数は一様収束する．

【証明】 $|x|<r$ に対して $f(x) = \sum_{n=0}^{\infty} a_n x^n$, $f_k(x) = \sum_{n=0}^{k} a_n x^n$ とおき，正の数 ε が与えられたとする．定理 4.2.4 により，$\sum_{n=0}^{\infty} a_n s^n$ は絶対値収束するから，ある番号 L をとると，$L \leq k$ なるすべての k に対して $\sum_{n=k+1}^{\infty} |a_n| s^n < \varepsilon$ が成りたつ．したがって，$|x| \leq s$ なる任意の x に対して
$$|f(x) - f_k(x)| = \left| \sum_{n=k+1}^{\infty} a_n x^n \right| \leq \sum_{n=k+1}^{\infty} |a_n||x|^n \leq \sum_{n=k+1}^{\infty} |a_n| s^n < \varepsilon$$
となり，$\langle f_k \rangle$ は f に一様収束する．□

4.3.17【定理】（優級数定理） 1) 関数項級数 $\sum_{n=0}^{\infty} f_n$ および収束する正項級数

$\sum_{n=0}^{\infty} a_n$ があり，$\|f_n\| \leq a_n$ $(n=0,1,2,\cdots)$ が成りたてば，もとの級数 $\sum_{n=0}^{\infty} f_n$ は一様収束する．このとき，$\sum_{n=0}^{\infty} a_n$ を $\sum_{n=0}^{\infty} f_n$ の**優級数**という．

2) とくに $\sum_{n=0}^{\infty} \|f_n\|$ が収束すれば，$\sum_{n=0}^{\infty} f_n$ は一様収束する．このとき，$\sum_{n=0}^{\infty} f_n$ は**ノルム収束**するという．

【証明】 $|f_{k+1}(x) + \cdots + f_l(x)| \leq a_{k+1} + \cdots + a_l$ だから，命題 4.1.9 と命題 4.3.12 を使えばよい． □

4.3.18【例】 1) $\sum_{n=0}^{\infty} x^n e^{-nx} = \sum_{n=0}^{\infty} (xe^{-x})^n$ $(0<x<1)$ の一様収束．関数の形から見当をつけなければならないが，これは一様収束しそうである．実際，$0<x\leq\frac{1}{2}$ なら $xe^{-x}\leq\frac{1}{2}$．$\frac{1}{2}<x<1$ なら $xe^{-x}\leq e^{-\frac{1}{2}}<\frac{2}{3}$．よって $\sum_{n=0}^{\infty}\left(\frac{2}{3}\right)^n$ は収束する優級数であり，$\sum x^n e^{-nx}$ は一様収束する．

2) $\sum_{n=0}^{\infty}\frac{1}{1+x^n}$ $(1<x<+\infty)$．これは $x=1$ の近くで一様収束しないことが予想される．実際，$\varepsilon=\frac{1}{3}$ とし，番号 L が与えられたとする．各 n に対し，$\lim_{x\to 1+0} x^n = 1$ だから，ある正の数 δ_n をとると，$1<x<1+\delta_n$ なら $x^n<\frac{2}{3}$ となるから，$\frac{1}{1+x^n}>\frac{2}{5}$．$\delta=\min_{L<n\leq 2L}\delta_n$ とすると，$x<1+\delta$ なら $\frac{1}{1+x^n}>\frac{2}{5}$ $(L<n\leq 2L)$．よって $\sum_{n=L+1}^{2L}\frac{1}{1+x^n}>\frac{2}{5}L\geq\frac{2}{5}>\frac{1}{3}=\varepsilon$ となり，一様収束でない．一方 $a_n(x)=\frac{1}{1+x^n}$ とかくと，

$$\frac{a_{n+1}(x)}{a_n(x)} = \frac{1+x^n}{1+x^{n+1}} = \frac{\frac{1}{x^n}+1}{\frac{1}{x^n}+x} \to \frac{1}{x} < 1 \quad (n\to\infty \text{ のとき})$$

だから，ダランベールの判定法（命題 4.1.13 の 1)）によって各点では収束する．

―――――――――― §3 の問題 ――――――――――

問題 1 つぎの関数列の一様収束性をしらべよ．

1) $\log\left(1+\dfrac{x}{n}\right)$　$(0<x<+\infty)$　　2) $\dfrac{1}{x^s+n^t}$　$(0<x<+\infty\,;\,s,t>0)$

3) $\dfrac{nx}{1+n^2x^2}$　$(-\infty<x<+\infty)$　　4) $x^n e^{-nx}$　$(0<x<1)$

5) nxe^{-nx^2}　$(-\infty<x<+\infty)$

問題 2 つぎの関数項級数の一様収束性をしらべよ．

1) $\sum\limits_{n=1}^{\infty}\dfrac{1}{n^2+x^2}$　$(-\infty<x<+\infty)$　　2) $\sum\limits_{n=1}^{\infty}\dfrac{1}{1+n^2x}$　$(0<x<+\infty)$

3) $\sum\limits_{n=0}^{\infty}xe^{-nx}$　$(0<x<1)$

問題 3 $\langle f_n\rangle$ を有界閉区間 $I=[a,b]$ 上の連続関数の列とする．I の各点 x に対し，数列 $\langle f_n(x)\rangle$ は広義単調に減少して 0 に収束すると仮定する．このとき，関数列 $\langle f_n\rangle$ は 0（恒等的に 0 なる関数）に一様収束することを示せ．

［ヒント］ f_n を最大にする点 x_n をひとつとり，数列 $\langle x_n\rangle$ の収束部分列 $\langle x_{n'}\rangle$ をとる．

第5章
多変数関数の微分法

多変数の関数といっても，実質的にあつかうのは主として2変数，たまに3変数の関数である．しかし，n 変数の場合も記述が複雑になるだけであり，本質的なちがいはない．

§1 偏導関数

● 点列の収束と2変数の連続関数

5.1.1【定義】 1) 平面の2点 $x=(x,y)$, $a=(a,b)$ に対し，その**距離**を
$$d(x,a)=\sqrt{(x-a)^2+(y-b)^2}$$
によって定義する（ピタゴラスの定理）．

2) 点列 $\langle a_n \rangle_{n=0,1,2,\cdots}$ が点 a に**収束する**とはつぎのことである：任意に与えられた正の数 ε に対してある番号 L をとると，L より先のすべての番号 n に対して
$$d(a_n,a)<\varepsilon$$
が成りたつ．

3) 平面 $\boldsymbol{R}^2$ の部分集合 A で定義された実数値関数 f が A の点 a で**連続**とはつぎのことである：任意に与えられた正の数 ε に対してある正の数 δ をとると，A の点 x で $d(a,x)<\delta$ をみたすすべての x に対して
$$|f(a)-f(x)|<\varepsilon$$
が成りたつ．f が A の各点で連続のとき，f を A 上の**連続関数**という．

5.1.2【命題】 平面の点の集合 A 上の関数 f が A の点 a で連続で，$f(a)>0$ のとき，ある正の数 δ をとると，$d(x,a)<\delta$ なる A のすべての点 x に対して $f(x) \geqq \dfrac{f(a)}{2}$ が成りたつ．

【証明】 連続性の定義により,$\varepsilon = \dfrac{f(\boldsymbol{a})}{2}$ に対してある正の数 δ をとると,$d(\boldsymbol{x},\boldsymbol{a})<\delta$ なる A のすべての点 $\boldsymbol{x}$ に対して $|f(\boldsymbol{x})-f(\boldsymbol{a})|<\varepsilon=\dfrac{f(\boldsymbol{a})}{2}$ が成りたつから,$f(\boldsymbol{x}) \geqq f(\boldsymbol{a}) - \dfrac{f(\boldsymbol{a})}{2} = \dfrac{f(\boldsymbol{a})}{2}$ となる.□

5.1.3【命題】 A 上の関数 f が A の点 $\boldsymbol{a}$ で連続で,A 内の点列 $\langle \boldsymbol{x}_n \rangle$ が $\boldsymbol{a}$ に収束すれば,
$$\lim_{n \to \infty} f(\boldsymbol{x}_n) = f(\boldsymbol{a}).$$
【証明】 与えられた正の数 ε に対してある正の数 δ をとると,$\boldsymbol{x} \in A$,$d(\boldsymbol{x},\boldsymbol{a})<\delta$ なら $|f(\boldsymbol{x})-f(\boldsymbol{a})|<\varepsilon$ が成りたつ.この δ に対してある番号 L をとると,$L \leqq n$ なら $d(\boldsymbol{x}_n,\boldsymbol{a})<\delta$ となるから,$|f(\boldsymbol{x}_n)-f(\boldsymbol{a})|<\varepsilon$ が成りたつ.

●偏導関数

5.1.4【定義】 2変数関数 $z = f(x,y)$ において,第2変数 y を固定し,$z = f(x,y)$ を x だけの関数と思って微分することを,第1変数 x に関する**偏微分**と言い,その値を x に関する**偏微分係数**という.各点で $z = f(x,y)$ を x に関して偏微分して得られる関数を $z = f(x,y)$ の x に関する**偏導関数**と言い,そのときの都合によって $\dfrac{\partial z}{\partial x}$,$z_x$,$\dfrac{\partial f}{\partial x}$,$f_x$,$D_x f$,$D_1 f$ など,いろいろの記号であらわす.最後のふたつは,偏微分が関数 f にその偏導関数を対応させる作用素であることを強調する記号である.D_1 の添字 1 は第1変数を意味する.第2変数 y に関する偏微分もまったく同様に定義され,記号 $\dfrac{\partial z}{\partial y}$,$z_y$,$\dfrac{\partial f}{\partial y}$,$f_y$,$D_y f$,$D_2 f$ などが使われる.

5.1.5【定義】 $f(x,y)$ が両変数に関して偏微分可能であり,偏導関数 f_x,f_y がともに連続のとき,f は C^1 級であるという.このときもとの関数 f は連続である(第5章§1問題4).

5.1.6【例】 1) x に関する偏導関数 $f_x(x,y)$ が恒等的に 0 なら，$f(x,y)$ は x に無関係だから，ある 1 変数関数 p によって $f(x,y)=p(y)$ とかくことができる．

2) $f(x,y)=\dfrac{x^2 y}{3x+y^2}$ $(3x+y^2\neq 0)$ なら，
$$f_x(x,y)=\frac{2xy(3x+y^2)-3x^2 y}{(3x+y^2)^2}=\frac{3x^2 y+2xy^3}{(3x+y^2)^2},$$
$$f_y(x,y)=\frac{x^2(3x+y^2)-2x^2 y^2}{(3x+y^2)^2}=\frac{3x^3-x^2 y^2}{(3x+y^2)^2}.$$

3) $\dfrac{\partial}{\partial x}\left(\arctan\dfrac{y}{x}\right)=\dfrac{-\dfrac{y}{x^2}}{1+\dfrac{y^2}{x^2}}=\dfrac{-y}{x^2+y^2},$

$\dfrac{\partial}{\partial y}\left(\arctan\dfrac{y}{x}\right)=\dfrac{\dfrac{1}{x}}{1+\dfrac{y^2}{x^2}}=\dfrac{x}{x^2+y^2}.$

●合成関数の偏導関数

5.1.7【命題】 微分可能な 1 変数関数 $w=f(z)$ および x,y に関して偏微分可能な 2 変数関数 $z=g(x,y)$ の合成関数 $w=f(g(x,y))$ に対し，
$$\frac{\partial w}{\partial x}=\frac{dw}{dz}\frac{\partial z}{\partial x}, \qquad \frac{\partial w}{\partial y}=\frac{dw}{dz}\frac{\partial z}{\partial y}.$$

【証明】 y を固定すれば，左の式は 1 変数関数の合成関数の微分法の公式（定理 2.3.7）にほかならない．右の式も同様．□

5.1.8【定理】 2 変数関数 $z=f(x,y)$ が C^1 級で，$x=x(t)$, $y=y(t)$ が微分可能ならば，$z=h(t)=f(x(t),y(t))$ も微分可能で，
$$\frac{dz}{dt}=\frac{\partial z}{\partial x}\frac{dx}{dt}+\frac{\partial z}{\partial y}\frac{dy}{dt}$$
が成りたつ．もし $x=x(t)$, $y=y(t)$ が C^1 級なら，$z=h(t)$ も C^1 級である．

【証明】 点 t_0 の近くの点 t_1 に対し，$x_0=x(t_0)$, $y_0=y(t_0)$, $x_1=x(t_1)$, $y_1=y(t_1)$ とかく．$\Delta z=f(x_1,y_1)-f(x_0,y_0)$, $\Delta t=t_1-t_0$ とおくと，
$$\Delta z=[f(x_1,y_1)-f(x_0,y_1)]+[f(x_0,y_1)-f(x_0,y_0)].$$
平均値の定理 2.3.11 により，x_0 と x_1 のあいだのある数 x_2 をえらぶと，

$$f(x_1, y_1) - f(x_0, y_1) = (x_1 - x_0) D_1 f(x_2, y_1)$$

が成りたつ $\left(D_1 f = \dfrac{\partial f}{\partial x}\right)$. 同様に y_0 と y_1 のあいだのある数 y_2 に対して

$$f(x_0, y_1) - f(x_0, y_0) = (y_1 - y_0) D_2 f(x_0, y_2)$$

が成りたつ. したがって

$$\frac{\Delta z}{\Delta t} = D_1 f(x_2, y_1) \frac{x(t_1) - x(t_0)}{t_1 - t_0} + D_2 f(x_0, y_2) \frac{y(t_1) - y(t_0)}{t_1 - t_0}$$

となる. $x(t), y(t)$ は連続だから, t_1 が t_0 に近づくとき, x_1 は x_0 に, y_1 は y_0 に近づく. したがって x_2 は x_0 に, y_2 は y_0 に近づく. 仮定によって $D_1 f$, $D_2 f$ は連続だから, $D_1 f(x_2, y_1)$ は $D_1 f(x_0, y_0)$ に, $D_2 f(x_0, y_2)$ は $D_2 f(x_0, y_0)$ に近づく. すなわち,

$$\lim_{t_1 \to t_0} \frac{\Delta z}{\Delta t} = D_1 f(x_0, y_0) x'(t_0) + D_2 f(x_0, y_0) y'(t_0).$$

つぎに $x(t), y(t)$ が C^1 級なら,

$$\frac{dz}{dt}(t) = f_x(x(t), y(t)) x'(t) + f_y(x(t), y(t)) y'(t)$$

の式をみれば $\dfrac{dz}{dt}$ が連続であることが分かる. □

[コメント] この定理は f が n 変数関数の場合にただちに一般化される. $z = f(x_1, x_2, \cdots, x_n)$ が C^1 級で, $x_i = x_i(t)$ $(1 \leq i \leq n)$ が微分可能ならば, $z = h(t) = f(x_1(t), x_2(t), \cdots, x_n(t))$ も微分可能で,

$$\frac{dz}{dt} = \sum_{i=1}^{n} \frac{\partial z}{\partial x_i} \frac{dx_i}{dt}$$

が成りたつ. もし $x_i(t)$ $(1 \leq i \leq n)$ が C^1 級なら, $z = h(t)$ も C^1 級である.

証明は, 2 変数のときの証明をちょっと変えるだけですむ.

5.1.9【定理】 $z = f(x, y)$, $x = x(u, v)$, $y = y(u, v)$ がすべて C^1 級ならば, 合成関数 $z = h(u, v) = f(x(u, v), y(u, v))$ も C^1 級で,

$$\frac{\partial z}{\partial u} = \frac{\partial z}{\partial x} \frac{\partial x}{\partial u} + \frac{\partial z}{\partial y} \frac{\partial y}{\partial u}, \qquad \frac{\partial z}{\partial v} = \frac{\partial z}{\partial x} \frac{\partial x}{\partial v} + \frac{\partial z}{\partial y} \frac{\partial y}{\partial v}$$

が成りたつ.

【証明】 v を固定すれば, x, y は u だけの関数だから, 前定理によって第 1 式が成りたつ. u を固定すれば第 2 式が出る. □

5.1.10【例】 1) 極座標変換. $z=f(x,y)$, $x=r\cos\theta$, $y=r\sin\theta$ のとき,

$$\frac{\partial z}{\partial r}=\frac{\partial z}{\partial x}\frac{\partial x}{\partial r}+\frac{\partial z}{\partial y}\frac{\partial y}{\partial r}$$

$$=\frac{\partial z}{\partial x}\cos\theta+\frac{\partial z}{\partial y}\sin\theta=\frac{x}{\sqrt{x^2+y^2}}\frac{\partial z}{\partial x}+\frac{y}{\sqrt{x^2+y^2}}\frac{\partial z}{\partial y},$$

$$\frac{\partial z}{\partial \theta}=\frac{\partial z}{\partial x}\frac{\partial x}{\partial \theta}+\frac{\partial z}{\partial y}\frac{\partial y}{\partial \theta}$$

$$=-\frac{\partial z}{\partial x}r\sin\theta+\frac{\partial z}{\partial y}r\cos\theta=-y\frac{\partial z}{\partial x}+x\frac{\partial z}{\partial y}.$$

2) 極座標逆変換. $z=g(r,\theta)$, $r=\sqrt{x^2+y^2}$, $\theta=\arctan\dfrac{y}{x}$ のとき,

$$\frac{\partial z}{\partial x}=\frac{\partial z}{\partial r}\frac{x}{\sqrt{x^2+y^2}}-\frac{\partial z}{\partial \theta}\frac{y}{x^2+y^2}=\frac{\partial z}{\partial r}\cos\theta-\frac{\partial z}{\partial \theta}\frac{\sin\theta}{r},$$

$$\frac{\partial z}{\partial y}=\frac{\partial z}{\partial r}\frac{y}{\sqrt{x^2+y^2}}+\frac{\partial z}{\partial \theta}\frac{x}{x^2+y^2}=\frac{\partial z}{\partial r}\sin\theta+\frac{\partial z}{\partial \theta}\frac{\cos\theta}{r}.$$

● 平均値の定理

5.1.11【定理】(平均値の定理)　C^1級の $f(x,y)$ に対し,

$$f(a+h,b+k)=f(a,b)+f_x(a+\theta h,b+\theta k)h+f_y(a+\theta h,b+\theta k)k$$

が成りたつ. ただし, θ は 0 と 1 のあいだの適当な数である.

【証明】　$g(t)=f(a+th,b+tk)$ とおくと, 1変数の平均値定理により,

$$f(a+h,b+k)=g(1)=g(0)+g'(\theta)$$

となる θ が 0 と 1 のあいだに存在する. 定理 5.1.8 によって

$$g'(\theta)=f_x(a+\theta h,b+\theta k)h+f_y(a+\theta h,b+\theta k)k$$

となる. □

この定理をちょっと変形すると, つぎの定理が得られる.

5.1.12【定理】　C^1級の関数 $f(x,y)$ に対し,

$$f(a+h,b+k)=f(a,b)+[f_x(a,b)h+f_y(a,b)k]+R(h,k)$$

とかくと, h,k がともに 0 に近づくとき,

$$\frac{R(h,k)}{\sqrt{h^2+k^2}}$$

も 0 に近づく．

【証明】 前定理の記号のまま，
$$f_x(a+\theta h, b+\theta k) = f_x(a,b) + \alpha(h,k),$$
$$f_y(a+\theta h, b+\theta k) = f_y(a,b) + \beta(h,k)$$

とかくと，C^1 級の仮定により，h, k が 0 に近づくとき，$\alpha(h,k)$ も $\beta(h,k)$ も 0 に近づく．
$$R(h,k) = \alpha(h,k)h + \beta(h,k)k$$
であり，$|h|, |k| \leq \sqrt{h^2+k^2}$ だから，$h, k \to 0$ のとき
$$\frac{|R(h,k)|}{\sqrt{h^2+k^2}} \leq |\alpha(h,k)| + |\beta(h,k)| \to 0$$
となる．□

2 変数の平均値定理は，n 変数の場合にただちに書きなおせる．
$$\boldsymbol{x} = (x_1, x_2, \cdots, x_n), \quad \boldsymbol{a} = (a_1, a_2, \cdots, a_n), \quad \boldsymbol{h} = (h_1, h_2, \cdots, h_n)$$
とかく．

5.1.13【定理】 n 変数の C^1 級関数 $f(\boldsymbol{x})$ に対し，
$$f(\boldsymbol{a}+\boldsymbol{h}) = f(\boldsymbol{a}) + \sum_{i=1}^{n} f_{x_i}(\boldsymbol{a}+\theta \boldsymbol{h}) h_i$$
が成りたつ．ただし，θ は 0 と 1 のあいだの適当な数である．

【証明】 $g(t) = f(\boldsymbol{a}+t\boldsymbol{h})$ とおくと，1 変数の平均値定理により，
$$f(\boldsymbol{a}+\boldsymbol{h}) = g(1) = g(0) + g'(\theta)$$
となる θ ($0 < \theta < 1$) がある．定理 5.1.8 の n 変数版（定理のあとのコメント）によって
$$g'(\theta) = \sum_{i=1}^{n} f_{x_i}(\boldsymbol{a}+\theta \boldsymbol{h}) h_i$$
となる．□

●接平面

5.1.14【コメント】 1 変数関数 $y = f(x)$ のグラフが平面内の曲線をあらわす

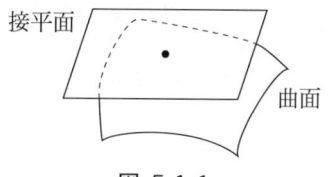

ように，2変数関数 $z=f(x,y)$ のグラフは空間内の曲面をあらわす．f が C^1 級なら，それは実際に曲面の名に値するものになるだろう．

この曲面の1点での接平面の概念は，直観的にはすでに了解している．しかし，それをきちんと定義しようとすると偏微分法にたよらざるをえなくなり，結局つぎのように接平面を定義するのが妥当であることが分かる．

5.1.15【定義】 C^1 級の2変数関数 $f(x,y)$ があり，$f_x(a,b)$，$f_y(a,b)$ の少なくとも一方は0でないとする．このとき，x, y, z に関する1次方程式
$$f_x(a,b)(x-a)+f_y(a,b)(y-b)=z-f(a,b)$$
の定める平面を，点 $(a,b,f(a,b))$ での曲面 $z=f(x,y)$ への**接平面**という．

コメント　直観的な接平面の方程式をとりあえず
$$A(x-a)+B(y-b)=z-f(a,b)$$
とかく．点 $(a,b,f(a,b))$ をとおって y 軸と直交する平面と，曲面 $z=f(x,y)$ との交曲線 $z=g(x)=f(x,b)$ を考えると，この曲線の $x=a$ での傾きが A である．ところがこれは，偏微分係数の定義そのものによって $f_x(a,b)$ である．y についても同じ．したがって上の接平面の定義が正当であることが分かる．

---

§1 の問題

問題 1 つぎの2変数関数 $f(x,y)$ の偏導関数を求めよ．

1) $\arcsin \dfrac{y}{x}$　　2) $\log(x^2+xy-y^2)$　　3) x^y

4) $\sin[x\cos(x+y)]$　　5) $\displaystyle\int_{x-y}^{x^2y} g(t)\,dt$

問題 2 つぎの3変数関数 $f(x,y,z)$ の偏導関数（3種類）を求めよ．

1) $\dfrac{x-z}{x+y}$ 2) $e^x \sin(yz^2)$ 3) $\dfrac{\log(y-z^2)}{x}$

問題 3 つぎの曲面 $z=f(x,y)$ の点 $(a,b,f(a,b))$ での接平面の方程式を求めよ．

1) $\dfrac{x-y}{x+y}$ 2) $\sin x + \cos(x+y)$

問題 4 $f(x,y)$ が点 (a,b) の近くで両変数に関して偏微分可能で，f_x, f_y とも (a,b) で連続なら（すなわち C^1 級なら），もとの関数 $f(x,y)$ は (a,b) で連続であることを示せ．

問題 5 f が偏微分可能であっても，偏導関数が連続でなければ，もとの関数 f が連続であるとは限らない．反例をしらべよう．

$$f(x,y) = \begin{cases} \dfrac{xy}{x^2+y^2} & ((x,y) \neq (0,0) \text{ のとき}) \\ 0 & ((x,y) = (0,0) \text{ のとき}) \end{cases}$$

とおく．つぎのことを示せ．

1) f はいたるところ（$(0,0)$ も含めて）両変数に関して偏微分可能である．
2) f は $(0,0)$ で連続でない．

§2 高階偏導関数

●高階偏導関数

5.2.1【定義】 $\dfrac{\partial f}{\partial x}$ を x で偏微分した関数を $\dfrac{\partial^2 f}{\partial x^2}, f_{xx}, D_1^2 f$ などとかく．$\dfrac{\partial f}{\partial x}$ を y で偏微分したものを $\dfrac{\partial^2 f}{\partial y \partial x}, f_{xy}, D_2 D_1 f$ などとかく（x と y のならぶ順序に注意）．同様に $\dfrac{\partial^2 f}{\partial y^2}, f_{yy}, D_2^2 f$ や $\dfrac{\partial^2 f}{\partial x \partial y}, f_{yx}, D_1 D_2 f$ なども定義される．f_{xy} と f_{yx} ははじめから同じものではないが，それらが連続なら同じになる（定理5.2.3）．

以上で定義された関数たちを f の **2階偏導関数** という．n 階偏導関数も同様に定義される．3変数以上の場合もまったく同様．

k 階までの偏導関数がすべて存在して連続のとき，f は C^k 級であるという．任意の k に対して C^k 級であるとき，f は C^∞ 級であるという．

5.2.2【例】 $f(x,y) = \log(x^2 - y)$. $f_x = \dfrac{2x}{x^2-y}$, $f_y = -\dfrac{1}{x^2-y}$.
$f_{xx} = \dfrac{2(x^2-4x-y)}{(x^2-y)^2}$, $f_{yy} = -\dfrac{1}{(x^2-y)^2}$, $f_{xy} = f_{yx} = \dfrac{2x}{(x^2-y)^2}$.
このふたつが等しいのは偶然ではない（定理5.2.3）．

● 偏微分の順序

5.2.3【定理】 $f(x,y)$ が C^2 級なら $f_{xy} = f_{yx}$. n 変数でも同様．

【証明】 $\varDelta = f(a+h, b+k) - f(a, b+k) - f(a+h, b) + f(a, b)$
とおく．まず $\varphi(x) = f(x, b+k) - f(x, b)$ とすると，$\varDelta = \varphi(a+h) - \varphi(a)$ だから，平均値の定理によって $\varDelta = \varphi'(a+\theta_1 h)h$ $(0 < \theta_1 < 1)$ とかける．
$\varphi'(a+\theta_1 h) = D_1 f(a+\theta_1 h, b+k) - D_1 f(a+\theta_1 h, b)$ だから，平均値の定理によって

$$\varDelta = D_2 D_1 f(a+\theta_1 h, b+\theta_2 k) hk \quad (0 < \theta_2 < 1) \qquad (1)$$

とかける．つぎに $\psi(y) = f(a+h, y) - f(a, y)$ とおくと，前と同様に

$$\varDelta = \psi(b+k) - \psi(b) = \psi'(b+\theta_3 k)k \quad (0 < \theta_3 < 1)$$
$$= [D_2 f(a+h, b+\theta_3 k) - D_2 f(a, b+\theta_3 k)]k$$
$$= D_1 D_2 f(a+\theta_4 h, b+\theta_3 k) hk \quad (0 < \theta_4 < 1). \qquad (2)$$

$hk \neq 0$ として (1), (2) を hk で割れば，

$$D_2 D_1 f(a+\theta_1 h, b+\theta_2 k) = D_1 D_2 f(a+\theta_4 h, b+\theta_3 k)$$

となる．$hk \neq 0$ のまま h, k を 0 に近づければ，C^2 級の仮定によって $D_2 D_1 f(a, b) = D_1 D_2 f(a, b)$，すなわち $f_{xy} = f_{yx}$ を得る．□

● 2階のテイラーの定理

5.2.4【定理】 C^2 級関数 $f(x, y)$ に対し，

$$f(a+h, b+k) = f(a, b) + [f_x(a,b)h + f_y(a,b)k]$$
$$+ \frac{1}{2}[f_{xx}(a+\theta h, b+\theta k)h^2 + 2f_{xy}(a+\theta h, b+\theta k)hk$$
$$+ f_{yy}(a+\theta h, b+\theta k)k^2]$$

が成りたつ．ただし θ は 0 と 1 のあいだの適当な数である．

【証明】 $g(t) = f(a+ht, b+kt)$ とおくと，定理5.1.8によって

$$g'(t) = f_x(a+ht, b+kt)\,h + f_y(a+ht, b+kt)\,k,$$
$$g''(t) = f_{xx}(a+ht, b+kt)\,h^2$$
$$+ 2f_{xy}(a+ht, b+kt)\,hk + f_{yy}(a+ht, b+kt)\,k^2$$

となる．$g(t)$ に1変数関数の0での2階テイラー公式（定理2.5.4）

$$g(t) = g(0) + g'(0)\,t + \frac{g''(\theta t)}{2!}\,t^2 \quad (0 < \theta < 1)$$

を適用し，$t = 1$ とすれば求める式が得られる．□

この定理をちょっと変形するとつぎの定理になる．

5.2.5【定理】 C^2 級関数 $f(x, y)$ に対し，
$$f(a+h, b+k) = f(a, b) + [f_x(a, b)\,h + f_y(a, b)\,k]$$
$$+ \frac{1}{2}[f_{xx}(a, b)\,h^2 + 2f_{xy}(a, b)\,hk + f_{yy}(a, b)\,k^2] + R(h, k)$$

とかくと，h と k が 0 に近づくとき，$\dfrac{R(h, k)}{h^2 + k^2}$ も 0 に近づく．

【証明】 前定理の記号のまま，
$$f_{xx}(a+\theta h, b+\theta k) = f_{xx}(a, b) + \alpha(h, k),$$
$$f_{xy}(a+\theta h, b+\theta k) = f_{xy}(a, b) + \beta(h, k),$$
$$f_{yy}(a+\theta h, b+\theta k) = f_{yy}(a, b) + \gamma(h, k)$$

とかくと，C^2 級の仮定により，$h, k \to 0$ のとき α, β, γ は 0 に近づく．

$$R(h, k) = \frac{1}{2}[\alpha(h, k)\,h^2 + 2\beta(h, k)\,hk + \gamma(h, k)\,k^2]$$

だから，
$$\frac{|R(h, k)|}{h^2 + k^2} \leq \frac{1}{2}\left[|\alpha(h, k)|\frac{h^2}{h^2+k^2} + 2|\beta(h, k)|\frac{|hk|}{h^2+k^2} + |\gamma(h, k)|\frac{k^2}{h^2+k^2}\right]$$
$$\leq \frac{1}{2}[|\alpha(h, k)| + 2|\beta(h, k)| + |\gamma(h, k)|] \to 0 \quad (h, k \to 0 \text{ のとき}). \quad \square$$

---
§2の問題

問題1 つぎの関数 $f(x, y)$ の1階および2階の偏導関数を求めよ．

1) $x^3+xy^2+\dfrac{y}{x}$　　2) x^y　　3) $\sin(x\cos y)$

問題 2 つぎの条件をみたす C^2 級関数 $f(x,y)$ はどんな関数か．
1) $f_{xx}=f_{yy}=0$　　2) $f_{xy}=0$　　3) $f_{xx}=f_{yy}$ ［ヒント：$u=x+y,\ v=x-y$ とおく］

§3 極大極小

5.3.1【定義】 関数 $f(x,y)$ が点 (a,b) で**極小**であるとは，(a,b) に十分近いすべての点 $(x,y)\neq(a,b)$ で $f(x,y)>f(a,b)$ が成りたつことである．**極大**も同様に定義される．極大と極小を合わせて**極値**という．

$f(x,y)\geqq f(a,b)$ も許容するとき，広義の極小という．広義極大も同様．何もいわなければ狭義の極小・極大を意味する．

⌈ノート⌋ 1変数のときと同様，極大極小の概念は点 (a,b) のごく近くだけに関するものであり，遠くの点でどうなっていてもかまわない．

5.3.2【定義】 点 (a,b) の近くで定義されている C^1 級関数 $f(x,y)$ に対して $f_x(a,b)=f_y(a,b)=0$ が成りたつとき，点 (a,b) を関数 f の**停留点**という．

5.3.3【命題】 C^1 級関数 f が点 (a,b) で広義の極値ならば，その点は関数 f の停留点である．

【証明】 1変数関数 $g(x)=f(x,b)$ は $x=a$ で広義の極値だから $f_x(a,b)=g'(a)=0$．同様に $f_y(a,b)=0$．□

⌈ノート⌋ 停留点で極値になるとは限らない．たとえば $(0,0)$ で $f(x,y)=x^2-y^2$ は x 方向に極小，y 方向に極大である．一般に極値かどうかの判定は難しいが，つぎにひとつの十分条件をあげる．

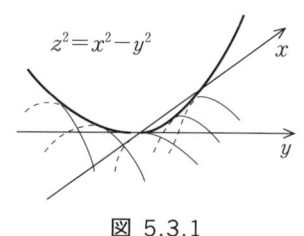

図 5.3.1

5.3.4【定義】 C^2 級の $f(x,y)$ に対し，2次の対称行列に値をとる関数

$$H(x,y) = \begin{pmatrix} f_{xx} & f_{xy} \\ f_{yx} & f_{yy} \end{pmatrix}$$

を f の**ヘッセ行列**という．その行列式

$$\varDelta(x,y) = \det H(x,y) = f_{xx}f_{yy} - f_{xy}{}^2$$

を f の**ヘッセ行列式**という．

5.3.5【定理】（極大極小の判定） $f(x,y)$ が C^2 級で，(a,b) が f の停留点だとする．$p = f_{xx}(a,b)$，$q = f_{xy}(a,b) = f_{yx}(a,b)$，$s = f_{yy}(a,b)$ とかく：

$$H(a,b) = \begin{pmatrix} p & q \\ q & s \end{pmatrix}.$$

1) $\det H(a,b) = ps - q^2 > 0$，$p > 0$（このとき $s > 0$）なら f は (a,b) で極小である．
2) $ps - q^2 > 0$，$p < 0$（$s < 0$）なら f は (a,b) で極大である．
3) $ps - q^2 < 0$ なら（広義でも）極値でない．詳しくいうと，ある方向では f は極小，別のある方向では f は極大である．
4) $ps - q^2 = 0$ なら何もわからない．実際いろいろな場合がある．

【証明】 $x = a + h$，$y = b + k$ とかくと，$f_x(a,b) = f_y(a,b) = 0$ だから，2階のテイラーの定理 5.2.4 によって

$$f(x,y) - f(a,b)$$
$$= \frac{1}{2}[f_{xx}(a+\theta h, b+\theta k)h^2 + 2f_{xy}(a+\theta h, b+\theta k)hk$$
$$+ f_{yy}(a+\theta h, b+\theta k)k^2].$$

ただし θ は 0 と 1 のあいだの数である．

1) $\det H(x,y)$ は x, y の連続関数であり，$\det H(a,b) = ps - q^2 > 0$，$p > 0$ だから，命題 5.1.2 により，ある正の数 δ をとると，$\sqrt{h^2 + k^2} < \delta$ なる任意の h, k に対して

$$f_{xx}(a+\theta h, b+\theta k) f_{yy}(a+\theta h, b+\theta k) - f_{xy}(a+\theta h, b+\theta k)^2 > 0,$$
$$f_{xx}(a+\theta h, b+\theta k) > 0$$

となる．このような h, k を一旦固定し，変数 u, v の斉2次式

$$f_{xx}(a+\theta h, b+\theta k)u^2 + 2f_{xy}(a+\theta h, b+\theta k)uv + f_{yy}(a+\theta h, b+\theta k)v^2$$

を考えると，その判別式は負だから，$(u,v)\neq(0,0)$ ならこれはつねに正である．したがって，とくに $u=h$, $v=k$ に対しても正である．すなわち $f(x,y)>f(a,b)$ となるから，f は (a,b) で極小である．

2) 不等式の向きが反対になるだけで，1) と同じである．

3) $ps-q^2<0$ とする．$p\neq 0$ なら 2 次式 $pu^2+2qu+s$ の判別式は正だから，これは正にも負にもなる．$p=0$ なら $q\neq 0$ であり，1 次式 $2qu+s$ は正にも負にもなる．そこで $pu_1^2+2qu_1+s>0$ なる u_1 をとり，$\sqrt{h_1^2+k_1^2}<\delta$ なる h_1, k_1 ($k_1\neq 0$) によって $u_1=\dfrac{h_1}{k_1}$ とあらわす．すると，

$$ph_1^2+2qh_1k_1+sk_1^2 = k_1^2(pu_1^2+2qu_1+s) > 0$$

が成りたつ．0 に十分近い t に対して $g_1(t)=f(a+th_1, b+tk_1)$ とすると，

$$g_1'(t)=f_x(a+th_1, b+tk_1)h_1 + f_y(a+th_1, b+tk_1)k_1$$

だから，$g_1'(0)=f_x(a,b)h_1+f_y(a,b)k_1=0$. さらに

$$g_1''(t)=f_{xx}(a+th_1, b+tk_1)h_1^2 + 2f_{xy}(a+th_1, b+tk_1)h_1k_1$$
$$+f_{yy}(a+th_1, b+tk_1)k_1^2$$

だから，$g_1''(0)=ph_1^2+2qh_1k_1+sk_1^2>0$ となり，命題 2.4.4 によって $g_1(t)$ は $t=0$ で極小である．よって十分小さい t に対して

$$f(a+th_1, b+tk_1) > f(a,b)$$

が成りたつ．すなわち (h_1, k_1) の方向で f は極小である．

つぎに $pu_2^2+2qu_2+s<0$ なる u_2 をとり，$u_2=\dfrac{h_2}{k_2}$ とかく．前と同様に $ph_2^2+2qh_2k_2+sk_2^2<0$. $g_2(t)=f(a+th_2, b+tk_2)$ とすると $g_2'(0)=0$, $g_2''(0)<0$ となり，$g_2(t)$ は $t=0$ で極大である．したがって十分小さい t に対して

$$f(a+th_2, b+tk_2) < f(a,b)$$

となる．すなわち (h_2, k_2) の方向で f は極大である．以上を合わせて $f(x,y)$ は (a,b) で（広義でも）極値でない．□

5.3.6【定義】 ヘッセ行列式

$$\Delta(a,b) = \det H(a,b) = ps - q^2 = f_{xx}(a,b)f_{yy}(a,b) - f_{xy}(a,b)^2$$

が負である点 (a,b) を関数 f の**鞍点**または**峠点**という。馬の鞍の位置は、馬の前後方向には極小であり、左右方向には極大である。また、峠は山の尾根の方向には極小であり、山ごえの道の方向には極大である。

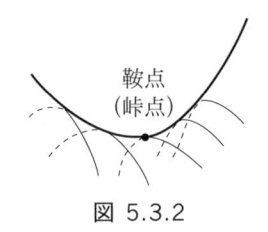

鞍点
(峠点)

図 5.3.2

5.3.7【例】 1) $f(x,y) = x^3 - 3xy + y^3$. $f_x = 3(x^2 - y)$, $f_y = 3(y^2 - x)$ だから停留点は A$(0,0)$ と B$(1,1)$ のふたつ。$f_{xx} = 6x$, $f_{yy} = 6y$, $f_{xy} = -3$ だから、$\Delta(0,0) = \det H(0,0) = -9$, $\Delta(1,1) = \det H(1,1) = 27$. よって f は $(1,1)$ で極小、$(0,0)$ で鞍点である。

2) $f(x,y) = e^{-x^2-y^2}(x^2 + 2y^2)$. $f_x = -2xe^{-x^2-y^2}(x^2 + 2y^2 - 1)$, $f_y = -2ye^{-x^2-y^2}(x^2 + 2y^2 - 2)$. 停留点は A$(0,0)$, B$^{\pm}(0, \pm 1)$, C$^{\pm}(\pm 1, 0)$, の 5 点（複号同順）.

$$f_{xx} = -2e^{-x^2-y^2}[(x^2+2y^2-1) - 2x^2(x^2+2y^2-1) + 2x^2],$$
$$f_{yy} = -2e^{-x^2-y^2}[(x^2+2y^2-1) - 2y^2(x^2+2y^2-1) + 4y^2],$$
$$f_{xy} = 4xye^{-x^2-y^2}(x^2+2y^2-3).$$

$$\Delta(0,0) = 8 > 0, \quad \Delta(0, \pm 1) > 0, \quad \Delta(\pm 1, 0) < 0.$$

よって f は $(0,0)$ で極小、$(0, \pm 1)$ で極大、$(\pm 1, 0)$ で鞍点。

3) $f(x,y) = x^4 + y^4 - 2x^2 + 4xy - 2y^2$. $f_x = 4x^3 - 4x + 4y$, $f_y = 4y^3 + 4x - 4y$ だから、停留点は 3 点 A$(0,0)$, B$^{\pm}(\pm\sqrt{2}, \mp\sqrt{2})$（複号同順）. $f_{xx} = 12x^2 - 4$, $f_{yy} = 12y^2 - 4$, $f_{xy} = 4$ だから、$\Delta(0,0) = 0$, $\Delta(\pm\sqrt{2}, \mp\sqrt{2}) > 0$. よって f は 2 点 $(\pm\sqrt{2}, \mp\sqrt{2})$ で極小である。

点 $(0,0)$ では $\Delta(0,0) = 0$ なので判定できない。こういう場合には工夫がいる。$f(0,0) = 0$ だが、$f(x,0) = x^4 - 2x^2 = -2x^2\left(1 - \frac{1}{2}x^2\right)$. $0 < |x| < \sqrt{2}$ なら $f(x,0) < 0$. 一方 $f(x,x) = 2x^4 > 0$ ($x \neq 0$ のとき). したがって

$(0,0)$ は極値でない．$(0,0)$ で f は x 方向に極大，対角線 $x=y$ の方向に極小である．

---

§3 の問題

問題 1 つぎの関数 $f(x,y)$ の極大極小を論ぜよ．
1) $x^3+y^3-3x-3y$ 2) $e^{-x-y}(xy-2)$ 3) $x^3+y^2+2xy+y$
4) $e^{-x^2-y^2}(x+y)$ 5) $x^3-x^2-x+2xy^2-xy^3$ 6) $xye^{-x^2-y^2}$

問題 2 つぎの関数 $f(x,y)$ の極大極小を論ぜよ．どれもある停留点で $\varDelta=0$．工夫せよ．
1) $\dfrac{1}{5}x^5-\dfrac{1}{4}x^4+\dfrac{1}{5}y^5-\dfrac{1}{4}y^4-\dfrac{1}{2}x^2y^2$ 2) $\dfrac{1}{4}x^4+\dfrac{1}{3}y^3+\dfrac{1}{2}x^2y^2-2x^2-y^2$
3) $2x^4-3x^2y+y^2$

---

§4 陰関数定理

● 2 変数の陰関数定理

5.4.1【定義】 C^1 級関数 $f(x,y)$ があるとき，その**零点**すなわち $f(x,y)=0$ となる点 (x,y) 全部の集合 $\varGamma$ はどんな図形だろうか．f が1次式なら $\varGamma$ は直線，f が2次式なら2次曲線（楕円，双曲線，放物線，2直線）をあらわす．しかし f がもっと複雑な関数だったらどうか．とりあえず f の零点の全体 $\varGamma$ を**平面曲線**ということにして，どんな条件があればそれが本当に曲線の名にあたいするものになるかを調べる．

$\varGamma$ の点 (a,b) で $f_x(a,b)=f_y(a,b)=0$ となる点を $\varGamma$ の**特異点**，そうでない点を**通常点**という．$\varGamma$ の特異点は f の停留点である．

5.4.2【定理】（**2変数の陰関数定理**） C^1 級関数 $f(x,y)$ の定める曲線 $\varGamma$ の点 (a,b) が通常点なら，その近くで $f(x,y)=0$ は1本の曲線をあらわす．すなわち，たとえば $f_y(a,b)\neq 0$ なら方程式 $f(x,y)=0$ は y に関して解け，$y=\varphi(x)$ とあらわされる．

正確にはつぎのとおり．たとえば $f_y(a,b) \neq 0$ なら，a の近くで定義された連続関数 $y=\varphi(x)$ で，つぎのふたつの性質をもつものがただひとつ存在する：

1)　$\varphi(a)=b$,　　2)　$f(x,\varphi(x))\equiv 0$　（恒等的に 0）．

さらに，この φ は C^1 級で，$\varphi'(x)=-\dfrac{f_x(x,y)}{f_y(x,y)}$ が成りたつ．f が C^r 級（$r=\infty$ も含む）なら φ も C^r 級である．$f_y(a,b)=0$ のときは $f_x(a,b)\neq 0$ だから，x と y の役割を交換すればよい．

【証明】　1°　φ の定義．$f_y(a,b)>0$ としてよい．f_y は連続だから，命題 5.1.2 により，点 (a,b) の近く，たとえば図 5.4.1 の円板 $(x-a)^2+(y-b)^2 \leqq \varepsilon_0{}^2$ で $f_y(x,y)>0$ となる．あとすべてこの円の内部で考える．

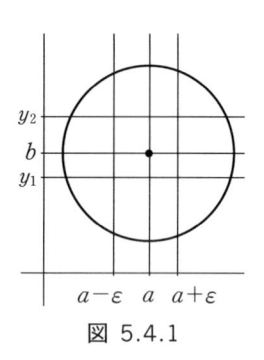

図 5.4.1

$f_y(a,y)>0$ だから y の関数 $f(a,y)$ は狭義単調増加であり，$f(a,b)=0$ だから $y<b$ なら $f(a,y)<0$，$y>b$ なら $f(a,y)>0$ である．そこで $y_1<b<y_2$ なる y_1,y_2 を勝手に決める：

$$f(a,y_1)<0, \quad f(a,y_2)>0.$$

つぎに x の関数 $f(x,y_1)$, $f(x,y_2)$ はともに連続だから，ある正の数 ε をとると，$a-\varepsilon \leqq x \leqq a+\varepsilon$ なる任意の x に対して

$$f(x,y_1)<0, \quad f(x,y_2)>0$$

となる（図をみよ）．この区間 $[a-\varepsilon, a+\varepsilon]$ の各点 x に対し，y の関数 $f(x,y)$ は連続かつ狭義単調増加だから，中間値の定理 2.2.6 によって $f(x,y)=0$ となる y がただひとつ存在する．この y を $\varphi(x)$ と定めるこ

とにより，区間 $[a-\varepsilon, a+\varepsilon]$ 上の関数 φ が定義される．φ の決めかたから当然，2条件

    1) $\varphi(a)=b$,   2) $f(x, \varphi(x))\equiv 0$

はみたされている．

2° φ の連続性．区間内の1点 c で φ が不連続だったとして矛盾をみちびく．仮定により，ある正の数 ε をとると，どんな正の数 δ に対しても，$|x-c|<\delta$ かつ $|\varphi(x)-\varphi(c)|\geqq \varepsilon$ なる点 x が存在する．$\delta=\dfrac{1}{n}$ $(n=1,2,\cdots)$ に対してこのような x をひとつ選んで x_n とする：

$$|x_n-c|<\frac{1}{n}, \quad |\varphi(x_n)-\varphi(c)|\geqq \varepsilon.$$

当然 $\lim\limits_{n\to\infty} x_n = c$．一方，数列 $\langle \varphi(x_n)\rangle_{n=1,2,\cdots}$ は有界だから，公理 2.2.3 によって収束部分列 $\langle \varphi(x_{n'})\rangle_{n=1,2,\cdots}$ がある．$\lim\limits_{n\to\infty} \varphi(x_{n'})=d$ とすると

$$\lim_{n\to\infty}(x_{n'}, \varphi(x_{n'}))=(c, d).$$

φ の定義によって $f(x_{n'}, \varphi(x_{n'}))=0$ であり，f は連続だから $f(c, d)=0$ となる．点 c に対して $f(c, y)=0$ となる y はひとつしかないから $d=\varphi(c)$．しかし $|\varphi(x_{n'})-\varphi(c)|\geqq \varepsilon$ だからこれは不合理である．

3° φ の一意性．もうひとつの関数 $y=\psi(x):[a-\varepsilon', a+\varepsilon']\to \boldsymbol{R}$ が連続で，かつ2条件 $\psi(a)=b$, $f(x, \psi(x))\equiv 0$ をみたすとする．連続性と $\psi(a)=b$ から，ある $\varepsilon''>0$ をとると，$|x-a|\leqq \varepsilon''$ なる x に対し，点 $(x, \psi(x))$ は図 5.4.1 の円板に入る．そこでは各 x に対して $f(x, y)=0$ となる y はひとつしかないから，$\psi(x)=\varphi(x)$ でなければならない．

4° φ の C^1 性，C^r 性と導関数．区間内の点 x を固定する．十分小さい $h\neq 0$ に対し，$k=\varphi(x+h)-\varphi(x)$ とする．$\varphi(x)$ を y とかく．平均値の定理 5.1.11 により，

$$f(x+h, y+k)-f(x, y)$$
$$=hf_x(x+\theta h, y+\theta k)+kf_y(x+\theta h, y+\theta k) \quad (0<\theta<1)$$

とかける．左辺は2項とも0だから

$$\frac{\varphi(x+h)-\varphi(x)}{h}=\frac{k}{h}=-\frac{f_x(x+\theta h, y+\theta k)}{f_y(x+\theta h, y+\theta k)}.$$

f_x, f_y は連続だから

$$\lim_{h \to 0} \frac{\varphi(x+h)-\varphi(x)}{h} = -\frac{f_x(x,y)}{f_y(x,y)}$$

となる．すなわち φ は微分可能で $\varphi'(x) = -\dfrac{f_x(x, \varphi(x))}{f_y(x, \varphi(x))}$．この右辺の形から $\varphi'(x)$ は連続，すなわち φ は C^1 級である．同様に f が C^r 級なら φ も C^r 級である．□

[ノート]　むかし，$f(x,y)=0$ の定める関数は明示されていないという意味で陰関数と呼ばれた．しかし，いまではそれを解いた形 $y=\varphi(x)$ となってはじめて関数の資格ができる．だから，陰関数定理ということばはあっても，陰関数ということばはない．

●変数や条件が多い場合

5.4.3【定理】（**$n+1$ 変数（$n \geq 2$）1 条件の陰関数定理**）　$n+1$ 変数の C^1 級関数 $f(x_1, x_2, \cdots, x_n, y) = f(\boldsymbol{x}, y)$ がある（$\boldsymbol{x}=(x_1, x_2, \cdots, x_n)$）．$\boldsymbol{a}=(a_1, a_2, \cdots, a_n)$ とかく．$f(\boldsymbol{a}, b)=0$，$f_y(\boldsymbol{a}, b) \neq 0$ なら，方程式 $f(\boldsymbol{x}, y)=0$ は y に関して解け，$y=\varphi(\boldsymbol{x})$ とあらわされる．正確にはつぎのとおり．$f(\boldsymbol{a}, b)=0$，$f_y(\boldsymbol{a}, b) \neq 0$ なら，点 $\boldsymbol{a}$ の近くで定義された n 変数連続関数 $y=\varphi(\boldsymbol{x})$ で，つぎのふたつの性質をもつものがただひとつ存在する：

1)　$\varphi(\boldsymbol{a})=b$,　　2)　$f(\boldsymbol{x}, \varphi(\boldsymbol{x})) \equiv 0$.

この φ は C^1 級で，$\dfrac{\partial \varphi}{\partial x_i} = -\dfrac{f_{x_i}(\boldsymbol{x}, y)}{f_y(\boldsymbol{x}, y)}$ が成りたつ．f が C^r 級なら φ も C^r 級である．

【証明】　前定理の証明を注意深くみると分かるように，左側の変数 x は $\boldsymbol{R}$ を動く 1 変数である必要はなく，$\boldsymbol{R}^n$ を動くベクトル変数 $\boldsymbol{x}=(x_1, x_2, \cdots, x_n)$ であっても少しもさしつかえない（y の方は 1 変数でなければならない）．その証明（前定理の証明とほとんど同じ）をまた書くのはあまりにも面倒だから，この注意によって定理が証明されたことにする．□

5.4.4【定理】（**3 変数 2 条件の陰関数定理**）　3 変数関数 $f(x, y, z)$ および $g(x, y, z)$ はともに C^1 級とする．$f(a, b, c)=g(a, b, c)=0$ なる点 (a, b, c)

で行列値関数 $\begin{pmatrix} f_y & f_z \\ g_y & g_z \end{pmatrix}$ の値（行列）が正則なら，または同じことだが実数値関数 $\det \begin{pmatrix} f_y & f_z \\ g_y & g_z \end{pmatrix} = \begin{vmatrix} f_y & f_z \\ g_y & g_z \end{vmatrix} = f_y g_z - f_z g_y$ の値が 0 でなければ，連立方程式 $f(x, y, z) = g(x, y, z) = 0$ はその点のそばで y, z に関して解け，$y = \varphi(x)$，$z = \psi(x)$ の形にかける．正確にはつぎのとおり．上の条件のもとで，$x = a$ の近くで定義された1変数の連続関数 $y = \varphi(x)$，$z = \psi(x)$ で，つぎのふたつの性質をもつものがただひとくみ存在する：

1) $\varphi(a) = b$, $\psi(a) = c$, 2) $f(x, \varphi(x), \psi(x)) \equiv g(x, \varphi(x), \psi(x)) \equiv 0$.

この φ, ψ は C^1 級であり，導関数はつぎの式で与えられる：

$$\varphi'(x) = -\frac{\begin{vmatrix} f_x & f_z \\ g_x & g_z \end{vmatrix}}{\begin{vmatrix} f_y & f_z \\ g_y & g_z \end{vmatrix}}, \quad \psi'(x) = -\frac{\begin{vmatrix} f_y & f_x \\ g_y & g_x \end{vmatrix}}{\begin{vmatrix} f_y & f_z \\ g_y & g_z \end{vmatrix}}.$$

とくに f, g が C^r 級なら φ, ψ も C^r 級である．

【証明】 1° $f_y(a, b, c)$, $f_z(a, b, c)$ の少なくとも一方は 0 でないから，$f_z(a, b, c) \neq 0$ とする．3変数1条件の陰関数定理により，ある正の数 ε_1 をとると，$|x - a| \leq \varepsilon_1$, $|y - b| \leq \varepsilon_1$ で定義された C^1 級関数 $z = K(x, y)$ があって，

$$K(a, b) = c, \quad f(x, y, K(x, y)) \equiv 0, \quad K_y = -\frac{f_y}{f_z}$$

をみたす．$H(x, y) = g(x, y, K(x, y))$ とおくと，H は C^1 級で $H(a, b) = g(a, b, c) = 0$.

$$H_y = g_y + g_z\left(-\frac{f_y}{f_z}\right) = \frac{-1}{f_z} \begin{vmatrix} f_y & f_z \\ g_y & g_z \end{vmatrix}$$

だから，仮定によって $H_y(a, b) \neq 0$. したがって，2変数1条件の陰関数定理により；ある正の数 ε_2 をとると，$|x - a| \leq \varepsilon_2$ で定義された C^1 級関数 $y = \varphi(x)$ があって，

$$\varphi(a) = b, \quad H(x, \varphi(x)) \equiv 0$$

をみたす．

ここで $|x - a| \leq \min\{\varepsilon_1, \varepsilon_2\}$ なる x に対して $\psi(x) = K(x, \varphi(x))$ とお

くと，ψ も C^1 級で $\psi(a) = K(a, b) = c$ である．
$$f(x, \varphi(x), \psi(x)) = f(x, \varphi(x), K(x, \varphi(x))) \equiv 0,$$
$$g(x, \varphi(x), \psi(x)) = g(x, \varphi(x), K(x, \varphi(x))) = H(x, \varphi(x)) \equiv 0.$$
このふたつの恒等式を x で微分すると，
$$f_x + f_y \varphi' + f_z \psi' = 0, \qquad g_x + g_y \varphi' + g_z \psi' = 0$$
が得られる．この連立1次方程式を解くと，φ' と ψ' の式
$$\varphi' = -\frac{\begin{vmatrix} f_x & f_z \\ g_x & g_z \end{vmatrix}}{\begin{vmatrix} f_y & f_z \\ g_y & g_z \end{vmatrix}}, \qquad \psi' = -\frac{\begin{vmatrix} f_y & f_x \\ g_y & g_x \end{vmatrix}}{\begin{vmatrix} f_y & f_z \\ g_y & g_z \end{vmatrix}}.$$
が得られる．

2° 定理の条件をみたすもうひとくみの連続関数のペア φ_1, ψ_1 があるとし，それらがいま作ったペア φ, ψ に等しいことを証明する．まず φ_1, ψ_1 が微分可能であることを示す．いま a の近くの点 x を固定し，$y = \varphi(x)$，$z = \psi(x)$ とかく．小さい数 h に対し，
$$k = \varphi_1(x+h) - \varphi_1(x), \qquad l = \psi_1(x+h) - \psi_1(x)$$
とおく．3変数関数の平均値定理（定理 5.1.13）により，$0 < \theta < 1$ なる数 θ を適当にとると
$$0 = f(x+h, y+k, z+l) - f(x, y, z) = h f_x(x+\theta h, y+\theta k, z+\theta l)$$
$$+ k f_y(x+\theta h, y+\theta k, z+\theta l) + l f_z(x+\theta h, y+\theta k, z+\theta l)$$
が成りたつ．面倒だから θ のはいった中身を1個の $*$ であらわすと，
$$f_y(*) \frac{k}{h} + f_z(*) \frac{l}{h} = -f_x(*)$$
を得る．g についても同様に，$0 < \theta' < 1$ なるある数 θ' によって
$$g_y(*') \frac{k}{h} + g_z(*') \frac{l}{h} = -g_x(*')$$
とかける．この2式から，連立1次方程式を解いて，
$$\frac{\varphi_1(x+h) - \varphi_1(x)}{h} = \frac{k}{h} = -\frac{\begin{vmatrix} f_x(*) & f_z(*) \\ g_x(*') & g_z(*') \end{vmatrix}}{\begin{vmatrix} f_y(*) & f_z(*) \\ g_y(*') & g_z(*') \end{vmatrix}},$$

$$\frac{\phi_1(x+h)-\phi_1(x)}{h} = \frac{l}{h} = -\frac{\begin{vmatrix} f_y(*) & f_x(*) \\ g_y(*') & g_x(*') \end{vmatrix}}{\begin{vmatrix} f_y(*) & f_z(*) \\ g_y(*') & g_z(*') \end{vmatrix}}$$

となる．f, g は C^1 級だから，$h \to 0$ とすると，右辺はそれぞれ $\varphi'(x)$，$\psi'(x)$ に近づく．すなわち φ_1, ψ_1 は微分可能で，$\varphi_1' = \varphi'$，$\psi_1' = \psi'$ だから C^1 級である．$\varphi_1(a) = \varphi(a)$，$\psi_1(a) = \psi(a)$ だから $\varphi_1 = \varphi$，$\psi_1 = \psi$．□

一般の陰関数定理および逆関数定理は付録にまわす．

---
§4の問題

問題 1 $f(x, y) = 0$ によって決まる関数 $y = \varphi(x)$ の2階導関数を，f の1階と2階の偏導関数によってあらわせ．

問題 2 $f(x, y, z) = 0$ によって決まる関数 $z = \varphi(x, y)$ の2階偏導関数を，f の1階と2階の偏導関数によってあらわせ．

問題 3 問題2を 1) $f = \dfrac{x^2}{a^2} + \dfrac{y^2}{b^2} + \dfrac{z^2}{c^2} - 1$， 2) $f = x^3 + y^3 + z^3 - 3xyz$ の場合に適用せよ．

問題 4 （大域陰関数定理）2変数関数 $f(x, y)$ $(a \leq x \leq b, -\infty < y < +\infty)$ が C^1 級で，いたるところ $f_y(x, y) \geq m > 0$ とする．このとき，$[a, b]$ 上の連続関数 φ で，いたるところ $f(x, \varphi(x)) = 0$ なるものが存在することを示せ．

§5 平面曲線

●平面曲線

コメント f が2変数の C^1 級関数のとき，$f(x, y) = 0$ となる点 (x, y) の全体 Γ を，f の定める平面曲線と呼んだ．(a, b) が Γ の通常点ならば，陰関数定理によってその近くで Γ は1本の曲線である．そして，$f(x, y) = 0$ を解いた導関数の式から分かるように，$f_x(a, b) = 0$ なら Γ は (a, b) で水平，$f_y(a, b) = 0$ なら Γ は (a, b) で垂直である．

しかし，(a, b) が Γ の特異点のとき，その近くで Γ がどうなっているかは

まだ分からない．それをこれから調べる．

C^2 級関数 f のヘッセ行列とは，行列値関数
$$H(x,y) = \begin{pmatrix} f_{xx} & f_{xy} \\ f_{yx} & f_{yy} \end{pmatrix}$$
であり，ヘッセ行列式とは，その行列式
$$\Delta(x,y) = \det H(x,y) = \begin{vmatrix} f_{xx} & f_{xy} \\ f_{yx} & f_{yy} \end{vmatrix} = f_{xx}f_{yy} - f_{xy}{}^2$$
のことだった．

5.5.1【定理】 C^2 級関数 f の定める曲線を Γ とする：
$$\Gamma = \{(x,y) \in \boldsymbol{R}^2 \, ; \, f(x,y) = 0\}.$$
点 (a,b) が Γ の特異点だとする．

1) $\Delta(a,b) > 0$ なら，点 (a,b) のそばに Γ の点はほかにない．このような点を Γ の**孤立点**という．

2) $\Delta(a,b) < 0$ なら，点 (a,b) のそばで Γ は 2 本の曲線であり，それらは点 (a,b) で（接することなく）まじわる．このような点を Γ の**結節点**という．このとき，変数 h, k の斉 2 次式
$$f_{xx}(a,b)h^2 + 2f_{xy}(a,b)hk + f_{yy}(a,b)k^2$$
はふたつの 1 次式の積に分解され，それぞれの定める直線が 2 曲線の接線である．h, k は (a,b) のそばでの x 方向，y 方向の座標である．

3) $\Delta(a,b) = 0$ なら何も分からない．実際，いろいろな場合がある．

【証明】 この定理の三つの場合は，極大極小の判定定理 5.3.5 の三つの場合に対応している．その定理をふりかえりながら説明する．$p = f_{xx}(a,b)$, $q = f_{xy}(a,b) = f_{yx}(a,b)$, $s = f_{yy}(a,b)$ とかく．

1) $\Delta = ps - q^2 > 0$ のとき，$f(x,y)$ は点 (a,b) で狭義の極小または極大である．すなわち，ある正の数 δ をとると，点 (a,b) を中心とする半径 δ の円板 D 内の任意の点 (x,y) に対して，$f(x,y) > f(a,b)$ または $f(x,y) < f(a,b)$ が成りたつ．$f(a,b) = 0$ だから，D 内では $f(x,y)$ は 0 にならない．すなわち D 内に Γ の点はない．

2) $\Delta = ps - q^2 < 0$ のとき，厳密に証明するのは難しいので，つぎの直観的説明ですませる．このとき，(a,b) は関数 f の鞍点だったから，$(a,$

b) をとおるある直線 l 上では極小，また他の向きの直線 l' 上では極大である．$f(a,b)=0$ だから，(a,b) の近くの l 上では $f(x,y)>0$，l' 上では $f(x,y)<0$ となる．だから，点 (a,b) からの小さい距離 r が指定されたとき，2直線にはさまれる領域に $f(x,y)=0$ となる点がひとつだけある．この点は r によって連続的にかわるから，r を動かすと2本の曲線が描かれ，それが (a,b) の近くの Γ を構成することになる．

これを少し解析的なことばで言うとつぎのようになる．変形したテイラーの定理 5.2.5 は

$$f(a+h, b+k) = f(a,b) + [f_x(a,b)h + f_y(a,b)k]$$
$$+ \frac{1}{2}[ph^2 + 2qhk + sk^2] + R(h,k)$$

とかけ，$\lim_{h,k \to 0} \dfrac{R(h,k)}{h^2+k^2} = 0$ である．いま右辺の第1項も第2項も0だから，$f(a+h, b+k)$ は $\dfrac{1}{2}[ph^2 + 2qhk + sk^2]$ にほぼ等しい．そしてこの2次式はふたつの異なる1次式の積に分解されるから，点 (a,b) のそばで $f(x,y)=0$ は，ふたつの1次式の定める2直線を接線とする2本の曲線をあらわすことになる．

3) 何も主張していないのだから証明することは何もない．実際にどういう場合があるかについては，問題でいくつかの例を扱う．□

⌐ノート⌐ 関数 $f(x,y)$ が与えられたとき，方程式 $f(x,y)=0$ の定める曲線を Γ とする．上の定理によって Γ の特異点の様子を調べる．また，図形が有界かどうかを調べ，有界でなければ遠くのほうでどうなるかを調べ，さらに Γ の水平点や垂直点を調べると，曲線 Γ の概形を描くことが（少なくとも原理的には）できるだろう．

5.5.2 【例】 1) $f(x,y) = x^3 - x^2 - y^2 = 0$ （図 5.5.1）．$f_x = 3x^2 - 2x$，$f_y = -2y$ だから特異点は原点だけ．$f_{xx} = 6x - 2$，$f_{yy} = -2$，$f_{xy} = 0$ だから $\Delta(0,0) = (-2) \cdot (-2) > 0$．したがって原点は孤立点である．実際，$y^2 = x^2(x-1) \geq 0$ だから，$x \neq 0$ なら $x \geq 1$．水平点（$f_x = 0$）はなく，垂直点（$f_y = 0$）として $(1,0)$ がある．図形は x 軸に関して対称である．

図 5.5.1

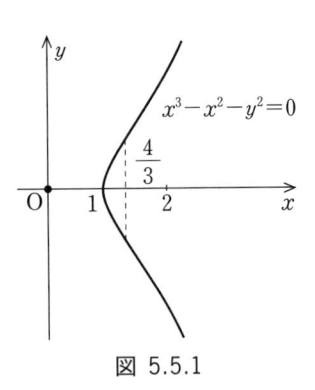

$$y=\pm\sqrt{x^3-x^2}=\pm x^{\frac{3}{2}}\left(1-\frac{1}{x}\right)^{\frac{1}{2}}$$

だから，$x\to+\infty$ のとき，$y\sim\pm x^{\frac{3}{2}}$. さらに，計算はすこし面倒だが，$y''=0$ となる点を求めると，変曲点 $\left(\dfrac{4}{3},\pm\dfrac{4}{3\sqrt{3}}\right)$ が得られる．

2) $f(x,y)=x^3+x^2-y^2=0$（図5.5.2）．$f_x=3x^2+2x$, $f_y=-2y$ だから特異点は原点だけ．$f_{xx}=6x+2$, $f_{yy}=-2$, $f_{xy}=0$ だから $\varDelta(0,0)=2\cdot(-2)<0$. したがって原点は結節点である．2接線の方程式は $2h^2-2k^2=0$ すなわち $k=\pm h$（k,h は x,y を代行している）．$f_x=0$ から水平点 $\left(-\dfrac{2}{3},\pm\dfrac{2}{3\sqrt{3}}\right)$, $f_y=0$ から垂直点 $(-1,0)$ を得る．$x\to+\infty$ のとき，$y=x^{\frac{3}{2}}\left(1+\dfrac{1}{x}\right)^{\frac{1}{2}}\sim x^{\frac{3}{2}}$. 変曲点はない．

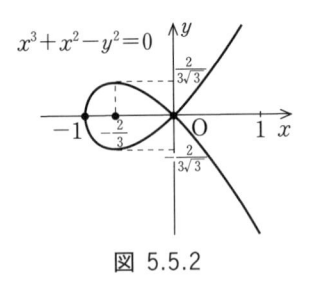

図 5.5.2

3) $f(x,y)=x^3+y^3-3xy=0$（デカルトの葉形，図5.5.3）．$f_x=3x^2-3y$, $f_y=3y^2-3x$ だから特異点は原点だけ．$f_{xx}=6x$, $f_{yy}=6y$, $f_{xy}=-3$ だか

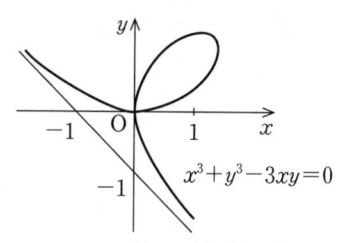

図 5.5.3 デカルトの葉形

ら $\varDelta(0,0)=-(-3)^2<0$. したがって原点は結節点である．2接線の方程式は $0h^2+2(-3)hk+0k^2=0$，すなわち接線は両座標軸である．水平点と垂直点をしらべれば第1象限の図が描ける．

しかし図形は有界でなく，$x\to\pm\infty$ のとき $y\to\mp\infty$ となる点がある．この方程式は x や y に関して簡単には解けない．そこでつぎのような工夫をする．式を x^3 で割ると $1+\left(\dfrac{y}{x}\right)^3=3\left(\dfrac{y}{x}\right)\dfrac{1}{x}$. この式の形と，方程式の x,y に関する対称性により，$x\to\pm\infty$ のとき $\dfrac{y}{x}$ は有界で，$\dfrac{y}{x}\to-1$ となることが分かる．はじめの式を $(x+y)(x^2-xy+y^2)=3xy$ とかくと，

$$x+y=\frac{3xy}{x^2-xy+y^2}=\frac{3}{\dfrac{x}{y}-1+\dfrac{y}{x}}\to-1 \quad (x\to\pm\infty \text{ のとき})$$

となる．すなわち，$x\to\pm\infty$ のとき，問題の曲線は直線 $x+y=-1$ に限りなく近づく．この直線をもとの曲線の**漸近線**という．この例で分かるように，式がどちらの変数に関しても解けないとき，遠くのほうの様子をしらべるのは難しい．

――――――――――――§5の問題――――――――――――

問題1 つぎの方程式の定める図形について，重要な点，有界性，漸近線などに留意して，その概形を描け．

1) $x^3+y^3=1$　　2) $y^4-y^2+x^2=0$　　3) $y^2+xy-x^3=0$
4) $x^4+y^4-6x^2-8y^2=0$　　5) $x^4-4xy+y^4=0$　　6) $x^4+4xy-y^4=0$

問題 2 つぎの方程式の定める図形をしらべて概形を描け．どれも原点だけが特異点で，そこでの $\varDelta$ は 0 である．
1) $y^2 = x^3$ 2) $y^2 - 2x^2y + x^4 - x^5 = 0$ 3) $y^2 - x^4 + x^5 = 0$
4) $x^4 + x^2y - y^3 = 0$

§6 条件つき極値

● 2 変数の場合

ある平面曲線の上での関数の極大極小を求めることを **条件つき極値問題** という．

5.6.1【定義】 $g(x, y) = 0$ という条件のもとに関数 $f(x, y)$ が点 (a, b) で（狭義）**極小** とはつぎのことである：$g(a, b) = 0$ であり，$g(x, y) = 0$ をみたすような，(a, b) に十分近いすべての点 (x, y)（ただし (a, b) は除く）に対して $f(a, b) < f(x, y)$ が成りたつ．**極大** も，また広義極値も同様である．

ノート　たとえば $g(x, y) = x^2 + y^2 - 1$ のときは $y = \pm\sqrt{1-x^2}$ と解けるから，$f(x, y) = f(x, \pm\sqrt{1-x^2})$ はひとつの 1 変数関数になって極値が求まる．またこの場合 $x = \cos\theta$，$y = \sin\theta$ とかけるから，$f(x, y) = f(\cos\theta, \sin\theta)$ となり，θ の関数として極値が求まる．このように都合よくいかない場合にも使える方法を紹介する．

5.6.2【定理】（ラグランジュの乗数法） f も g も C^1 級とし，条件 $g(x, y) = 0$ のもとに，点 (a, b) で f が広義極値をとるとする．もし (a, b) が曲線 $g(x, y) = 0$ の特異点でなければ，

$$f_x(a, b) = \alpha g_x(a, b), \quad f_y(a, b) = \alpha g_y(a, b)$$

となる数 α が存在する．

これはつぎのように書くほうが実用的だろう：条件 $g(x, y) = 0$ のもとでの関数 $f(x, y)$ の広義極値候補は，曲線 $g(x, y) = 0$ の特異点のほかは，三つの未知数 x, y, α に関する連立方程式

$$g(x, y) = 0, \quad f_x(x, y) = \alpha g_x(x, y), \quad f_y(x, y) = \alpha g_y(x, y)$$

の解のなかにある．

【証明】 点 (a,b) が特異点でなければ $g_x(a,b) \neq 0$ または $g_y(a,b) \neq 0$．いま $g_y(a,b) \neq 0$ とすると，2変数の陰関数定理 5.4.2 により，(a,b) のそばで $y=\varphi(x)$ の形に解ける．$F(x)=f(x,\varphi(x))$ は $x=a$ で広義極値だから，命題 2.4.2 と定理 5.1.8 によって $0=F'=f_x(a,b)+f_y(a,b)\varphi'(a)$．一方 $g(x,\varphi(x))\equiv 0$ だから $0=g_x(a,b)+g_y(a,b)\varphi'(a)$．ベクトル $(1,\varphi'(a))$ は変数 t,s に関する連立1次方程式

$$f_x(a,b)t+f_y(a,b)s=0, \qquad g_x(a,b)t+g_y(a,b)s=0$$

の自明でない解（すなわち $(0,0)$ でない解）だから

$$\begin{vmatrix} f_x(a,b) & f_y(a,b) \\ g_x(a,b) & g_y(a,b) \end{vmatrix} = 0.$$

$g_x(a,b) \neq 0$ と仮定しても同じ結果になる．$(g_x(a,b), g_y(a,b)) \neq (0,0)$ だから $(f_x(a,b), f_y(a,b)) = \alpha(g_x(a,b), g_y(a,b))$ とかける．□

[ノート] 1) この定理により，問題は微分法を含まない連立方程式の問題になる．しかしこれが解ける保証はない．実際，問題によい対称性がなければ，たいていの場合に計算は実行できないだろう．

2) 極値候補が得られたとき，それが極値であるかどうか，そうだとすれば極大か極小か，などは一般論からは分からない．

5.6.3【例】 1) $x^3+y^3-3xy=0$ のもとでの xy の極値（図 5.6.1）．この曲線は例 5.5.2 の 3) のものであり，原点が特異点である．方程式として

$$y=3\alpha(x^2-y), \qquad x=3\alpha(y^2-x)$$

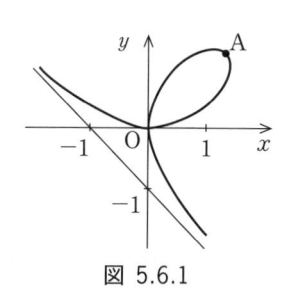

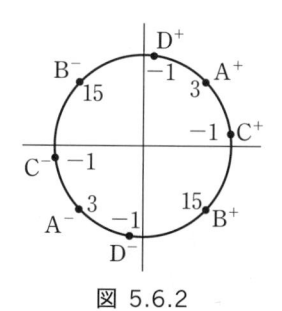

図 5.6.1

図 5.6.2

§6 条件つき極値

が得られる．x, y の一方が 0 なら原点 O が出る．しかし xy は第 1 第 3 象限で正，第 2 第 4 象限で負だから，O は極値でない．$xy \neq 0$ なら，$\dfrac{x^2-y}{y}=\dfrac{y^2-x}{x}$ から $x^3-xy=y^3-xy$，したがって候補 $\mathrm{A}\left(\dfrac{3}{2}, \dfrac{3}{2}\right)$ を得る．候補はこれだけだから，xy は A で極大かつ最大である．

2) 円周 $x^2+y^2=6$ での関数 $f(x, y)=x^2y^2-2xy$ の極値（図 5.6.2）．もちろん円周に特異点はない．方程式は
$$y(xy-1)=ax, \qquad x(xy-1)=ay.$$
これから $xy \neq 0$．もし $a \neq 0$ なら $x^2=y^2=3$．$y=x$ のとき点 $\mathrm{A}^{\pm}(\pm\sqrt{3}, \pm\sqrt{3})$（複号同順，以下同じ）．$y=-x$ のとき点 $\mathrm{B}^{\pm}(\pm\sqrt{3}, \mp\sqrt{3})$．つぎに $a=0$ なら $xy=1$．$x^4-6x^2+1=0$ を解いて $x^2=3\pm 2\sqrt{2}=(\sqrt{2}\pm 1)^2$．これから点 $\mathrm{C}^{\pm}(\pm(\sqrt{2}+1), \pm(\sqrt{2}-1))$，$\mathrm{D}^{\pm}(\pm(\sqrt{2}-1), \pm(\sqrt{2}+1))$ を得る．以上が極値候補のすべてである．$f(\mathrm{A}^{\pm})=3$，$f(\mathrm{B}^{\pm})=15$，$f(\mathrm{C}^{\pm})=f(\mathrm{D}^{\pm})=-1$ を図にかきこむと，円周上での関数の変化の様子がよく分かる（図 5.6.2）．

3) $\dfrac{1}{x^2}+\dfrac{1}{y^2}=\dfrac{1}{a^2}$ $(a>0)$ での関数 $f(x, y)=\dfrac{1}{x}+\dfrac{1}{y}$ の極値（図 5.6.3）．方程式は
$$-\dfrac{1}{x^2}=a\left(-\dfrac{2}{x^3}\right), \qquad -\dfrac{1}{y^2}=a\left(-\dfrac{2}{y^3}\right)$$
だから $x=y$．これから 2 点 $\mathrm{A}^{\pm}(\pm\sqrt{2}a, \pm\sqrt{2}a)$（複号同順）を得る．$f(\mathrm{A}^{\pm})=\pm\dfrac{\sqrt{2}}{a}$ である．

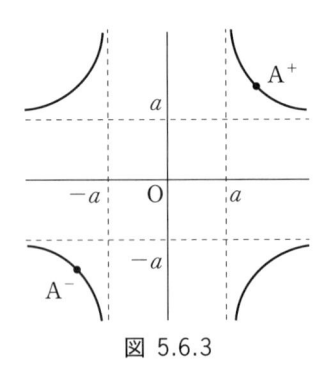

図 5.6.3

条件から，図形があるのは $|x|, |y| > a$ の範囲である．$|x| \to a+0$ のとき $y \to \pm\infty$ であり，$f \to \pm\dfrac{1}{a}$ となる．$\dfrac{1}{a} < \dfrac{\sqrt{2}}{a}$ だから，f は A^+ で極大かつ最大，A^- で極小かつ最小である．なお，この問題は $x = \dfrac{a}{\cos\theta}$，$y = \dfrac{a}{\sin\theta}$ として解くこともできる．

● 変数や条件が多い場合

5.6.4【定理】 条件 $g(x_1, x_2, \cdots, x_n) = 0$ のもとでの関数 $f(x_1, x_2, \cdots, x_n)$ の広義極値候補は，$g=0$ の特異点 $\left(\dfrac{\partial g}{\partial x_i}\text{がすべて}0\right)$ のほかは，$n+1$ 個の未知数 $x_1, x_2, \cdots, x_n, \alpha$ に関する $n+1$ 個の連立方程式

$$g(x_1, \cdots, x_n) = 0, \quad f_{x_i}(x_1, \cdots, x_n) = \alpha g_{x_i}(x_1, \cdots, x_n) \quad (1 \leq i \leq n)$$

の解のなかにある．

【証明】 $g = 0$ の通常点 $\boldsymbol{a} = (a_1, a_2, \cdots, a_n)$ で f が広義極値とする．一般性を失わずに $g_{x_n}(\boldsymbol{a}) \neq 0$ としてよい．陰関数定理 5.4.3 により，点 $\boldsymbol{a}$ の近くで $g = 0$ は $x_n = \varphi(x_1, \cdots, x_{n-1})$ の形に解ける．すなわち $g(x_1, \cdots, x_{n-1}, \varphi(x_1, \cdots, x_{n-1})) \equiv 0$．よって $x_1, \cdots, x_{n-1}$ の関数として $g_{x_i} + g_{x_n} \cdot \varphi_{x_i} \equiv 0$ $(1 \leq i \leq n-1)$．一方，$x_1, \cdots, x_n$ の関数 $f(x_1, \cdots, x_{n-1}, \varphi(x_1, \cdots, x_{n-1}))$ は $(a_1, \cdots, a_{n-1})$ で広義極値だから，その点で

$$0 = f_{x_i} + f_{x_n} \cdot \varphi_{x_i} = f_{x_i} - f_{x_n} \dfrac{g_{x_i}}{g_{x_n}} \quad (1 \leq i \leq n-1).$$

$\alpha = \dfrac{f_{x_n}}{g_{x_n}}$ とおけば $f_{x_i} = \alpha g_{x_i}$ $(1 \leq i \leq n)$．□

5.6.5【例】 1) 条件 $x^2 + (y-1)^2 + (z-2)^2 = 3a^2$ $(a > 0)$ のもとでの関数 $f = x + y + z$ の極値．方程式は $1 = \alpha x = \alpha(y-1) = \alpha(z-2)$．これを解いて 2 点 $(\pm a, \pm a+1, \pm a+2)$（複号同順）を得る．ここで次節の定理 5.7.9 を援用する．条件をみたす範囲は有界閉集合だから，f には最大最小がある．特異点はないから，$(a, a+1, a+2)$ で極大かつ最大，値は $3a+3$，$(-a, -a+1, -a+2)$ で極小かつ最小，値は $-3a+3$．

2) 条件 $x_1^2+x_2^2+\cdots+x_n^2=a^2$ ($a>0$) のもとでの $f(x_1,x_2,\cdots,x_n)=x_1x_2\cdots x_n$ の極値．特異点はない．x_i のうちのひとつが0なら f の値は0であり，これは極値でない．方程式は $2x_i=a\dfrac{f(x_1,\cdots,x_n)}{x_i}$，よって $2x_i^2=af(x_1,\cdots,x_n)$ だから $x_1^2=\cdots=x_n^2=\dfrac{a^2}{n}$, $x_i=\pm\dfrac{a}{\sqrt{n}}$．やはり定理5.7.9によって最大最小とも存在するから，マイナスが偶数個なら極大値 $\left(\dfrac{a}{\sqrt{n}}\right)^n$，奇数個なら極小値 $-\left(\dfrac{a}{\sqrt{n}}\right)^n$．

5.6.6【定義】 1) ふたつの C^1 級3変数関数 $g(x,y,z)$, $h(x,y,z)$ に対し，$(2,3)$ 型の行列値関数 $\begin{pmatrix} g_x & g_y & g_z \\ h_x & h_y & h_z \end{pmatrix}$ を g と h の**ヤコビ行列**という．

2) $g=h=0$ は空間曲線を定めると考えられる．そのある点でヤコビ行列の階数が2でない（すなわち1または0）とき，その点を $g=h=0$ の**特異点**という．

5.6.7【定理】 ふたつの条件 $g(x,y,z)=h(x,y,z)=0$ のもとでの3変数関数 $f(x,y,z)$ の広義極値候補は，$g=h=0$ の特異点のほかは，五つの未知数 x, y, z, α, β に関する五連立方程式

$$g=0, \quad h=0, \quad f_x=\alpha g_x+\beta h_x, \quad f_y=\alpha g_y+\beta h_y, \quad f_z=\alpha g_z+\beta h_z$$

の解のなかにある．

【証明】 $g=h=0$ の通常点 (a,b,c) で f が条件つき広義極値とする．一般性を失わずに行列値関数 $\begin{pmatrix} g_y & g_z \\ h_y & h_z \end{pmatrix}$ は点 (a,b,c) で正則と仮定する．陰関数定理5.4.4により，点 (a,b,c) の近くで $g=h=0$ は $y=\varphi(x)$, $z=\psi(x)$ の形に解ける．x の関数 $f(x,\varphi(x),\psi(x))$ は a で広義極値だから，

$$f_x+f_y\varphi'+f_z\psi'=0.$$

一方 $g(x,\varphi(x),\psi(x))\equiv 0$, $h(x,\varphi(x),\psi(x))\equiv 0$ だから，

$$g_x+g_y\varphi'+g_z\psi'\equiv 0,$$
$$h_x+h_y\varphi'+h_z\psi'\equiv 0.$$

この三式をみると分かるように，未知数 u, v, w に関する斉次連立 1 次方程式
$$\begin{cases} f_x u + f_y v + f_z w = 0 \\ g_x u + g_y v + g_z w = 0 \\ h_x u + h_y v + h_z w = 0 \end{cases}$$
は自明でない解 $(u, v, w) = (1, \varphi', \psi')$ をもつ．よって係数行列
$$\begin{pmatrix} f_x & f_y & f_z \\ g_x & g_y & g_z \\ h_x & h_y & h_z \end{pmatrix}$$
は (a, b, c) で正則でない．仮定によって $\begin{pmatrix} g_x & g_y & g_z \\ h_x & h_y & h_z \end{pmatrix}$ の階数は 2 だから，
$$(f_x \ \ f_y \ \ f_z) = \alpha (g_x \ \ g_y \ \ g_z) + \beta (h_x \ \ h_y \ \ h_z)$$
とかける．□

ノート 一般の条件つき極値は付録にまわす．

5.6.8【例】 2 条件 $x+y+z=4$, $xy+xz+yz=5$ のもとでの関数 $f = xyz$ の極値．これは直方体の辺の長さの総和と表面積が与えられたとき，体積を最大ないし最小にする問題の一例である．

特異点の条件は $x=y=z$ だが，これは不可能である．方程式は $yz = \alpha + \beta(y+z)$, $xz = \alpha + \beta(x+z)$, $xy = \alpha + \beta(x+y)$．すぐ分かるように x, y, z が全部異なることはない．$x=y$ とすると $2x+z=4$, $x^2+2xz=5$．これから $3x^2-8x+5=0$．これを解いて $x=y$ は $\frac{5}{3}$ と 1．このとき z は $\frac{2}{3}$ と 2．すなわち，3 点 $\left(\frac{5}{3}, \frac{5}{3}, \frac{2}{3}\right), \left(\frac{5}{3}, \frac{2}{3}, \frac{5}{3}\right), \left(\frac{2}{3}, \frac{5}{3}, \frac{5}{3}\right)$ で $f = \frac{50}{27}$．3 点 $(1,1,2), (1,2,1), (2,1,1)$ で $f=2$．

以上の結果だけからは，このふたつの値が極値かどうかも分からない．そこで次節の定理 5.7.9 を援用する．
$$x^2 + y^2 + z^2 = (x+y+z)^2 - 2(xy+xz+yz) = 6$$
だから，f の定義域は有界閉集合であり，したがって最大最小がある．条件の空間曲線には特異点がないから，上で得た極値候補のなかに最大最小がある．

したがって，はじめの3点での $f=\dfrac{50}{27}$ は極小かつ最小．あとの3点での $f=2$ は極大かつ最大である．

---
§6の問題

問題 1 つぎの条件つき極値を論じ，結果を図示せよ．

1) $x^2+y^2=6$ で x^4+y^4+4xy　　2) $\dfrac{x^2}{9}+\dfrac{y^2}{4}=1$ で xy

3) $y^4-y^2+x^2=0$ で xy　　4) $x^2+y^2=2$ で $e^{-x-y}(xy+1)$

5) $x^2-2x+y^2=3$ で $e^{-2x}(x^2-y^2)$

問題 2 つぎの条件つき極値を論ぜよ．次節の定理 5.7.9 を援用せよ．

1) $x^2+\dfrac{y^2}{3}+\dfrac{z^2}{5}=1$ で $x+y+z$　　2) $x^2+\dfrac{y^2}{2}+\dfrac{z^2}{3}=1$ で xyz

3) $\sum\limits_{i=1}^{n} a_i x_i = b$ で $\sum\limits_{i=1}^{n} x_i^2$．ただし $(a_1,\cdots,a_n) \neq (0,\cdots,0)$．

4) $\sum\limits_{i=1}^{n} x_i^2 = b^2\ (b>0)$ で $\sum\limits_{i=1}^{n} a_i x_i$．ただし $(a_1,\cdots,a_n) \neq (0,\cdots,0)$．

---
§7 最大最小の問題

これから平面 $\boldsymbol{R}^2$ について述べることは，ほとんどそのまま n 次元空間 $\boldsymbol{R}^n$ にも通用する．

● **平面の点集合および点列に関する基礎事項**

5.7.1【定義】 1) 平面の2点 $\boldsymbol{a}, \boldsymbol{b}$ の距離を $d(\boldsymbol{a}, \boldsymbol{b})$ とかいた（定義 5.1.1）．点 $\boldsymbol{a}$ を中心とする半径 δ の円板のうち，ふちを含まないものを $D(\boldsymbol{a};\delta)$，ふちを含むものを $\overline{D}(\boldsymbol{a};\delta)$ とかき，それぞれ **開円板，閉円板** という：

$$D(\boldsymbol{a};\delta) = \{\boldsymbol{x} \in \boldsymbol{R}^2 ; d(\boldsymbol{a},\boldsymbol{x}) < \delta\},$$
$$\overline{D}(\boldsymbol{a};\delta) = \{\boldsymbol{x} \in \boldsymbol{R}^2 ; d(\boldsymbol{a},\boldsymbol{x}) \leq \delta\}.$$

2) 平面の点集合 A が **開集合** であるとは，A の任意の点 $\boldsymbol{a}$ に対して十分小

さい正の数 δ をとると，$D(\boldsymbol{a}\,;\delta)$ が A に含まれることである（$\overline{D}(\boldsymbol{a}\,;\delta)$ でもよい）．

5.7.2【命題】 有限個の連続関数の狭義不等式および等号の否定（$\neq$）によって定義される集合は開集合である．すなわち，$f_1, f_2, \cdots, f_p\,;\, g_1, g_2, \cdots, g_q$ が $\boldsymbol{R}^2$ 上の連続関数のとき，
$$A = \{\boldsymbol{x} \in \boldsymbol{R}^2\,;\, f_i(\boldsymbol{x}) > 0 \ (1 \leq i \leq p),\ g_j(\boldsymbol{x}) \neq 0 \ (1 \leq j \leq q)\}$$
は開集合である．とくに開円板は開集合である．

【証明】 $\boldsymbol{a}$ が A の点なら $f_i(\boldsymbol{a}) > 0$ $(1 \leq i \leq p)$，$g_j(\boldsymbol{a}) \neq 0$ $(1 \leq j \leq q)$．命題 5.1.2 により，ある $\varepsilon_i > 0$，$\delta_j > 0$ をとると，$d(\boldsymbol{a}, \boldsymbol{x}) < \varepsilon_i$ なら $f_i(\boldsymbol{x}) > 0$，$d(\boldsymbol{a}, \boldsymbol{x}) < \delta_j$ なら $g_j(\boldsymbol{x}) \neq 0$ となるから，$\delta = \min\{\varepsilon_1, \cdots, \varepsilon_p, \delta_1, \cdots, \delta_q\}$ とすれば $D(\boldsymbol{a}\,;\delta) \subset A$．□

5.7.3【定義】 平面の点集合 B が**閉集合**であるとはつぎのことである：B 内の点列 $\langle \boldsymbol{a}_0, \boldsymbol{a}_1, \boldsymbol{a}_2, \cdots \rangle$ が $\boldsymbol{R}^2$ のある点 $\boldsymbol{b}$ に収束すれば，$\boldsymbol{b}$ は B に属する．

5.7.4【命題】 （有限個の）連続関数の広義不等式および等式をみたす点の全体は閉集合である．すなわち，$f_1, f_2, \cdots, f_p\,;\, g_1, g_2, \cdots, g_q$ が $\boldsymbol{R}^2$ 上の連続関数のとき，
$$B = \{\boldsymbol{x} \in \boldsymbol{R}^2\,;\, f_i(\boldsymbol{x}) \geq 0 \ (1 \leq i \leq p),\ g_j(\boldsymbol{x}) = 0 \ (1 \leq j \leq q)\}$$
は閉集合である．とくに閉円板は閉集合である．

【証明】 $\boldsymbol{a}_n \in B$，$\lim_{n \to \infty} \boldsymbol{a}_n = \boldsymbol{b}$ とする．$f_i(\boldsymbol{a}_i) \geq 0$ だから f の連続性によって $f_i(\boldsymbol{b}) \geq 0$．同様に $g_j(\boldsymbol{b}) = 0$ だから $\boldsymbol{b} \in B$．□

5.7.5【命題】 A が平面の点集合のとき，A に属さない $\boldsymbol{R}^2$ の点の全体を A の**補集合**と言い，A^c とかく．
  1) A が開集合なら A^c は閉集合である．
  2) B が閉集合なら B^c は開集合である．

【証明】 1) A を開集合とし，A^c の点列 $\langle \boldsymbol{a}_n \rangle$ が $\boldsymbol{R}^2$ の点 $\boldsymbol{b}$ に収束するとす

§7 最大最小の問題

る．もし $b \not\in A^c$ なら $b \in A$ だから，ある正の数 δ をとると，$D(b\,;\delta)$ は A に含まれる．この δ に対してある番号 L をとると $d(a_L, b) < \delta$ が成りたつから，$a_L \in A$ となり，$a_L \in A^c$ に反する．よって $b \in A^c$ であり，A^c は閉集合である．

2) B を閉集合とし，B^c が開集合でないと仮定する（背理法）．開集合の定義により，B^c のある点 b をとると，どんな小さい正の数 δ に対しても $D(b\,;\delta)$ は B^c に含まれない．とくに各 $\dfrac{1}{n}$ に対し，$d(a_n, b) < \dfrac{1}{n}$ なる点 a_n で $a_n \not\in B^c$，すなわち $a_n \in B$ なるものが存在する．$\lim\limits_{n\to\infty} a_n = b$ であり，B は閉集合だから $b \in B$ となり矛盾．□

5.7.6【定義】 A を平面の点集合とする．$\boldsymbol{R}^2$ の点 a が A の**境界点**であるとは，a のどんな近くにも A の点と A^c の点がともに存在することである．A の境界点の全体を A の**境界**という．

ノート　A が（開でも閉でも）円板なら，その境界は円周である．

5.7.7【定義】 平面の点集合 A が**有界**であるとは，A が原点を中心とする十分大きな円板に含まれることである．平面の点列 $\langle a_n \rangle$ が**有界**とは集合 $\{a_n\,;\,n=0,1,2,\cdots\}$ が有界なことである．

5.7.8【定理】 平面の有界点列には収束部分列がある．
【証明】 $\langle a_n \rangle$ を有界点列とし，$a_n = (a_n, b_n)$ とする．数列 $\langle a_n \rangle$ は有界だから，公理 2.2.3 によって収束部分列 $\langle a_{n'} \rangle$ がある．数列 $\langle b_{n'} \rangle$ は有界だから，収束部分列 $\langle b_{n''} \rangle$ がある．$\langle a_{n''} \rangle$ も収束するから，$\lim\limits_{n\to\infty} a_{n''} = \alpha$，$\lim\limits_{n\to\infty} b_{n''} = \beta$ とすれば $\lim\limits_{n\to\infty} a_{n''} = (\alpha, \beta)$．□

5.7.9【定理】 有界閉集合で定義された連続関数には最大値・最小値がある．
【証明】 A を有界閉集合，f を A 上の連続関数とする．
1° f は有界である．実際，f が上に有界でないと仮定する（背理法）．任意

の自然数 n に対し，A の点 $\boldsymbol{x}$ で $f(\boldsymbol{x}) > n$ なるものがあるから，そのひとつを選んで $\boldsymbol{a}_n$ とする．A 内の点列 $\langle \boldsymbol{a}_n \rangle$ は有界だから，収束部分列 $\langle \boldsymbol{a}_{n'} \rangle$ がある．A は閉集合だから $\boldsymbol{b} = \lim_{n \to \infty} \boldsymbol{a}_{n'}$ は A に属する．f は連続だから $f(\boldsymbol{b}) = \lim_{n \to \infty} f(\boldsymbol{a}_{n'})$．一方 $\lim_{n \to \infty} f(\boldsymbol{a}_{n'}) = +\infty$ だから矛盾．

2° 実数の有界集合 $\{f(\boldsymbol{x}) ; \boldsymbol{x} \in A\}$ の上限（定理と定義 3.1.9）を b とする．命題 3.1.10 により，任意の自然数 n に対し，A の点 $\boldsymbol{a}_n$ で $b - \dfrac{1}{n} < f(\boldsymbol{a}_n) \leq b$ なるものがある．$\langle \boldsymbol{a}_n \rangle$ の収束部分列 $\langle \boldsymbol{a}_{n'} \rangle$ をとって $\boldsymbol{b} = \lim_{n \to \infty} \boldsymbol{a}_{n'}$ とすると，$\boldsymbol{b} \in A$ で $f(\boldsymbol{b}) = \lim_{n \to \infty} f(\boldsymbol{a}_{n'}) = b$ となり，b は最大値である．□

● 最大と最小

いままでに学んできた極値問題や条件つき極値問題は，実は最大最小の問題を解くための手段であることが多い．

5.7.10【命題】 開集合で定義された C^1 級関数に最大値（または最小値）があれば，そこで広義極大（または広義極小）になる．したがってその点は関数の停留点（$f_x = f_y = 0$）である．

5.7.11【例】 全平面 $\boldsymbol{R}^2$（これは開集合でもあり，閉集合でもある）での関数 $f(x, y) = e^{-x^2 - y^2}(2x^2 - 3y^2)$ の最大最小をしらべる．$x \neq 0$ なら $f(x, 0) > 0$，$y \neq 0$ なら $f(0, y) < 0$ であり，$x^2 + y^2 \to +\infty$ のとき $f(x, y)$ は 0 に近づくから，最大も最小も存在し，それらは広義極値のなかにある．
$$f_x = e^{-x^2-y^2}[-2x(2x^2-3y^2) + 4x], \quad f_y = e^{-x^2-y^2}[-2y(2x^2-3y^2) - 6y].$$
$f_x = f_y = 0$ を解いて 5 点 $\mathrm{O}(0, 0)$，$\mathrm{A}^\pm(0, \pm 1)$，$\mathrm{B}^\pm(\pm 1, 0)$ を得る．$\mathrm{O}(0, 0)$ は極値でない．$f(\mathrm{A}^\pm) = -3e^{-1}$，$f(\mathrm{B}^\pm) = 2e^{-1}$ であり，候補はこれだけだから，f は $\mathrm{A}^\pm$ で最小値 $-3e^{-1}$，$\mathrm{B}^\pm$ で最大値 $2e^{-1}$ をとる．

5.7.12【命題】 閉集合で定義された関数に，もし最大（最小）値をとる点があれば，それは境界の点であるか，または広義極大（極小）である．

【証明】 f を閉集合 A 上の関数とし，$f(\boldsymbol{a})$ $(\boldsymbol{a}\in A)$ を最大値とする．$\boldsymbol{a}$ が境界点でなければ，$\boldsymbol{a}$ の十分近くの点はすべて A に属し，したがって広義極大でなければならない．□

5.7.13【命題】 有界閉集合 A 上の連続関数には最大値・最小値がある（定理5.7.9）．たとえば f, g を $\boldsymbol{R}^2$ 上の連続関数とし，$A=\{\boldsymbol{x}\in \boldsymbol{R}^2 ; f(\boldsymbol{x})\geqq 0,\ g(\boldsymbol{x})\geqq 0\}$ が有界と仮定する．A 上の関数 h の最大最小を求めるにはつぎのようにすればよい．

a) h の極値候補で A 内の点を求める（ふつうは有限個）．
b) 条件 $f(\boldsymbol{x})=0$ のもとでの h の極値候補を求める．$g(\boldsymbol{x})=0$ についても同様．
c) 2条件 $f(\boldsymbol{x})=g(\boldsymbol{x})=0$ のもとでの h の極値候補を求める．

以上で得られた点での関数値の大きさをくらべればよい．

5.7.14【例】 $x^2+y^2\leqq 4$，$x\geqq 0$ の範囲での関数 $f(x,y)=x^3+y^2-3x-3y$ の最大最小をしらべる．範囲は有界閉集合だから最大最小とも存在する．まずこの範囲での条件なし極値候補 ($f_x=f_y=0$) をしらべて，2点 $A^{\pm}(1,\pm 1)$ を得る．$f(A^+)=-4$，$f(A^-)=0$．
つぎに条件 $x^2+y^2=4$ のもとでの f の極値候補を探す．$x^2-1=\alpha x$, $y^2-1=\alpha y$ から $(xy+1)(x-y)=0$．$x=y$ なら $B(\sqrt{2},\sqrt{2})$，$f(B)=-2\sqrt{2}$．$xy+1=0$ なら $C^{\pm}\left(\dfrac{1}{2}(\sqrt{6}\pm\sqrt{2}),\ \dfrac{1}{2}(-\sqrt{6}\pm\sqrt{2})\right)$（複号同順，以下同様），$f(C^{\pm})=\pm 2\sqrt{2}$．つぎに条件 $x=0$ のもとでの f の極値候補 $D^{\pm}(0,\pm 1)$，

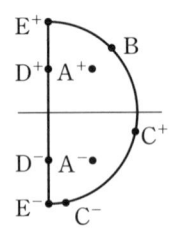

図 5.7.1

$f(\mathrm{D}^{\pm}) = \mp 2$ を得る．最後に端点 $\mathrm{E}^{\pm}(0, \pm 2)$ で $f(\mathrm{E}^{\pm}) = \pm 2$．

以上のなかに最大最小ともあるはずだから，A^+ で最小値 -4，C^+ で最大値 $2\sqrt{2}$ が結論である．

5.7.15【例】 A を閉凸多角形，$f(x, y)$ を1次式とする．変域を A に制限したとき，f は多角形 A の頂点で最大最小となる（図5.7.2）．

実際，図の線分 QPR 上 f は広義単調だから，そこで定値でないかぎり，$f(\mathrm{Q})$ または $f(\mathrm{R})$ のほうが $f(\mathrm{P})$ より大きい．同様に $f(\mathrm{R})$ は $f(\mathrm{S})$ と $f(\mathrm{T})$ のあいだにある．

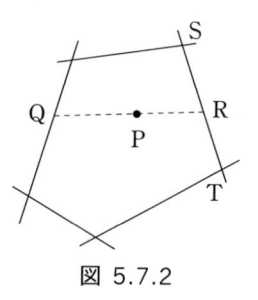

図 5.7.2

---

§7の問題

問題1 最大最小を論ぜよ．まず，最大や最小があるかどうかを考えよ．
1) 全平面で $x^4 + y^4 + 6x^2y^2 - 2y^2$ 　 2) $x \geq 0$, $y \geq 0$ で $e^{-x-y}(x^2 + y^2)$
3) $x^2 + y^2 \leq 6$, $x \geq 0$ で $x^4 + y^4 + 4xy - 2x^2 - 2y^2$
4) 全平面で $e^{-x-y}(2x^2 - y^2)$ 　 5) $x \geq 0$, $y \geq 0$ で $e^{-x-y}(2x^2 - y^2)$
6) 全平面で $e^{-x^2 - y^2}(x - y)$

問題2 平面の有界閉集合 A の任意の点の x 座標が正であるとき，ある正の数 δ をとると，A の任意の点の x 座標は δ 以上であることを示せ．

第6章
多変数関数の積分

　多変数関数の積分の理論は非常に難かしいので，すべてのことを厳密に処理するのは苦労が大きすぎる．そこで，§2以降の叙述は必ずしも厳密性にこだわらず，直観のたすけを借りて内容を十分に理解できるようにつとめた．とくに§4の変数変換公式の証明は完全でない．完全な証明はあとがきの文献を見ていただきたい．多変数関数の積分のことを**重積分**ともいう．

§1　方形上の積分

●一様連続性

6.1.1【定義】 平面の点集合 A 上の関数 f が**一様連続**であるとはつぎのことである：任意に与えられた正の数 ε に対してある正の数 δ をとると，A の2点 x, y が距離 $d(x, y) < \delta$ をみたせば，$|f(x) - f(y)| < \varepsilon$ が成りたつ．

　f が A で一様連続なら，f は A の各点で連続である．逆につぎの大事な定理が成りたつ．

6.1.2【定理】 平面の点集合 A が有界閉集合なら，A 上の連続関数は一様連続である．
【証明】 A 上の連続関数 f が一様連続でないとする（背理法）．ある正の数 ε をとると，どんな正の数 δ に対しても，A の2点 x, y で $d(x, y) < \delta$ かつ $|f(x) - f(y)| \geqq \varepsilon$ なるものがある．いま各自然数 n に対して $\delta = \dfrac{1}{n}$ とおくと，A の点 x_n, y_n で $d(x_n, y_n) < \dfrac{1}{n}$ かつ $|f(x_n) - f(y_n)| \geqq \varepsilon$ なるものがある．点列 $\langle x_n \rangle$ は有界だから定理5.7.8によって収束部分列 $\langle x_{n'} \rangle$ がある．点列

$\langle y_{n'}\rangle$ も有界だから収束部分列 $\langle y_{n''}\rangle$ がある．$\lim_{n\to\infty}x_{n''}=a$, $\lim_{n\to\infty}y_{n''}=b$ とすると，A は閉集合だから a, b は A に属する．$d(x_{n''}, y_{n''})<\dfrac{1}{n''}$ だから $a=b$. しかし $|f(x_{n''})-f(y_{n''})|\geqq\varepsilon$ だから $|f(a)-f(b)|\geqq\varepsilon$ となり，不合理．□

●積分の定義

6.1.3【定義】 平面 $\mathbf{R}^2$ において，辺が座標軸に平行な閉方形
$$E=\{(x,y)\in\mathbf{R}^2\,;\,a\leqq x\leqq b,\ c\leqq y\leqq d\}$$
を考える．これを
$$E=[a,b]\times[c,d]$$
とかくこともある．E の面積 $(b-a)(d-c)$ を $|E|$ とかく．D の**分割** P とは，ふたつの有限数列 $P_x=\langle a_0, a_1, \cdots, a_m\rangle$, $P_y=\langle c_0, c_1, \cdots, c_n\rangle$ のペア $P=(P_x, P_y)$ で，
$$a=a_0<a_1<\cdots<a_m=b, \quad c=c_0<c_1<\cdots<c_n=d$$
をみたすもののことである．これによって mn 個の小閉方形
$$E_{ij}=[a_{i-1}, a_i]\times[c_{j-1}, c_j]=\{(x,y)\in\mathbf{R}^2\,;\,a_{i-1}\leqq x\leqq a_i, c_{j-1}\leqq y\leqq c_j\}$$
$$(1\leqq i\leqq m,\ 1\leqq j\leqq n)$$
が決まる．これら mn 個の小方形の対角線の長さの最大値を分割 P の**幅**と言い，$d(P)$ とかく．

6.1.4【定義】 1° 前定義の記号を踏襲する．方形 E 上の有界な関数 f を考える．E の分割
$$P=(\langle a_0, a_1, \cdots, a_m\rangle, \langle c_0, c_1, \cdots, c_n\rangle)$$
に対して
$$m_{ij}(f\,;\,P)=\inf_{x\in E_{ij}}f(x), \quad M_{ij}(f\,;\,P)=\sup_{x\in E_{ij}}f(x)$$
とおく．さらに
$$s(f\,;\,P)=\sum_{i=1}^m\sum_{j=1}^n m_{ij}(f\,;\,P)|E_{ij}|, \quad S(f\,;\,P)=\sum_{i=1}^m\sum_{j=1}^n M_{ij}(f\,;\,P)|E_{ij}|$$
とおく．分割 P をさらに細分した分割 R をとると，簡単にわかるように

$$s(f\,;P) \leqq s(f\,;R) \leqq S(f\,;R) \leqq S(f\,;P).$$

2° 任意の分割 P, Q に対し，両方の分点を合わせた分割を R とすると，上の式によって

$$s(f\,;P) \leqq s(f\,;R) \leqq S(f\,;R) \leqq S(f\,;Q)$$

となる．ここで

$$s(f) = \sup_P s(f\,;P), \quad S(f) = \inf_P S(f\,;P)$$

とおく．ただし $\sup_P s(f\,;P)$ は，P が E の分割すべてを動くときの $s(f\,;P)$ たちの上限をあらわす．$\inf_P S(f\,;P)$ も同様．

不等式 $s(f\,;P) \leqq S(f\,;Q)$ から $s(f) \leqq S(f)$ が出る．

3° $s(f) = S(f)$ のとき，f は E で**積分可能**または**可積**であるという．この共通の値を

$$\int_E f(\boldsymbol{x})\,d\boldsymbol{x}, \quad \iint_E f(x,y)\,dxdy$$

などとかいて，f の E 上の**積分**という．

ノート 1変数関数の積分では，$\int_b^a f(x)\,dx = -\int_a^b f(x)\,dx$ に示されるように，積分のやりかたには《向き》があった．多変数関数の積分にはそれに相当するものはない（第7章で扱う線積分・面積分には《向き》がある）．多変数関数に対しては，不定積分や原始関数の概念はない．だから，多変数の場合には定積分ということばを使わず，単に積分という．

6.1.5【定理】 E 上連続な関数は積分可能である．

【証明】 f を E 上連続な関数とする．定理5.7.9によって f は有界，定理6.1.2によって f は一様連続である．正の数 ε が与えられたとしよう．一様連続性により，ある正の数 δ をとると，E の2点 $\boldsymbol{x}, \boldsymbol{y}$ が $d(\boldsymbol{x}, \boldsymbol{y}) \leqq \delta$ をみたせば，$|f(\boldsymbol{x}) - f(\boldsymbol{y})| < \varepsilon$ が成りたつ．そこで幅が δ 以下であるような E の分割 $P = (\langle a_0, a_1, \cdots, a_m \rangle, \langle c_0, c_1, \cdots, c_n \rangle)$ をひとつとる．定理5.7.9により，E の各小方形 E_{ij} の点 $\boldsymbol{x}_{ij}, \boldsymbol{y}_{ij}$ で，

$$f(\boldsymbol{x}_{ij}) = m_{ij}(f\,;P), \quad f(\boldsymbol{y}_{ij}) = M_{ij}(f\,;P)$$

となるものがある．$d(\boldsymbol{x}_{ij}, \boldsymbol{y}_{ij}) \leqq \delta$ だから $0 \leqq f(\boldsymbol{y}_{ij}) - f(\boldsymbol{x}_{ij}) < \varepsilon$. よって

$$0 \leq S(f\,;P) - s(f\,;P) = \sum_{i=1}^{m}\sum_{j=1}^{n}\bigl[f(\boldsymbol{y}_{ij}) - f(\boldsymbol{x}_{ij})\bigr]|E_{ij}| \leq |E|\varepsilon.$$

ところが $s(f\,;P) \leq s(f) \leq S(f) \leq S(f\,;P)$ だから $0 \leq S(f) - s(f) \leq |E|\varepsilon$ であり，ε は任意だから $s(f) = S(f)$ が成りたつ．□

● リーマン和

6.1.6【定義】 1) 閉方形 $E = [a,b] \times [c,d]$ の分割 $P = \langle a_0, a_1, \cdots, a_m \rangle$，$\langle c_0, c_1, \cdots, c_n \rangle)$ に対し，$E_{ij} = [a_{i-1}, a_i] \times [c_{j-1}, c_j]$ $(1 \leq i \leq m, 1 \leq j \leq n)$ をその小方形たちとする．各 E_{ij} から 1 点ずつ $\boldsymbol{x}_{ij}$ をとった集合 $X = \{\boldsymbol{x}_{ij}\,;\,\boldsymbol{x}_{ij} \in E_{ij},\ 1 \leq i \leq m,\ 1 \leq j \leq n\}$ を分割 P の**代表値系**という．

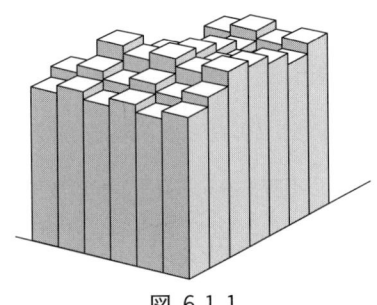

図 6.1.1

2) X が P の代表値系のとき，E 上の有界関数 f に対し，

$$R(f\,;P,X) = \sum_{i=1}^{m}\sum_{j=1}^{n} f(\boldsymbol{x}_{ij})|E_{ij}|$$

を P, X に関する f の**リーマン和**という．当然

$$s(f\,;P) \leq R(f\,;P,X) \leq S(f\,;P)$$

が成りたつ．

6.1.7【命題】 方形 E で積分可能な関数 f に対し，分割 P の幅を限りなく小さくしていくと，代表値系のとりかたにかかわらず，リーマン和 $R(f\,;P,X)$ は積分 $\int_E f(\boldsymbol{x})\,d\boldsymbol{x}$ に近づく．すなわち，任意の正の数 ε に対してある正の数 δ をとると，幅が δ 以下の任意の分割 P および P の任意の代表値系 X に対して

$$\left|\int_E f(\boldsymbol{x})\,d\boldsymbol{x} - R(f\,;P,X)\right| < \varepsilon$$

が成りたつ．

【証明】 実際，$s(f\,;P) \leq R(f\,;P,X) \leq S(f\,;P)$ だから，積分可能の定義

によって命題が成りたつ. □

⌜ノート⌟ この事実を印象的に
$$\int_a^b f(\boldsymbol{x})\,d\boldsymbol{x} = \lim_{d(P)\to 0} R(f\,;P,X)$$
とかいてもいいだろう. 多変数の積分も和の極限である.

● 積分の性質

6.1.8【定理】(累次積分) 方形
$$E = [a,b] \times [c,d] = \{(x,y)\in \boldsymbol{R}^2\,;\, a\leqq x\leqq b,\ c\leqq y\leqq d\}$$
で連続な関数 f を考える. 各 y に対して $F_y(x) = f(x,y)$ とおく.

1) F_y は $[a,b]$ で連続である. したがって定積分 $\int_a^b F_y(x)\,dx$ が存在する. これを $G(y)$ とかく.

2) G は $[c,d]$ で連続である. したがって定積分 $\int_c^d G(y)\,dy$ が存在する.

3) $\iint_E f(x,y)\,dxdy = \int_c^d G(y)\,dy = \int_c^d \left[\int_a^b f(x,y)\,dx\right] dy.$

x と y の役割を交換しても同様. すなわち
$$\iint_E f(x,y)\,dxdy = \int_a^b \left[\int_c^d f(x,y)\,dy\right] dx.$$
これらの式を
$$\iint_E f(x,y)\,dxdy = \int_c^d dy \int_a^b f(x,y)\,dx = \int_a^b dx \int_c^d f(x,y)\,dy$$
とかくことがある.

【証明】 1) あきらか.

2) 与えられた正の数 ε に対し, (f は一様連続だから) ある正の数 δ をとると, $d((x,y),(x',y')) < \delta$ なら $|f(x,y) - f(x',y')| < \varepsilon$. よって $|y-y'| < \delta$ なら $|G(y) - G(y')| \leqq \int_a^b |f(x,y) - f(x,y')|\,dx < (b-a)\varepsilon$.

3) 両辺とも存在することは分かっている. E の任意の分割 $P = (\langle a_0, a_1, \cdots, a_m\rangle, \langle c_0, c_1, \cdots, c_n\rangle)$ に対し, $c_{j-1} \leqq y_j \leqq c_j$ なる y_j をとると,

§1 方形上の積分

$$m_{ij}(f\,;\,P)\,(a_i-a_{i-1}) \leq \int_{a_{i-1}}^{a_i} f(x,y_j)\,dx \leq M_{ij}(f\,;\,P)\,(a_i-a_{i-1})$$

が成りたつ．これに c_j-c_{j-1} を掛けて i,j について足すと，

$$s(f\,;\,P) \leq \sum_{j=1}^{n} G(y_j)\,(c_j-c_{j-1}) \leq S(f\,;\,P)$$

となる．まんなかの項は関数 G のリーマン和だから，

$$s(f) = S(f) = \int_c^d G(y)\,dy$$

が成りたつ．□

ノート　この定理によって1変数の積分計算が使えることになり，それによって E 上の2変数関数の積分が計算できる．

6.1.9【例】　1)　$E=\{(x,y)\in \mathbf{R}^2\,;\,0\leq x\leq 1,\ 1\leq y\leq 2\}$, $f(x,y)=x+y^2$.

$$\iint_E (x+y^2)\,dxdy = \int_{y=1}^{2}\left[\int_{x=0}^{1}(x+y^2)\,dx\right]dy = \int_{y=1}^{2}\left[\frac{1}{2}x^2+xy^2\right]_{x=0}^{1}dy$$

$$= \int_1^2 \left(\frac{1}{2}+y^2\right)dy = \left[\frac{1}{2}y+\frac{1}{3}y^3\right]_1^2 = \frac{17}{6}. \ \text{または}$$

$$\iint_E (x+y^2)\,dxdy = \int_{x=0}^{1}\left[\int_{y=1}^{2}(x+y^2)\,dy\right]dx = \int_{x=0}^{1}\left[xy+\frac{1}{3}y^3\right]_{y=1}^{2}dx$$

$$= \int_0^1 \left(x+\frac{7}{3}\right)dx = \left[\frac{1}{2}x^2+\frac{7}{3}x\right]_0^1 = \frac{17}{6}.$$

2)　$E=[1,2]\times[2,3]$, $f(x,y)=\dfrac{1}{x+y}$.

$$\iint_E \frac{dxdy}{x+y} = \int_2^3 dy \int_1^2 \frac{dx}{x+y} = \int_2^3 [\log(y+2)-\log(y+1)]\,dy$$

$$= \Big[(y+2)\log(y+2)-(y+2)-(y+1)\log(y+1)+(y+1)\Big]_2^3$$

$$= 5\log 5 - 8\log 4 + 3\log 3.$$

6.1.10【定理】（微分と積分の順序交換）　$I=[a,b]$ とし，J を任意の区間とする．方形 $I\times J=\{(x,y)\in \mathbf{R}^2\,;\,a\leq x\leq b,\ y\in J\}$ 上の C^1 級関数 f に対し，$G(y)=\int_a^b f(x,y)\,dx$ は C^1 級で，$G'(y)=\int_a^b \dfrac{\partial f}{\partial y}(x,y)\,dx$．印象的にかけば，

$$\frac{d}{dy}\int_a^b f(x,y)\,dx = \int_a^b \frac{\partial}{\partial y}f(x,y)\,dx.$$

【証明】 $g(y) = \int_a^b f_y(x,y)\,dx$ とおくと，簡単にわかるように g は連続であり，前定理により，J の任意の 2 点 c, v に対して

$$\int_c^v g(y)\,dy = \int_c^v \left[\int_a^b f_y(x,y)\,dx\right]dy = \int_a^b\left[\int_c^v f_y(x,y)\,dy\right]dx$$
$$= \int_a^b \left[f(x,y)\right]_{y=c}^{y=v} dx = \int_a^b f(x,v)\,dx - \int_a^b f(x,c)\,dx$$
$$= G(v) - G(c)$$

が成りたつ．微積分の基本定理 3.3.5 によって G は微分可能で $G'(v) = g(v)$ となる．□

6.1.11【例】 1) $\int_0^{\frac{\pi}{2}} \frac{dx}{(a\cos^2 x + b\sin^2 x)^2}$ $(a, b > 0)$ を求める．まず例 3.6.3 により，

$$\int_0^{\frac{\pi}{2}} \frac{dx}{a\cos^2 x + b\sin^2 x} = \frac{\pi}{2\sqrt{ab}}. \qquad (1)$$

この両辺を a で微分すると，前定理によって

$$-\int_0^{\frac{\pi}{2}} \frac{\cos^2 x}{(a\cos^2 x + b\sin^2 x)^2}\,dx = -\frac{\pi}{4a\sqrt{ab}}. \qquad (2)$$

つぎに (1) 式を b で微分すると，

$$-\int_0^{\frac{\pi}{2}} \frac{\sin^2 x}{(a\cos^2 x + b\sin^2 x)^2}\,dx = -\frac{\pi}{4b\sqrt{ab}}. \qquad (3)$$

(2) と (3) を足せば

$$\int_0^{\frac{\pi}{2}} \frac{dx}{(a\cos^2 x + b\sin^2 x)^2} = \frac{\pi}{4\sqrt{ab}}\left(\frac{1}{a} + \frac{1}{b}\right).$$

2) 非常に大事な定積分 $\int_{-\infty}^{+\infty} e^{-x^2}\,dx$ の値を求める．

第 1 段 $f(t) = \left(\int_0^t e^{-x^2}\,dx\right)^2$, $g(t) = \int_0^1 \frac{e^{-(1+x^2)t^2}}{1+x^2}\,dx$ とおく．微積分の基本定理 3.3.5 によって f は微分可能であり，

$$f'(t) = 2\int_0^t e^{-x^2} dx \cdot e^{-t^2}.$$

前定理によって g も微分可能で

$$g'(t) = \int_0^1 \frac{e^{-(1+x^2)t^2} \cdot -2t(1+x^2)}{1+x^2} dx = -2\int_0^1 e^{-(1+x^2)t^2} \cdot t\, dx.$$

$t \neq 0$ のとき，$u = tx$ として

$$g'(t) = -2\int_0^t e^{-\left(1+\frac{u^2}{t^2}\right)t^2} du = -2\int_0^t e^{-t^2-u^2} du = -f'(t).$$

したがって $f(t) + g(t)$ ($t \neq 0$) は定数だが，連続性によって $f(0) + g(0)$ もその定数に等しい．$f(0) = 0$, $g(0) = \int_0^1 \frac{dx}{1+x^2} = \frac{\pi}{4}$ だから，

$$f(t) = \frac{\pi}{4} - g(t).$$

第 2 段 $h_n(x) = \dfrac{e^{-(1+x^2)n^2}}{1+x^2}$ とおくと，$0 \leq h_n(x) \leq e^{-n^2}$ だから，関数列 $\langle h_n \rangle$ は 0 に一様収束する．したがって定理 4.3.9 により，

$$\lim_{n\to\infty} g(n) = \int_0^1 \lim_{n\to\infty} h_n(x)\, dx = 0.$$

よって $\left[\int_{-\infty}^{+\infty} e^{-x^2} dx\right]^2 = \lim_{n\to\infty} f(n) = \dfrac{\pi}{4}$, すなわち $\int_{-\infty}^{+\infty} e^{-x^2} dx = \sqrt{\pi}$.

〔ノート〕 あまりに天下り的・技巧的で不満かもしれないが，実に簡潔であざやかである．もっとずっと自然な計算法をあとで学ぶ（定理 6.4.4）が，その根拠となる変数変換公式の本書での証明は完全でない．

―――――― §1 の問題 ――――――

問題 1 つぎの方形 E 上の関数 $f(x,y)$ の積分 I を求めよ．

1) $E = [0,1] \times [0,1]$, $f = \dfrac{1}{(x+y+1)^2}$

2) $E = [0,\pi] \times \left[0, \dfrac{\pi}{2}\right]$, $f = x\sin(x+y)$

3) $E = [0,1] \times [0,1]$, $f = e^{x+y}$ 4) $E = [0,1] \times [0,1]$, $f = \dfrac{y^2}{x^2 y^2 + 1}$

§2 一般領域上の積分

● 面積

6.2.1【定義】 1) 平面の点集合 A に対し，平面全体で定義された関数 D_A を，

$$D_A(\boldsymbol{x}) = \begin{cases} 1 & (\boldsymbol{x} \in A \text{ のとき}), \\ 0 & (\boldsymbol{x} \notin A \text{ のとき}) \end{cases}$$

と定義する．これを A の**定義関数**という．

2) A を平面の有界な点集合とする．A の定義関数 D_A が A を含む大方形（辺が座標軸に平行なもの）E で積分可能のとき，A は**面積をもつ**または**面積確定**であると言い，積分の値 $\int_E D_A(\boldsymbol{x})\,d\boldsymbol{x}$ を A の**面積**という．A の面積を $|A|$ とかく．これらの定義は大方形 E のとりかたによらない．

6.2.2【コメント】 1) この定義がわれわれの直観に合っていることを説明しよう．下のふたつの図は集合 A と大方形 E をあらわす．A の定義関数 D_A を E で積分するために，E を小方形に分割する．図 6.2.2 は図 6.2.1 をさらに細かく分けたものである．

濃い小方形は A に含まれ，空白の小方形は A の外にある．薄い小方形は A の中と外の両方にまたがるものである．ここでは D_A の値は，代表点のとりかたによって 1 になったり 0 になったりする．

しかし，内外両方にまたがる小方形の面積の総和は，分割をこまかくす

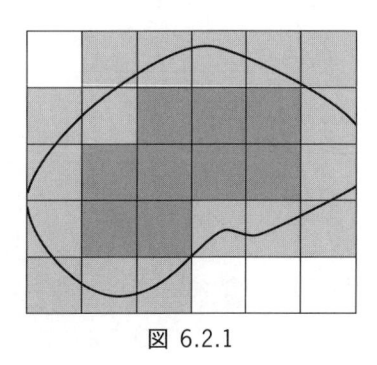

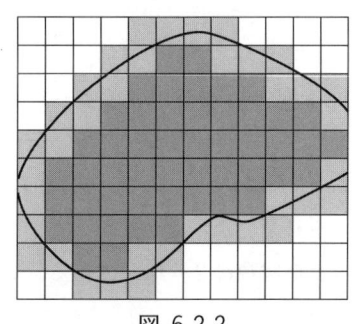

図 6.2.1　　　　　図 6.2.2

るとどんどん減っていく（図の場合にそれを確かめよ）．極限においてこれが 0 になることが《A は面積をもつ》ということである．そのとき，積分 $\int_E D_A(\boldsymbol{x})\,d\boldsymbol{x}$ は，A の上の厚さ 1 の板の体積をあらわすだろう．これが A の面積にほかならない．

2) とくに A が図 6.2.1 や図 6.2.2 のようにタテ線領域（図 6.2.3）のときの面積は，1 変数関数の定積分によってすでに定義してある．それが新らしい定義と矛盾しないことを示さなければならない．

6.2.3【命題】 区間 $[a,b]$ 上の連続関数 f, g があってつねに $g(x) \leq f(x)$ が成りたつとする．このとき，タテ線領域

$$A = \{(x,y)\,;\, a \leq x \leq b,\ g(x) \leq y \leq f(x)\}$$

は面積をもち，

$$|A| = \int_a^b [f(x) - g(x)]\,dx$$

が成りたつ．

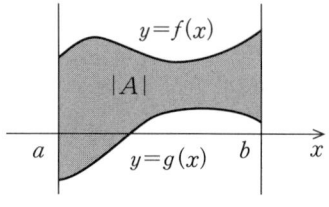

図 6.2.3

【証明】 $g(x) \equiv 0$ のときだけやればよい．
$M = \max_{a \leq x \leq b} f(x)$ とすると，大方形 $E = [a,b] \times [0,M]$ は A を含む．正の数 ε が与えられたとする．f は一様連続だから，ある正の数 δ をとると，$|x-y| \leq \delta$ なら $|f(x) - f(y)| \leq \varepsilon$ が成りたつ．E の分割 P をつぎのようにとる．まず $m-1 < \dfrac{b-a}{\delta} \leq m$ なる最小の自然数 m ($m \geq 2$ とする) をとって，横軸の区間 $[a,b]$ を m 等分する．するとひとつの小区間の幅 $\dfrac{b-a}{m}$ は δ 以下になる．一方，縦軸の区間 $[0,M]$ は幅が ε 以下になるように分割する．こうしてできた分割 P の小方形のうち，A の内と外の両方にまたがるものは，横軸の各小区間に乗っているものでは，たかだかふたつしかない．したがって総個数は $2m$ 以下である．各小方形の面積は $\varepsilon\delta$ 以下だから，

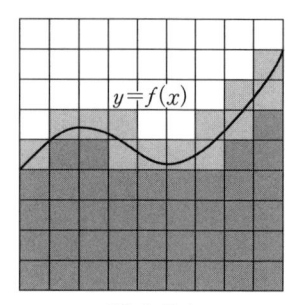

図 6.2.4

$$S(D_A\,;P) - s(D_A\,;P) \leq 2m\cdot\varepsilon\delta < 2m\varepsilon\cdot\frac{b-a}{m-1} \leq 4(b-a)\varepsilon$$

となる．ε は任意だから $S(D_A) = s(D_A)$，すなわち D_A は E 上積分可能，すなわち A は面積をもつ．図から分かるように，

$$s(D_A\,;P) \leq \int_a^b f(x)\,dx \leq S(D_A\,;P)$$

だから $|A| = \int_a^b f(x)\,dx$ となる．□

6.2.4【命題】 A, B が面積をもてば合併 $A \cup B$，共通部分 $A \cap B$，差集合 $A - B$ も面積をもち，つぎの性質がある．
1) $A \subset B$ なら $|A| \leq |B|$．
2) $|A \cup B| = |A| + |B| - |A \cap B|$．$|A \cap B| = 0$ なら，とくに A, B に共通点がなければ，$|A \cup B| = |A| + |B|$．

証明略．

● 積分

6.2.5【定義】 平面の有界な点集合 A が面積をもつとし，f を A 上の有界関数とする．A を含む大方形 E（辺が座標軸に平行なもの）をとり，E 上の関数 f^* を，$\boldsymbol{x} \in A$ のときは $f^*(\boldsymbol{x}) = f(\boldsymbol{x})$，$\boldsymbol{x} \notin A$ のときは $f^*(\boldsymbol{x}) = 0$ として定める．f^* が E 上積分可能のとき，f は A 上**積分可能**または**可積**であるという．$\int_E f^*(\boldsymbol{x})\,d\boldsymbol{x} = \iint_E f^*(x,y)\,dxdy$ を f の A 上の**積分**と言い，

$$\int_A f(\boldsymbol{x})\,d\boldsymbol{x}, \qquad \iint_A f(x,y)\,dxdy$$

などとかく．これらの定義は大方形 E のとりかたによらない．

6.2.6【定理】 平面の有界閉集合 A が面積をもつとし，f を A 上の有界関数とする．f が連続なら積分可能である．

【証明】 A を含む大方形 E をとる．E の分割 P の小方形のうち，A の内と外にまたがる部分を（雑な記号だが）P' と略記し，またがらない部分を P'' と略記する．

正の数 ε が与えられたとする．A は面積をもつから，ある正の数 δ_1 をとると，$d(P) \leq \delta_1$ なる任意の分割 P に対し，P' の部分の小方形の面積の総和 $\sum_{P'}|E_{ij}|$ は ε 以下となる．一方，定理6.1.2によって f は一様連続だから，ある正の数 δ_2 をとると，$d(\boldsymbol{x},\boldsymbol{y}) \leq \delta_2$ なら $|f(\boldsymbol{x})-f(\boldsymbol{y})| \leq \varepsilon$ となる．$\delta = \min\{\delta_1, \delta_2\}$ とし，$M = \max_{\boldsymbol{x} \in E} |f(\boldsymbol{x})|$ とおく．$d(P) \leq \delta$ なる任意の分割 P に対し，

$$\begin{aligned}
S(f^*; P) - s(f^*; P) &= \sum_{i,j}[M_{ij}(f^*; P) - m_{ij}(f^*; P)]|E_{ij}| \\
&= \sum_{P'}[M_{ij}(f^*; P) - m_{ij}(f^*; P)]|E_{ij}| \\
&\quad + \sum_{P''}[M_{ij}(f^*; P) - m_{ij}(f^*; P)]|E_{ij}| \\
&\leq \sum_{P'} 2M |E_{ij}| + \sum_{P''} \varepsilon |E_{ij}| \leq (2M + |E|)\varepsilon.
\end{aligned}$$

ε は任意だから $S(f^*) = s(f^*)$ となり，f^* は E 上積分可能である．□

[ノート] A が閉集合でなくても，f が一様連続ならやはり積分可能である．証明はまったくそのまま通用する．

6.2.7【命題】 有界閉区間 $[a,b]$ 上のふたつの連続関数 p, q が $p(x) \leq q(x)$ をみたすとき，タテ線領域

$$A = \{(x,y) \in \boldsymbol{R}^2 ; a \leq x \leq b, \ p(x) \leq y \leq q(x)\}$$

は面積をもつ（命題6.2.3）．A 上の連続関数 f は前定理によって積分可能で，

$$\int_A f(\boldsymbol{x}) d\boldsymbol{x} = \int_a^b \left[\int_{p(x)}^{q(x)} f(x,y) dy\right] dx$$

が成りたつ．ヨコ線領域の場合には x と y の役割を交換すればよい．

【証明】 積分の定義6.2.5と累次積分の定理6.1.8による．ただし，累次積分の公式は，各 x に対する関数 $H_x(y) = f(x,y)$ が区分連続のときも成りたつことに注意する．

6.2.8【定理】 A, B 等は面積をもつとし，f, g 等は積分可能とする．

1) （**積分域に関する加法性**） $|A \cap B| = 0$ なら

$$\int_{A\cup B} f(\boldsymbol{x})\,d\boldsymbol{x} = \int_A f(\boldsymbol{x})\,d\boldsymbol{x} + \int_B f(\boldsymbol{x})\,d\boldsymbol{x}.$$

2) (線型性) $\int_A [af(\boldsymbol{x}) + bg(\boldsymbol{x})]\,d\boldsymbol{x} = a\int_A f(\boldsymbol{x})\,d\boldsymbol{x} + b\int_A g(\boldsymbol{x})\,d\boldsymbol{x}.$

3) (単調性) $f(\boldsymbol{x}) \leqq g(\boldsymbol{x})$ なら $\int_A f(\boldsymbol{x})\,d\boldsymbol{x} \leqq \int_A g(\boldsymbol{x})\,d\boldsymbol{x}.$

4) (正値性) A に小開円板 $D(\boldsymbol{a}\,;\delta)$ が含まれるとする.f が連続で $f(\boldsymbol{x}) \geqq 0$,$f(\boldsymbol{a}) > 0$ なら $\int_A f(\boldsymbol{x})\,d\boldsymbol{x} > 0.$

証明略.

6.2.9【例】 1) 三点 $(0,0), (1,0), (1,1)$ を頂点とする三角形(内部も含む)を A とする(図 6.2.5).

$$\int_A f(\boldsymbol{x})\,d\boldsymbol{x} = \int_{x=0}^1 \left[\int_{y=0}^x f(x,y)\,dy\right]dx$$
$$= \int_{y=0}^1 \left[\int_{x=y}^1 f(x,y)\,dx\right]dy.$$

図 6.2.5

たとえば $f(x,y) = x + 2y$ のとき,

$$\iint_A (x+2y)\,dxdy = \int_{x=0}^1\left[\int_{y=0}^x (x+2y)\,dy\right]dx = \int_{x=0}^1 \left[xy + y^2\right]_{y=0}^x dx$$
$$= \int_0^1 2x^2\,dx = \frac{2}{3}.$$

$$\iint_A (x+2y)\,dxdy = \int_{y=0}^1\left[\int_{x=y}^1 (x+2y)\,dx\right]dy = \int_{y=0}^1 \left[\frac{1}{2}x^2 + 2xy\right]_{x=y}^1 dy$$
$$= \int_0^1 \left(\frac{1}{2} + 2y - \frac{5}{2}y^2\right)dy = \left[\frac{1}{2}y + y^2 - \frac{5}{6}y^3\right]_0^1 = \frac{2}{3}.$$

2) 四半円 $x^2 + y^2 \leqq a^2$,$x \geqq 0$,$y \geqq 0$ を A とする(図 6.2.6).

$$\iint_A xy\,dxdy = \int_{y=0}^a \left[\int_{x=0}^{\sqrt{a^2-y^2}} xy\,dx\right]dy$$
$$= \int_{y=0}^a \left[\frac{1}{2}x^2 y\right]_{x=0}^{\sqrt{a^2-y^2}} dy$$
$$= \int_0^a \frac{1}{2}(a^2 - y^2)y\,dy$$
$$= \frac{1}{2}\left[\frac{a^2}{2}y^2 - \frac{1}{4}y^4\right]_0^a = \frac{a^4}{8}.$$

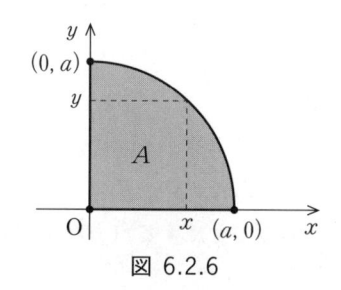

図 6.2.6

3) 三本の曲線 $x=2$, $y=x$, $xy=1$ の囲む領域を A とする（図 6.2.7）．

$$\iint_A \frac{x^2}{y^2} dxdy = \int_{x=1}^{2} \left[\int_{y=\frac{1}{x}}^{x} \frac{x^2}{y^2} dy \right] dx$$
$$= \int_{x=1}^{2} \left[-\frac{x^2}{y} \right]_{y=\frac{1}{x}}^{x} dx$$
$$= \int_{1}^{2} (x^3 - x) \, dx$$
$$= \left[\frac{1}{4} x^4 - \frac{1}{2} x^2 \right]_{1}^{2} = \frac{9}{4}.$$

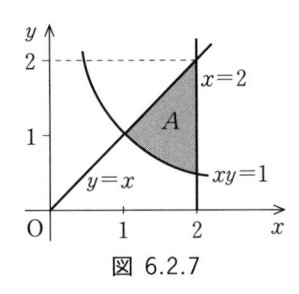

図 6.2.7

先に x で積分してもよいけれども，y に関する積分がふたつの部分 $\left(\frac{1}{2} \leqq y \leqq 1 \text{ と } 1 \leqq y \leqq 2 \right)$ に分かれるなど，計算が複雑になるだろう．

4) $(0,0), (\pi,0), (\pi,\pi)$ を頂点とする三角形を A とする．$I = \iint_A \frac{y \sin x}{x} dxdy$ を計算する．$\lim_{x \to 0} \frac{\sin x}{x} = 1$ だから，これはふつうの連続関数の積分である．ところが，x で先に積分しようとすると，$I = \int_{y=0}^{\pi} dy \int_{x=y}^{\pi} \frac{y \sin x}{x} dx$ であり，

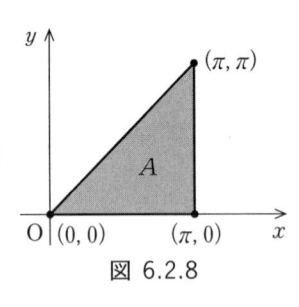

図 6.2.8

不定積分 $\int \frac{\sin x}{x} dx$ は初等関数の範囲では求まらないので，計算はここで挫折してしまう．しかし，y で先に積分すれば，

$$I = \int_{x=0}^{\pi} dx \int_{y=0}^{x} \frac{y \sin x}{x} dy = \int_{x=0}^{\pi} \left[\frac{y^2}{2} \frac{\sin x}{x} \right]_{y=0}^{x} dx = \int_{0}^{\pi} \frac{1}{2} x \sin x \, dx$$
$$= \left[-\frac{x}{2} \cos x \right]_{0}^{\pi} + \int_{0}^{\pi} \frac{1}{2} \cos x \, dx = \frac{\pi}{2}.$$

● **体積**

体積は本来，3重積分によって定義されるものである．3重積分は学んでいないが，その定義法は2重積分とまったく同じなので，類推によって理解してもらうことにする（方形を方体にかえるだけ）．

6.2.10【命題】 T を空間のなかのタテ線領域とする．すなわち，xy 平面の有界閉集合 A が面積をもつとし，A 上のふたつの連続関数 p, q が $p(x, y) \leq q(x, y)$ をみたすとき，
$$T = \{(x, y, z) \in \mathbf{R}^3 \,;\, (x, y) \in A,\ p(x, y) \leq z \leq q(x, y)\}$$
とする．このとき T は体積をもち，
$$|T| = \iint_A [q(x, y) - p(x, y)] dxdy$$
が成りたつ．

【証明】 これは2重積分の定義の解説と命題 6.2.3 からすぐに分かる．□

6.2.11【例】 1) $x^2 + y^2 \leq a^2\ (a > 0)$, $x \geq 0$, $0 \leq z \leq x$ なる領域の体積 V を求める．
$$V = \int_{x=0}^{a} \left[\int_{y=-\sqrt{a^2-x^2}}^{\sqrt{a^2-x^2}} x\, dy \right] dx = \int_{x=0}^{a} \left[xy \right]_{y=-\sqrt{a^2-x^2}}^{\sqrt{a^2-x^2}} dx$$
$$= 2 \int_0^a x\sqrt{a^2-x^2}\, dx = 2 \left[-\frac{1}{3}(a^2-x^2)^{\frac{3}{2}} \right]_0^a = \frac{2}{3}a^3.$$

2) $0 \leq x \leq \pi$, $|y| \leq \sin x$, $|z| \leq \sin x$ なる領域の体積 V を求める．
$$V = 2\int_{x=0}^{\pi} \left[\int_{y=-\sin x}^{\sin x} \sin x\, dy \right] dx = 2\int_{x=0}^{\pi} \left[y \sin x \right]_{y=-\sin x}^{\sin x} dx$$
$$= 2\int_0^{\pi} 2\sin^2 x\, dx = 2\int_0^{\pi} (1 - \cos 2x)\, dx = 2\left[x - \frac{1}{2}\sin 2x \right]_0^{\pi} = 2\pi.$$

──────── §2 の問題 ────────

問題 1 つぎの領域 A を図示し，その上の関数 f の積分 I を求めよ．
 1) $(0, 0), (0, \pi), (\pi, \pi)$ を頂点とする三角形で $f = \cos(x + y)$
 2) $0 \leq x \leq 1$, $0 \leq y \leq \sqrt{x}$ で $f = e^y$
 3) $y = x^2$ と $x = y^2$ に囲まれる領域で $f = \sqrt{xy}$
 4) $x, y \geq 0$, $\sqrt{x} + \sqrt{y} \leq 1$ で $f = \sqrt{xy}$
 5) $\dfrac{x^2}{a^2} + \dfrac{y^2}{b^2} \leq 1\ (0 < b < a)$, $b \leq x$ で $f = x$

問題 2 つぎの空間領域の体積 V を求めよ．

1) $|x|\leqq 1$, $|y|\leqq 1$, $|z|\leqq |x|+|y|$
2) $0\leqq y\leqq x\leqq 1$, $|z|\leqq x+y$
3) $x\geqq 0$, $y\geqq 0$, $\sqrt{x}+\sqrt{y}\leqq 1$, $z^2\leqq xy$
4) 半径 a のふたつの互いに直交する直円柱の共通部分

§3 広義積分

●非有界集合上の関数

6.3.1【定義】 1) 平面の点集合 A が有界でないとする．原点を中心とする一辺の長さ $2r$ の閉正方形（半径 r の閉円板でもよい）と A との共通部分を $A(r)$ とかく．各 $A(r)$ が面積をもつことだけでも A の顕著な性質なので，このとき A は（$+\infty$ も含めて）**面積確定**であるということにする．$\lim_{r\to +\infty}|A(r)|$ が（有限値として）存在するとき，A は（有限の）**面積を**もつと言い，$|A|=\lim_{r\to +\infty}|A(r)|$ を A の**面積**という．$\lim_{r\to +\infty}|A(r)|=+\infty$ のとき，$|A|=+\infty$ とする．

2) 非有界領域 A は面積確定だとし，f を A 上の連続関数とする．話を簡単にするために，A 上 $f(\boldsymbol{x})\geqq 0$ と仮定する．各 r に対して

$$I(r)=\int_{A(r)}f(\boldsymbol{x})\,d\boldsymbol{x}$$

とおく．$\lim_{r\to +\infty}I(r)$ が（有限値として）存在するとき，言いかえれば $\{I(r)\,;\,r>0\}$ が上に有界のとき，f は A 上**広義積分可能**である．または f の A 上の**広義積分**は**収束**すると言い，$\lim_{r\to +\infty}I(r)$ を f の A 上の**広義積分**と言って

$$\int_A f(\boldsymbol{x})\,d\boldsymbol{x},\quad \iint_A f(x,y)\,dxdy$$

などとかく．

広義積分が収束しないとき，f の A 上の広義積分は**発散**するという．

ノート 空間の非有界領域の体積もまったく同様に定義される．

6.3.2【例】 1) $x \geqq 1$, $x - \dfrac{1}{x^2} \leqq y \leqq x + \dfrac{1}{x^2}$ なる非有界領域 A の面積.

$$|A(r)| = \int_1^r \left[\left(x + \frac{1}{x^2} \right) - \left(x - \frac{1}{x^2} \right) \right] dx = 2 \int_1^r \frac{dx}{x^2} = 2 \left(1 - \frac{1}{r} \right).$$

よって $|A| = 2$. 便法でつぎのようにしてもよい.

$$|A| = \int_1^{+\infty} \left[\left(x + \frac{1}{x^2} \right) - \left(x - \frac{1}{x^2} \right) \right] dx = 2 \int_1^{+\infty} \frac{dx}{x^2} = 2.$$

2) 第1象限 A 上の関数 e^{-x-y} の積分.

$$I(r) = \left[\int_0^r e^{-x} dx \right]^2 = (1 - e^{-r})^2 \to 1 \quad (r \to +\infty \text{ のとき}).$$

3) 第1象限 A 上の関数 $\dfrac{1}{(1+x+y)^2}$ の積分.

$$\iint_A \frac{dxdy}{(1+x+y)^2} = \int_{y=0}^{+\infty} \left[\int_{x=0}^{+\infty} \frac{dx}{(1+x+y)^2} \right] dy = \int_{y=0}^{+\infty} \left[\frac{-1}{1+x+y} \right]_{x=0}^{+\infty} dy$$

$$= \int_0^{+\infty} \frac{dy}{1+y} = \left[\log(1+y) \right]_0^{+\infty}.$$

これは発散する. 最後の式の意味は $\displaystyle \lim_{r \to +\infty} \left[\log(1+y) \right]_0^r$ である.

4) 非有界領域 A 上の関数 f が有界でなくても, 広義積分可能のことがある. たとえば $A = \left\{ (x, y) ; x \geqq 1, 0 \leqq y \leqq \dfrac{1}{x^3} \right\}$ は有界でなく, その上の関数 $f(x, y) = x$ も有界でない. しかし,

$$\iint_A x \, dxdy = \int_{x=1}^{+\infty} \left[\int_{y=0}^{\frac{1}{x^3}} x \, dy \right] dx = \int_1^{+\infty} \frac{dx}{x^2} = 1.$$

A の面積は

$$|A| = \iint_A dxdy = \int_{x=1}^{+\infty} \left[\int_{y=0}^{\frac{1}{x^3}} dy \right] dx = \int_1^{+\infty} \frac{dx}{x^3} = \frac{1}{2}.$$

● **有界集合上の非有界関数**

6.3.3【定義】 面積をもつ有界集合 A 上の関数 f を考える. 話を簡単にするために, f は連続でいたるところ $f(\boldsymbol{x}) \geqq 0$ と仮定する. A が閉集合でなければ f は必ずしも有界でない. しかし, A に含まれる任意の面積をもつ閉集合 K では f は有界であり (定理 5.7.9), 積分 $I(K) = \displaystyle\int_K f(\boldsymbol{x}) d\boldsymbol{x}$ が定まる. K

が A に含まれるような面積をもつ閉集合すべてを動くときの $I(K)$ たちが有界のとき，f は A で**広義積分可能**または f の A での広義積分は**収束**するという．上限 $\sup_K I(K)$ を f の A 上の**広義積分**と言い，

$$\int_A f(\boldsymbol{x})\,d\boldsymbol{x}, \qquad \iint_A f(x,y)\,dxdy$$

などとかく．$f(x,y)\leqq 0$ でも同様である．

6.3.4【例】 1) $A=\{(x,y)\,;\,0<x\leqq 1,\ 0<y\leqq 1\}$, $f(x,y)=\dfrac{1}{\sqrt{xy}}$ のとき．

K が A に含まれる面積をもつ閉集合なら，ある正の数 δ をとると，K は閉正方形 $E_\delta=\{(x,y)\,;\,\delta\leqq x\leqq 1,\ \delta\leqq y\leqq 1\}$ に含まれる（第 5 章 §7 問題 2）．したがって

$$I(K)=\iint_K \frac{dxdy}{\sqrt{xy}}\leqq \int_{x=\delta}^1\int_{y=\delta}^1 \frac{dxdy}{\sqrt{xy}}=\left(\int_\delta^1 \frac{dx}{\sqrt{x}}\right)^2=(2-2\sqrt{\delta})^2$$

となって有界であり，$\iint_A \dfrac{dxdy}{\sqrt{xy}}=4$．

実際の計算に際して，いちいち δ を出すのは面倒だから，まちがいをおかす恐れがなければ，

$$\iint_A \frac{dxdy}{\sqrt{xy}}=\left(\int_0^1 \frac{dx}{\sqrt{x}}\right)^2=4$$

としてよい．カッコ内の積分は 1 変数の広義積分である．

2) 例 1) と同じ集合 A で $f(x,y)=\dfrac{1}{\sin\sqrt{xy}}$ とする．$xy\to +0$ のとき $\sin\sqrt{xy}\sim\sqrt{xy}$ だから，例 1) によって広義積分は収束する．値の計算はできないと思う．

3) $A=\{(x,y)\,;\,0<x\leqq 1,\ 0<y\leqq 1\}$, $f(x,y)=\dfrac{1}{x+y}$．便法により，

$$\iint_A \frac{dxdy}{x+y}=\int_{x=0}^1 \Big[\log(x+y)\Big]_0^1 dx=\int_0^1 [\log(x+1)-\log x]\,dx$$

$$=\Big[(x+1)\log(x+1)-(x+1)-x\log x+x\Big]_0^1=2\log 2.$$

$\lim\limits_{x\to +0} x\log x=0$ を使った．

4) $y=x^2$ と $y=x$ の囲む領域 A で
$$f(x,y) = \frac{1}{\sqrt{x^2-y^2}}$$
を積分する（図 6.3.1）．直線 $y=x$ のそばで f は $+\infty$ に近づく．便法により，

$$\iint_A \frac{dxdy}{\sqrt{x^2-y^2}} = \int_{x=0}^{1} \left[\int_{y=x^2}^{x} \frac{dy}{\sqrt{x^2-y^2}} \right] dx$$
$$= \int_{x=0}^{1} \left[\arcsin \frac{y}{x} \right]_{y=x^2}^{x} dx$$
$$= \int_0^1 \left[\frac{\pi}{2} - \arcsin x \right] dx$$
$$= \left[\frac{\pi}{2} x - x \arcsin x - \sqrt{1-x^2} \right]_0^1 = 1.$$

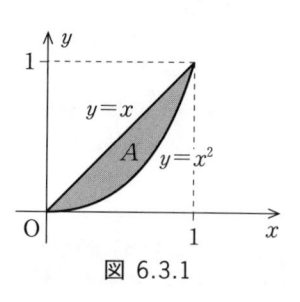

図 6.3.1

6.3.5【コメント】 収束する広義積分に対しても定理 6.2.8 は成りたつ．

―――――――― §3 の問題 ――――――――

問題 1 つぎの広義積分の収束性をしらべ，収束すれば値 I を求めよ．

1) $0 \le y \le x$ で $\dfrac{1}{(1+x+y)^3}$

2) $x \ge 0$, $x-a \le y \le x+a$ $(a>0)$ で e^{-x-y}

3) $0 \le x \le y$ で e^{-y^2}

4) 全平面で $\dfrac{1}{1+x^2+y^2}$

5) $(0,0), (0,1), (1,1)$ を頂点とする三角形で $\dfrac{1}{\sqrt{1-x^2}}$

6) $x^2+y^2 \le 1$ で $\dfrac{1}{\sqrt{1-x^2-y^2}}$

7) $x \ge 1$, $0 \le y \le \dfrac{1}{x^2}$ で $\dfrac{1}{\sqrt{xy}}$

問題 2 空間のなかの，つぎの非有界領域の体積 V を求めよ．

1) $x \ge 0$, $0 \le y \le e^{-x}$, $0 \le z \le x+y$

2) $z \geq 1$, $\dfrac{x^2}{a^2} + \dfrac{y^2}{b^2} \leq \dfrac{1}{z^2}$ $(a, b > 0)$

3) $|xy| \leq 1$, $|xz| \leq 1$, $|yz| \leq 1$ [ヒント：原点を中心とする1辺の長さ2の正方体 E の中と外に分けて考える]

§4 変数変換公式

● 変数変換公式

6.4.1【定義】 1) 座標系 x-y をもつ平面のほかに，座標 u-v をもつもうひとつの平面を考える．u-v 平面の点集合 A で定義されたふたつの実数値関数 $x(u,v), y(u,v)$ があれば，A の点 $\boldsymbol{u}=(u,v)$ に x-y 平面の点 $\boldsymbol{x}=(x(u,v), y(u,v))$ を対応させる写像 $\boldsymbol{p}$ が定まる：$\boldsymbol{x}=\boldsymbol{p}(\boldsymbol{u})=(x(u,v), y(u,v))$．これによる A の像（x-y 平面の点集合）を B とする：$B=\{\boldsymbol{p}(\boldsymbol{u})\,;\,\boldsymbol{u}\in A\}$．今後 A や B は面積をもつとし，ふたつの関数 $x(u,v)$, $y(u,v)$ は C^1 級とする．

2) 行列 $\begin{pmatrix} \dfrac{\partial x}{\partial u} & \dfrac{\partial y}{\partial u} \\ \dfrac{\partial x}{\partial v} & \dfrac{\partial y}{\partial v} \end{pmatrix}$ を写像 $\boldsymbol{p}$ のヤコビ行列という．その行列式

$$\begin{vmatrix} \dfrac{\partial x}{\partial u} & \dfrac{\partial y}{\partial u} \\ \dfrac{\partial x}{\partial v} & \dfrac{\partial y}{\partial v} \end{vmatrix} = \dfrac{\partial x}{\partial u}\dfrac{\partial y}{\partial v} - \dfrac{\partial x}{\partial v}\dfrac{\partial y}{\partial u}$$

を写像 $\boldsymbol{p}$ のヤコビ行列式という．これは変数 u, v の実数値関数である．ヤコビ行列式は $\dfrac{\partial(x, y)}{\partial(u, v)}$ と書かれることが多いけれども，ここでは簡単に $J(u, v)$ とかく．

以後，写像 $\boldsymbol{p}$ は1対1であると仮定し，またいたるところ $J(u, v) \neq 0$ とする．

6.4.2【定理】（変数変換公式） 上の記号のもとで，B 上の積分可能な関数 f に対し，A 上の関数 g が $g(\boldsymbol{u}) = f(\boldsymbol{p}(\boldsymbol{u}))$，すなわち

$$g(u,v) = f(x(u,v), y(u,v))$$

によって定まる．このとき g は A 上積分可能で，

$$\int_B f(\boldsymbol{x})\,d\boldsymbol{x} = \int_A f(\boldsymbol{p}(\boldsymbol{u}))|J(\boldsymbol{u})|\,d\boldsymbol{u}$$

すなわち

$$\iint_B f(x,y)\,dxdy = \iint_A f(x(u,v), y(u,v))|J(u,v)|\,dudv$$

が成りたつ．これを象徴的に

$$dxdy = |J(u,v)|\,dudv$$

とかく．とくに B の面積 $|B|$ は（f を B の定義関数として）

$$|B| = \iint_A |J(u,v)|\,dudv$$

で与えられる．

【証明のスケッチ】 1° まず $x(u,v)$, $y(u,v)$ が1次関数のとき：

$$\begin{cases} x(u,v) = au + bv + e, \\ y(u,v) = cu + dv + f, \end{cases} \quad J(u,v) = ad - bc \neq 0.$$

線型代数の知識によれば，u-v 平面の任意の方形 E は写像 $\boldsymbol{p}:(u,v) \mapsto (x,y)$ によって x-y 平面の平行四辺形 $F = \boldsymbol{p}(E)$ に移り，F の面積 $|F|$ は E の面積 $|E|$ に $|J(u,v)| = |ad - bc|$ を掛けたものである．

　A を含む大方形 E の分割 $P = \langle E_{ij} \rangle$ をとる．関数 $g(u,v)$ は A の外では 0 として E 上の関数に延長しておく．関数 f は $F = \boldsymbol{p}(E)$ 上の関数に延長される．各小方形 E_{ij} の1点 $\boldsymbol{u}_{ij} = (u_{ij}, v_{ij})$ をとり，$x_{ij} = x(u_{ij}, v_{ij})$，$y_{ij} = y(u_{ij}, v_{ij})$ とすると，

$$\sum_{i,j} f(x_{ij}, y_{ij})|F_{ij}| = \sum_{i,j} g(u_{ij}, v_{ij})|J(u_{ij}, v_{ij})||E_{ij}|$$

が成りたつ．分割の幅 $d(P)$ を 0 に近づけると，右辺は

$$\iint_A g(u,v)|J(u,v)|\,dudv$$

に近づく．平行四辺形 F_{ij} の対角線の長さも一様に 0 に近づく．F_{ij} は方形ではないので，それらは本来の意味での F の分割ではないけれども，それでも左辺は $\iint_B f(x,y)\,dxdy$ に近づくことが証明される．したがって

この場合には定理が成りたつ．

2° 一般の場合．局所的に関数 $x(u,v)$, $y(u,v)$ を1次関数で近似する．平均値の定理 5.1.11 により，

$$\Delta x = x(u+\Delta u, v+\Delta v) - x(u,v) \sim \frac{\partial x}{\partial u}(u,v)\Delta u + \frac{\partial x}{\partial v}(u,v)\Delta v,$$

$$\Delta y = y(u+\Delta u, v+\Delta v) - y(u,v) \sim \frac{\partial y}{\partial u}(u,v)\Delta u + \frac{\partial y}{\partial v}(u,v)\Delta v$$

だから，F_{ij} の面積はほぼ $|J(u_{ij}, v_{ij})|\Delta u \Delta v = |J(u_{ij}, v_{ij})||E_{ij}|$ に等しい．よって

$$\sum_{i,j} f(x_{ij}, y_{ij})|F_{ij}| \sim \sum_{i,j} g(u_{ij}, v_{ij})|J(u_{ij}, v_{ij})||E_{ij}|$$

となる．分割 P の幅 $d(P)$ を限りなく 0 に近づければ，極限として

$$\iint_B f(x,y)\,dxdy = \iint_{B'} g(u,v)\,dudv$$

が得られる．□

ノート 1) 以上に述べたのは，あくまで直観的な理解を助けるための記述であり，これだけでは全然証明になっていない．ちゃんとした証明は非常に難かしいので，巻末の参考文献を見ていただきたい．本書では，証明は別として，変数変換公式が自由に使えるようになることを目標とした．

2) （a） 変数変換公式は広義積分の場合にも成りたつ．

（b） 写像 $p : (u,v) \mapsto (x(u,v), y(u,v))$ はいたるところ 1 対 1 である必要はなく，1 対 1 でなくなる点の全体の面積が 0 であればよい．

（c） $J(u,v)$ のほうも，それが 0 になる点の全体の面積が 0 であればよい．

6.4.3【定理】（極座標との変数変換公式）

$$dxdy = r\,drd\theta.$$

【証明】 $x = r\cos\theta$, $y = r\sin\theta$ だから，

$$J(r,\theta) = \frac{\partial x}{\partial r}\frac{\partial y}{\partial \theta} - \frac{\partial x}{\partial \theta}\frac{\partial y}{\partial r} = \cos\theta \cdot r\cos\theta - (-r\sin\theta)\cdot\sin\theta = r. \ \square$$

6.4.4【例】 $\int_{-\infty}^{+\infty} e^{-x^2}\,dx = \sqrt{\pi}$．

ノート これは 1 変数関数の広義積分のひとつの例にすぎないと思われるかもしれ

ないが，実は数学や統計学のいたるところにあらわれるもっとも重要な例である．なお，この公式は例 6.1.11 の 2) ですでに厳密な，しかし技巧的な証明を与えた．ここでは変数変換公式を使って自然な証明をする．

【証明】 まず四分円板 $A(a) = \{(x, y); x \geq 0, y \geq 0, x^2 + y^2 \leq a^2\}$ $(a > 0)$ の上で関数 $e^{-x^2-y^2}$ を積分する．極座標変換により，

$$\iint_{A(a)} e^{-x^2-y^2} dxdy = \int_{r=0}^{a} \int_{\theta=0}^{\frac{\pi}{2}} e^{-r^2} r \, drd\theta = \frac{\pi}{2} \left[-\frac{1}{2} e^{-r^2} \right]_0^a = \frac{\pi}{4}(1 - e^{-a^2}).$$

つぎに $F(a) = \int_0^a e^{-x^2} dx$ とおくと，

$$F(a)^2 = \int_0^a e^{-x^2} dx \int_0^a e^{-y^2} dy = \iint_{D(a)} e^{-x^2-y^2} dxdy.$$

ただし，$D(a)$ は図 6.4.1 の正方形 $\{(x,y); 0 \leq x \leq a, 0 \leq y \leq a\}$ である．$D(a)$ はふたつの四分円板 $A(a)$ と $A(\sqrt{2}a)$ にはさまれる．関数は正だから，すぐ前の結果によって

$$\frac{\pi}{4}(1 - e^{-a^2}) = \iint_{A(a)} e^{-x^2-y^2} dxdy \leq F(a)^2$$

$$\leq \iint_{A(\sqrt{2}a)} e^{-x^2-y^2} dxdy$$

$$= \frac{\pi}{4}(1 - e^{-2a^2})$$

図 6.4.1

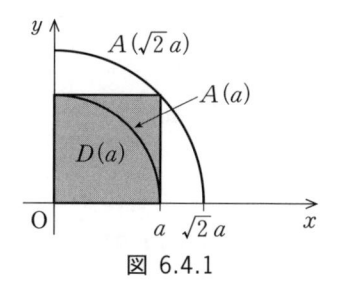

となる．したがって $\int_0^{+\infty} e^{-x^2} dx = \lim_{a \to +\infty} F(a) = \frac{\sqrt{\pi}}{2}$，すなわち

$$\int_{-\infty}^{+\infty} e^{-x^2} dx = \sqrt{\pi}. \quad \square$$

6.4.5【例】 ガンマ関数 $\Gamma(s)$ $(s > 0)$ とベータ関数 $B(p, q)$ $(p, q > 0)$ は例 3.5.12 で定義した：

$$\Gamma(s) = \int_0^{+\infty} e^{-x} x^{s-1} dx, \quad B(p, q) = \int_0^1 x^{p-1}(1-x)^{q-1} dx.$$

このふたつを結びつける公式 $B(p, q) = \dfrac{\Gamma(p)\Gamma(q)}{\Gamma(p+q)}$ を証明する．

$$\Gamma(p)\Gamma(q) = \int_{x=0}^{+\infty} \int_{y=0}^{+\infty} e^{-x-y} x^{p-1} y^{q-1} dxdy.$$

ここで新らしい変数 u, v を $u = x+y$, $v = \dfrac{x}{x+y}$ によって導入すると，点 (u, v) の範囲は $0 < u < +\infty$, $0 < v < 1$ であり，$x = uv$, $y = u - uv$ となる．非有界領域に変数変換公式を適用すると，ヤコビ行列式 $J(u, v) = -u$ だから，

$$\Gamma(p)\,\Gamma(q) = \int_{u=0}^{+\infty} \int_{v=0}^{1} e^{-u} u^{p-1} v^{p-1} u^{q-1} (1-v)^{q-1} u \, du dv$$
$$= \int_0^\infty e^{-u} u^{p+q-1} du \int_0^1 v^{p-1} (1-v)^{q-1} dv = \Gamma(p+q)\,B(p, q). \quad \square$$

6.4.6【例】 1) 中心を除いた円板 $B(a) = \{(x, y) ; 0 < x^2 + y^2 \le a^2\}$ $(a > 0)$ での関数 $\log(x^2 + y^2)$ の積分．これは原点で広義積分である．極座標変換により，

$$\iint_{B(a)} \log(x^2+y^2)\,dxdy = \int_{r=0}^{a} \int_{\theta=0}^{2\pi} (\log r^2)\,r\,drd\theta = 4\pi \int_0^a r \log r\,dr$$
$$= 4\pi \left[\frac{1}{2} r^2 \log r - \frac{1}{4} r^2 \right]_0^a = \pi a^2 (2\log a - 1).$$

2) 空間のなかで $x^2 + y^2 + z^2 \le a^2$, $x^2 + y^2 \le ax$ $(a > 0)$ で定まる領域 T の体積を求める．T は原点を中心とする半径 a の球と，円柱 $\left(x - \dfrac{a}{2}\right)^2 + y^2 \le \left(\dfrac{a}{2}\right)^2$ との共通部分である（図 6.4.2）．

x-y 平面の半円板 $\left(x - \dfrac{a}{2}\right)^2 + y^2 \le \left(\dfrac{a}{2}\right)^2$, $y \ge 0$ を B とすると，T の体

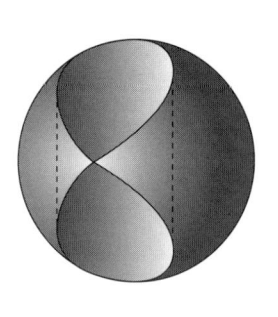

図 6.4.2 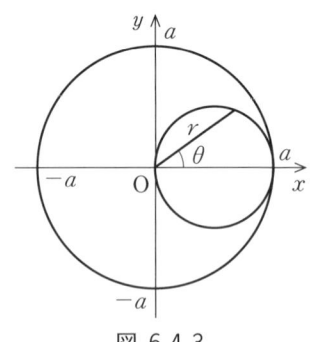　　　　図 6.4.3

積 V は $4\iint_B \sqrt{a^2-x^2-y^2}\,dxdy$ とかける．極座標に変換すると，(r,θ) の動く領域 A は，図 6.4.3 に示されるように $0\leqq\theta\leqq\dfrac{\pi}{2}$, $0\leqq r\leqq a\cos\theta$ だから，

$$\begin{aligned}V &= 4\iint_A \sqrt{a^2-r^2}\,r\,drd\theta = 4\int_{\theta=0}^{\frac{\pi}{2}}\left[\int_{r=0}^{a\cos\theta}\sqrt{a^2-r^2}\,r\,dr\right]d\theta \\ &= 4\int_{\theta=0}^{\frac{\pi}{2}}\left[-\frac{1}{3}(a^2-r^2)^{\frac{3}{2}}\right]_{r=0}^{a\cos\theta}d\theta \\ &= \frac{4a^3}{3}\int_0^{\frac{\pi}{2}}(1-\sin^3\theta)\,d\theta = \frac{4a^3}{3}\int_0^{\frac{\pi}{2}}(1-\sin\theta+\sin\theta\cos^2\theta)\,d\theta \\ &= \frac{4a^3}{3}\left[\theta+\cos\theta-\frac{1}{3}\cos^3\theta\right]_0^{\frac{\pi}{2}} = \frac{4a^3}{3}\left(\frac{\pi}{2}-\frac{2}{3}\right).\end{aligned}$$

3) 楕円体 $\dfrac{x^2}{a^2}+\dfrac{y^2}{b^2}+\dfrac{z^2}{c^2}\leqq 1$ $(a,b,c>0)$ の体積．

$$B = \left\{(x,y)\in\mathbf{R}^2\,;\,\frac{x^2}{a^2}+\frac{y^2}{b^2}\leqq 1\right\}$$

とすると，$|z|$ は 0 と $c\sqrt{1-\dfrac{x^2}{a^2}-\dfrac{y^2}{b^2}}$ のあいだを動くから，

$$V = 2c\iint_B\sqrt{1-\frac{x^2}{a^2}-\frac{y^2}{b^2}}\,dxdy.$$

$\dfrac{x^2}{a^2}+\dfrac{y^2}{b^2}\leqq 1$ だから，新らしい変数 (s,t) を導入して $\dfrac{x}{a}=s\cos t$, $\dfrac{y}{b}=s\sin t$ とおくことができる．ただし，$0\leqq s\leqq 1$, $0\leqq t\leqq 2\pi$. (s,t) は極座標ではない．$J(s,t)=\dfrac{\partial x}{\partial s}\dfrac{\partial y}{\partial t}-\dfrac{\partial x}{\partial t}\dfrac{\partial y}{\partial s}=abs$ だから，

$$\begin{aligned}V &= 2abc\int_{s=0}^1\int_{t=0}^{2\pi}\sqrt{1-s^2}\,s\,dsdt = 4\pi abc\left[-\frac{1}{3}(1-s^2)^{\frac{3}{2}}\right]_0^1 \\ &= \frac{4}{3}\pi abc.\end{aligned}$$

とくに $a=b=c$ なら球の体積 $\dfrac{4}{3}\pi a^3$ を得る．

● 高次元の場合

6.4.7【定理】 変数 $\boldsymbol{x}=(x_1,x_2,\cdots,x_n)$ が別の変数 $\boldsymbol{u}=(u_1,u_2,\cdots,u_n)$ の関数

として $x_j = x_j(\boldsymbol{u}) = x_j(u_1, u_2, \cdots, u_n)$ とかけるとき，$\dfrac{\partial x_j}{\partial u_i}$ を (i, j) 成分とする n 次行列（ヤコビ行列）の行列式（ヤコビ行列式）を $J(\boldsymbol{u})$ とかけば，2 変数のときとまったく同じ変数変換公式

$$\int_B f(\boldsymbol{x})\,d\boldsymbol{x} = \int_A f(\boldsymbol{p}(\boldsymbol{u}))|J(\boldsymbol{u})|\,d\boldsymbol{u} \quad \text{または}$$

$$\iint\cdots\int_B f(x_1, \cdots, x_n)\,dx_1\cdots dx_n = \iint\cdots\int_A f(x_1(\boldsymbol{u}), \cdots, x_n(\boldsymbol{u}))|J(\boldsymbol{u})|\,du_1\cdots du_n$$

が成りたつ．ただし，$\boldsymbol{x} = \boldsymbol{p}(\boldsymbol{u})$，$B = \boldsymbol{p}(A)$ である．

6.4.8【定義】（3次元空間の極座標）　z 軸上にない点 $P(x, y, z)$ と原点を結ぶ線分の長さを r とし，その線分が z 軸の正方向となす角を θ $(0 < \theta < \pi)$ とする．つぎに点 P から x-y 平面にくだした垂線の足を P' とし，P' と原点とをむすぶ線分が x 軸の正方向となす角を φ $(0 \leq \varphi \leq 2\pi)$ とする．三つ組 (r, θ, φ) を 3 次元空間の**極座標**という．

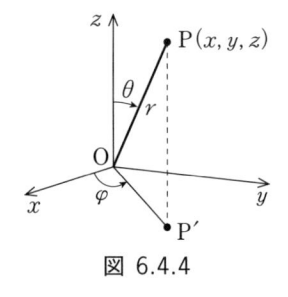

図 6.4.4

$$x = r\sin\theta\cos\varphi, \quad y = r\sin\theta\sin\varphi, \quad z = r\cos\theta$$

が成りたつ．

6.4.9【定理】（3次元の極座標変換）

$$dxdydz = r^2\sin\theta\,drd\theta d\varphi.$$

【証明】

$$J(r, \theta, \varphi) = \begin{vmatrix} \sin\theta\cos\varphi & r\cos\theta\cos\varphi & -r\sin\theta\sin\varphi \\ \sin\theta\sin\varphi & r\cos\theta\sin\varphi & r\sin\theta\cos\varphi \\ \cos\theta & -r\sin\theta & 0 \end{vmatrix} = r^2\sin\theta. \quad \square$$

―――――――――― §4 の問題 ――――――――――

問題 1　つぎの積分 I を計算せよ．広義積分なら収束性もしらべよ．

1) 帯状領域 $a^2 \leq x^2+y^2 \leq b^2$ $(0<a<b)$ で $\dfrac{1}{\sqrt{x^2+y^2}}$

2) 楕円 $\dfrac{x^2}{a^2}+\dfrac{y^2}{b^2} \leq 1$ $(a, b>0)$ の第1象限部分で $x+y$

3) 第1象限で $(x+y)e^{-x^2-y^2}$

4) 全平面で $\dfrac{1}{(1+x^2+y^2)^\alpha}$ (α は実数)

5) $x^2+y^2 \leq 1$ で $\dfrac{1}{\sqrt{1-x^2-y^2}}$

6) 3次元空間の $x^2+y^2+z^2 \leq 1$ で $\dfrac{1}{\sqrt{1-x^2-y^2-z^2}}$

問題 2 つぎの空間領域の体積を求めよ.

1) $(x-a)^2+(y-b)^2 \leq c^2$, $0 \leq z \leq xy$ $(0<c \leq a, b)$

2) 半径 a の球 A と, A の表面に中心をもつ半径 a の球 B との共通部分

3) $x^2+y^2+z^2 \leq a^2$, $|z| \leq b$ $(0<b<a)$

問題 3 $B\left(\dfrac{1}{2}, \dfrac{1}{2}\right)$ を求めよ. この結果と例 6.4.5 の結果を使って公式

$$\int_{-\infty}^{+\infty} e^{-x^2}dx = \sqrt{\pi}$$ を再現せよ.

§5 曲面と曲面積

●曲面と曲面積

われわれは曲面およびその面積の概念ももっている. それに合うように, 曲面とその面積を二段階で定義しなおす.

6.5.1【定義】 1) x-y 平面の領域 A が面積をもつとし, f を A 上定義された C^1 級関数とする.

$S=\{(x, y, f(x, y)) ; (x, y) \in A\}$

を A の上 (または下) にひろがる**曲面**という.

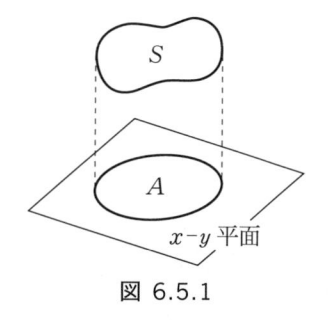

図 6.5.1

2) 曲面 S の**面積** $|S|$ を
$$|S|=\iint_A \sqrt{1+f_x{}^2+f_y{}^2}\,dxdy$$
によって定義する．

6.5.2【主張】 上の面積の定義は正当である．

【解説】 A を含む大方形の分割に出てくる小方形（A に含まれるもの）の任意のひとつを $\varDelta A$ とし，その上方（または下方）にある S の小部分を $\varDelta S$ とする．$\varDelta S$ の点 $\mathrm{P}_0(x_0, y_0, z_0)$ での接平面の方程式は
$$z-z_0=f_x(x_0, y_0)(x-x_0)+f_y(x_0, y_0)(y-y_0)$$
で与えられる（定義 5.1.15）から，P_0 での法線（接平面と直交する直線）方向のベクトルとして $\boldsymbol{b}=(-f_x, -f_y, 1)$ をとり，また z 軸方向のベクトルとして $\boldsymbol{a}=(0,0,1)$ をとって，そのあいだの角を $\theta\left(0\leqq\theta\leqq\dfrac{\pi}{2}\right)$ とすると，
$$\cos\theta=\frac{(\boldsymbol{a}\mid\boldsymbol{b})}{\|\boldsymbol{a}\|\cdot\|\boldsymbol{b}\|}=\frac{1}{\sqrt{1+f_x{}^2+f_y{}^2}}$$

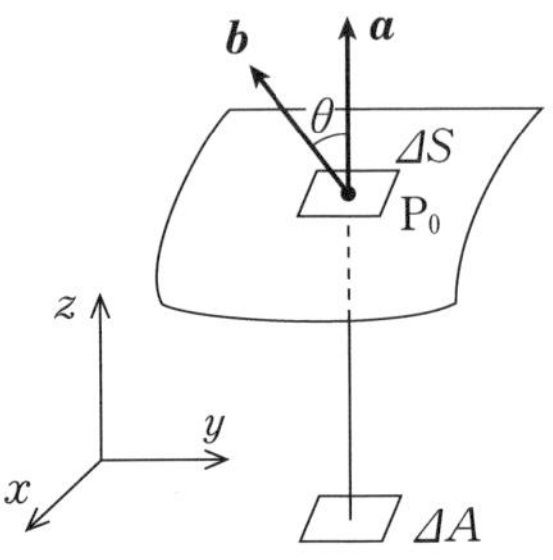

図 6.5.2

が成りたつ．ただし $\|\boldsymbol{a}\|, \|\boldsymbol{b}\|$ はベクトル $\boldsymbol{a}, \boldsymbol{b}$ の長さ，$(\boldsymbol{a}\mid\boldsymbol{b})$ は $\boldsymbol{a}$ と $\boldsymbol{b}$ の内積をあらわす（第 7 章に簡単な解説がある）．

図 6.5.2 から分かるように，$\varDelta A$ の上方にある接平面の小部分の面積は $\dfrac{|\varDelta A|}{\cos\theta}$ であり，一方それは $\varDelta S$ の面積 $|\varDelta S|$ に非常に近いはずだから，$|\varDelta S|\fallingdotseq\sqrt{1+f_x{}^2+f_y{}^2}\,|\varDelta A|$ となる．これらを足しあわせ，分割を限りなく細かくすることにより，S の面積 $|S|$ は
$$|S|=\iint_A\sqrt{1+f_x{}^2+f_y{}^2}\,dxdy$$
でなければならない．□

6.5.3【例】 1) 半径 a の球面 S の表面積 $|S|$ を求める．原点を中心にすれ

ば $x^2+y^2+z^2=a^2$ だから，上半分は $z=\sqrt{a^2-x^2-y^2}$ であり，
$$\frac{\partial z}{\partial x}=\frac{-x}{\sqrt{a^2-x^2-y^2}}, \quad \frac{\partial z}{\partial y}=\frac{-y}{\sqrt{a^2-x^2-y^2}}$$
である．したがって
$$|S|=2\iint_{x^2+y^2\leq a^2}\sqrt{1+\left(\frac{\partial z}{\partial x}\right)^2+\left(\frac{\partial z}{\partial y}\right)^2}dxdy=2\iint_{x^2+y^2\leq a^2}\frac{a\,dxdy}{\sqrt{a^2-x^2-y^2}}$$
$$=2a\int_{r=0}^{a}\int_{\theta=0}^{2\pi}\frac{r}{\sqrt{a^2-r^2}}drd\theta=4\pi a\left[-\sqrt{a^2-r^2}\right]_0^a=4\pi a^2.$$

もちろん，回転図形の表面積の公式（定義 3.7.16）を使ってもよい（例 3.7.17 の 1)）．

2) 原点を中心とする半径 a の球面のうち，円柱 $x^2+y^2=ax$ の中側にある部分 S の表面積 $|S|$ を求める（図 6.5.3）．これは例 6.4.6 の 2) で体積を求めた図形である．x-y 平面の半円板 $\left(x-\dfrac{a}{2}\right)^2+y^2\leq\left(\dfrac{a}{2}\right)^2$, $y\geq 0$ を B とし，$f(x,y)=\sqrt{a^2-x^2-y^2}$ とすると，

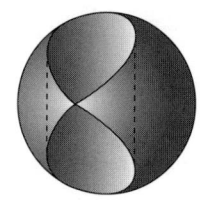

図 6.5.3

$$f_x=\frac{-x}{\sqrt{a^2-x^2-y^2}}, \quad f_y=\frac{-y}{\sqrt{a^2-x^2-y^2}}$$

だから，
$$|S|=4\iint_B\sqrt{1+f_x^2+f_y^2}dxdy=4\iint_B\frac{a\,dxdy}{\sqrt{a^2-x^2-y^2}}.$$

極座標に変換すると，(r,θ) の動く領域 A は，図 6.5.4 に示されるように $0\leq\theta\leq\dfrac{\pi}{2}$, $0\leq r\leq a\cos\theta$ だから，

$$|S|=4a\iint_A\frac{r\,drd\theta}{\sqrt{a^2-r^2}}$$
$$=4a\int_{\theta=0}^{\frac{\pi}{2}}\left[\int_{r=0}^{a\cos\theta}\frac{r\,dr}{\sqrt{a^2-r^2}}\right]d\theta$$
$$=4a\int_{\theta=0}^{\frac{\pi}{2}}\left[-\sqrt{a^2-r^2}\right]_{r=0}^{a\cos\theta}d\theta$$

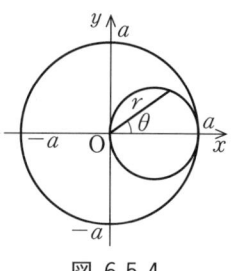

図 6.5.4

§5　曲面と曲面積

$$=4a^2\int_0^{\frac{\pi}{2}}(1-\sin\theta)\,d\theta=4a^2\Big[\theta+\cos\theta\Big]_0^{\frac{\pi}{2}}=4a^2\left(\frac{\pi}{2}-1\right).$$

● パラメーター曲面

第 2 段階として，もっと一般的に曲面を定義する．

6.5.4【定義】 $u\text{-}v$ 平面の面積をもつ集合 E で定義された三つの C^1 級関数 $x(u,v), y(u,v), z(u,v)$ があるとする．点 (u,v) が E を動くときに対応する空間 $\boldsymbol{R}^3$ の点 (x,y,z) が動いた軌跡

$$S=\{(x(u,v), y(u,v), z(u,v))\,;\,(u,v)\in E\}$$

を，(u,v) をパラメーターとする**パラメーター曲面**という．$u=x$, $v=y$ のときが定義 6.5.1 の曲面である．

6.5.5【準備と定義】 1) 上の記号のもとで $\boldsymbol{x}=(x,y,z)$ とし，

$$\boldsymbol{a}=\frac{\partial \boldsymbol{x}}{\partial u}=\begin{pmatrix}x_u\\y_u\\z_u\end{pmatrix},\qquad \boldsymbol{b}=\frac{\partial \boldsymbol{x}}{\partial v}=\begin{pmatrix}x_v\\y_v\\z_v\end{pmatrix}$$

とおき，$\boldsymbol{a}$ と $\boldsymbol{b}$ のベクトル積を $\boldsymbol{a}\times \boldsymbol{b}=\dfrac{\partial \boldsymbol{x}}{\partial u}\times\dfrac{\partial \boldsymbol{x}}{\partial v}$ とおく．ベクトル積については第 7 章に簡単な解説があるが，詳しくは線型代数の本を見ていただきたい（たとえば『齋藤正彦　線型代数学』東京図書）．

$$\boldsymbol{a}\times \boldsymbol{b}=\frac{\partial \boldsymbol{x}}{\partial u}\times\frac{\partial \boldsymbol{x}}{\partial v}=\begin{pmatrix}y_uz_v-y_vz_u\\z_ux_v-z_vx_u\\x_uy_v-x_vy_u\end{pmatrix}.$$

2) 以後，E から S への写像 $(u,v)\mapsto(x,y,z)$ は 1 対 1，またはほとんど 1 対 1（1 対 1 でなくなる点全部の集合の面積が 0）と仮定する．そうしないと，S の面積を重複してかぞえてしまうことになる．

そう仮定したうえで，パラメーター曲面 S の面積 $|S|$ を

$$|S|=\iint_E\left\|\frac{\partial \boldsymbol{x}}{\partial u}\times\frac{\partial \boldsymbol{x}}{\partial v}\right\|du dv$$

$$=\iint_E\sqrt{(y_uz_v-y_vz_u)^2+(z_ux_v-z_vx_u)^2+(x_uy_v-x_vy_u)^2}\,du dv$$

によって定義する．$\|\ \|$はベクトルの長さである．

正当化 $x_0 = x(u_0, v_0) = (x_0, y_0, z_0) = (x(u_0, v_0), y(u_0, v_0), z(u_0, v_0))$ を S の点とすると，平均値定理の別形（定理 5.1.12）により，

$$\begin{cases} x - x_0 \sim x_u(u - u_0) + x_v(v - v_0) \\ y - y_0 \sim y_u(u - u_0) + y_v(v - v_0) \\ z - z_0 \sim z_u(u - u_0) + z_v(v - v_0) \end{cases}$$

すなわち

$$x - x_0 \sim \frac{\partial x}{\partial u}(u - u_0) + \frac{\partial x}{\partial v}(v - v_0)$$

が成りたつから，ベクトル $a = \dfrac{\partial x}{\partial u}$, $b = \dfrac{\partial x}{\partial v}$ は点 x_0 での S の接平面内に平行四辺形を張り，その面積は線型代数の知識によれば $\|a \times b\| = \left\|\dfrac{\partial x}{\partial u} \times \dfrac{\partial x}{\partial v}\right\|$ である．主張 6.5.2 の解説のときと同様に

$$|\Delta S| \sim \left\|\frac{\partial x}{\partial u} \times \frac{\partial x}{\partial v}\right\| \cdot |\Delta E|$$

だから，その和の極限としてわれわれの定義が得られる．□

6.5.6【例】 $E = \{(u, v)\,;\, u^2 + v^2 \leq 1\}$, $x = u + v$, $y = uv$, $z = u - v$ によって決まるパラメーター曲面 S の表面積 $|S|$ を求める．計算すると $\dfrac{\partial x}{\partial u} \times \dfrac{\partial x}{\partial v} = 2(u^2 + v^2 + 2)$ だから，

$$|S| = \sqrt{2}\iint_{u^2+v^2\leq 1}\sqrt{u^2+v^2+2}\,dudv = \sqrt{2}\int_{r=0}^{1}\int_{\theta=0}^{2\pi}\sqrt{r^2+2}\,r\,drd\theta$$
$$= 2\sqrt{2}\,\pi\left[\frac{1}{3}(r^2+2)^{\frac{3}{2}}\right]_0^1 = 2\sqrt{2}\,\pi \cdot \frac{1}{3}(3^{\frac{3}{2}} - 2^{\frac{3}{2}}) = \frac{2\pi}{3}(3\sqrt{6} - 4).$$

【別解】 $y = f(x, y) = \dfrac{1}{4}(x^2 - z^2)$, $x^2 + z^2 = 2(u^2 + v^2) \leq 2$ だから，定義 6.5.1 の 2) により，

$$|S| = \iint_{x^2+z^2\leq 2}\sqrt{1+f_x^2+f_z^2}\,dxdz = \iint_{x^2+z^2\leq 2}\sqrt{1+\frac{x^2}{4}+\frac{z^2}{4}}\,dxdz$$

$$= \frac{1}{2} \int_{r=0}^{\sqrt{2}} \int_{\theta=0}^{2\pi} \sqrt{r^2+4}\, r\, dr d\theta = \pi \left[\frac{1}{3}(r^2+4)^{\frac{3}{2}} \right]_0^{\sqrt{2}}$$
$$= \frac{\pi}{3}(6^{\frac{3}{2}} - 4^{\frac{3}{2}}) = \frac{2\pi}{3}(3\sqrt{6}-4).$$

問題によっては定義 6.5.5 を直接つかわず，定義 6.5.1 に帰着させるほうが簡単になる．

---------- §5 の問題 ----------

問題 1 つぎの曲面 S の表面積 $|S|$ を求めよ．
1) 球面 $x^2+y^2+z^2=a^2$ $(a>0)$ のうち，$b \leq x \leq c$ $(-a \leq b < c \leq a)$ の部分
2) 曲面 $z^2=4ax$ $(a>0)$ のうち，$y^2 \leq ax-x^2$ の部分
3) 曲面 $x^2=2pz$ の $0 \leq x \leq a$, $\beta x \leq y \leq \alpha x$ の部分
4) 曲面 $z=xy$ の円柱 $x^2+y^2 \leq a^2$ $(a>0)$ 内の部分

問題 2 つぎのパラメーター曲面 S の面積 $|S|$ を求めよ．
1) $x=u^2$, $y=\sqrt{2}\,uv$, $z=v^2$；$u^2+v^2 \leq 1$, $u, v \geq 0$
2) $x=ar\cos\theta$, $y=br\sin\theta$, $z=\frac{1}{2}r^2(a\cos^2\theta + b\sin^2\theta)$
3) $x=r\cos\theta$, $y=r\sin\theta$, $z=\theta$；$0 \leq r \leq 1$, $0 \leq \theta \leq 2\pi$

第7章
ベクトル解析の概要

　この章では関数は必要なだけなめらか（偏微分可能）と仮定し，いちいちことわらない．

§1　線積分・グリーンの定理

●線積分

7.1.1【コメント】　座標平面で定義された2変数関数 $f(x,y)$ があるとしよう．$y=0$ とすれば x だけの関数 $f(x,0)$ が得られる．これを x に関して積分することは，第3章で十分にやったことである．$y=0$ でなく，$y=b$（b は定数）としても同様であり，x だけの関数 $f(x,b)$ の積分が自然に考えられる．

　それでは，（向きのある）まがった曲線 C に沿った x に関する積分はどう考えたらよいか．

　ふつうの積分と同様，曲線をこまかく分割し，その i 番目の小部分の長さを Δs_i とする．曲線の長さが Δs_i だけ進んだとき，x 座標は座標軸におとす影の長さ Δx_i しか進まない（図7.1.1）．変数 x に関して積分しようというのだから，加えあわされるべき量は $f(x_i, y_i)\Delta x_i$ でなければならない．

　もし曲線がある部分で垂直なら，そこでは $\Delta x_i=0$ となる．また図7.1.2の

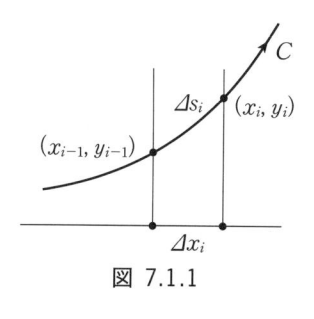

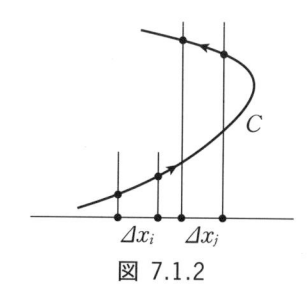

図 7.1.1

図 7.1.2

ように曲線が右から左に走るとき，x 座標の変化 Δx_j は負の数になる．

7.1.2【定義】 上のコメントの続きとして，リーマン和
$$\sum_{i=1}^{n} f(x_i, y_i) \Delta x_i$$
をつくり，分割を限りなく細かくしたときの極限を
$$\int_C f(x, y)\, dx$$
とかき，向きのある曲線 C に沿う，関数 $f(x, y)$ の x **方向の線積分**という．まったく同様に y 方向の線積分
$$\int_C f(x, y)\, dy$$
が定義される．

7.1.3【例】 原点 $(0, 0)$ から $(1, 1)$ に向かう 3 本の曲線 C_1, C_2, C_3 を考える（図 7.1.3）．$f(x, y) = x + y$ として，これらの曲線に沿う x 方向の線積分を計算しよう．

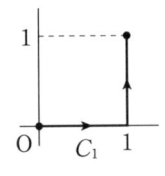

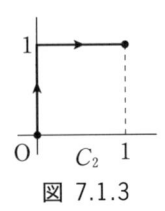

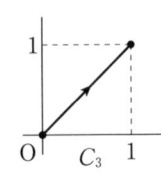

図 7.1.3

C_1 の後半は垂直だから $\Delta x = 0$ であり，積分も 0 である．したがって
$$\int_{C_1} (x + y)\, dx = \int_0^1 x\, dx = \frac{1}{2}.$$
同様に
$$\int_{C_2} (x + y)\, dx = \int_0^1 (x + 1)\, dx = \frac{3}{2}.$$
C_3 では $x = y$ だから，

$$\int_{C_3}(x+y)\,dx = \int_{C_3} 2x\,dx = 2\int_0^1 x\,dx = 1.$$

7.1.4【命題】 向きのある曲線 C がパラメーター t によって
$$C: x=x(t),\quad y=y(t)\quad (\alpha \leq t \leq \beta)$$
と表わされるとき，関数 $f(x,y)$ の C に沿う x 方向の線積分は
$$\int_C f(x,y)\,dx = \int_\alpha^\beta f(x(t),y(t))\frac{dx}{dt}dt$$
で与えられる．同様に y 方向については
$$\int_C f(x,y)\,dy = \int_\alpha^\beta f(x(t),y(t))\frac{dy}{dt}dt.$$

【証明】 $[\alpha,\beta]$ の分割 $\alpha=\alpha_0<\alpha_1<\cdots<\alpha_n=\beta$ に対し，$\alpha_{i-1}\leq t_i\leq \alpha_i$ なる t_i をとって $x_i=x(t_i)$, $y_i=y(t_i)$ とおく．$\Delta t_i=\alpha_i-\alpha_{i-1}$ とし，そこでの x の変化を $\Delta x_i=x(\alpha_i)-x(\alpha_{i-1})$（マイナスもありうる）とすると，
$$f(x_i,y_i)\Delta x_i = f(x(t_i),y(t_i))\frac{\Delta x_i}{\Delta t_i}\Delta t_i$$
だから，分割を限りなく細かくするとき，
$$\int_C f(x,y)\,dx = \lim_{n\to\infty}\sum_{i=1}^n f(x_i,y_i)\Delta x_i = \lim_{n\to\infty}\sum_{i=1}^n f(x(t_i),y(t_i))\frac{\Delta x_i}{\Delta t_i}\Delta t_i$$
$$= \int_\alpha^\beta f(x(t),y(t))\frac{dx}{dt}dt$$
となる．y 方向についても同様． □

7.1.5【例】 1) $C: x=1-t,\ y=t-t^2\ (0\leq t\leq 1)$ とし，$f(x,y)=xy$ とすると，
$$\int_C f(x,y)\,dx = \int_0^1 (1-t)(t-t^2)(-dt)$$
$$= \int_0^1 (-t+2t^2-t^3)\,dt = -\frac{1}{12},$$
$$\int_C f(x,y)\,dy = \int_0^1 (1-t)(t-t^2)(1-2t)\,dt$$
$$= \int_0^1 (t-4t^2+5t^3-2t^4)\,dt = \frac{1}{60}.$$

2) C を左まわりの楕円 $x = a\cos t$, $y = b\sin t$ $(0 \leq t \leq 2\pi\,;\,a, b > 0)$ とし，$f(x, y) = x + \arcsin\dfrac{y}{b}$ とすると，$t = \arcsin\dfrac{y}{b}$ だから，

$$\int_C f(x, y)\,dx = \int_0^{2\pi} (a\cos t + t)(-a\sin t\,dt)$$
$$= -a\left[\dfrac{a}{2}\sin^2 t - t\cos t + \sin t\right]_0^{2\pi} = 2\pi a.$$

$$\int_C f(x, y)\,dy = \int_0^{2\pi} (a\cos t + t)(b\cos t\,dt)$$
$$= b\left[\dfrac{a}{4}\sin 2t + \dfrac{a}{2}t + t\sin t + \cos t\right]_0^{2\pi} = \pi ab.$$

● 単純閉曲線・領域の境界

7.1.6【定義】 定義 3.7.18 の内容をくりかえす．パラメーター曲線
$$C : x = x(t), \quad y = y(t) \quad (\alpha \leq t \leq \beta)$$
を考える．C には向きがきまっている．t の増加する向きに進むのである．点 $P(\alpha) = (x(\alpha), y(\alpha))$ を C の**始点**，$P(\beta) = (x(\beta), y(\beta))$ を**終点**という．

始点と終点が一致する曲線を**閉曲線**という．閉曲線によっては，図 7.1.4 のように同じ点を二度とおることがある．こうならない閉曲線を**単純閉曲線**という．

C が単純閉曲線のとき，平面は C の内部と外部に分かれる．単純閉曲線 C の進行方向左側が内部 D であるとき，この向きを**正の向き**という（図 7.1.5）．反対の向きを**負の向き**という．C を D の**境界**という．

図 7.1.4　　　　図 7.1.5

7.1.7【定義】 D を平面の領域とし，その境界 C は閉曲線であるとする．D に穴があいている場合も考察の対象にする．すると，図 7.1.6 が示すように，D の境界 C は 1 本の曲線ではなく，（図の場合には）3 本の単純閉曲線 C_1,

図 7.1.6

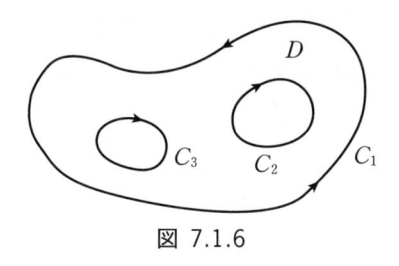

C_2, C_3 から成る．C_i たちは正の向きとする．C_1 は左まわりだが，C_2 と C_3 は反対の時計まわりになる．

このとき，関数 $f(x,y)$ の C に沿う x 方向の線積分 $\int_C f(x,y)\,dx$ を，

$$\int_C f(x,y)\,dx = \int_{C_1} f(x,y)\,dx + \int_{C_2} f(x,y)\,dx + \int_{C_3} f(x,y)\,dx$$

として定義する．y 方向についても同様である．

これからやるグリーンの定理は，領域 D 上の2重積分と境界 C に沿う線積分を結びつける，非常に重要な定理である．

● グリーンの定理

7.1.8【定理】（グリーンの定理 (1)） 領域 D の境界を C とするとき，関数 $f(x,y)$ に対し，

$$\iint_D \frac{\partial f}{\partial y}\,dxdy = -\int_C f(x,y)\,dx,$$

$$\iint_D \frac{\partial f}{\partial x}\,dxdy = \int_C f(x,y)\,dy.$$

【証明】 1° 第1の式を取りあげ，はじめに D が図7.1.7のようなタテ線領域の場合を考える．すなわち，有界閉区間 $[a,b]$ で定義されたふたつの関数 $p(x), q(x)$ があって，つねに $p(x) \geqq q(x)$ であるとき，

$$D = \{(x,y) \in \mathbf{R}^2 ; a \leqq x \leqq b,\ q(x) \leqq y \leqq p(x)\}$$

である．図の場合，境界 C は三つの部分 C_1, C_2, C_3 に分かれる．命題6.2.7により，

図 7.1.7

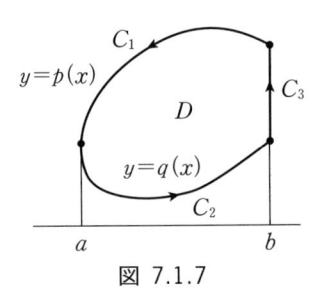

$$\iint_D \frac{\partial f}{\partial y} dxdy = \int_a^b \left[\int_{q(x)}^{p(x)} \frac{\partial f}{\partial y} dy \right] dx = \int_a^b [f(x, p(x)) - f(x, q(x))] dx$$

$$= \int_a^b f(x, p(x)) dx - \int_a^b f(x, q(x)) dx$$

$$= -\int_b^a f(x, p(x)) dx - \int_a^b f(x, q(x)) dx$$

$$= -\int_{C_1} f(x, y) dx - \int_{C_2} f(x, y) dx.$$

一方 C_3 は垂直なので $\int_{C_3} f(x, y) dx = 0$ だから,

$$\iint_D \frac{\partial f}{\partial y} dxdy = -\int_{C_1} f(x, y) dx - \int_{C_2} f(x, y) dx - \int_{C_3} f(x, y) dx$$

$$= -\int_C f(x, y) dx$$

となって定理が証明された.

2° つぎに D が一般の領域の場合, 図 7.1.8 のように, 何本かのタテ線を引いて D を何個かのタテ線領域に分割し, 各タテ線領域に関する結果を足しあわせればよい. そのとき, 分割のために引いたタテ線が境界に加わるが, そこでの x 方向の線積分は 0 だから, 結果に影響を与えない.

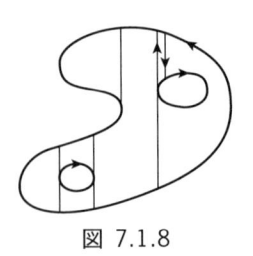

図 7.1.8

第 7 章 ベクトル解析の概要

3° 第2の式を取りあげよう．今度は領域を何本かの水平線によって何個かのヨコ線領域に分割し，そこで1°と同じことをやればよい．やってみれば分かるように，今度は右辺にマイナス符号がつかない．

しかし，つぎのような形式的な計算からも導かれる．

境界の閉曲線 C が $x=x(t),\ y=y(t)\ (\alpha\leqq t\leqq\beta)$ で与えられるとしよう．$H(x,y)=\int f(x,y)\,dy$ とおくと $\dfrac{\partial H}{\partial y}=f$．

$$\int_\alpha^\beta \frac{d}{dt}H(x(t),y(t))\,dt=H(x(\beta),y(\beta))-H(x(\alpha),y(\alpha))=0.$$

一方，合成関数の偏微分法（定理 5.1.8）により，

$$0=\int_\alpha^\beta \frac{d}{dt}H(x(t),y(t))\,dt=\int_\alpha^\beta\left(\frac{\partial H}{\partial x}\frac{dx}{dt}+\frac{\partial H}{\partial y}\frac{dy}{dt}\right)dt$$

$$=\int_C \frac{\partial H}{\partial x}\,dx+\int_C f\,dy.$$

よって $\int_C \dfrac{\partial H}{\partial x}\,dx=-\int_C f\,dy$．$g=\dfrac{\partial H}{\partial x}$ とすると $\dfrac{\partial g}{\partial y}=\dfrac{\partial^2 H}{\partial x\partial y}=\dfrac{\partial f}{\partial x}$ だから，すでに証明した第1の式により，

$$\int_C \frac{\partial H}{\partial x}\,dx=\int_C g\,dx=-\iint_D \frac{\partial g}{\partial y}\,dxdy=-\iint_D \frac{\partial f}{\partial x}\,dxdy$$

となる．したがって $\iint_D \dfrac{\partial f}{\partial x}\,dxdy=\int_C f\,dy$．☐

[ノート]　$\int_C f(x,y)\,dx+\int_C g(x,y)\,dy$ を $\int_C [f(x,y)\,dx+g(x,y)\,dy]$ とかく．カッコなしで $\int_C f(x,y)\,dx+g(x,y)\,dy$ とかくことも多い．

7.1.9【定理】（グリーンの定理 (2)） D,C は前定理と同じとする．ふたつの関数 $f(x,y),\ g(x,y)$ に対し，

$$\iint_D \left(\frac{\partial g}{\partial x}-\frac{\partial f}{\partial y}\right)dxdy=\int_C (f\,dx+g\,dy)$$

が成りたつ．

【証明】 グリーンの定理 (1) の第2式で f を g に変えた式から第1式を引けばよい．☐

7.1.10【定理】 領域 D の境界が C のとき，D の面積 $|D|$ は

$$|D| = -\int_C y\,dx = \int_C x\,dy = \frac{1}{2}\int_C (x\,dy - y\,dx)$$

で与えられる．

【証明】 定理 7.1.8 の第 1 式で $f(x,y) = y$ とおくと $|D| = \iint_D dxdy = -\int_C y\,dx$．第 2 式で $f(x,y) = x$ とおくと $|D| = \iint_D dxdy = \int_C x\,dy$．□

ノート 境界 C が $x = x(t)$, $y = y(t)$ ($\alpha \leq t \leq \beta$) と表わされていれば，$dx = x'(t)\,dt$, $dy = y'(t)\,dt$ だからつぎの等式が得られる：

$$|D| = \int_\alpha^\beta x(t)y'(t)\,dt = -\int_\alpha^\beta y(t)x'(t)\,dt = \frac{1}{2}\int_\alpha^\beta (xy' - yx')\,dt.$$

これは定理 3.7.19 の式にほかならない．

7.1.11【定理】 穴のない領域（たとえば平面全部）で定義されたふたつの関数 f, g に対し，つぎの三条件は互いに同値である．

a) $\dfrac{\partial f}{\partial y} = \dfrac{\partial g}{\partial x}$.

b) 領域内の任意の単純閉曲線 C に対して $\int_C (f\,dx + g\,dy) = 0$.

c) 関数 $H(x, y)$ が存在し，$\dfrac{\partial H}{\partial x} = f$, $\dfrac{\partial H}{\partial y} = g$.

【証明】 $1°$ c) $\Rightarrow$ a) $\dfrac{\partial f}{\partial y} = \dfrac{\partial}{\partial y}\left(\dfrac{\partial H}{\partial x}\right) = \dfrac{\partial}{\partial x}\left(\dfrac{\partial H}{\partial y}\right) = \dfrac{\partial g}{\partial x}$.

$2°$ a) $\Rightarrow$ b) C の内部を D とすると，グリーンの定理によって

$$\int_C (f\,dx + g\,dy) = \iint_D \left(\dfrac{\partial g}{\partial x} - \dfrac{\partial f}{\partial y}\right) dxdy = 0.$$

$3°$ b) $\Rightarrow$ c) 1 点 $P_0(x_0, y_0)$ を固定する．点 $P(x, y)$ に対し，P_0 から P に至る曲線 C をとって

$$H(x, y) = \int_C (f\,dx + g\,dy)$$

と定義したい．しかし，C の取りかたによって値が違ってしまっては困る．そこで P_0 と P を結ぶ 2 本の曲線 C_1, C_2 をとろう．C_2 を逆向きにして C_1 のあとにつなげた閉曲線が単純閉曲線なら，仮定 b) によって

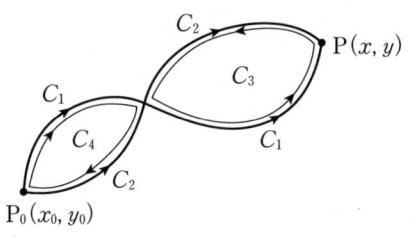

図 7.1.9

$\int_{C_1}(f\,dx+g\,dy)-\int_{C_2}(f\,dx+g\,dy)=0$ となる．図 7.1.9 のように，単純閉曲線にならない場合には，図 7.1.9 のように単純閉曲線 C_3, C_4 を作れば，

$$\int_{C_1}(f\,dx+g\,dy)-\int_{C_2}(f\,dx+g\,dy)$$
$$=\int_{C_3}(f\,dx+g\,dy)-\int_{C_4}(f\,dx+g\,dy)=0$$

となる．こうして $\int_C (f\,dx+g\,dy)$ は C の取りかたによらないことが分かった．そこで

$$H(x,y)=\int_C (f\,dx+g\,dy)$$

と定義する．

$H(x+h,y)$ を計算するために，P_0 から点 $Q(x+h,y)$ に至る道として，まず P_0 から P に至る道 C_1 をとおり，つぎに P から Q まで水平な道 C_2 をとおることにしてもよい（図 7.1.10）．すると，C_2 では $dy=0$ だから，

図 7.1.10

$$H(x+h,y)-H(x,y)=\int_{C_2}(f\,dx+g\,dy)$$
$$=\int_x^{x+h}f\,dx=F(x+h,y)-F(x,y)$$

となる．ただし $F(x,y)=\int_{x_0}^x f(x,y)\,dx$．したがって

§1 線積分・グリーンの定理

$$\frac{\partial H}{\partial x} = \lim_{h \to 0} \frac{H(x+h, y) - H(x, y)}{h} = \lim_{h \to 0} \frac{F(x+h, y) - F(x, y)}{h}$$
$$= \frac{\partial F}{\partial x}(x, y) = f(x, y).$$

y に関しても同様である. □

---
§1 の問題

問題 1 つぎの線積分 I を計算せよ.

1) 左まわりの半円周 $x^2 + y^2 = a^2$ $(a>0)$, $y \geq 0$ を C としたときの
$\int_C (y\,dx - x\,dy)$

2) 上と同じ C で $\int_C (y\,dx + x\,dy)$

3) 左まわりの楕円 $\dfrac{x^2}{a^2} + \dfrac{y^2}{b^2} = 1$ $(a, b > 0)$ を C としたときの $\int_C \left(\dfrac{dx}{y} + \dfrac{dy}{x} \right)$

問題 2 グリーンの定理によってつぎの線積分 I を計算せよ.

1) 左まわりの楕円 $\dfrac{x^2}{a^2} + \dfrac{y^2}{b^2} = 1$ $(a, b > 0)$ を C としたときの $\int_C (xy^2\,dx + x^2y\,dy)$

2) 任意の単純閉曲線 C に対して $\int_C (e^x \sin y\,dx + e^x \cos y\,dy)$

3) 内部に原点を含まない単純閉曲線 C に対して $\int_C \dfrac{-y\,dx + x\,dy}{x^2 + y^2}$

4) 上と同じ C に対して $\int_C \dfrac{x\,dx + y\,dy}{x^2 + y^2}$

---
§2 面積分・ガウスの定理

●座標系および曲面の向き

7.2.1 【定義と解説】 1) 平面の座標系 x-y では, x 軸の正方向から左に直角だけまわした向きに y 軸の正方向がある. こういう座標系を**正系**という. これに対し, 座標系 y-x では, y 軸の正方向から左に直角だけまわした向きに x 軸の正方向がある. こういう座標系を**負系**という.

正系のある平面を空間のなかに置き, それを裏から見ると, x 軸の正方

向から今度は右に直角だけまわした向きに y 軸の正方向がある．

今後しばしば平面や曲面に向きをつけて考える．すなわち面の表（オモテ）と裏を指定しておく．面の一部分の面積も，それを裏から見たときには符号がマイナスになると考える．

2) 1辺の長さが Δx, Δy である（座標軸に平行な）小方形の面積は $\Delta x \Delta y = \Delta y \Delta x$ である．これを無限小にもっていったとき，無限小の長さ dx, dy を辺とする方形の面積は $dxdy = dydx$ であるが，x-y が平面のオモテ側の正系座標系のとき，$dxdy$ を $dx \wedge dy$ とかく．このとき y-x は負系座標系だから

$$dy \wedge dx = -dx \wedge dy$$

とかいて区別する．無限小面積に符号をつけたものと考えればよい．

3) つぎに空間の座標系 x-y-z は図 7.2.1 のとおりで，x 軸，y 軸は紙の前のほうに出ているとみる．こういう座標系 x-y-z を**正系**または**右手系**という．すなわち，右手の親ゆびを x 軸の正方向に，人指しゆびを y 軸の正方向にとると，中ゆびの突出する向きが z 軸の正方向である．

今後，座標系はつねに右手系とする．簡単に分かるように，y-z-x や z-x-y も右手系である．これに反し，x-z-y, y-x-z, z-y-x は反対の左手系である．x-y 平面のときと同様に，

$$dy \wedge dz = -dz \wedge dy,$$
$$dz \wedge dx = -dx \wedge dz$$

が定義される．

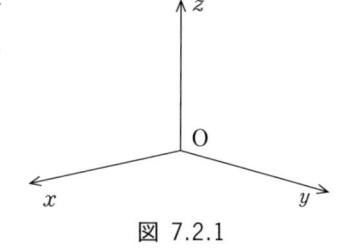

図 7.2.1

7.2.2【定義と解説】 1) 曲面 S のウラオモテを指定することを，**曲面 S の向きを定める**という．それは S の各点で**法線**（接平面と直交する直線）の一方の向きを定め，それが連続的に動くようにすることにほかならない．

曲面の小部分にはいつでも向きが定められるが，曲面全体にいつも向きが決められるわけではない．たとえば有名なメビウスの帯（図 7.2.2）は向きを定める

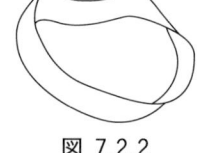

図 7.2.2

§2 面積分・ガウスの定理

ことができない．メビウスの帯は，細長い紙をひとひねりして両端を貼りあわせればできる．これの一方の面に鉛筆で線を描いていくと，いつのまにか裏側に描いていることになるだろう．

2) 今後あつかう曲面はすべて**向きのある曲面**とする．ボールや風船のように，空間を内部と外部に分ける曲面を**単純閉曲面**という．このときは外部をオモテと約束する．

3) 空間のなかに向きのある曲面 S があるとしよう．S の x-y 平面への影を D とし（図 7.2.3），D を無数の微小方形に分割する．そのひとつ dx，dy を辺とする微小方形の上にある S の小部分の面積（正の無限小）を dA とする．この小部分の 1 点での，S のオモテ側への法線が z 軸の正方向となす角を γ（$0 \leqq \gamma \leqq \pi$）とすると，すぐ分かるように，

$$dxdy = |\cos \gamma| dA$$

が成りたつ．

図 7.2.4 のように，S のオモテが下を向いていれば γ は $\dfrac{\pi}{2}$ を超え，$\cos \gamma < 0$ となる．したがって

$$dx \wedge dy = \cos \gamma \cdot dA = -dy \wedge dx$$

という式が成りたつ．

dA を曲面 S の**面積要素**という．

同様に，1 点での S のオモテに向く法線が x 軸となす角を α，y 軸となす角を β とすれば，

$$dy \wedge dz = \cos \alpha \cdot dA = -dz \wedge dy,$$

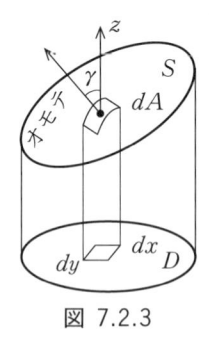

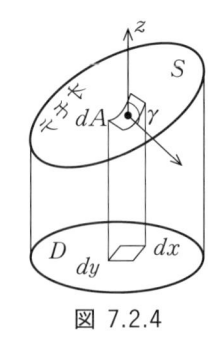

図 7.2.3　　　　　図 7.2.4

$$dz \wedge dx = \cos\beta \cdot dA = -dx \wedge dz$$

が成りたつ．

● **面積分**

線積分にならって，向きのある曲面 S に沿う面積分を定義する．

7.2.3【定義】 向きのある曲面 S を微小領域に分割し，そのひとつを S_i ($1 \leq i \leq n$) とする．S_i の x-y 平面への影の面積を Δ_i とする．ただし，S_i のオモテが上を向いているとき Δ_i はプラス，下を向いているとき Δ_i はマイナスと定める．

S 上の関数 $f(x, y, z)$ に対し，各 S_i の 1 点 (x_i, y_i, z_i) をとってリーマン和

$$\sum_{i=1}^{n} f(x_i, y_i, z_i) \Delta_i$$

をつくる．ここで分割を限りなく細かくしたときの極限を，関数 f の曲面 S に沿う x-y 方向の**面積分**と言い，

$$\iint_S f(x, y, z)\, dx \wedge dy$$

とかく．上の説明から，この記号法（$dx \wedge dy$ を使うこと）が正当であることが理解されるだろう．当然，

$$\iint_S f(x, y, z)\, dy \wedge dx = -\iint_S f(x, y, z)\, dx \wedge dy.$$

まったく同様に y-z 方向の面積分 $\iint_S f\, dy \wedge dz$ および z-x 方向の面積分 $\iint_S f\, dz \wedge dx$ が定義される．

[コメント] S の面積要素を dA とすると，

$$dy \wedge dz = \cos\alpha \cdot dA, \quad dz \wedge dx = \cos\beta \cdot dA, \quad dx \wedge dy = \cos\gamma \cdot dA$$

だったから，S に沿う三方向の面積はそれぞれ

$$\iint_S f\, dy \wedge dz = \iint_S f \cos\alpha\, dA,$$

$$\iint_S f\, dz \wedge dx = \iint_S f \cos\beta\, dA,$$

$$\iint_S f\,dx\wedge dy = \iint_S f\cos\gamma\,dA$$

とかける．

7.2.4【例】 1) 正方体 $0\leq x,y,z\leq 1$ の表面 S（外側をオモテとする）に沿う x-y 方向の面積分 $\iint_S xyz\,dx\wedge dy$ を計算する．正方体の六つの側面のうち，垂直な四つの面では dx か dy のどちらか一方が 0 だから，面積分の値も 0 である．また，下の水平面のオモテは下を向いているから，そこでの積分にはマイナスをつけなければならない（もっともそこでは $z=0$ だから積分も 0 である）．したがって，

$$\iint_S xyz\,dx\wedge dy = \iint_{z=1} xyz\,dxdy = \int_{x=0}^1\int_{y=0}^1 xy\,dxdy = \frac{1}{4}.$$

2) 原点を中心とする半径 a の球面 S（外側がオモテ）に沿う x-y 方向の面積分 $\iint_S z\,dx\wedge dy$ を求める．$B=\{(x,y)\in\mathbf{R}^2\,;\,x^2+y^2\leq a^2,\,a>0\}$ とおく．S を上半球面 S^+ と下半球面 S^- に分けると，S^+ は上側がオモテだから，

$$\iint_{S^+} z\,dx\wedge dy = \iint_B \sqrt{a^2-x^2-y^2}\,dxdy.$$

S^- は下側がオモテだから，

$$\iint_{S^-} z\,dx\wedge dy = -\iint_B -\sqrt{a^2-x^2-y^2}\,dxdy.$$

したがって

$$\iint_S z\,dx\wedge dy = 2\iint_B \sqrt{a^2-x^2-y^2}\,dxdy = 2\int_{r=0}^a\int_{\theta=0}^{2\pi}(a^2-r^2)^{\frac{1}{2}}r\,drd\theta$$
$$= 4\pi\left[-\frac{1}{3}(a^2-r^2)^{\frac{3}{2}}\right]_0^a = \frac{4\pi a^3}{3}.$$

●ガウスの定理

ガウスの定理はグリーンの定理の 3 次元版である．

7.2.5【定理】（ガウスの定理 (1)）　T を空間の領域とし，その境界面を S と

する．T に空洞がある場合には，S は何個かの単純閉曲面になる．S の向きは T の外側をオモテとする．このとき，3 変数関数 $h(x,y,z)$ に対して

$$\iiint_T \frac{\partial h}{\partial z} dxdydz = \iint_S h(x,y,z)\, dx \wedge dy$$

が成りたつ．

【証明】 1° はじめに T をタテ線領域とする（図 7.2.5）．すなわち，x-y 平面上の領域 D があり，その上にふたつの関数 $p(x,y)$, $q(x,y)$ があってつねに $p(x,y) \geq q(x,y)$ であり，

$$T = \{(x,y,z) \in \boldsymbol{R}^3 ; (x,y) \in D,\ q(x,y) \leq z \leq p(x,y)\}$$

である．

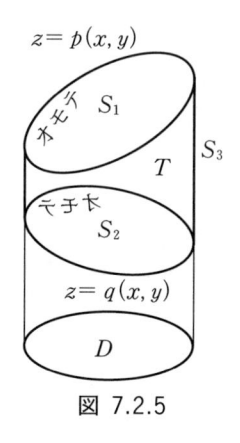

図 7.2.5

曲面 $\{(x,y,z) ; (x,y) \in D,\ z = p(x,y)\}$ を S_1, $\{(x,y,z) ; (x,y) \in D,\ z = q(x,y)\}$ を S_2 とし，S_1 と S_2 をつなげる垂直面を S_3 とすると，T の境界は S_1, S_2, S_3 から成る．外側がオモテだから，下の曲面 S_2 は上が裏側である．

さて，累次積分の公式（命題 6.2.7）は，3 次元のタテ線領域の場合にも成りたつ（証明はまったく同じ）．したがって

$$\iiint_T \frac{\partial h}{\partial z} dxdydz = \iint_D \left[\int_{z=q(x,y)}^{p(x,y)} \frac{\partial h}{\partial z} dz \right] dxdy$$
$$= \iint_D [h(x,y,p(x,y)) - h(x,y,q(x,y))]\, dxdy$$

§2 面積分・ガウスの定理

$$= \iint_{S_1} h(x,y,z)\,dx\wedge dy + \iint_{S_2} h(x,y,z)\,dx\wedge dy$$

となる．S_3 の x-y 平面への影の面積は 0 だから

$$\iint_{S_3} h(x,y,z)\,dx\wedge dy = 0$$

であり，したがって

$$\iiint_T \frac{\partial h}{\partial z}\,dxdydz = \iint_S h(x,y,z)\,dx\wedge dy$$

が成りたつ．

2° T が一般の領域の場合，T を何枚かの垂直面によって何個かのタテ線領域に分割して考え，1° による結果を足しあわせればよい．そのやりかたはグリーンの定理 1 の証明（定理 7.1.8）とまったく同じだから省略する．□

ノート $dxdydz$ を dV とかいて T の**体積要素**という．これを使えば定理の式は

$$\iiint_T \frac{\partial h}{\partial z}\,dV = \iint_S h\,dx\wedge dy$$

とかける．

7.2.6【定理】 領域 T の境界を S とするとき，T の体積 V はつぎの式で与えられる：

$$V = \iiint_T dV = \iint_S x\,dy\wedge dz = \iint_S y\,dz\wedge dx = \iint_S z\,dx\wedge dy.$$

【証明】 ガウスの定理（1）で $h(x,y,z) = z$ とすれば第三の等式が得られる．x-y-z を順にまわせば，残るふたつの等式も得られる．□

7.2.7【定理】（ガウスの定理 (2)） T, S は定理 7.2.5 と同じとする．三つの関数 $f(x,y,z), g(x,y,z), h(x,y,z)$ に対し，

$$\iiint_T \left(\frac{\partial f}{\partial x} + \frac{\partial g}{\partial y} + \frac{\partial h}{\partial z}\right) dxdydz = \iint_S (f\,dy\wedge dz + g\,dz\wedge dx + h\,dx\wedge dy)$$

が成りたつ．

【証明】 定理 7.2.5 で x, y, z の役割を順にまわした式をかいて足せばよい．□
　この定理はあとでベクトル記号を使って書きなおす．

7.2.8【定理】 前定理と同じ仮定のもとで，
$$\iiint_T \left(\frac{\partial f}{\partial x}+\frac{\partial g}{\partial y}+\frac{\partial h}{\partial z}\right)dV = \iint_S (f\cos\alpha + g\cos\beta + h\cos\gamma)\,dA.$$
ただし dA は S の面積要素であり，α, β, γ は，S の1点でのオモテ向きの法線が x 軸，y 軸，z 軸の正方向とそれぞれ成す角である．

【証明】 定義7.2.3のあとのコメントによる． □

7.2.9【例】 例7.2.4で求めたふたつの面積分を，ガウスの定理を使って計算する．

1) 問題の正方体を T とする．$\frac{\partial(xyz)}{\partial z}=xy$ だから，
$$\iint_S xyz\,dx\wedge dy = \iiint_T xy\,dxdydz = \int_0^1 x\,dx \int_0^1 y\,dy \int_0^1 dz = \frac{1}{4}.$$

2) 球を T とかくと，$\iint_S z\,dx\wedge dy = \iiint_T dxdydz = \iiint_T dV$．これはよく知られた球 T の体積 $\frac{4\pi a^3}{3}$ にほかならない．

7.2.10【例】 放物面 $z=x^2+y^2$ と平面 $z=a^2$ $(a>0)$ とで囲まれる領域を T，その表面を S（外側がオモテ）とする（図7.2.6）．面積分
$$I = \iint_S [(x+y+z)\,dx\wedge dy + (x+y+z)\,dy\wedge dz + (x+y+z)\,dz\wedge dx]$$
を求める．ガウスの定理 (2) からすぐ分かるように，$I = 3\iiint_T dxdydz$ であり，これは T の体積 V の3倍である．円柱 $x^2+y^2\leqq a^2$, $z\geqq 0$ のうち，T の

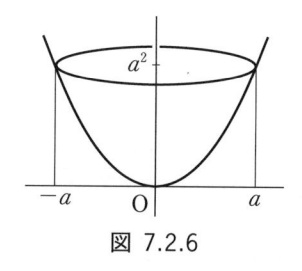

図 7.2.6

外側の部分の体積 V' は，
$$V' = \iint_{x^2+y^2 \leq a^2} (a^2 - x^2 - y^2)\, dxdy = \int_{r=0}^{a} \int_{\theta=0}^{2\pi} (a^2 - r^2)\, r\, drd\theta$$
$$= 2\pi \left[\frac{a^2}{2} r^2 - \frac{1}{4} r^4 \right]_0^a = \frac{\pi a^4}{2}.$$

T の体積 V は，底面の半径が a，高さが a^2 の円柱の体積 $\pi a^2 \cdot a^2 = \pi a^4$ から V' を引いたものだから，$V = \dfrac{\pi a^4}{2}$. よって $I = \dfrac{3\pi a^4}{2}$.

ガウスの定理を使わずに直接面積分を計算しようとすると，かなり面倒くさい．

---

§2 の問題

問題 1 つぎの面積分 I を計算せよ．

1) 正方体 $T: 0 \leq x, y, z \leq 1$ の表面を S（外側がオモテ）とするとき，
$$\iint_S [(x+y+z)\, dx \wedge dy + (x+y+z)\, dy \wedge dz + (x+y+z)\, dz \wedge dx]$$

2) 上と同じ S に沿って $\iint_S (x^n dy \wedge dz + y^n dz \wedge dx + z^n dx \wedge dy)$

3) 上と同じ S に沿って $\iint_S \sqrt{x+y+z}\, dx \wedge dy$

4) 球面 $S: x^2 + y^2 + z^2 = a^2$（$a > 0$）（外側がオモテ）に沿って
$$\iint_S (x^3 dy \wedge dz + y^3 dz \wedge dx + z^3 dx \wedge dy)$$

5) 同じ球面に沿って $\iint_S (x^2 dy \wedge dz + y^2 dz \wedge dx + z^2 dx \wedge dy)$

6) 放物面 $x^2 + y^2 = z$ と平面 $z = a$ で囲まれる領域 T の境界面 S（外側がオモテ）に沿って $\iint_S (x^2 + y^2 + z^2)\, dx \wedge dy$

---

§3 ベクトル作用素とガウスの定理

●ベクトルとその記号

われわれは話を 3 次元にかぎる．ベクトルの基本事項は線型代数ですでに学

んだはずだから，ここでは定義，記号，結果を明示するだけで，証明はつけない．

7.3.1【定義】 1) ベクトルとは，空間 $\mathbf{R}^3$ のなかの矢印のことである．ただし，ベクトルは向きと長さだけで決まるもので，矢印がどこにあっても同じベクトルを表わす．

ベクトル $\boldsymbol{a}$ の矢尻を原点においたときの先端の座標が (a_1, a_2, a_3) であるとき，
$$\boldsymbol{a}=(a_1, a_2, a_3)$$
とかく．$\boldsymbol{0}=(0,0,0)$ とする．

2) ふたつのベクトル $\boldsymbol{a}=(a_1, a_2, a_3)$, $\boldsymbol{b}=(b_1, b_2, b_3)$ に対し，その和および $\boldsymbol{a}$ のスカラー倍を
$$\boldsymbol{a}+\boldsymbol{b}=(a_1+b_1, a_2+b_2, a_3+b_3),$$
$$c\boldsymbol{a}=(ca_1, ca_2, ca_3)$$
と定める．また，
$$(\boldsymbol{a}\mid\boldsymbol{b})=a_1b_1+a_2b_2+a_3b_3$$
を $\boldsymbol{a}$ と $\boldsymbol{b}$ の**内積**または**スカラー積**という．これを $\boldsymbol{a}\cdot\boldsymbol{b}$ とかくこともある．

$(\boldsymbol{a}\mid\boldsymbol{b})=0$ となるのは，$\boldsymbol{a}$ と $\boldsymbol{b}$ が直交する場合である．
$$\|\boldsymbol{a}\|=\sqrt{(\boldsymbol{a}\mid\boldsymbol{a})}=\sqrt{a_1{}^2+a_2{}^2+a_3{}^2}$$
はベクトル $\boldsymbol{a}$ の長さである．$\boldsymbol{0}$ でないベクトル $\boldsymbol{a}$ と $\boldsymbol{b}$ のなす角を θ $(0\leq\theta\leq\pi)$ とすると，
$$\cos\theta=\frac{(\boldsymbol{a}\mid\boldsymbol{b})}{\|\boldsymbol{a}\|\cdot\|\boldsymbol{b}\|}$$
が成りたつ．

3) $\boldsymbol{a}=(a_1, a_2, a_3)$, $\boldsymbol{b}=(b_1, b_2, b_3)$ に対し，ベクトル
$$(a_2b_3-a_3b_2, a_3b_1-a_1b_3, a_1b_2-a_2b_1)$$
を $\boldsymbol{a}$ と $\boldsymbol{b}$ の**ベクトル積**と言い，$\boldsymbol{a}\times\boldsymbol{b}$ とかく．

$\boldsymbol{a}, \boldsymbol{b}$ が平行のときは $\boldsymbol{a}\times\boldsymbol{b}=\boldsymbol{0}$．$\boldsymbol{a}, \boldsymbol{b}$ が平行でないとき，ベクトル積 $\boldsymbol{a}\times\boldsymbol{b}$ は，つぎの三条件をみたすただひとつのベクトルである：

1) $\boldsymbol{a}\times\boldsymbol{b}$ は $\boldsymbol{a}$ とも $\boldsymbol{b}$ とも直交する．
2) $\boldsymbol{a}\times\boldsymbol{b}$ の長さ $\|\boldsymbol{a}\times\boldsymbol{b}\|$ は，$\boldsymbol{a}$ と $\boldsymbol{b}$ の張る平行四辺形の面積に等しい．
3) 3本のベクトル $\boldsymbol{a},\boldsymbol{b},\boldsymbol{a}\times\boldsymbol{b}$ は（この順で）$\boldsymbol{R}^3$ において右手系（定義と解説 7.2.1 の 3)）をなす．

●ベクトル作用素

$\boldsymbol{R}^3$ の変数 (x,y,z) をベクトルとみて，$\boldsymbol{x}=(x,y,z)$ とかく．

7.3.2【定義】 1) 3変数の関数が三つあるとする．それらを f,g,h とするとき，
$$\boldsymbol{f}(\boldsymbol{x})=\boldsymbol{f}(x,y,z)=(f(\boldsymbol{x}),g(\boldsymbol{x}),h(\boldsymbol{x}))$$
は，ベクトルに値をもつ関数（**ベクトル値関数**という）である．これをベクトル解析や物理学では**ベクトル場**という．これに対し，ふつうの実数値関数を**スカラー場**という．

2) スカラー場 f に対し，ベクトル場
$$\left(\frac{\partial f}{\partial x},\frac{\partial f}{\partial y},\frac{\partial f}{\partial z}\right)$$
を f の勾配（gradient）と言い，$\mathrm{grad}\,f$ または ∇f（ナブラ f とよむ）とかく：
$$\mathrm{grad}\,f=\nabla f=\left(\frac{\partial f}{\partial x},\frac{\partial f}{\partial y},\frac{\partial f}{\partial z}\right).$$
f に ∇f を対応させる作用を独立させ，ベクトルのように
$$\nabla=\left(\frac{\partial}{\partial x},\frac{\partial}{\partial y},\frac{\partial}{\partial z}\right)$$
とかくこともある．そうすれば ∇f は ∇ の f 倍（ベクトルのスカラー倍）と解釈することができる．

3) つぎにベクトル場 $\boldsymbol{f}=(f,g,h)$ に対し，スカラー場
$$(\nabla\,|\,\boldsymbol{f})=\frac{\partial f}{\partial x}+\frac{\partial g}{\partial y}+\frac{\partial h}{\partial z}$$
を $\boldsymbol{f}$ の湧出量または発散（divergence）と言い，$\mathrm{div}\,\boldsymbol{f}$ とかく：

$$\mathrm{div}\,\boldsymbol{f}=(\nabla\,|\,\boldsymbol{f})=\frac{\partial f}{\partial x}+\frac{\partial g}{\partial y}+\frac{\partial h}{\partial z}.$$

4) スカラー場 f に対し，スカラー場
$$\mathrm{div}(\mathrm{grad}\,f)=\frac{\partial^2 f}{\partial x^2}+\frac{\partial^2 f}{\partial y^2}+\frac{\partial^2 f}{\partial z^2}$$
を f の**ラプラシアン**と言い，Δf とかく：
$$\Delta f=\frac{\partial^2 f}{\partial x^2}+\frac{\partial^2 f}{\partial y^2}+\frac{\partial^2 f}{\partial z^2}.$$
作用 Δ を独立させて，
$$\Delta=\frac{\partial^2}{\partial x^2}+\frac{\partial^2}{\partial y^2}+\frac{\partial^2}{\partial z^2}$$
とかく．これも**ラプラシアン**というか，または**ラプラス作用素**という．

5) ベクトル場 $\boldsymbol{f}=(f,g,h)$ に対し，ベクトル場
$$\nabla\times\boldsymbol{f}=\left(\frac{\partial h}{\partial y}-\frac{\partial g}{\partial z},\,\frac{\partial f}{\partial z}-\frac{\partial h}{\partial x},\,\frac{\partial g}{\partial x}-\frac{\partial f}{\partial y}\right)$$
を $\boldsymbol{f}$ の**渦巻量**（curl）または**回転**（rotation）と言い，$\mathrm{curl}\,\boldsymbol{f}$ または $\mathrm{rot}\,\boldsymbol{f}$ とかく：
$$\mathrm{curl}\,\boldsymbol{f}=\mathrm{rot}\,\boldsymbol{f}=\left(\frac{\partial h}{\partial y}-\frac{\partial g}{\partial z},\,\frac{\partial f}{\partial z}-\frac{\partial h}{\partial x},\,\frac{\partial g}{\partial x}-\frac{\partial f}{\partial y}\right).$$

● **法線方向の微分**

7.3.3【定義】 1) 向きのある曲面 S の1点 P で，S の接平面と直交し，S のオモテ側に向かう長さ1のベクトルを，P での S の**法線ベクトル**と言い，$\boldsymbol{n}$ で表わす．P の座標を $\boldsymbol{x}=(x,y,z)$ とかけば，$\boldsymbol{n}=\boldsymbol{n}(\boldsymbol{x})=\boldsymbol{n}(x,y,z)$ は S で定義されたベクトル場である．

 $\boldsymbol{n}$ と x 軸，y 軸，z 軸の正方向とのなす角をそれぞれ α,β,γ（0 と π のあいだの数）とすると，
$$\boldsymbol{n}=(\cos\alpha,\cos\beta,\cos\gamma)$$
である．したがって $\cos^2\alpha+\cos^2\beta+\cos^2\gamma=1$．

2) スカラー場 f に対し，
$$(\mathrm{grad}\,f\,|\,\boldsymbol{n})=\frac{\partial f}{\partial x}\cos\alpha+\frac{\partial f}{\partial y}\cos\beta+\frac{\partial f}{\partial z}\cos\gamma$$

を f の**法線方向の微分**（実は偏導関数）と言い，$\dfrac{\partial f}{\partial \boldsymbol{n}}$ とかく：

$$\dfrac{\partial f}{\partial \boldsymbol{n}} = \dfrac{\partial f}{\partial x}\cos\alpha + \dfrac{\partial f}{\partial y}\cos\beta + \dfrac{\partial f}{\partial z}\cos\gamma.$$

これはスカラー場である．

コメント　曲面 S の1点 $\boldsymbol{x}$ から，変数が $\boldsymbol{n}$ 方向に h だけ動けば，関数の変化率は

$$\dfrac{f(\boldsymbol{x}+h\boldsymbol{n})-f(\boldsymbol{x})}{h}$$

$$=\dfrac{f(x+h\cos\alpha, y+h\cos\beta, z+h\cos\gamma)-f(x, y+h\cos\beta, z+h\cos\gamma)}{h}$$

$$+\dfrac{f(x, y+h\cos\beta, z+h\cos\gamma)-f(x,y,z+h\cos\gamma)}{h}$$

$$+\dfrac{f(x,y,z+h\cos\gamma)-f(x,y,z)}{h}$$

$$\to \dfrac{\partial f}{\partial x}\cos\alpha + \dfrac{\partial f}{\partial y}\cos\beta + \dfrac{\partial f}{\partial z}\cos\gamma \quad (h \to 0 \text{ のとき})$$

となる．したがって，法線方向の微分の定義は正当である．□

● ガウスの定理再論

ベクトル解析の記号を使ってガウスの定理をかきなおす．

7.3.4【定理】（ガウスの定理 (3) 湧出量定理）　領域 T の境界を S とすると，ベクトル場 $\boldsymbol{f}$ に対し，

$$\iiint_T \operatorname{div}\boldsymbol{f}\,dV = \iint_S (\boldsymbol{f}\,|\,\boldsymbol{n})\,dA.$$

ただし，dV は T の体積要素，dA は S の面積要素である．

【証明】　ガウスの定理 (2)（定理 7.2.7）および定義 7.2.3 のあとのコメントをみればすぐに分かる．□

7.3.5【定理】　領域 T の境界を S とすると，スカラー場 H に対し，

$$\iiint_T \varDelta H\,dV = \iint_S (\operatorname{grad} H\,|\,\boldsymbol{n})\,dA = \iint_S \dfrac{\partial H}{\partial \boldsymbol{n}}\,dA.$$

【証明】　$f=\dfrac{\partial H}{\partial x},\ g=\dfrac{\partial H}{\partial y},\ h=\dfrac{\partial H}{\partial z}$ とおくと，

$$\iiint_T \varDelta H \, dV = \iiint_T \left(\frac{\partial f}{\partial x} + \frac{\partial g}{\partial y} + \frac{\partial h}{\partial z} \right) dV$$

だから，定理 7.2.8 によって

$$\iiint_T \varDelta H \, dV = \iint_S (f \cos \alpha + g \cos \beta + h \cos \gamma) \, dA$$

$$= \iint_S (\mathrm{grad}\, H \mid \boldsymbol{n}) \, dA = \iint_S \frac{\partial H}{\partial \boldsymbol{n}} \, dA. \quad \square$$

7.3.6【定理】 領域 T の境界を S とするとき，スカラー場 f に対し，

$$\iiint_T \mathrm{grad}\, f \, dV = \iint_S f \boldsymbol{n} \, dA.$$

これはベクトルの等式である．

【証明】 ガウスの定理 (1)（定理 7.2.5）の等式で x, y, z の役割を順にまわし，関数はどれも f として書くと，

$$\iiint_T \frac{\partial f}{\partial x} \, dV = \iint_S f \, dy \wedge dz = \iint_S f \cos \alpha \, dA,$$

$$\iiint_T \frac{\partial f}{\partial y} \, dV = \iint_S f \, dz \wedge dx = \iint_S f \cos \beta \, dA,$$

$$\iiint_T \frac{\partial f}{\partial z} \, dV = \iint_S f \, dx \wedge dy = \iint_S f \cos \gamma \, dA$$

となる．これをならべてベクトルの等式を作り，ベクトルを積分記号のなかに入れれば定理の等式が得られる． $\square$

──────── §3 の問題 ────────

問題 1 つぎの等式を示せ．
1) $\mathrm{grad}(fg) = (\mathrm{grad}\, f) g + f (\mathrm{grad}\, g)$ （f, g はスカラー場）
2) $\mathrm{div}(p\boldsymbol{f}) = (\mathrm{grad}\, p \mid \boldsymbol{f}) + p\, \mathrm{div}\, \boldsymbol{f}$ （p はスカラー場，$\boldsymbol{f}$ はベクトル場）
3) $\mathrm{div}(\mathrm{curl}\, \boldsymbol{f}) = 0$ （$\boldsymbol{f}$ はベクトル場）
4) $\mathrm{curl}(\mathrm{grad}\, f) = \boldsymbol{0}$ （f はスカラー場）

§4 ストークスの定理

●向きつきの変数変換公式

7.4.1【コメント】 第6章でやった変数変換公式（定理6.4.2）
$$dxdy = |J(u,v)|\,dudv$$
を，向きを考慮に入れて見なおそう．ただし，
$$\frac{\partial(x,y)}{\partial(u,v)} = J(u,v) = \frac{\partial x}{\partial u}\frac{\partial y}{\partial v} - \frac{\partial x}{\partial v}\frac{\partial y}{\partial u}.$$
この証明を見なおす．はじめに関数 $x=x(u,v)$, $y=y(u,v)$ が1次関数
$$\begin{cases} x = au + bv + e, \\ y = cu + dv + f \end{cases}$$
の場合を考えた．写像 $(u,v) \mapsto (x,y)$ によって，u-v 平面の方形は x-y 平面の平行四辺形に移る．ただし，$J = ad - bc$ が負のときは，平行四辺形は裏がえしになっている．すなわち，u-v 平面の方形の周囲が正の向きなら，x-y 平面の平行四辺形の周囲は反対の向きである．

いま，裏向きの平行四辺形の符号つき面積はマイナスと考えるから，写像によって面積は絶対値のつかない $ad - bc = J(u,v)$ 倍される．すなわち，
$$dx \wedge dy = J(u,v)\,du \wedge dv$$
が成りたつ．

局所的に写像を1次関数によって近似し，そこで成りたつ上の式を貼りあわせたものが変数変換公式なのだから，一般に
$$dx \wedge dy = J(u,v)\,du \wedge dv$$
が成りたつことが分かり，直観的につぎの定理が成りたつことが分かった．

7.4.2【定理】（向きつきの変数変換公式）
$$dx \wedge dy = J(u,v)\,du \wedge dv.$$
ただし，$J(u,v) = \dfrac{\partial x}{\partial u}\dfrac{\partial y}{\partial v} - \dfrac{\partial x}{\partial v}\dfrac{\partial y}{\partial u}.$

●空間曲線に沿う線積分

空間曲線に沿う x 方向，y 方向，z 方向の線積分は，平面曲線に沿う線積分

の場合とまったく同様に定義される．

7.4.3【定義】 空間曲線 K 上の関数 $f(x,y,z)$ があるとする．曲線を細かく分割し，そのひとつ Δs_i の x 軸への影を Δx_i とする（図 7.4.1）．曲線の進む向きによって Δx_i はマイナスにもなることに注意．リーマン和

$$\sum f(x_i, y_i, z_i) \Delta x_i$$

の，分割を限りなく細かくしたときの極限を，**関数 f の曲線 K に沿う x 方向の線積分**と言い，

$$\int_K f(x,y,z)\,dx$$

とかく．y 方向，z 方向の線積分もまったく同様に定義される．

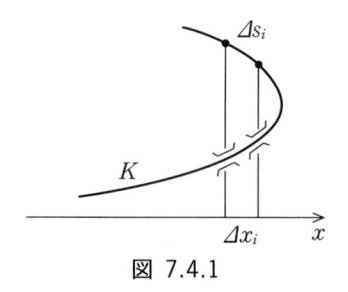

図 7.4.1

コメント 1) K の接線ベクトル（K の進むほうに向く）が x 軸の正方向となす角を α $(0 \leqq \alpha \leqq \pi)$ とすれば，$dx = \cos\alpha\,ds$ だから，

$$\int_K f(x,y,z)\,dx = \int_K f(x,y,z) \cos\alpha\,ds.$$

2) 曲線 K がパラメーター t によって

$$x = x(t), \quad y = y(t), \quad z = z(t) \quad (a \leqq t \leqq b)$$

と表わされていれば，

$$\int_K f(x,y,z)\,dx = \int_a^b f(x(t), y(t), z(t)) \frac{dx}{dt}\,dt.$$

7.4.4【例】 1) ラセン $K: x = \cos\theta, y = \sin\theta, z = \theta$ $(0 \leqq \theta \leqq 2\pi)$ に沿う，関数 $f = x + y + z$ の線積分を求める．

$$\int_K (x+y+z)\,dx = \int_0^{2\pi} (\cos\theta + \sin\theta + \theta)(-\sin\theta\,d\theta)$$

$$= \int_0^{2\pi} \left[-\frac{1}{2}\sin 2\theta - \frac{1}{2}(1-\cos 2\theta) - \theta \sin\theta \right] d\theta$$

$$= \left[\frac{1}{4}\cos 2\theta - \frac{1}{2}\left(\theta - \frac{1}{2}\sin 2\theta\right) - (-\theta\cos\theta + \sin\theta) \right]_0^{2\pi}$$

$$= -\pi + 2\pi = \pi.$$

同様に $\int_K (x+y+z)\,dy = \pi$. 最後に

$$\int_K (x+y+z)\,dz = \int_0^{2\pi}(\cos\theta + \sin\theta + \theta)\,d\theta = \left[\frac{1}{2}\theta^2\right]_0^{2\pi} = 2\pi^2.$$

2) 球面 $x^2+y^2+z^2=a^2$ $(a>0)$ の上の閉曲線 K を定義する (図 7.4.2). 点 $(-a,0,0)$ から出発し, 平面 $z=0$ の上で, 点 $(0,-a,0)$ をとおって $(a,0,0)$ に至る半円周 K_1, つぎに $(a,0,0)$ から出発し, 平面 $y=0$ の上で, $(0,0,a)$ をとおって $(-a,0,0)$ に戻る半円周 K_2 をつなげたものを K とする. K に沿って関数 $f=x+y+z$ を線積分する.

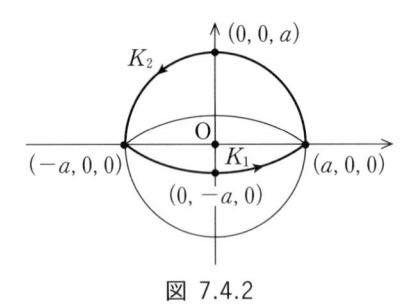

図 7.4.2

$$\int_K (x+y+z)\,dx = \int_{-a}^a (x - \sqrt{a^2-x^2})\,dx + \int_a^{-a}(x + \sqrt{a^2-x^2})\,dx$$

$$= -\frac{1}{2}\left[x\sqrt{a^2-x^2} + a^2\arcsin\frac{x}{a}\right]_{-a}^a = -\pi a^2.$$

極座標を使えば,

$$\int_K (x+y+z)\,dx = \int_{-\pi}^0 (a\cos\theta + a\sin\theta)(-a\sin\theta)\,d\theta$$

$$+ \int_0^\pi (a\cos\theta + a\sin\theta)(-a\sin\theta)\,d\theta = -\pi a^2.$$

つぎに $\int_K (x+y+z)\,dy = \int_0^{-a}(y - \sqrt{a^2-y^2})\,dy + \int_{-a}^0 (y + \sqrt{a^2-y^2})\,dy =$

$\frac{\pi a^2}{2}$. または $\int_K (x+y+z)\,dy = \int_{-\pi}^{0} (a\cos\theta + a\sin\theta)(a\cos\theta)\,d\theta = \frac{\pi a^2}{2}$.

最後に，
$$\int_K (x+y+z)\,dz = \int_0^a (z+\sqrt{a^2-z^2})\,dz + \int_a^0 (z-\sqrt{a^2-z^2})\,dz = \frac{\pi a^2}{2}.$$

● ストークスの定理

　グリーンの定理は，平面上の領域とその境界（平面曲線）に関するものだった．これを曲面上の領域とその境界（空間曲線）の場合に一般化したものがストークスの定理である．

7.4.5【定理】(ストークスの定理 (1))　空間のなかに向きのある曲面 S があるとし，その境界を K とする．曲線 K の向きは，S のオモテ側から見て K の進む向きの左側が S の内部であるとする．このとき，関数 $f(x,y,z)$ に対して

$$\iint_S \left(\frac{\partial f}{\partial z}\,dz \wedge dx - \frac{\partial f}{\partial y}\,dx \wedge dy \right) = \int_K f(x,y,z)\,dx$$

が成りたつ．

【証明】　1°　曲面 S は u-v 平面の領域 D で定義された三つの関数 x, y, z によって
$$x = x(u,v), \quad y = y(u,v), \quad z = z(u,v)$$
で与えられているとする．
$$f(x,y,z) = f(x(u,v), y(u,v), z(u,v)) = \tilde{f}(u,v)$$
とかくことにする．

　D の境界を C とし，曲線 C はパラメーター t によって
$$C : u = u(t), \quad v = v(t) \quad (a \leq t \leq b)$$
と書かれているとする．すると，空間曲線 K は
$$x = x(u(t), v(t)), \quad y = y(u(t), v(t)), \quad z = z(u(t), v(t))$$
とかける．関数 $f(x,y,z)$ も K の上では t の関数だから，これを短かく $g(t)$ とかくことにする．

　定理 5.1.8 により，K の上では

§4 ストークスの定理

$$\frac{dx}{dt} = \frac{\partial x}{\partial u}\frac{du}{dt} + \frac{\partial x}{\partial v}\frac{dv}{dt}$$

とかける．すると，定理の式の右辺は

$$\int_K f(x,y,z)\,dx = \int_a^b g(t)\frac{dx}{dt}\,dt = \int_a^b g(t)\left(\frac{\partial x}{\partial u}\frac{du}{dt} + \frac{\partial x}{\partial v}\frac{dv}{dt}\right)dt$$

$$= \int_a^b g(t)\frac{\partial x}{\partial u}\frac{du}{dt}\,dt + \int_a^b g(t)\frac{\partial x}{\partial v}\frac{dv}{dt}\,dt$$

$$= \int_C \tilde{f}(u,v)\frac{\partial x}{\partial u}\,du + \int_C \tilde{f}(u,v)\frac{\partial x}{\partial v}\,dv$$

$$= \int_C \left[\tilde{f}(u,v)\frac{\partial x}{\partial u}\,du + \tilde{f}(u,v)\frac{\partial x}{\partial v}\,dv\right]$$

となる．ここでグリーンの定理（2）を使うと，

$$\int_K f(x,y,z)\,dx = \iint_D \left[\frac{\partial}{\partial u}\left(\tilde{f}\frac{\partial x}{\partial v}\right) - \frac{\partial}{\partial v}\left(\tilde{f}\frac{\partial x}{\partial u}\right)\right]du\,dv$$

が得られる．この右辺の中身を計算しよう．

2° $\dfrac{\partial}{\partial u}\left(\tilde{f}\dfrac{\partial x}{\partial v}\right) - \dfrac{\partial}{\partial v}\left(\tilde{f}\dfrac{\partial x}{\partial u}\right) = \left[\dfrac{\partial \tilde{f}}{\partial u}\dfrac{\partial x}{\partial v} + \tilde{f}\dfrac{\partial^2 x}{\partial u\partial v}\right] - \left[\dfrac{\partial \tilde{f}}{\partial v}\dfrac{\partial x}{\partial u} + \right.$

$\left. \tilde{f}\dfrac{\partial^2 x}{\partial v\partial u}\right] = \dfrac{\partial \tilde{f}}{\partial u}\dfrac{\partial x}{\partial v} - \dfrac{\partial \tilde{f}}{\partial v}\dfrac{\partial x}{\partial u}$. 合成関数の偏微分法により，

$$=\left(\frac{\partial f}{\partial x}\frac{\partial x}{\partial u} + \frac{\partial f}{\partial y}\frac{\partial y}{\partial u} + \frac{\partial f}{\partial z}\frac{\partial z}{\partial u}\right)\frac{\partial x}{\partial v} - \left(\frac{\partial f}{\partial x}\frac{\partial x}{\partial v} + \frac{\partial f}{\partial y}\frac{\partial y}{\partial v} + \frac{\partial f}{\partial z}\frac{\partial z}{\partial v}\right)\frac{\partial x}{\partial u}$$

$$=\frac{\partial f}{\partial y}\left(\frac{\partial y}{\partial u}\frac{\partial x}{\partial v} - \frac{\partial y}{\partial v}\frac{\partial x}{\partial u}\right) + \frac{\partial f}{\partial z}\left(\frac{\partial z}{\partial u}\frac{\partial x}{\partial v} - \frac{\partial z}{\partial v}\frac{\partial x}{\partial u}\right)$$

$$=\frac{\partial f}{\partial z}\cdot\frac{\partial(z,x)}{\partial(u,v)} - \frac{\partial f}{\partial y}\cdot\frac{\partial(x,y)}{\partial(u,v)}.$$

ただし，$\dfrac{\partial(z,x)}{\partial(u,v)}$, $\dfrac{\partial(x,y)}{\partial(u,v)}$ はそれぞれヤコビ行列式である．

3° この中身を代入すると，向きつきの変数変換公式（定理 7.4.2）により，定理の式の右辺は

$$\int_K f(x,y,z)\,dx = \iint_D \left[\frac{\partial f}{\partial z}\cdot\frac{\partial(z,x)}{\partial(u,v)} - \frac{\partial f}{\partial y}\cdot\frac{\partial(x,y)}{\partial(u,v)}\right]du\,dv$$

$$= \iint_D \frac{\partial f}{\partial z}\cdot\frac{\partial(z,x)}{\partial(u,v)}\,du\wedge dv - \iint_D \frac{\partial f}{\partial y}\cdot\frac{\partial(x,y)}{\partial(u,v)}\,du\wedge dv$$

$$= \iint_S \frac{\partial f}{\partial z}\,dz\wedge dx - \iint_S \frac{\partial f}{\partial y}\,dx\wedge dy$$

となって定理が証明された．□

7.4.6【定理】（ストークスの定理 (2)） 前定理と同じ状況で，三つの関数 f, g, h に対して

$$\iint_S \left[\left(\frac{\partial h}{\partial y}-\frac{\partial g}{\partial z}\right)dy\wedge dz + \left(\frac{\partial f}{\partial z}-\frac{\partial h}{\partial x}\right)dz\wedge dx + \left(\frac{\partial g}{\partial x}-\frac{\partial f}{\partial y}\right)dx\wedge dy\right]$$
$$= \int_K (f\,dx + g\,dy + h\,dz)$$

が成りたつ．

【証明】 前定理の x, y, z を順送りにまわし，f を g, h に変えた式をかいて足しあわせればよい．□

それにしてもこの定理の式は晦渋で意味が分かりにくい．ベクトル解析の記号を使うと，これを簡潔に表わすことができる．

7.4.7【定理】（ストークスの定理 (3)） S, K は前定理のとおりとし，$\boldsymbol{f}$ をベクトル場とすると，

$$\iint_S (\operatorname{curl}\boldsymbol{f}\,|\,\boldsymbol{n})\,dA = \int_K (\boldsymbol{f}\,|\,\boldsymbol{t})\,ds$$

が成りたつ．ただし $\boldsymbol{n}$ は S の法線ベクトル場，dA は S の面積要素である．また s は空間曲線 K の長さのパラメーター，$\boldsymbol{t}$ は K の長さ 1 の接線ベクトル場 $\dfrac{d\boldsymbol{x}}{ds} = \left(\dfrac{dx}{ds}, \dfrac{dy}{ds}, \dfrac{dz}{ds}\right)$ である．

【証明】 $\boldsymbol{n} = (\cos\alpha, \cos\beta, \cos\gamma)$ とし，$\boldsymbol{f} = (f, g, h)$ とすると，

$$\operatorname{curl}\boldsymbol{f} = \left(\frac{\partial h}{\partial y}-\frac{\partial g}{\partial z},\ \frac{\partial f}{\partial z}-\frac{\partial h}{\partial x},\ \frac{\partial g}{\partial x}-\frac{\partial f}{\partial y}\right)$$

だから，定理の式の左辺は

$$\iint_S \left[\left(\frac{\partial h}{\partial y}-\frac{\partial g}{\partial z}\right)\cos\alpha + \left(\frac{\partial f}{\partial z}-\frac{\partial h}{\partial x}\right)\cos\beta + \left(\frac{\partial g}{\partial x}-\frac{\partial f}{\partial y}\right)\cos\gamma\right]dA$$
$$= \iint_S \left[\left(\frac{\partial h}{\partial y}-\frac{\partial g}{\partial z}\right)dy\wedge dz + \left(\frac{\partial f}{\partial z}-\frac{\partial h}{\partial x}\right)dz\wedge dx + \left(\frac{\partial g}{\partial x}-\frac{\partial f}{\partial y}\right)dx\wedge dy\right]$$

となる．一方，右辺は

$$\int_K \left(f \frac{dx}{ds} + g \frac{dy}{ds} + h \frac{dz}{ds} \right) ds = \int_K f\,dx + g\,dy + h\,dz$$

となり，この両者はストークスの定理 (2) によって等しい．□

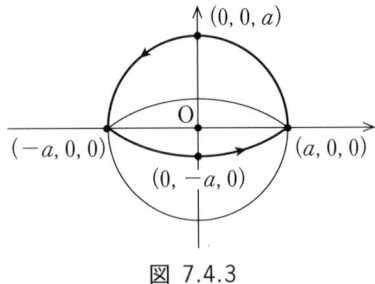

図 7.4.3

7.4.8【例】 例 7.4.4 の 2) をもう一度考える．そこでの閉曲線 K に囲まれる上半球面内の領域を S とする（四分の一球面）．$f(x,y,z) = x+y+z$ だから $\frac{\partial f}{\partial x} = \frac{\partial f}{\partial y} = \frac{\partial f}{\partial z} = 1$．したがってストークスの定理 (1) により，

$$\iint_S (dz \wedge dx - dx \wedge dy) = \int_K (x+y+z)\,dx = -\pi a^2.$$

x, y, x を順にまわして，

$$\iint_S (dx \wedge dy - dy \wedge dz) = \int_K (x+y+z)\,dy = \frac{\pi a^2}{2},$$

$$\iint_S (dy \wedge dz - dz \wedge dx) = \int_K (x+y+z)\,dz = \frac{\pi a^2}{2}.$$

つぎにストークスの定理 (2) で，$f = g = h = x+y+z$ とすると，左辺の被積分関数はすべて $1-1 = 0$ である．一方，右辺は

$$\int_K [(x+y+z)\,dx + (x+y+z)\,dy + (x+y+z)\,dz] = -\pi a^2 + \frac{\pi a^2}{2} + \frac{\pi a^2}{2} = 0.$$

もし直接に面積分を考えるのなら，面積分の定義により，

$$\iint_S dy \wedge dz = 0, \quad \iint_S dz \wedge dx = -\frac{\pi a^2}{2}, \quad \iint_S dx \wedge dy = \frac{\pi a^2}{2}$$

となる．

---------- §4 の問題 ----------

問題 1 S と K は例 7.4.4 の 2) および例 7.4.8 のものとする.ストークスの定理を使ってつぎの面積分 I を求めよ.

1) $\iint_S [(y-z)\,dy \wedge dz + (z-x)\,dz \wedge dx + (x-y)\,dx \wedge dy]$

2) $\iint_S (y\,dy \wedge dz + z\,dz \wedge dx + x\,dx \wedge dy)$

付　録

§1　代数学の基本定理・部分分数分解

●代数学の基本定理

A.1.1【定理】（代数学の基本定理）　複素数を係数とする1次以上の多項式 $f(z)$ は少なくともひとつの複素零点（$f(\alpha)=0$ となる複素数 α のこと）をもつ．

【証明】　1°　$f(z)=z^n+a_1z^{n-1}+\cdots+a_{n-1}z+a_n$ $(n>0)$ とする．まず，$|z|\to+\infty$ のとき，$|f(z)|\to+\infty$ となることを示す．実際，$z\neq 0$ なら

$$f(z)=z^n\left(1+\frac{a_1}{z}+\cdots+\frac{a_n}{z^n}\right).$$

ある L_1 をとると，$|z|\geqq L_1$ なら，$\left|\dfrac{a_1}{z}+\cdots+\dfrac{a_n}{z^n}\right|\leqq\dfrac{1}{2}$ となるから

$$|f(z)|\geqq|z^n|\left(1-\left|\frac{a_1}{z}+\cdots+\frac{a_n}{z^n}\right|\right)\geqq\frac{|z|^n}{2}\to+\infty.$$

2°　したがってある L をとると，閉円板 $D=\{z\in\mathbf{C}\,|\,|z|\leqq L\}$ の外の z に対しては $|f(z)|\geqq|f(0)|$ となる．D は有界閉集合であり，関数 $|f(z)|$ は連続だから，定理5.7.9により，D 内で $|f(z)|$ を最小にする点 z_0 がある．D の外でも $|f(z_0)|\leqq|f(0)|\leqq|f(z)|$ だから，$|f(z_0)|$ は全平面での $|f(z)|$ の最小値である．以下，$f(z_0)=0$ を示す．

3°　$g(z)=f(z+z_0)$ も n 次の多項式であり，$|g(z)|$ の最小値は $|g(0)|$ である．$|g(0)|>0$ と仮定する（背理法）．$g(z)$ の定数項 $g(0)$ は 0 でないから，ある k $(1\leqq k\leqq n)$ をとると，

$$g(z)=g(0)+b_kz^k+\cdots+b_nz^n \quad (b_k\neq 0)$$
$$=a+bz^k+z^{k+1}h(z)$$

$(a=g(0)\neq 0,\ b=b_k\neq 0,\ h(z)$ は $n-k-1$ 次の多項式$)$

と書ける．$k=n$ のときは $h(z)=0$ とする．

4° $-\dfrac{a}{b}$ の k 乗根のひとつを c とする：$bc^k=-a$．$h(z)$ は連続だから，$0<t<1$ なる小さい t をとると，$t|c^{k+1}h(tc)|<|a|$ が成りたつ．
$$g(tc)=a+b(tc)^k+(tc)^{k+1}h(tc)$$
$$=(1-t^k)a+t^{k+1}c^{k+1}h(tc).$$
したがって
$$|g(tc)|\leqq(1-t^k)|a|+t^k\cdot t|c^{k+1}h(tc)|<(1-t^k)|a|+t^k|a|=|a|=|g(0)|$$
となり，$|g(0)|$ の最小性に反する．□

A.1.2【定理】 複素係数の任意の n 次多項式は，複素数の範囲で n 個の 1 次式の積に分解される：
$$f(z)=a_0(z-\alpha_1)(z-\alpha_2)\cdots(z-\alpha_n) \quad (a_0, \alpha_1, \alpha_2, \cdots, \alpha_n \text{ は複素数}).$$
【証明】 基本定理によって $f(\alpha_1)=0$ となる複素数 α_1 がある．因数定理によって $f(z)$ は $z-\alpha_1$ で割りきれ，$f(z)=(z-\alpha_1)f_1(z)$ と書ける．この操作を続ければよい（帰納法）．□

上の分解で，$\alpha_1, \alpha_2, \cdots, \alpha_n$ には同じものがあり得る．α_i が k 個あるとき，k を $f(z)=0$ の**根**（解と同じ意味）α_i の**重複度**といい，α_i を $f(z)=0$ ないし $f(z)$ の k **重根**という．$k=1$ のときは**単根**という．

A.1.3【定理】 実係数の多項式が虚根 α をもてば，共役複素数 $\bar{\alpha}$ も根であり，その重複度は等しい．

【証明】 $f(z)=\sum\limits_{k=0}^{n}a_k z^{n-k}$ とすると，
$$f(\bar{\alpha})=\sum_{k=0}^{n}a_k\bar{\alpha}^{n-k}=\overline{\sum_{k=0}^{n}a_k\alpha^{n-k}}=0.$$
$(z-\alpha)(z-\bar{\alpha})=z^2-(\alpha+\bar{\alpha})z+\alpha\bar{\alpha}$ の係数は実数だから，$f(z)=(z-\alpha)(z-\bar{\alpha})f_1(z)$ とすると $f_1(z)$ も実係数多項式である．この操作を続ければよい．□

A.1.4【定理】 実係数の多項式は，実数の範囲で 1 次式と 2 次式それぞれ何個かずつの積に分解される．

【証明】 前定理により，n 次方程式 $f(z)=0$ の虚根とその共役とはペアになっているから，（重複もこめて）$f(z)=0$ の実根を $\alpha_1,\cdots,\alpha_r$，虚根を $\beta_1,\bar\beta_1,\cdots,\beta_s,\bar\beta_s$ $(r+2s=n)$ とすることができる．$(z-\beta_k)(z-\bar\beta_k)=z^2-(\beta_k+\bar\beta_k)z+\beta_k\bar\beta_k$ だから，

$$f(z)=a_0\prod_{i=1}^{r}(z-\alpha_i)\cdot\prod_{k=1}^{s}[z^2-(\beta_k+\bar\beta_k)z+\beta_k\bar\beta_k].\ \square$$

● 部分分数分解

A.1.5【定理】 （一般に複素係数の）多項式 $f(x)$ の次数を $\deg f$ とかく．恒等的に 0 なる多項式の次数は定義しないでおく．$f(x), g(x)$ が多項式で $f(x)\not\equiv 0$ のとき，

$$\frac{g(x)}{f(x)}=p(x)+\frac{r(x)}{f(x)}\quad\text{すなわち}\quad g(x)=p(x)f(x)+r(x)$$

と書くことができる．ただし，$p(x), r(x)$ も多項式で，$r(x)\equiv 0$ または $\deg r<\deg f$．f, g が実係数多項式なら p, r もそうである．

【証明】 $f(x)=a_0x^n+a_1x^{n-1}+\cdots+a_n$ $(a_0\neq 0)$，$g(x)=b_0x^m+b_1x^{m-1}+\cdots+b_m$ $(b_0\neq 0)$ とする．$m<n$ なら何もすることはない．$m\geq n$ とし，$m=\deg g$ に関する帰納法で証明する．$g_1(x)=g(x)-\dfrac{b_0}{a_0}x^{m-n}f(x)$ も多項式で，$\deg g_1<m$ だから，帰納法の仮定によって $g_1(x)=p_1(x)f(x)+r(x)$ と書ける．ただし，$r(x)\equiv 0$ または $\deg r<\deg f$．$p(x)=\dfrac{b_0}{a_0}x^{m-n}+p_1(x)$ とおくと，簡単な計算によって $p(x)f(x)+r(x)=g(x)$ となる．$\square$

A.1.6【定理】（真分数式の部分分数分解） 実係数の真分数式 $\dfrac{g(x)}{f(x)}$ $(\deg g<\deg f)$ の分母 $f(x)$ の相異なる実根を $\alpha_1,\alpha_2,\cdots,\alpha_r$ とし，α_i の重複度を l_i とする．また相異なる虚根を $\beta_1,\bar\beta_1,\beta_2,\bar\beta_2,\cdots,\beta_s,\bar\beta_s$ とし，$\beta_j,\bar\beta_j$ の重複度を m_j とする．このとき，$\dfrac{g(x)}{f(x)}$ はつぎの分数式の線型結合としてあらわされる：

$$\frac{1}{(x-\alpha_i)^{k_i}}\ (1\leq i\leq r,\ 1\leq k_i\leq l_i),\quad \frac{\gamma x+\delta}{[(x-a_j)^2+b_j^2]^{k_j}}\ (1\leq j\leq s, 1\leq k_j\leq m_j).$$

ただし, $\beta_j = a_j + \sqrt{-1} b_j \ (a_j, b_j \in \mathbf{R})$.

【証明】 1° α が $f(x)$ の l 重根なら, $f(x) = (x-\alpha)^l \varphi(x) \ (\varphi(\alpha) \neq 0)$ と書ける. $A = \dfrac{g(\alpha)}{\varphi(\alpha)}$ とおくと A は実数であり, $g(x) - A\varphi(x)$ は $x = \alpha$ で 0 だから, $g(x) - A\varphi(x) = (x-\alpha) g_1(x)$ と書ける. $f_1(x) = (x-\alpha)^{l-1} \varphi(x)$ とおくと,

$$\frac{g(x)}{f(x)} = \frac{A\varphi(x) + (x-\alpha) g_1(x)}{(x-\alpha)^l \varphi(x)} = \frac{A}{(x-\alpha)^l} + \frac{g_1(x)}{f_1(x)}, \quad \deg g_1 < \deg f_1$$

となる. これをくりかえせば,

$$\frac{g(x)}{f(x)} = \frac{A_l}{(x-\alpha)^l} + \cdots + \frac{A_1}{(x-\alpha)} + \frac{g_l(x)}{f_l(x)}, \quad \deg g_l < \deg f_l$$

となり, $f_l(\alpha) \neq 0$ である. 他のすべての実根について同じことをくりかえせば, 定理の主張の実根に関する部分がすんだことになる.

2° つぎに $\beta = a + bi$ が $f(x)$ の m 重虚根とする. $\bar{\beta} = a - bi$ も m 重根で, $f(x) = [(x-a)^2 + b^2] \psi(x)$ と書ける. $\psi(x)$ も実係数多項式で, $\psi(\beta) \neq 0$, $\psi(\bar{\beta}) \neq 0$. $\beta \neq \bar{\beta}$ だから,

$$g(\beta) = (B\beta + C) \psi(\beta), \quad g(\bar{\beta}) = (B\bar{\beta} + C) \psi(\bar{\beta})$$

を未知数 B, C に関する連立 1 次方程式と思うと, 係数行列が正則だからただひとつの解をもつ. $g(\bar{\beta}) = \overline{g(\beta)}$, $\psi(\bar{\beta}) = \overline{\psi(\beta)}$ により, B も C も実数である. 前と同様, $g(x) - (Bx + C) \psi(x)$ は $x = \beta, \bar{\beta}$ で 0 となり, $(x-\beta)(x-\bar{\beta}) = (x-a)^2 + b^2$ で割りきれるから,

$$g(x) - (Bx + C) \psi(x) = [(x-a)^2 + b^2] G_1(x)$$

と書ける. $F_1(x) = [(x-a)^2 + b^2]^{m-1} \psi(x)$ とおくと,

$$\frac{g(x)}{f(x)} = \frac{Bx + C}{[(x-a)^2 + b^2]^m} + \frac{G_1(x)}{F_1(x)}$$

と書ける. G_1 も F_1 も実係数多項式で $\deg G_1 < \deg F_1$. 1° と同様にこの手続きをくりかえすと, まず $\beta, \bar{\beta}$ に関する部分がすみ, さらにすべての虚根の場合がおわる.

3° この手続きの最後に残った分数式を $h(x)$ とする. $h(x)$ の分母は 0 でない定数, すなわち $h(x)$ は多項式である. $x \to +\infty$ とすると $\dfrac{g(x)}{f(x)} \to$

0 であり，部分分数の部分も 0 に近づくから $h(x) \equiv 0$. □

§2 絶対値収束級数

A.2.1【定理】 $\sum_{n=0}^{\infty} a_n$ が絶対値収束するとき，これの項の順序を変えた級数 $\sum_{n=0}^{\infty} b_n$ も絶対値収束し，同じ和をもつ．

【証明】 1° $\sum_{n=0}^{\infty} |a_n| = M$ とする．《順序を変える》ことの意味により，任意の k に対してある l をとると，$\{b_0, b_1, \cdots, b_k\} \subset \{a_0, a_1, \cdots, a_l\}$ となるから，$\sum_{n=0}^{k} |b_n| \leq \sum_{n=0}^{l} |a_n| \leq M$．したがって $\sum_{n=0}^{\infty} b_n$ は絶対値収束する．

2° $\sum_{n=0}^{\infty} a_n = s$ とする．正の数 ε が与えられたとする．絶対値収束性の仮定により，ある K をとると，$K \leq k$ なる任意の k に対して

$$\left|\sum_{n=0}^{k} a_n - s\right| \leq \frac{\varepsilon}{2}, \quad \sum_{n=K+1}^{k} |a_n| \leq \frac{\varepsilon}{2}$$

が成りたつ．

この K より先のある L をとると $\{a_0, a_1, \cdots, a_K\} \subset \{b_0, b_1, \cdots, b_L\}$ となる．L より先の任意の k に対し，ある $l \geq k$ をとると $\{b_0, \cdots, b_k\} \subset \{a_0, \cdots, a_l\}$ となる．したがって，

$$\sum_{n=0}^{k} b_n = \sum_{n=0}^{K} a_n + \sideset{}{'}\sum_{n=K+1}^{l} a_n$$

と書ける．ただし，$\sideset{}{'}\sum_{n=K+1}^{l} a_n$ は $a_{K+1}, \cdots, a_l$ のうちのいくつかの和をあらわす．よって，

$$\left|\sum_{n=0}^{k} b_n - s\right| \leq \left|\sum_{n=0}^{K} a_n - s\right| + \sum_{n=K+1}^{l} |a_n| \leq \frac{\varepsilon}{2} + \frac{\varepsilon}{2} = \varepsilon. \quad \square$$

ノート 定理により，絶対値収束級数に対しては，和の順序を指定しない書法 $\sum_{n \in \mathbb{N}} a_n$ が正当なものになる．$\mathbb{N}$ の部分集合 A に対しても，$\sum_{n \in A} a_n$ が意味をもつ．

A.2.2【定理】 $\sum_{n=0}^{\infty} a_n$ が絶対値収束するとする. 自然数の全体 N を何個か (一般に無限個) の部分集合 $A_0, A_1, A_2, \cdots$ に分割する. 部分級数 $\sum_{n \in A_i} a_n$ ($i = 0, 1, 2, \cdots$) はもちろん絶対値収束するから, その和を b_i とおく. このとき $\sum_{i=0}^{\infty} b_i$ は絶対値収束し, もとの級数 $\sum_{n=0}^{\infty} a_n$ と同じ和をもつ.

【証明】 1° $\sum_{n=0}^{\infty} |a_n| = M$ とする. 任意の k および i ($0 \leq i \leq k$) に対し, A_i のある有限部分集合 B_i をとると, $\sum_{n \in A_i} |a_n| \leq \sum_{n \in B_i} |a_n| + \dfrac{1}{k+1}$ が成りたつ.

$$|b_i| = \left| \sum_{n \in A_i} a_n \right| \leq \sum_{n \in A_i} |a_n| \leq \sum_{n \in B_i} |a_n| + \frac{1}{k+1}$$

だから,

$$\sum_{i=0}^{k} |b_i| \leq \sum_{n \in B_0 \cup B_1 \cup \cdots \cup B_k} |a_n| + 1 \leq M + 1$$

となり, $\sum_{i=0}^{\infty} b_i$ は絶対値収束する.

2° 前定理とほとんど同じだが, $\sum_{n=0}^{\infty} a_n = s$ とし, 正の数 ε が与えられたとしよう. ある K をとると, $K \leq k$ なる任意の k に対して

$$\left| \sum_{n=0}^{k} a_n - s \right| \leq \varepsilon, \quad \sum_{n=k+1}^{\infty} |a_n| \leq \varepsilon$$

が成りたつ. K より先のある L をとると,

$$\{0, 1, \cdots, K\} \subset A_0 \cup A_1 \cup \cdots \cup A_L$$

となる. L より先の任意の k と各 i ($0 \leq i \leq k$) に対し, A_i のある有限部分集合 B_i をとると,

$$\left| b_i - \sum_{n \in B_i} a_n \right| \leq \frac{\varepsilon}{k+1} \ (0 \leq i \leq k), \quad \left| \sum_{n \in A_0 \cup \cdots \cup A_k} a_n - \sum_{n \in B_0 \cup \cdots \cup B_k} a_n \right| \leq \varepsilon$$

が成りたつ.

$$\left| \sum_{i=0}^{k} b_i - \sum_{n \in B_0 \cup \cdots \cup B_k} a_n \right| \leq \sum_{i=0}^{k} \left| b_i - \sum_{n \in B_i} a_n \right| \leq \varepsilon$$

であり, 一方 $\{0, 1, \cdots, K\} \subset A_0 \cup A_1 \cup \cdots \cup A_k$ から,

$$\left| \sum_{n \in A_0 \cup \cdots \cup A_k} a_n - \sum_{n=0}^{K} a_n \right| = \left| \sum_{n=K+1}^{\infty} {}' a_n \right| \leq \sum_{n=K+1}^{\infty} |a_n| \leq \varepsilon$$

が成りたつ．したがって，

$$\left|\sum_{i=0}^{k} b_i - s\right| \leq \left|\sum_{i=0}^{k} b_i - \sum_{n \in B_0 \cup \cdots \cup B_k} a_n\right| + \left|\sum_{n \in B_0 \cup \cdots \cup B_k} a_n - \sum_{n \in A_0 \cup \cdots \cup A_k} a_n\right|$$
$$+ \left|\sum_{n \in A_0 \cup \cdots \cup A_k} a_n - \sum_{n=0}^{K} a_n\right| + \left|\sum_{n=0}^{K} a_n - s\right| \leq 4\varepsilon. \quad \square$$

A.2.3【定理】 $s = \sum_{n=0}^{\infty} a_n$, $t = \sum_{n=0}^{\infty} b_n$ がともに絶対値収束のとき，$c_{m,n} = a_m b_n$ を勝手に並べた級数 $\sum c_{m,n}$ も絶対値収束し，和は st である．

【証明】 1° $\sum_{n=0}^{\infty} |a_n| = M$, $\sum_{n=0}^{\infty} |b_n| = N$ とする．$\sum c_{m,n}$ の第 k 項までに現われる m, n それぞれの最大値を p, q とすると，$\sum_{}^{k} |c_{m,n}| \leq \sum_{m=0}^{p} |a_m| \cdot \sum_{n=0}^{q} |b_n| \leq MN$．よって $\sum c_{m,n}$ は絶対値収束する．

2° 項の順序はどうでもよいのだから，$u_k = \left(\sum_{n=0}^{k} a_n\right) \cdot \left(\sum_{n=0}^{k} b_n\right)$ とすると，
$$\sum c_{m,n} = \lim_{k \to \infty} u_k = \left(\lim_{k \to \infty} \sum_{n=0}^{k} a_n\right)\left(\lim_{k \to \infty} \sum_{n=0}^{k} b_n\right) = st. \quad \square$$

§3 陰関数・逆関数・条件つき極値

●陰関数

A.3.1【定義】 R^n のある領域で定義された C^1 級実数値関数が m 個あるとき，それらを縦または横に並べると，R^m に値をとるベクトル値関数 f が定まる：$f = (f_1, f_2, \cdots, f_m)$．これに対して決まる (m, n) 型行列（に値をとる関数）

$$\begin{pmatrix} \frac{\partial f_1}{\partial x_1} & \cdots & \frac{\partial f_1}{\partial x_n} \\ \vdots & & \vdots \\ \frac{\partial f_m}{\partial x_1} & \cdots & \frac{\partial f_m}{\partial x_n} \end{pmatrix}$$

を f のヤコビ行列または導関数といい，$\dfrac{Df}{Dx}$ と書く．

A.3.2【命題】（線型代数から） $m+1$ 次行列 $\begin{pmatrix} A & \boldsymbol{b} \\ {}^t\boldsymbol{c} & d \end{pmatrix}$ （A は m 次行列，$\boldsymbol{b}$ と $\boldsymbol{c}$ は $(m,1)$ 型ベクトル，${}^t\boldsymbol{c}$ は $\boldsymbol{c}$ の転置行列，したがって $(1,m)$ 型ベクトル，d は実数）において $d \neq 0$ なら，

$$\det\begin{pmatrix} A & \boldsymbol{b} \\ {}^t\boldsymbol{c} & d \end{pmatrix} = \frac{1}{d^{m-1}}\det(dA - \boldsymbol{b}\,{}^t\boldsymbol{c})$$

が成りたつ．したがって，$\begin{pmatrix} A & \boldsymbol{b} \\ {}^t\boldsymbol{c} & d \end{pmatrix}$ が正則であることと $dA - \boldsymbol{b}\,{}^t\boldsymbol{c}$ が正則であることとは同値である．

【証明】 $\begin{pmatrix} E & -d^{-1}\boldsymbol{b} \\ {}^t\boldsymbol{o} & 1 \end{pmatrix}\begin{pmatrix} A & \boldsymbol{b} \\ {}^t\boldsymbol{c} & d \end{pmatrix} = \begin{pmatrix} A - d^{-1}\boldsymbol{b}\,{}^t\boldsymbol{c} & \boldsymbol{0} \\ {}^t\boldsymbol{c} & d \end{pmatrix}$ からすぐ出る．ただし，E は m 次単位行列，$\boldsymbol{0}$ は $(m,1)$ 型ゼロベクトルである．□

A.3.3【定理】（一般の陰関数定理） $n+m$ 変数関数の m 連立方程式

$$f_i(x_1,\cdots,x_n,y_1,\cdots,y_m) = 0 \quad (1 \leq i \leq m)$$

は，ある条件のもとで y_i たちに関して解けて $y_i = \varphi_i(x_1,\cdots,x_n)\,(1 \leq i \leq m)$ となる．正確にはつぎの通り．

$\boldsymbol{R}^{n+m}$ の点 $(\boldsymbol{a},\boldsymbol{b})\,(\boldsymbol{a}\in\boldsymbol{R}^n,\boldsymbol{b}\in\boldsymbol{R}^m)$ の近くで定義された C^1 級の $\boldsymbol{R}^m$ 値関数 $\boldsymbol{f} = (f_1, f_2, \cdots, f_m)$ があって，$\boldsymbol{f}(\boldsymbol{a},\boldsymbol{b}) = 0$ とする．$\boldsymbol{f}(\boldsymbol{x},\boldsymbol{y})$ の変数のうち，$\boldsymbol{x}$ を固定した $\boldsymbol{y}$ の関数としてのヤコビ行列を $\dfrac{D\boldsymbol{f}}{D\boldsymbol{y}}$，逆に $\boldsymbol{y}$ を固定した $\boldsymbol{x}$ の関数としてのヤコビ行列を $\dfrac{D\boldsymbol{f}}{D\boldsymbol{x}}$ と書く．もし $\dfrac{D\boldsymbol{f}}{D\boldsymbol{y}}(\boldsymbol{a},\boldsymbol{b})$ が正則なら，$\boldsymbol{R}^n$ の点 $\boldsymbol{a}$ の近くで定義された $\boldsymbol{R}^m$ 値連続関数 $\boldsymbol{\varphi}$ で，二条件

$$\boldsymbol{f}(\boldsymbol{x},\boldsymbol{\varphi}(\boldsymbol{x})) \equiv 0, \quad \boldsymbol{\varphi}(\boldsymbol{a}) = \boldsymbol{b}$$

をみたすものがただひとつ存在する．この $\boldsymbol{\varphi}$ は C^1 級で，

$$\frac{D\boldsymbol{\varphi}}{D\boldsymbol{x}} = -\left(\frac{D\boldsymbol{f}}{D\boldsymbol{y}}\right)^{-1}\cdot\frac{D\boldsymbol{f}}{D\boldsymbol{x}}$$

が成りたつ．$\boldsymbol{f}$ が C^r 級（C^∞ 級）なら $\boldsymbol{\varphi}$ も C^r 級（C^∞ 級）である．

【証明】 条件の数 m に関する帰納法で証明する．$m=1$ のときは第5章の定理5.4.3である．m のときに定理が成りたつことを仮定し，$m+1$ の場合を証

明する．記号を印象的にするために，つぎのように変える：$g=f_{m+1}$, $z=y_{m+1}$, $c=b_{m+1}$. さらに
$$\tilde{f}=(f_1,\cdots,f_m,g)=(f,g), \quad \tilde{y}=(y_1,\cdots,y_m,z)=(y,z),$$
$$\tilde{b}=(b_1,\cdots,b_m,c)=(b,c). $$
この記号で $\tilde{f}(a,b,c)=0$.
一般性を失わずに $\dfrac{\partial g}{\partial z}(a,\tilde{b})\neq 0$ と仮定してよい．

1° まず $g(a,b,c)=0$ だから，方程式 $g(x,y,z)=0$ に $m=1$ のときの定理を適用する：R^{n+m} の点 (a,b) の近傍（たとえば半径 r の開円板）A で定義された C^1 級実数値関数 K で，
$$g(x,y,K(x,y))\equiv 0, \quad K(a,b)=c$$
をみたすものがただひとつ存在し，
$$\frac{\partial K}{\partial y_i}=-\frac{\dfrac{\partial g}{\partial y_i}}{\dfrac{\partial g}{\partial z}} \quad (1\leq i\leq m)$$
が成りたつ．A 内の (x,y) に対して $H(x,y)=f(x,y,K(x,y))$ とおくと $H(a,b)=0$. そこで方程式 $H(x,y)=0$ が帰納法の仮定をみたすかどうかをしらべる．

2° $\dfrac{\partial H}{\partial y_i}=\dfrac{\partial f}{\partial y_i}+\dfrac{\partial f}{\partial z}\cdot\dfrac{\partial K}{\partial y_i}=\left(\dfrac{\partial g}{\partial z}\right)^{-1}\left(\dfrac{\partial g}{\partial z}\dfrac{\partial f}{\partial y_i}-\dfrac{\partial f}{\partial z}\dfrac{\partial g}{\partial y_i}\right)$ $(1\leq i\leq m)$
だから，これを横に並べれば
$$\frac{DH}{Dy}=\left(\frac{\partial g}{\partial z}\right)^{-1}\left(\frac{\partial g}{\partial z}\frac{Df}{Dy}-\frac{\partial f}{\partial z}\frac{Dg}{Dy}\right)$$
となる．一方
$$\frac{D\tilde{f}}{D\tilde{y}}=\begin{pmatrix}\dfrac{Df}{Dy} & \dfrac{\partial f}{\partial z}\\ \dfrac{Dg}{Dy} & \dfrac{\partial g}{\partial z}\end{pmatrix}$$
は定理の仮定によって $(a,\tilde{b})$ で正則であり，$\dfrac{\partial g}{\partial z}(a,\tilde{b})\neq 0$ だから，直前の命題 A.3.2 によって $\dfrac{\partial g}{\partial z}\dfrac{Df}{Dy}-\dfrac{\partial f}{\partial z}\dfrac{Dg}{Dy}$ も $(a,\tilde{b})$ で正則，すなわち $\dfrac{DH}{Dy}(a,b)$ は正則であり，帰納法の仮定を適用する条件がみたされた．

3° 帰納法の仮定により，R^n の点 a の近傍 B で定義された R^m 値 C^1 級関数 φ で，
$$H(x, \varphi(x)) \equiv 0, \quad \varphi(a) = b$$
をみたすものがただひとつ存在する．そこで $x \in B$ に対して
$$\psi(x) = K(x, \varphi(x))$$
とおくと，$\psi(a) = K(a, \varphi(a)) = K(a, b) = c$ であり，
$$f(x, \varphi(x), \psi(x)) \equiv f(x, \varphi(x), K(x, \varphi(x))) \equiv H(x, \varphi(x)) \equiv 0,$$
$$g(x, \varphi(x), \psi(x)) = g(x, \varphi(x), K(x, \varphi(x))) \equiv 0$$
が成りたつ．

そこで $\tilde{\varphi} = (\varphi, \psi) : B \to R^{m+1}$ とおくと，
$$\tilde{\varphi}(a) = (\varphi(a), \psi(a)) = (b, c) = \tilde{b},$$
$$\tilde{f}(x, \tilde{\varphi}(x)) \equiv (f(x, \varphi(x), \psi(x)), g(x, \varphi(x), \psi(x))) \equiv (0, 0)$$
となり，$\tilde{\varphi}$ が要求される関数であることが分かった．作りかたからして，ここに出てくる関数はすべて C^1 級，とくに $\tilde{\varphi}$ も C^1 級である．

φ の一意性はつぎの逆関数定理のあとで証明する．

4° 記号をもとに戻す．$f(x, \varphi(x)) \equiv 0$ の両辺を x_j で偏微分すると，
$$\frac{\partial f}{\partial x_j} + \sum_{i=1}^{m} \frac{\partial f}{\partial y_i} \frac{\partial \varphi_i}{\partial x_j} = 0 \quad (1 \leq j \leq n)$$
を得る．この n 個の式を並べれば，
$$\frac{Df}{Dx} + \frac{Df}{Dy} \frac{D\varphi}{Dx} = 0 \quad \text{すなわち} \quad \frac{D\varphi}{Dx} = -\left(\frac{Df}{Dy}\right)^{-1} \frac{Df}{Dx}$$
を得る．f が C^r 級（C^∞ 級）ならこの φ も C^r 級（C^∞ 級）である．□

● 逆関数

A.3.4（逆関数定理） R^n の点 a のある近傍で定義された R^n 値 C^1 級関数 f があり，n 次行列 $\dfrac{Df}{Dx}$ は a で正則とする．このとき，R^n の点 $b = f(a)$ のある近傍 B で定義された f の C^1 級逆関数 φ が存在する．すなわち，$A = \{\varphi(y); y \in B\}$ は a の近傍であり，任意の $x \in A$, $y \in B$ に対して
$$\varphi(f(x)) = x, \quad f(\varphi(y)) = y$$

が成りたち，しかも $\dfrac{D\varphi}{Dy} = \left(\dfrac{Df}{Dx}\right)^{-1}$ となる．f が C^r 級（C^∞ 級）なら φ も C^r 級（C^∞ 級）である．

【証明】 $\tilde{f}(x,y) = f(x) - y$ とおく．ただし，(x,y) は (a,b) の近くの R^{2n} の点である．$\dfrac{D\tilde{f}}{Dx} = \dfrac{Df}{Dx}$ だからこれは正則．したがって陰関数定理により（x と y の役割が入れかわっている），b の近傍 B で定義された R^n 値 C^1 級関数 φ で，$\varphi(b) = a$，$\tilde{f}(\varphi(y), y) \equiv 0$ をみたすものがある．最後の式は $f(\varphi(y)) = y$ を意味する．そして，$\dfrac{D\varphi}{Dy} = -\left(\dfrac{D\tilde{f}}{Dx}\right)^{-1}\dfrac{D\tilde{f}}{Dy} = \left(\dfrac{Df}{Dx}\right)^{-1}$．

$h(x) = \varphi(f(x))$ とすると，$\dfrac{Dh}{Dx} = \dfrac{D\varphi}{Dy}\dfrac{Df}{Dx} = E$（単位行列）．$k(x) = h(x) - x$ とおくと $\dfrac{Dk}{Dx} \equiv O$，よって k は定数ベクトルであり，$k(a) = h(a) - a = 0$ だから，$\varphi(f(x)) = h(x) = x$．□

A.3.5（陰関数定理のなかの一意性の証明） A.3.3 で作った関数 φ のほか，φ_1 も条件をみたすとする．
$$F(x,y) = (x, f(x,y))$$
とおく．これは R^{n+m} の点 (a,b) の近くで定義され，R^{n+m} に値をもつ C^1 級関数である．これのヤコビ行列は
$$\begin{pmatrix} E & O \\ \dfrac{Df}{Dx} & \dfrac{Df}{Dy} \end{pmatrix}$$
だから正則，したがって逆関数が存在し，F は (a,b) のそばで一対一である．
$$F(x, \varphi_1(x)) = (x, f(x, \varphi_1(x))) = (x, 0) = (x, f(x, \varphi(x)))$$
$$= F(x, \varphi(x)).$$
一対一性によって $\varphi_1(x) = \varphi(x)$ となる．□

● 条件つき極値

A.3.6【定義】 l, m は自然数で $l > m$ とし，f を R^l の開集合 A で定義され

た R^m 値 C^1 級関数とする．f の零点の全体 $M=\{z\in A\,;\,f(z)=0\}$ を f の決める**多様体**という（曲線および曲面の一般化）．M の点 c でのヤコビ行列 $\dfrac{Df}{Dz}(c)$ の階数が m のとき，c を f の**通常零点**または M の**通常点**という．そうでないときは**特異零点**，**特異点**という．

A.3.7【定理】（条件つき極値） 上の定義の状況を考え，さらに p を A で定義された実数値 C^1 級関数とする．関数 p の定義域を多様体 M に制限したものが M の通常点 c で極値をとるならば，$(1,m)$ 型行列 L が存在し，$\dfrac{Dp}{Dz}(c)=L\cdot\dfrac{Df}{Dz}(c)$ が成りたつ．すなわち，$L=(\lambda_1,\lambda_2,\cdots,\lambda_m)$ と書くと，

$$\frac{\partial p}{\partial z_j}(c_1,c_2,\cdots,c_l)=\sum_{i=1}^{m}\lambda_i\frac{\partial f_i}{\partial z_j}(c_1,c_2,\cdots,c_l)\quad(1\le j\le l).$$

【証明】 1° 必要なら変数の順序を変えて，$l=n+m$ $(n>0)$，$z=(x,y)$，$c=(a,b)$ $(x,a\in R^n\,;\,y,b\in R^m)$ と書き，m 次行列 $\dfrac{Df}{Dy}(a,b)$ が正則とする．

2° 陰関数定理 A.3.3 により，R^n の点 a のある近傍上の R^n 値 C^1 級関数 φ で，$b=\varphi(a)$，$(x,\varphi(x))\in M$ となるものが存在し，

$$\frac{D\varphi}{Dx}=-\left(\frac{Df}{Dy}\right)^{-1}\left(\frac{Df}{Dx}\right)$$

が成りたつ．

3° $L=\dfrac{Dp}{Dy}(a,b)\cdot\dfrac{Df}{Dy}(a,b)^{-1}$ とおく．a の近傍上の関数 $q(x)=p(x,\varphi(x))$ は点 a で普通の意味で極値をとるから，点 (a,b) において

$$0=\frac{Dq}{Dx}=\frac{Dp}{Dx}+\frac{Dp}{Dy}\frac{D\varphi}{Dx}=\frac{Dp}{Dx}-\frac{Dp}{Dy}\left(\frac{Df}{Dy}\right)^{-1}\frac{Df}{Dx}=\frac{Dp}{Dx}-L\frac{Df}{Dx}.$$

したがって $\dfrac{Dp}{Dx}(a,b)=L\dfrac{Df}{Dx}(a,b)$．一方，定義によって $\dfrac{Dp}{Dy}(a,b)=L\dfrac{Df}{Dy}(a,b)$ だから，このふたつの式を並べれば

$$\frac{Dp}{Dz}(a,b)=L\frac{Df}{Dz}(a,b)$$

を得る．□

A.3.8【命題】（条件つき極値の求めかた）　条件 $f(z)=0$ のもとでの関数 $p(z)$ の極値を求めるためには，f の特異零点のほか，$l+m$ 個の未知数 z_1, $\cdots$, z_l；λ_1, $\cdots$, λ_m に関する $l+m$ 個の方程式

$$f_i(z_1, \cdots, z_l) = 0 \quad (1 \leq i \leq m),$$
$$\frac{\partial p}{\partial z_j}(z_1, \cdots, z_l) = \sum_{i=1}^{m} \lambda_i \frac{\partial f_i}{\partial z_j}(z_1, \cdots, z_l) \quad (1 \leq j \leq l)$$

を解けば，これらの中にすべての条件つき極値候補が含まれる．これが解ける保障はまったくない．

問題解答

第 1 章
問題の答え

第1章 §1 (p.31)

問題 1 1) 商の微分法により，
$$f'(x) = \frac{\frac{1}{1+x^2} \cdot x - \arctan x}{x^2} = \frac{1}{x(1+x^2)} - \frac{1}{x^2}\arctan x.$$

2) 同様に，$f'(x) = \dfrac{\dfrac{1}{\sqrt{1-x^2}}\sqrt{x} - \dfrac{1}{2\sqrt{x}}\arcsin x}{x} = \dfrac{1}{\sqrt{x(1-x^2)}} - \dfrac{\arcsin x}{2x\sqrt{x}}.$

3) 合成関数の微分法により，$f'(x) = \dfrac{1}{1+x}\dfrac{1}{2\sqrt{x}}.$

4) 同様に，$f'(x) = \dfrac{1}{\sqrt{1-\left(\dfrac{1-x}{1+x}\right)^2}} \cdot \dfrac{-(1+x)-(1-x)}{(1+x)^2}$

$= \dfrac{1+x}{\sqrt{(1+x)^2-(1-x)^2}} \cdot \dfrac{-2}{(1+x)^2} = \dfrac{1+x}{\sqrt{4x}} \cdot \dfrac{-2}{(1+x)^2} = -\dfrac{1}{\sqrt{x}(1+x)}.$

問題 2 1) $x^2 = u$ とおくと $2x\,dx = du$. よって
$$\int \frac{x}{x^4+1}\,dx = \frac{1}{2}\int \frac{du}{u^2+1} = \frac{1}{2}\arctan u = \frac{1}{2}\arctan x^2.$$

2) $\displaystyle\int \frac{\arcsin x}{\sqrt{1-x^2}}\,dx = \int (\arcsin x)(\arcsin x)'\,dx = \frac{1}{2}(\arcsin x)^2.$

3) $\left(\dfrac{1}{x^2+1}\right)' = -\dfrac{2x}{(x^2+1)^2}$ だから $\dfrac{x}{(x^2+1)^2} = \left(-\dfrac{1}{2(x^2+1)}\right)'.$ よって
$$\int \frac{x^2}{(x^2+1)^2}\,dx = \int x\left(-\frac{1}{2(x^2+1)}\right)'dx = -\frac{x}{2(x^2+1)} + \frac{1}{2}\int \frac{dx}{x^2+1}$$
$$= -\frac{x}{2(x^2+1)} + \frac{1}{2}\arctan x.$$

4) $u=\sqrt{x^2-1}$ とおくと $u^2=x^2-1$, $x=\sqrt{1+u^2}$, $2u\,du=2x\,dx$, $dx=\dfrac{u\,du}{\sqrt{1+u^2}}$.

よって
$$\int\frac{dx}{x\sqrt{x^2-1}}=\int\frac{1}{u\sqrt{1+u^2}}\cdot\frac{u}{\sqrt{1+u^2}}\,du$$
$$=\int\frac{du}{1+u^2}=\arctan u=\arctan\sqrt{x^2-1}.$$

5) $\displaystyle\int\frac{\arctan x}{1+x^2}\,dx=\int(\arctan x)(\arctan x)'\,dx=\frac{1}{2}(\arctan x)^2$.

第1章 §2 (p. 40)

問題 1 1) $f(x)=\dfrac{1}{3}\left(\dfrac{1}{x-1}-\dfrac{1}{x+2}\right)$, $F(x)=\dfrac{1}{3}\log\left|\dfrac{x-1}{x+2}\right|$.

2) $f(x)=\dfrac{1}{2}\left(\dfrac{1}{x}-\dfrac{1}{x+2}\right)$, $F(x)=\dfrac{1}{2}\log\left|\dfrac{x}{x+2}\right|$.

3) $f(x)=\dfrac{1}{2}\left(\dfrac{x}{x^2-1}-\dfrac{x}{x^2+1}\right)$, $F(x)=\dfrac{1}{4}\log\dfrac{|x^2-1|}{x^2+1}$.

4) $f(x)=\dfrac{1}{x}-\dfrac{1}{x-1}+\dfrac{1}{(x-1)^2}$, $F(x)=\log\left|\dfrac{x}{x-1}\right|-\dfrac{1}{x-1}$.

5) $f(x)=\dfrac{1}{x}-\dfrac{x-1}{x^2+1}$, $F(x)=\dfrac{1}{2}\log\dfrac{x^2}{x^2+1}+\arctan x$.

6) $\dfrac{1}{2}(x-\sin x\cos x)$. 7) $\dfrac{1}{3}\cos^3 x-\cos x$. 8) $-\log|\cos x|$.

9) $f(x)=\cos x(1-\sin^2 x)^2$ だから, $F(x)=\sin x-\dfrac{2}{3}\sin^3 x+\dfrac{1}{5}\sin^5 x$.

10) [部分積分] $x\arctan x-\dfrac{1}{2}\log(1+x^2)$.

11) [部分積分] $x\arcsin x+\sqrt{1-x^2}$.   12) $\log|\log x|$.

13) $x\log(1+x^2)+2\arctan x-2x$.

14) xe^x-e^x.   15) $-\dfrac{1}{2}e^{-x^2}$.

16) $x=u^2$, $dx=2u\,du$ だから, $F(x)=2\displaystyle\int ue^u\,du=2(u-1)e^u=2(\sqrt{x}-1)e^{\sqrt{x}}$.

17) $F(x)=\displaystyle\int\dfrac{(e^x)'}{1+(e^x)^2}\,dx=\arctan e^x$.

18) [部分積分] $\dfrac{1}{2}e^x(\sin x-\cos x)$.

第 2 章
問題の答え

第 2 章 §1 (p. 53)

問題 1 1) $a_n = \dfrac{\left(1-\dfrac{1}{n}\right)\left(3-\dfrac{2}{n}\right)}{\left(1+\dfrac{1}{n}\right)\left(2+\dfrac{3}{n}\right)} \to \dfrac{3}{2}.$ 2) $a_n = \dfrac{n^{\frac{3}{2}}\sqrt{1+\dfrac{1}{n^3}}}{n^2\left(1-\dfrac{1}{n}\right)^2} \to 0.$

3) $a_n = \dfrac{(n+1)-n}{\sqrt{n+1}+\sqrt{n}} \to 0.$

4) $2|a| \leqq L$ なる自然数 L をとると,

$\dfrac{|a|^n}{n!} = \dfrac{|a|^L}{L!} \cdot \dfrac{|a|}{L+1} \cdot \dfrac{|a|}{L+2} \cdots \cdot \dfrac{|a|}{n} \leqq \dfrac{|a|^L}{L!} \cdot \left(\dfrac{1}{2}\right)^{n-L} \to 0 \ (n \to \infty \ \text{のとき}).$

5) $a_n = ba_{n-1}+c,\ ba_{n-1} = b^2 a_{n-2}+bc,\ \cdots,\ b^{n-1}a_1 = b^n a_0 + b^{n-1}c.$ これらの等式を全部足すと, 多くの項が消しあって

$$a_n = b^n a_0 + c(1+b+\cdots+b^{n-1}) = b^n a_0 + \dfrac{c(1-b^n)}{1-b} \to \dfrac{c}{1-b}.$$

6) $a_n - a_{n-1} = \dfrac{a_{n-1}+a_{n-2}}{2} - a_{n-1} = \dfrac{-1}{2}(a_{n-1}-a_{n-2}) = \left(\dfrac{-1}{2}\right)^2 (a_{n-2}-a_{n-3}) = \cdots = \left(\dfrac{-1}{2}\right)^{n-1}(a_1-a_0)$ となる. したがって

$$a_n = (a_n - a_{n-1}) + (a_{n-1}-a_{n-2}) + \cdots + (a_1 - a_0) + a_0$$
$$= \sum_{k=1}^{n}(a_k - a_{k-1}) + a_0 = \sum_{k=1}^{n}\left(\dfrac{-1}{2}\right)^{k-1}(a_1-a_0) + a_0$$
$$= \dfrac{1-\left(\dfrac{-1}{2}\right)^n}{1+\dfrac{1}{2}}(a_1-a_0) + a_0 \to \dfrac{1}{1+\dfrac{1}{2}}(a_1-a_0) + a_0$$
$$= \dfrac{1}{3}a_0 + \dfrac{2}{3}a_1.$$

7) $a_n = \log \dfrac{3+\dfrac{2}{n}}{2+\dfrac{1}{n}} \to \log \dfrac{3}{2}.$

8) $a_n = \dfrac{\log\left[3n\left(1+\dfrac{2}{3n}\right)\right]}{\log\left[2n\left(1+\dfrac{1}{2n}\right)\right]} = \dfrac{\log 3 + \log n + \log\left(1+\dfrac{2}{3n}\right)}{\log 2 + \log n + \log\left(1+\dfrac{1}{2n}\right)}$

$$= \frac{\frac{\log 3}{\log n}+1+\frac{\log\left(1+\frac{2}{3n}\right)}{\log n}}{\frac{\log 2}{\log n}+1+\frac{\log\left(1+\frac{1}{2n}\right)}{\log n}} \to \frac{1}{1}=1.$$

9) $a=b$ なら $a_n=(2a^n)^{\frac{1}{n}}=2^{\frac{1}{n}}a \to a$. $a>b$ なら
$$a_n=\left[a^n\left\{1+\left(\frac{b}{a}\right)^n\right\}\right]^{\frac{1}{n}}=a\left\{1+\left(\frac{b}{a}\right)^n\right\}^{\frac{1}{n}} \to a. \quad a<b \text{ なら } a_n \to b.$$

10) $a_n=\left[a^{\frac{1}{n}}\left\{1+\left(\frac{b}{a}\right)^{\frac{1}{n}}\right\}\right]^n=a\left\{1+\left(\frac{b}{a}\right)^{\frac{1}{n}}\right\}^n$. 例 2.1.5 の 2) のあとのノートによって $\left(\frac{b}{a}\right)^{\frac{1}{n}} \to 1$ だから a_n は $+\infty$ に発散する.

11) $\frac{n}{2}$ 以下の最大の自然数を m とすると,
$$\frac{n!}{n^n}=\frac{1\cdot 2\cdots m\cdot(m+1)\cdots n}{n\cdot n\cdots n\cdot n\cdots n} \leq \frac{1\cdot 2\cdots m}{n\cdot n\cdots n} \leq \left(\frac{1}{2}\right)^m \to 0.$$

問題 2 1) $\lim_{n\to\infty} a_n=+\infty$ の場合. $\lim_{n\to\infty}(a_1+a_2+\cdots+a_n)=+\infty$ だから, ある L_1 をとると, $L_1 \leq n$ なら $a_1+a_2+\cdots+a_n \geq 0$ となる. 正の数 M が与えられたとき, ある L_2 をとると, $L_2 \leq n$ なら $2M<a_n$ となる. $L=\max\{L_1, L_2\}$ とすると, $n>2L$ なら
$$s_n=\frac{a_1+\cdots+a_L}{n}+\frac{a_{L+1}+\cdots+a_n}{n} \geq \frac{2M(n-L)}{n}=2M\left(1-\frac{L}{n}\right) \geq M \text{ となる}.$$
$\lim_{n\to\infty} a_n=-\infty$ の場合も同様.

2) $a>0$ のとき. $\log a_n \to \log a$ だから, 例 2.1.5 の 1) により,
$$\frac{\log a_1+\log a_2+\cdots+\log a_n}{n} \to \log a. \quad c_n=\sqrt[n]{a_1 a_2\cdots a_n} \text{ とすれば}$$
$$\log c_n=\frac{\log a_1+\log a_2+\cdots+\log a_n}{n}$$
だから, $\log c_n \to \log a$. よって $c_n \to a$.

$a=0$ のときは前問により, $\log c_n \to -\infty$. よって $c_n \to 0$.

3) $k_n=\frac{a_n}{a_{n-1}}$ とすると $k_1 k_2 \cdots k_n=\frac{a_n}{a_0}$. 前問によって $\sqrt[n]{k_1 k_2\cdots k_n} \to a$. $\sqrt[n]{a_0} \to 1$ だから $\sqrt[n]{a_n}=\sqrt[n]{a_0}\sqrt[n]{k_1 k_2\cdots k_n} \to a$.

問題 3 1) a が実数のとき. 任意の $\varepsilon>0$ に対してある数 M をとると, $M \leq x$ なら $|f(x)-a|<\varepsilon$ となる. M より大きい自然数 L をとると, $L \leq n$ なら $|f(n)-a|<\varepsilon$ が成りたつ. $a=\pm\infty$ でも同様.

2) a が実数のとき. f は広義単調増加とする. 任意の $\varepsilon>0$ に対してある番号 L をとると, $L \leq n$ なら $a-\varepsilon<f(n) \leq a$ となる. $L<x$ なら $a-\varepsilon<f(L) \leq$

$f(x) \leq a$ が成りたつ．f が単調減少でも，a が $\pm\infty$ でも同様．

問題 4 与えられた正の数 ε に対してある $\delta>0$ をとると，$|x-a|<\delta$ なら $|f(x)-f(a)|<\varepsilon$ となる．したがって，絶対値の不等式によって
$$||f(x)|-|f(a)|| \leq |f(x)-f(a)| < \varepsilon.$$

問題 5 背理法．$a<\alpha$ のとき，$\varepsilon=\alpha-a>0$ に対してある番号 L をとると，$L \leq n$ なら $\alpha-\varepsilon<a_n<\alpha+\varepsilon=a$ となり，$a \leq a_n \leq b$ に反する．

問題 6 与えられた $\varepsilon>0$ に対してある $\delta>0$ をとると，$x \in I$，$|x-a|<\delta$ なら $|f(x)-f(a)|<\varepsilon$ が成りたつ．この δ に対してある番号 L をとると，$L<n$ なら $|a_n-a|<\delta$ となるから，$|f(a_n)-f(a)|<\varepsilon$ となる．

問題 7 $\sqrt{2}$ は無理数である（例 0.1.2）．まず a を有理数とし，$\varepsilon=\dfrac{1}{2}$ とする．任意の $\delta>0$ に対して $\dfrac{1}{\delta}<n$ なる自然数をとり，$x=a+\dfrac{1}{\sqrt{2}\,n}$ とおくと x は無理数で，$|x-a|<\dfrac{1}{n}<\delta$ かつ $|f(x)-f(a)|=1>\varepsilon$.

つぎに a を無理数とし，$\varepsilon=\dfrac{1}{2}$ とする．任意の $\delta>0$ に対して $\dfrac{1}{\delta}<n$ なる自然数をとる．無理数 a を十進無限小数に展開し，小数点以下 n ケタで切った有理数を x とすると，$|x-a| \leq 10^{-n} < \dfrac{1}{n} < \delta$ かつ $|f(x)-f(a)|=1>\varepsilon$.

問題 8 まず $a=\dfrac{p}{q} \neq 0$ とし，$\varepsilon=\dfrac{1}{2q}$ とおく．任意の $\delta>0$ に対して $\dfrac{1}{\delta}<n$ なる自然数 n をとって $x=a+\dfrac{1}{\sqrt{2}\,n}$ とすると，x は無理数で $|x-a|<\dfrac{1}{n}<\delta$ かつ
$$|f(x)-f(a)|=\frac{1}{q}>\varepsilon.$$

つぎに $a=0$ のとき，任意の $\varepsilon>0$ に対して $\dfrac{1}{\varepsilon}<n$ なる自然数 n をとり，$\delta=\dfrac{1}{n}$ とする．$|x|<\delta$ なる有理数 $x \neq 0$ を $\dfrac{p}{q}$ とかくと，$\dfrac{1}{q} \leq \dfrac{1}{n}<\varepsilon$ だから
$$|f(x)-f(0)|=\frac{1}{q}<\varepsilon.$$

最後に a が無理数のとき，$N<a<N+1$（N は整数）とする．任意の $\varepsilon>0$ に対して $\dfrac{1}{\varepsilon}<n$ なる自然数 n をとると，分母が $1,2,\cdots,n$ の有理数で N と $N+1$ のあいだにあるものは有限個しかないから，そのうちでもっとも a に近いものと a との距離を $\delta>0$ とする．$|x-a|<\delta$ なる任意の有理数 x を $\dfrac{p}{q}$ とかくと，δ のとりかたから $q>n$ だから $|f(x)-f(a)|=\dfrac{1}{q}<\dfrac{1}{n}<\varepsilon$.

問題 9 $\langle a_n \rangle$ も $\langle b_n \rangle$ も a に収束すれば，a_n と b_n を交互にまぜた数列 $\langle c_n \rangle$ も a に収束する（略）．よって $\lim\limits_{n\to\infty} f(a_n) = \lim\limits_{n\to\infty} f(c_n) = \lim\limits_{n\to\infty} f(b_n)$．この共通の極限を b とする．$x \to a$ のとき，$f(x)$ が b に収束しないと仮定して矛盾をみちびく．

ある $\varepsilon>0$ をとると, どんな $\delta>0$ に対しても $|x-a|<\delta$, $|f(x)-b|>\varepsilon$ なる x がある. 各自然数 n に対し, $\delta=\dfrac{1}{n}$ として, $|x_n-a|<\dfrac{1}{n}$, $|f(x_n)-b|>\varepsilon$ なる x_n をひとつえらぶと, $\lim_{n\to\infty}x_n=a$ だが, $f(x_n)$ は b に収束しない.

第2章 §2 (p.58)

問題 1 1) まず $a_0\geqq 2$ から $a_n\geqq 2$ が出るから, 実数列 $\langle a_n\rangle$ が定義される. 収束を仮定して極限を α とすると, $\alpha=\sqrt{3\alpha-2}$, $\alpha\geqq 2$ を解いて $\alpha=2$. $a_0=2$ なら $a_n=2$, $\alpha=2$. $a_0>2$ なら $a_n>2$. $a_n^2-a_{n+1}{}^2=a_n{}^2-3a_n+2=(a_n-1)(a_n-2)>0$ だから定理 2.2.4 によって $\langle a_n\rangle$ は収束する. $\lim_{n\to\infty}a_n=2$.

2) かりに収束するとして極限を α とすると, $\alpha=1+\dfrac{2}{\alpha}$, $\alpha\geqq 0$ から $\alpha=2$. $a_0=2$ なら $a_n=2$. $a_0>2$ とする. $a_1=1+\dfrac{2}{a_0}<2$, $a_2=1+\dfrac{2}{a_1}>2$. 帰納法によって $a_{2n}>2$, $a_{2n+1}<2$.
$a_n-a_{n+2}=a_n-1-\dfrac{2}{a_{n+1}}=a_n-1-\dfrac{2}{1+\dfrac{2}{a_n}}=\dfrac{a_n{}^2-a_n-2}{a_n+2}=\dfrac{(a_n+1)(a_n-2)}{a_n+2}$.

よって n が偶数なら $a_n>a_{n+2}$, 奇数なら $a_n<a_{n+2}$. 定理 2.2.4 によって, $\langle a_{2n+1}\rangle$, $\langle a_{2n}\rangle$ は収束する. 極限を β, γ とすると,
$$\beta=1+\dfrac{2}{\gamma}=1+\dfrac{2}{1+\dfrac{2}{\beta}}.$$
これを解いて $\beta=2$. $\gamma=2$. $a_0<2$ でも同様.

問題 2 $f(a)=a$ または $f(b)=b$ なら OK. そこで $f(a)>a$, $f(b)<b$ とし, $g(x)=f(x)-x$ とおくと, $g(a)>0$, $g(b)<0$ だから, 中間値の定理によって $g(c)=0$ となる点 c がある.

問題 3 どちらも根の数は 3. それらを小さい順に α,β,γ とすると,
 1) $-2<\alpha<-1$, $0<\beta<1<\gamma<2$. 2) $-2<\alpha<-1<\beta<0$, $2<\gamma<3$.

問題 4 $a=0,1$ ならあきらか. $a<1$ なら $x^n=\dfrac{1}{a}$ なる x をとると, $\left(\dfrac{1}{x}\right)^n=a$ だから, $a>1$ としてよい. 各自然数 p に対し, $1\leqq x=\dfrac{k}{2^p}$ (k は負でない整数) の形の数 x で $x^n\leqq a$ なる最大のものを x_p とすると, 数列 $\langle x_p\rangle$ は広義単調増加で上に有界だから, 定理 2.2.4 によってある数 b に収束する. 当然 $b^n\leqq a$. かりに $b^n<a$ と仮定すると, x^n は連続だから $b<x$, $x^n<a$ なる x がある. 十分大きな p をとると, b と x のあいだに $\dfrac{k}{2^p}$ の形の分数があるから, $b<x_p$ となって矛盾である. よって $b^n=a$. 唯一性はあきらか.

問題 5 1) はじめから $a_0=1$ としてよい. $x\geqq 1$ として,

$$\frac{f(x)}{x^n}=1+\frac{a_1}{x}+\frac{a_2}{x^2}+\cdots+\frac{a_n}{x^n}\geq 1-\frac{|a_1|}{x}-\frac{|a_2|}{x^2}-\cdots-\frac{|a_n|}{x^n}.$$

$x>(n+1)\max\{|a_1|,\cdots,|a_n|\}$ とすると $\dfrac{|a_i|}{x^k}\leq\dfrac{1}{n+1}$ だから,

$$\frac{f(x)}{x^n}\geq 1-\frac{n}{n+1}=\frac{1}{n+1}$$

となり, $f(x)\geq\dfrac{x^n}{n+1}\to\infty$. $x=-\infty$ の場合もすぐわかる.

2) $\lim\limits_{x\to-\infty}f(x)=-\infty$, $\lim\limits_{x\to+\infty}f(x)=+\infty$ だから, 十分左の a に対しては $f(a)<0$, 十分右の b に対しては $f(b)>0$. 中間値の定理により, $a<c<b$ なるある c に対して $f(c)=0$.

第2章 §3 (p.64)

問題 1 $f(x)$ が恒等的に 0 ならあきらかだから, ある x_0 で $f(x_0)>0$ とする. 極限の条件により, $a<x_0<b$ なる a,b で $f(a)<\dfrac{1}{3}f(x_0)$, $f(b)<\dfrac{1}{3}f(x_0)$ となるものがある. 中間値の定理により, a と x_0 のあいだの c で $f(c)=\dfrac{2}{3}f(x_0)$ となるものがあり, x_0 と b のあいだの d で $f(d)=\dfrac{2}{3}f(x_0)$ となるものがある. ロルの定理により, c と d のあいだの e で $f'(e)=0$ となるものがある.

問題 2 f が a で微分可能なとき,

$$g(x)=\begin{cases}\dfrac{f(x)-f(a)}{x-a} & (x\neq a \text{ のとき}) \\ f'(a) & (x=a \text{ のとき})\end{cases}$$

とおけば $\lim\limits_{x\to a}g(x)=g(a)$ だから連続であり, $f(x)-f(a)=g(x)(x-a)$.

逆に条件をみたす g があるとき, $x\neq a$ に対して $\dfrac{f(x)-f(a)}{x-a}=g(x)$. g は a で連続だから $\lim\limits_{x\to a}g(x)$ が存在する.

問題 3 $g(a)=g(b)$ ならロルの定理によって $g'(x)=0$ となる x があることになり, 仮定に反する. $h(x)=[g(b)-g(a)]f(x)-[f(b)-f(a)]g(x)$ とおくと $h(a)=h(b)$ だから, ロルの定理によってある c ($a<c<b$) に対して $h'(c)=0$, すなわち $[g(b)-g(a)]f'(c)=[f(b)-f(a)]g'(c)$. 両辺を $[g(b)-g(a)]g'(c)$ で割ればよい.

問題 4 $f(a)=g(a)=0$ とおけば, f,g は閉区間 $[a,x]$ で連続になるから, 前問によって $\dfrac{f(x)}{g(x)}=\dfrac{f(x)-f(a)}{g(x)-g(a)}=\dfrac{f'(c)}{g'(c)}$ とかける (c は a と x のあいだの数). $x\to a+0$ のとき $c\to a+0$ だから, $\dfrac{f'(c)}{g'(c)}\to\alpha$. すなわち $\dfrac{f(x)}{g(x)}\to\alpha$.

問題 5 $t=\dfrac{1}{x}$ とおくと, $F(t)=f\left(\dfrac{1}{t}\right)$, $G(t)=g\left(\dfrac{1}{t}\right)$ は $\left(0,\dfrac{1}{a}\right]$ 上の関数で前問

の条件をみたす．$F'(t) = -\dfrac{1}{t^2} f'\left(\dfrac{1}{t}\right)$, $G'(t) = -\dfrac{1}{t^2} g'\left(\dfrac{1}{t}\right)$ だから，

$$\lim_{x \to +\infty} \frac{f(x)}{g(x)} = \lim_{t \to +0} \frac{F(t)}{G(t)} = \lim_{t \to +0} \frac{f'\left(\dfrac{1}{t}\right)}{g'\left(\dfrac{1}{t}\right)} = \lim_{x \to +\infty} \frac{f'(x)}{g'(x)} = \alpha.$$

問題 6 1) 1.　　2) $\alpha = \lim\limits_{x \to 0} \dfrac{a^x \log a - b^x \log b}{1} = \log a - \log b$.

3) $\alpha = \lim\limits_{x \to 0} \dfrac{\sin x}{1} = 0$.　　4) $\alpha = \lim\limits_{x \to 0} \dfrac{\sin x}{2x} = \dfrac{1}{2}$.

5) $\alpha = \lim\limits_{x \to 0} \dfrac{\dfrac{1}{\cos^2 x} - 1}{1 - \cos x} = \lim\limits_{x \to 0} \dfrac{\dfrac{2 \sin x}{\cos^3 x}}{\sin x} = 2$.　　6) $\alpha = \lim\limits_{x \to 0} \dfrac{\dfrac{1}{1+x^2}}{1} = 1$.

7) $\alpha = \lim\limits_{x \to 0} \dfrac{\dfrac{1}{\sqrt{1-x^2}}}{\cos x} = 1$.　　8) $\alpha = \lim\limits_{x \to 0} \dfrac{\dfrac{-\sin x}{\cos x}}{2x} = -\dfrac{1}{2}$.

9) $\left(\log \dfrac{x-a}{x+a}\right)' = \dfrac{1}{x-a} - \dfrac{1}{x+a} = \dfrac{2a}{x^2 - a^2}$ だから，

$$\alpha = \lim_{x \to \infty} \frac{\log \dfrac{x-a}{x+a}}{\dfrac{1}{x}} = \lim_{x \to \infty} \frac{\dfrac{2a}{x^2 - a^2}}{-\dfrac{1}{x^2}} = -2a.$$

問題 7 $0 < x < b$ なら，f の条件によって $0 < f(x) < b$ だから，数列 $\langle a_n \rangle$ が定義される．$y = f(x)$ と $y = x$ の図（図 A.2.1）をかく．中間値の定理によって $f(\alpha) = \alpha$ なる α が存在し，f の単調性によって α はひとつしかない．$a_0 = \alpha$ なら $a_n = \alpha$ で

$$\lim_{n \to \infty} a_n = \alpha.$$

$a_0 > \alpha$ とする．$0 < a_1 = f(a_0) < f(\alpha) = \alpha$．$a_2 = f(a_1) > \alpha$．同様に（正確には帰納法により）$f(a_{2n}) > \alpha$, $f(a_{2n+1}) < \alpha$．$f'(x) > -1$ だから，図 A.2.1 において $a_0 - a_1 = \overline{PQ} > \overline{QR} = \overline{RS} = a_2 - a_1$, よって $a_0 > a_2$. 同様に $a_1 < a_3$. したがって $a_1 < a_3 < a_5 < \cdots < \alpha < \cdots < a_4 < a_2 < a_0$.

定理 2.2.4 により，$\lim\limits_{n \to \infty} a_{2n+1} = \beta$ および $\lim\limits_{n \to \infty} a_{2n} = \gamma$ が存在する：$\beta \leqq \alpha \leqq \gamma$. 漸化式から $\beta = f(\gamma)$,

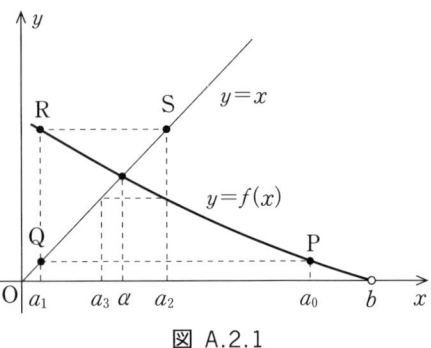

図 A.2.1

$\gamma = f(\beta)$ だが，f の単調性によって $\gamma = f(\beta) \leq f(\gamma) = \beta$，したがって $\beta = \gamma = \alpha$．$a_0 < \alpha$ のときも同様．

問題 8 前問による．ただし，2) では $|a_1| < 1 < \frac{\pi}{2}$，$0 < a_2 < \frac{\pi}{2}$ に注意．

問題 9 f が偶関数なら，$f'(-x) = \lim_{h \to 0} \frac{f(-x+h) - f(-x)}{h} = \lim_{h \to 0} \frac{f(x-h) - f(x)}{h} = -f'(x)$．$f$ が奇関数のときも同様．

第2章 §4 (p.76)

問題 1 $f(x) = \frac{2}{\pi}x - \sin x$ とすると

$$f(0) = f\left(\frac{\pi}{2}\right) = 0, \quad f''(x) = \sin x > 0 \quad \left(0 < x < \frac{\pi}{2} \ \text{で}\right)$$

だから f は凸であり，$f(x) < 0$ $\left(0 < x < \frac{\pi}{2}\right)$．よって $\frac{\sin x}{x} > \frac{2}{\pi}$．$\frac{\sin x}{x}$ は偶関数だから $-\frac{\pi}{2} < x < 0$ でも $\frac{\sin x}{x} > \frac{2}{\pi}$．

問題 2 $a_0 = 0$ なら $a_n = 0$．$a_0 > 0$ なら $a_{n+1} - a_n = \frac{\pi}{2} \sin a_n - a_n \geq 0$（前問）．よって $\langle a_n \rangle$ は単調増加，$a_n \leq \frac{\pi}{2}$ だから収束．極限 α は $\frac{\pi}{2} \sin \alpha = \alpha$ をみたすから $\alpha = \frac{\pi}{2}$．$a_0 < 0$ なら同様に $\alpha = -\frac{\pi}{2}$．

問題 3 1) $f'(x) = 4x(x+1)(x-1)$ だから $-1, 0, 1$ が極値候補．$f''(-1) = f''(1) = 8 > 0$，$f''(0) = -4 < 0$ だから，f は -1 と 1 で極小，0 で極大．

2) -1 で極大，1 で極小．なお，$x \to \pm\infty$ のとき $f(x) \to \pm\infty$，$x \to \pm 0$ のとき $f(x) \to \pm\infty$（複号同順）．

3) 0 で極小．

4) -1 で極大．なお $\lim_{x \to +\infty} f(x) = +0$，$\lim_{x \to -\infty} f(x) = -\infty$，$\lim_{x \to \pm 0} f(x) = \pm\infty$．

5) 0 で極大．$\lim_{x \to \pm\infty} f(x) = 0$．

6) $f'(x) = -\frac{(x+1)(x-3)}{(x^2+3)^2}$ だから -1 と 3 が極値候補．

$$f''(x) = \frac{2x^3 - 6x^2 - 18x + 6}{(x^2+3)^3}, \quad f''(-1) > 0, \quad f''(3) < 0$$

だから -1 で極小，3 で極大．$\lim_{x \to \pm\infty} f(x) = 0$．

問題 4 1) 前問 1) の図から $x = 1$ で最小値 0，$x = 2$ で最大値 9．

2) 前問 2) の図から $x = 1$ で最小値 2，最大値なし．

3) $f'(x) = x(x+1)(x-2)$．$-2 < -1 < 2 < 3$ だから $-1, 0, 2$ が極値候補．

1) $y = x^4 - 2x^2 + 1$

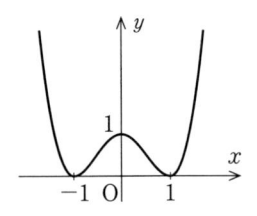

2) $y = x + \dfrac{1}{x}$

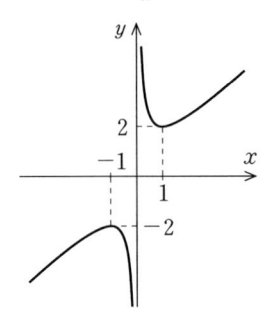

3) $y = \dfrac{e^x + e^{-x}}{2}$

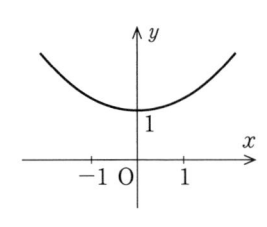

4) $y = \dfrac{e^{-x}}{x}$

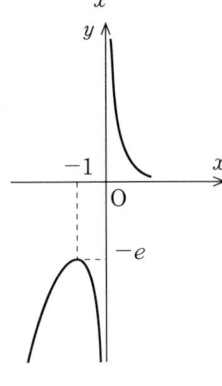

5) $y = e^{-x^2}$

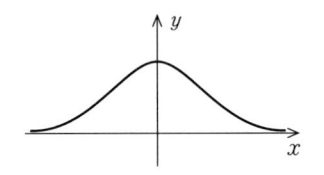

6) $y = \dfrac{x-1}{x^2+3}$

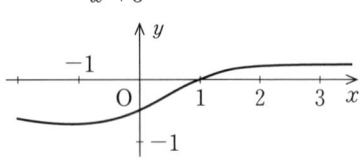

図 A.2.2

$f''(x) = 3x^2 - 2x - 2$. $f''(-1) > 0$, $f''(0) < 0$, $f''(2) > 0$ だから, -1 と 2 で極小, 0 で極大. ここでの関数値と, 端点 $-2, 3$ での関数値をくらべる. $f(-1) = -\dfrac{5}{12}$, $f(2) = -\dfrac{8}{3}$ だから $f(-1) > f(2)$. $f(0) = 0$, $f(-2) = \dfrac{8}{3}$, $f(3) = \dfrac{9}{4}$ だから $f(-2) > f(3) > f(0)$. 略図は右のとおりで, $x = 2$ で最小, $x = -2$ で最大.

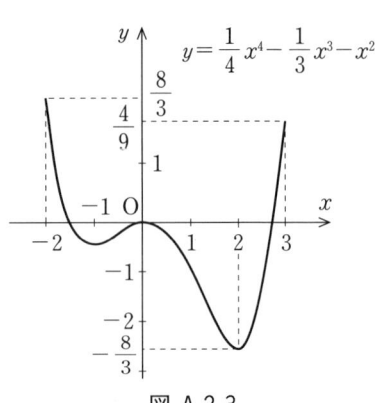

$y = \dfrac{1}{4}x^4 - \dfrac{1}{3}x^3 - x^2$

図 A.2.3

図 A.2.4

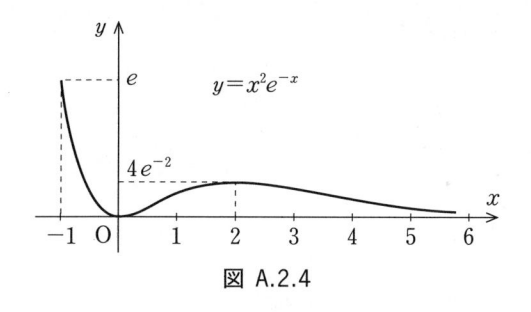

4) $f'(x)=x(2-x)e^{-x}$ だから 0 と 2 が極値候補．$f(x)\geqq 0$, $f(0)=0$ だから f は 0 で最小．$f''(2)<0$ だから f は 2 で極大．$f(2)$ と $f(-1)$ をくらべる．$f(-1)=e$, $f(2)=4e^{-2}$ であり，$e>2$ だから $f(-1)>f(2)$．よって f は -1 で最大（図 A.2.4）．

問題 5 まず略図をかく（図 A.2.5）．もし $p<a$ なら，あきらかに $x=a$ で最小値 $a-p$．今後 $p\geqq a$ とし，弦の長さ l の 2 乗を $f(x)$ とする．$y^2=b^2\left(\dfrac{x^2}{a^2}-1\right)$ だから，$f(x)=(x-p)^2+y^2=(x-p)^2+\dfrac{b^2}{a^2}x^2-b^2$ $(x\geqq a)$．

$f'(x)=2(x-p)+2\dfrac{b^2}{a^2}x=2x\left(1+\dfrac{b^2}{a^2}\right)-2p$ だから，$f'(x)=0$ を解いて，極小点の候補 $x=\dfrac{a^2p}{a^2+b^2}$ を得る．これが a 以上である条件は $p\geqq\dfrac{a^2+b^2}{a}$．このとき，l は $x=\dfrac{a^2p}{a^2+b^2}$ で最小値 $\sqrt{\dfrac{b^2p^2}{a^2+b^2}-b^2}$ をとる．$p<\dfrac{a^2+b^2}{a}$ のときは $f(x)$ は単調増加で，$x=a$ で最小値 $(p-a)^2$ をとる（l の最小値は $p-a$）．

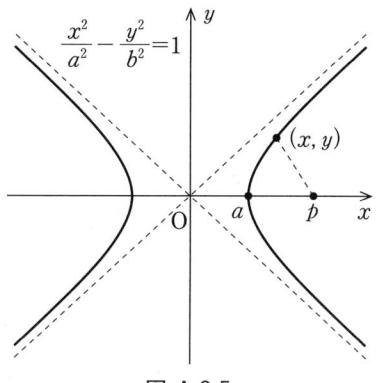

図 A.2.5

問題 6 円錐の底面の半径を r，高さを h とすると，体積 $V=\dfrac{\pi r^2 h}{3}$ は既知である．円錐を横に倒したのが図 A.2.6 である．根号をさけるために三角関数を使う．$r=a\sin\theta$, $h=a+a\cos\theta$ とかける（$0<\theta<\pi$）．

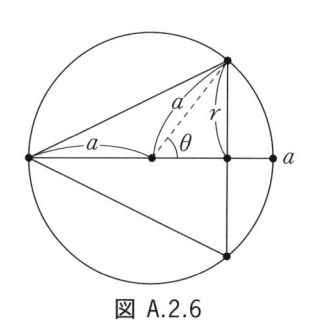

図 A.2.6

$$V(\theta) = \frac{\pi a^3}{3}\sin^2\theta(1+\cos\theta),$$

$$V'(\theta) = \frac{\pi a^3}{3}[2\sin\theta\cos\theta(1+\cos\theta) - \sin^3\theta]$$

$$= \frac{\pi a^3}{3}\sin\theta(2\cos\theta - 3\cos^2\theta - 1) = -\frac{\pi a^3}{3}\sin\theta(3\cos\theta - 1)(\cos\theta - 1).$$

$V'(\theta) = 0$ $(0 < \theta < \pi)$ から $\cos\theta = \frac{1}{3}$ を得る. $\sin\theta = \frac{2\sqrt{2}}{3}$ だから, 半径 $r = \frac{2\sqrt{2}\,a}{3}$, 高さ $h = \frac{4}{3}a$ のとき体積は最大で $V = \frac{32}{81}\pi a^3$.

問題 7 1) $\pm\frac{1}{\sqrt{3}}$ が変曲点. 2) 3) 4) 変曲点はない. 5) $\pm\frac{1}{\sqrt{2}}$ が変曲点.

6) $f''(x) = \frac{2x^3 - 6x^2 - 18x + 6}{(x^2+3)^3}$. 図から見当をつけると 3 個の変曲点がある. それらを $\alpha < \beta < \gamma$ とする. 計算道具を使わない場合, x が 0 に近い整数のときの $f(x)$ を計算すると, $f''(-3) < 0$, $f''(-2) > 0$, $f''(0) > 0$, $f''(1) < 0$, $f''(4) < 0$, $f''(5) > 0$ だから, $-3 < \alpha < -2$, $0 < \beta < 1$, $4 < \gamma < 5$.

問題 8 1) 交点がちょうどひとつあることは, $f(x) = e^{-x} - \log x$ の凸性と中間値の定理による (図 A.2.7). ニュートン法を $x=1$ からはじめて, 交点の x 座標 $\fallingdotseq 1.309799$ (y 座標 $\fallingdotseq 0.269874$).

2) 図をかくことが大事である (図 A.2.8). $f(-2) < 0$, $f(-1) > 0$, $f(0) < 0$, $f(2) < 0$, $f(3) > 0$ だから根は 3 個 (3 次方程式だから最多で 3 個), $-2 < \alpha < -1$, $-1 < \beta < 0$, $2 < \gamma < 3$. $\alpha \fallingdotseq -1.377202$, $\beta \fallingdotseq -0.273890$, $\gamma \fallingdotseq 2.651093$.

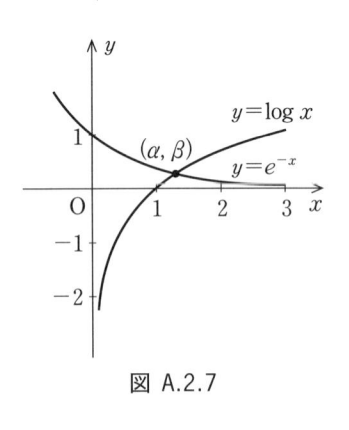

図 A.2.7

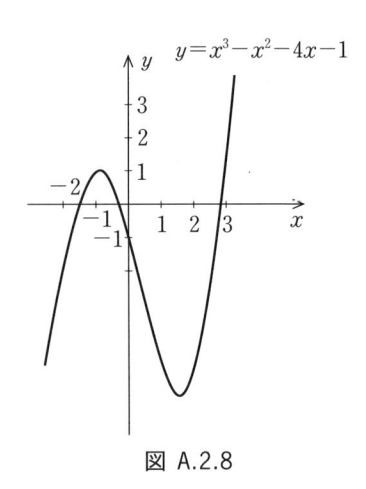

図 A.2.8

図 A.2.9 $y = x^4 - 2x^2 + x + 1$

図 A.2.10 変曲点

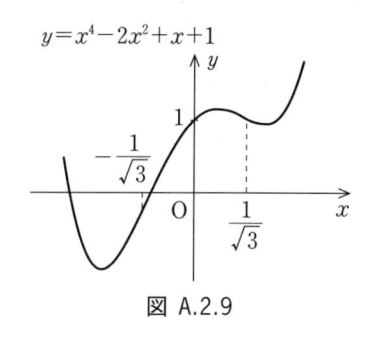

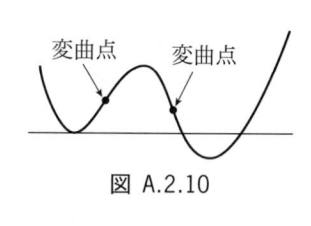

3) はじめから計算機に頼ればなんでもないが，計算機なしで根のだいたいの所在および個数を知ろうとすると難かしい．$f'(x) = 4x^3 - 4x + 1$, $f''(x) = 4(3x^2 - 1)$ だから，$x = \pm \dfrac{1}{\sqrt{3}}$ が変曲点の候補である．$f(x) = (x^2 - 1)^2 + x$ だから，$x \geqq 0$ なら $f(x) > 0$. よって根はすべて負である（図 A.2.9）．もし3個以上の根があるとすると，変曲点が少なくとも2個なければならない（図 A.2.10 参照）．しかし $x < 0$ での変曲点は1個しかないから，根は多くても2個である．$f(-2) > 0$, $f(-1) < 0$, $f(0) > 0$ だから，2根 $\alpha < \beta$ があり，$-2 < \alpha < -1 < \beta < 0$. $\alpha \fallingdotseq -1.490216$, $\beta \fallingdotseq -0.524889$.

4) $a = \sin 10°$ とすると，$\dfrac{1}{2} = \sin 30° = 3\sin 10° - 4(\sin 10°)^3 = 3a - 4a^3$. これにニュートン法を適用して，$a \fallingdotseq 0.173648$.

問題 9 1) $y = \dfrac{1}{x+1} - \dfrac{1}{x+2}$ だから，$y^{(n)} = (-1)^n n! \left[\dfrac{1}{(x+1)^{n+1}} - \dfrac{1}{(x+2)^{n+1}} \right]$.

2) $y = \dfrac{1}{ad-bc}\left(\dfrac{a}{ax+b} - \dfrac{c}{cx+d} \right)$ だから，
$$y^{(n)} = \dfrac{(-1)^n n!}{ad-bc}\left[\dfrac{a^{n+1}}{(ax+b)^{n+1}} - \dfrac{c^{n+1}}{(cx+d)^{n+1}} \right].$$

3) $y' = \dfrac{ad-bc}{(cx+d)^2}$ だから，$y^{(n)} = \dfrac{(-1)^{n-1} n! c^{n-1}(ad-bc)}{(cx+d)^{n+1}}$ $(n \geqq 1)$.

4) $y = \dfrac{3}{4}\sin x - \dfrac{1}{4}\sin 3x$ だから，$y^{(n)} = \dfrac{3}{4}\sin\left(x + \dfrac{\pi}{2}n\right) - \dfrac{3^n}{4}\sin\left(3x + \dfrac{\pi}{2}n\right)$.

第2章 §5 (p. 85)

問題 1 $\left| \dfrac{f(x) + g(x)}{x^l} \right| \leqq \left| \dfrac{f(x)}{x^n} \right| + \left| \dfrac{g(x)}{x^m} \right| \to 0$. $\left| \dfrac{f(x)g(x)}{x^{n+m}} \right| = \left| \dfrac{f(x)}{x^n} \right| \cdot \left| \dfrac{g(x)}{x^m} \right| \to 0$.

問題 2　1)　3 階の公式 $e^x=1+x+\dfrac{1}{2}x^2+\dfrac{e^{\theta x}}{6}x^3$ $(0<\theta<1)$ で $x=1$ とすれば，$e=1+1+\dfrac{1}{2}+\dfrac{e^\theta}{6}>2.5$．つぎに 4 階の公式 $e^x=1+x+\dfrac{1}{2}x^2+\dfrac{1}{6}x^3+\dfrac{e^{\theta x}}{24}x^4$ で $x=-1$ とすれば，$e^{-1}=1-1+\dfrac{1}{2}-\dfrac{1}{6}+\dfrac{e^{-\theta}}{6}>\dfrac{1}{3}$, $e<3$．

2)　もし $e=\dfrac{m}{n}$ なら $n\geqq 3$ で，$e=\sum_{k=0}^{n}\dfrac{1}{k!}+\dfrac{e^\theta}{(n+1)!}$ $(0<\theta<1)$ だから，

$$n!e-\sum_{k=0}^{n}\dfrac{n!}{k!}=\dfrac{e^\theta}{n+1}<\dfrac{e}{n+1}<\dfrac{3}{n+1}<1$$

だが，左辺は正の整数であり，矛盾．

問題 3　1)　$\sin x\sim x-\dfrac{1}{6}x^3=x\left(1-\dfrac{1}{6}x^2\right)$ だから，

$$\dfrac{x}{\sin x}\sim\dfrac{1}{1-\dfrac{1}{6}x^2}\sim 1+\dfrac{1}{6}x^2+0\cdot x^3.$$

2)　$\sin x+\cos x\sim 1+\left(x-\dfrac{1}{2}x^2-\dfrac{1}{6}x^3\right)$ だから，

$$\dfrac{1}{\sin x+\cos x}\sim 1-\left(x-\dfrac{1}{2}x^2-\dfrac{1}{6}x^3\right)+\left(x-\dfrac{1}{2}x^2\right)^2-x^3\sim 1-x+\dfrac{3}{2}x^2-\dfrac{11}{6}x^3.$$

3)　$\dfrac{1}{\sin x}-\dfrac{1}{x}\sim\dfrac{1}{x}\left[\dfrac{1}{1-\left(\dfrac{1}{6}x^2-\dfrac{1}{120}x^4\right)}-1\right]\sim\dfrac{1}{x}\left[\left(\dfrac{1}{6}x^2-\dfrac{1}{120}x^4\right)+\left(\dfrac{1}{6}x^2\right)^2\right]$

$\sim\dfrac{1}{6}x+\dfrac{7}{360}x^3.$　最後に x で割るから，x^4 の項まで計算する必要がある．

4)　$\dfrac{x}{e^x-1}\sim\dfrac{1}{1+\left(\dfrac{1}{2}x+\dfrac{1}{6}x^2+\dfrac{1}{24}x^3\right)}\sim 1-\left(\dfrac{1}{2}x+\dfrac{1}{6}x^2+\dfrac{1}{24}x^3\right)+\left(\dfrac{1}{2}x\right.$

$\left.+\dfrac{1}{6}x^2\right)^2-\dfrac{1}{8}x^3\sim 1-\dfrac{1}{2}x+\dfrac{1}{12}x^2+0\cdot x^3.$

5)　$\dfrac{x}{\log(1+x)}\sim\dfrac{1}{1-\left(\dfrac{1}{2}x-\dfrac{1}{3}x^2+\dfrac{1}{4}x^3\right)}$

$\sim 1+\left(\dfrac{1}{2}x-\dfrac{1}{3}x^2+\dfrac{1}{4}x^3\right)+\left(\dfrac{1}{2}x-\dfrac{1}{3}x^2\right)^2+\left(\dfrac{1}{2}x\right)^3\sim 1+\dfrac{1}{2}x-\dfrac{1}{12}x^2+\dfrac{1}{24}x^3.$

6)　$\sqrt{1-x+x^2}=[1-(x-x^2)]^{\frac{1}{2}}\sim 1-\dfrac{1}{2}(x-x^2)+\dfrac{\dfrac{1}{2}\cdot-\dfrac{1}{2}}{2!}(x-x^2)^2-$

$\dfrac{\dfrac{1}{2}\cdot-\dfrac{1}{2}\cdot-\dfrac{3}{2}}{3!}(x-x^2)^3\sim 1-\dfrac{1}{2}x+\dfrac{1}{2}x^2-\dfrac{1}{8}x^2+\dfrac{1}{4}x^3-\dfrac{1}{16}x^3$

$$= 1 - \frac{1}{2}x + \frac{3}{8}x^2 + \frac{3}{16}x^3.$$

7) $\log y = \frac{1}{x}\log(1+x) \sim 1 - \left(\frac{1}{2}x - \frac{1}{3}x^2 + \frac{1}{4}x^3\right)$, $y = e \cdot e^{-\left(\frac{1}{2}x - \frac{1}{3}x^2 + \frac{1}{4}x^3\right)}$

$$\sim e\left[1 - \left(\frac{1}{2}x - \frac{1}{3}x^2 + \frac{1}{4}x^3\right) + \frac{1}{2}\left(\frac{1}{2}x - \frac{1}{3}x^2\right)^2 - \frac{1}{6}\left(\frac{1}{2}x\right)^3\right]$$

$$\sim e - \frac{e}{2}x + \frac{11e}{24}x^2 - \frac{7e}{16}x^3.$$

問題 4 1) 前問の 1) によって $\frac{x}{\sin x} \sim 1 + \frac{1}{6}x^2 + 0 \cdot x^3$ だが，これでは十分でなく，x^4 の項まで求めなければならない．

$$\frac{x}{\sin x} \sim \frac{1}{1 - \left(\frac{1}{6}x^2 - \frac{1}{120}x^4\right)} \sim 1 + \left(\frac{1}{6}x^2 - \frac{1}{120}x^4\right) + \frac{1}{36}x^4 = 1 + \frac{1}{6}x^2 + \frac{7}{360}x^4.$$

一方，例 2.5.9 の 3) (c) により，$\frac{\arcsin x}{x} \sim 1 + \frac{1}{6}x^2 + \frac{3}{40}x^4$. $\frac{7}{360} < \frac{3}{40}$,

$x^4 > 0$ だから，$\frac{x}{\sin x} < \frac{\arcsin x}{x}$.

2) 例 2.5.9 の 1) によって，$\tan x \sim x + \frac{1}{3}x^3 + \frac{2}{15}x^5$ だから，

$$\frac{x}{\tan x} \sim \frac{1}{1 + \left(\frac{1}{3}x^2 + \frac{2}{15}x^4\right)} \sim 1 - \left(\frac{1}{3}x^2 + \frac{2}{15}x^4\right) + \frac{1}{9}x^4 = 1 - \frac{1}{3}x^2 - \frac{1}{45}x^4.$$

一方，定理 2.5.7 の 4) によって $\frac{\arctan x}{x} \sim 1 - \frac{1}{3}x^2 + \frac{1}{5}x^4$.

よって $\frac{x}{\tan x} < \frac{\arctan x}{x}$.

3) 例 2.5.9 の 3) (a) によって $\frac{1}{\sqrt{1+x}} \sim 1 - \frac{1}{2}x + \frac{3}{8}x^2$.

一方 $\frac{\log x}{x} \sim 1 - \frac{1}{2}x + \frac{1}{3}x^2$. $\frac{3}{8} > \frac{1}{3}$, $x^2 > 0$ だから $\frac{1}{\sqrt{1+x}} > \frac{\log x}{x}$.

問題 5 1) $\frac{1}{\sin x} - \frac{1}{x} \sim \frac{1}{x}\left(\frac{1}{1 - \frac{1}{6}x^2} - 1\right) \sim \frac{1}{x}\left(1 + \frac{1}{6}x^2 - 1\right) \to 0$.

2) $\sin^2 x \sim x^2 - \frac{1}{3}x^4$ だから，

$$\frac{1}{\sin^2 x} - \frac{1}{x^2} \sim \frac{1}{x^2}\left(\frac{1}{1 - \frac{1}{3}x^2} - 1\right) \sim \frac{1}{x^2}\left(1 + \frac{1}{3}x^2 - 1\right) \to \frac{1}{3}.$$

3) $\dfrac{1}{\sqrt{1+x}} \sim 1-\dfrac{1}{2}x$, $\dfrac{1}{\sqrt{1-x}} \sim 1+\dfrac{1}{2}x$ だから,
$$\dfrac{1}{x}\left(\dfrac{1}{\sqrt{1-x}}-\dfrac{1}{\sqrt{1+x}}\right) \sim \dfrac{1}{x}\left(1+\dfrac{1}{2}x-1+\dfrac{1}{2}x\right) \to 1.$$

4) $\dfrac{1}{\sin^2 x} \sim \dfrac{1}{x^2}\left(1+\dfrac{1}{3}x^2\right)$, $\cos x \sim 1-\dfrac{1}{2}x^2+\dfrac{1}{24}x^4$, $\log(\cos x) \sim -\dfrac{1}{2}x^2-\dfrac{1}{12}x^4$.
よって $\log y \sim \dfrac{1}{x^2}\left(1+\dfrac{1}{3}x^2\right)x^2\left(-\dfrac{1}{2}-\dfrac{1}{12}x^2\right) \to -\dfrac{1}{2}$, $y \to e^{-\frac{1}{2}}=\dfrac{1}{\sqrt{e}}$.

5) $\dfrac{x}{\sqrt{1+x^2}} = \dfrac{x}{x\sqrt{1+\dfrac{1}{x^2}}} \to 1$

6) $\log(e^x+e^{x^2})=\log[e^{x^2}(1+e^{x-x^2})]=\log e^{x^2}+\log(1+e^{x-x^2})=x^2+\log(1+e^{x-x^2})$. よって
$$\dfrac{\log(e^x+e^{x^2})}{x^2}=1+\dfrac{\log(1+e^{x-x^2})}{x^2}.$$
$x \to +\infty$ のとき $x-x^2=-x^2\left(1-\dfrac{1}{x}\right) \to -\infty$ だから $e^{x-x^2} \to 0$. よって
$$\dfrac{\log(e^x+e^{x^2})}{x^2} \to 1.$$

問題 6 1) $y(1)=1$. $\log y=\dfrac{1}{x}\log x$. $x \to +0$ のとき $\log y \to -\infty$, よって $y \to +0$. y の $+0$ での右微分係数 $y'(+0)$ を求める. 定義により,

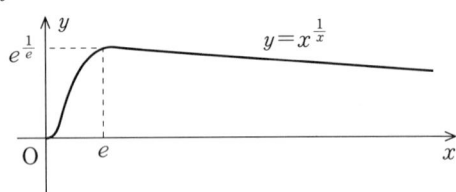

図 A.2.11

$$y'(+0)=\lim_{x\to +0}\dfrac{y(x)-y(+0)}{x-0}=\lim_{x\to +0}\dfrac{y}{x}.$$

$\log\dfrac{y}{x}=\log y-\log x=\left(\dfrac{1}{x}-1\right)\log x \to -\infty$ ($x \to +0$ のとき). よって $\dfrac{y}{x} \to +0$. すなわち y の $+0$ での右微分係数は $+0$ であり, グラフは原点で x 軸に接する. $\lim_{x\to +\infty}\dfrac{1}{x}\log x=+0$ だから, $x \to +\infty$ のとき $y \to 1+0$. $\dfrac{y'}{y}=\dfrac{1}{x^2}(1-\log x)$ だから, $x=e$ で y は極大かつ最大で, $y(e)=e^{\frac{1}{e}}$. これで図がかける.

2) $y=x^{\frac{1}{x}}$ は $x=e$ だけで最大だから $e^{\frac{1}{e}} > \pi^{\frac{1}{\pi}}$, よって $e^{\pi} > \pi^e$.

問題 7 1) $u=\log x$ とおくと $x=e^u$, $x \to +\infty$ のとき $u \to +\infty$ であり, $\dfrac{x^\alpha}{(\log x)^\beta}=\dfrac{e^{\alpha u}}{u^\beta}$. 定理 2.5.12 によって $u^\beta \ll e^{\alpha u}$.

2) $x^\alpha(-\log x)^\beta=[x^{\frac{\alpha}{\beta}}(-\log x)]^\beta$. 例 2.5.13 の 1) によって
$x^{\frac{\alpha}{\beta}}(-\log x) \to +0$ ($x \to +0$ のとき) だから $\lim_{x\to +0}[x^{\frac{\alpha}{\beta}}(-\log x)]^\beta=+0$.

第3章
問題の答え

第3章 §1 (p.93)

問題 1 1) 定理 2.5.12 によって，$\lim_{x \to +\infty} xe^{-x} = 0$ だから，命題 3.1.6 の 1) によって一様連続．

2) $|f'(x)| = \left| x \cdot \dfrac{1}{x^2} \right| = \dfrac{1}{x} \leq 1$ だから一様連続．

3) $x \to +0$ のとき $\log \dfrac{1}{x} \to +\infty$ だから，命題 3.1.6 の 5) によって非一様連続．

4) 区間を 1 で左右にわける．$f(0) = 0$ とおくと，例 2.1.17 の 1) によって f は有界閉区間 $[0, 1]$ で連続，したがって一様連続．$x \geq 1$ なら
$$|f'(x)| = \left| \sin \dfrac{1}{x} - \dfrac{1}{x} \cos \dfrac{1}{x} \right| \leq 2$$
だから $[1, +\infty)$ で一様連続．命題 3.1.5 により，f は $[0, +\infty)$ で一様連続．

5) やはり 1 で左右にわける．$x \leq 1$ なら $|f'(x)| = \left| 2x \sin \dfrac{1}{x} - \cos \dfrac{1}{x} \right| \leq 3$ だから，命題 3.1.5 の 3) によって一様連続．$x \geq 1$ のとき，$u = \dfrac{1}{x}$ とすると，平均値の定理によって $\sin \dfrac{1}{x} = \sin u = \sin 0 + u \cos(\theta u)$ $(0 < \theta < 1)$ だから $\left| \sin \dfrac{1}{x} \right| \leq \left| \dfrac{1}{x} \right|$．よって $|f'(x)| \leq 2 + 1$ となり，一様連続．命題 3.1.5 により，f は $[0, +\infty)$ で一様連続．

6) $x \geq 1$ で $u = \dfrac{1}{x}$ とすると，2 階の 0 でのテイラー公式により，
$$\sin \dfrac{1}{x} = \sin u = \sin 0 + u \cos 0 - \dfrac{u^2}{2} \sin(\theta u) \quad (0 < \theta < 1)$$
だから $\sin \dfrac{1}{x} > u = \dfrac{1}{x}$．$f'(x) = 3x^2 \sin \dfrac{1}{x} - x \cos \dfrac{1}{x} \geq 3x - x = 2x \to +\infty$ $(x \to +\infty$ のとき$)$ となるから，命題 3.1.6 の 4) によって非一様連続．

問題 2 C の任意の元 z は $z = x + y$ $(x \in A,\ y \in B)$ とかける．$x \leq \sup A$, $y \leq \sup B$ だから $z \leq \sup A + \sup B$，よって $\sup A + \sup B$ は C の上界である．命題 3.1.10 により，任意の正の数 ε に対し，$\sup A - \dfrac{\varepsilon}{2} < x$ なる A の元 x および $\sup B - \dfrac{\varepsilon}{2} < y$ なる B の元 y がある．$x + y \in C$, $(\sup A + \sup B) - \varepsilon < x + y$ だから，ふたたび命題 3.1.10 によって $\sup A + \sup B = \sup C$．

第3章 §2 (p.97)

問題 1 f を $[a, b]$ で広義単調増加な関数とする．f が定数関数ならあたりまえだ

から，$f(a)<f(b)$ と仮定する．与えられた正の数 ε に対して $\delta=\dfrac{\varepsilon}{f(b)-f(a)}$ とおき，$P=\langle a_0, a_1, \cdots, a_n \rangle$ を幅が δ より小さい任意の分割とする．積分の定義 3.2.2 の記号で $m_i(f\,;P)=\inf\limits_{a_{i-1}\leq x\leq a_i}f(x)=f(a_{i-1})$,
$$M(f\,;P)=\sup_{a_{i-1}\leq x\leq a_i}f(x)=f(a_i)$$
だから $s(f\,;P)=\sum\limits_{i=1}^{n}f(a_{i-1})(a_i-a_{i-1})$, $S(f\,;P)=\sum\limits_{i=1}^{n}f(a_i)(a_i-a_{i-1})$.

したがって
$$S(f\,;P)-s(f\,;P)=\sum_{i=1}^{n}[f(a_i)-f(a_{i-1})](a_i-a_{i-1})\leq \delta\sum_{i=1}^{n}[f(a_i)-f(a_{i-1})]$$
$$=\delta[f(b)-f(a)]=\varepsilon$$
となり，f は積分可能である．

第 3 章 §3 (p. 103)

問題 1 f も g も恒等的に 0 なら $0=0$．$f\not\equiv 0$ とする．積分の正値性（命題 3.3.3）によって $\int_a^b f(x)^2 dx>0$．任意の実数 t に対して
$$0\leq \int_a^b [tf(x)+g(x)]^2 dx=\int_a^b f(x)^2 dx\cdot t^2+2\int_a^b f(x)g(x)dx\cdot t+\int_a^b g(x)^2 dx.$$
したがってこの 2 次式の判別式は正でない．すなわち
$$\left[\int_a^b f(x)g(x)\,dx\right]^2-\int_a^b f(x)^2 dx\int_a^b g(x)^2 dx\leq 0.$$
等号が成りたてば，ある t をとるとすべての x に対して $tf(x)+g(x)=0$ だから g は f の定数倍である．$g\not\equiv 0$ としても同じ．

問題 2 f は一様連続だから，ある $\delta>0$ をとると，$|x-y|<\delta$ なら $|f(x)-f(y)|<\varepsilon$ が成りたつ．$\dfrac{1}{\delta}$ より大きい自然数 n をとって $[a,b]$ を n 等分し，分点を $a=a_0<a_1<\cdots<a_n=b$ とする．階段関数 g を，$a_{i-1}<x\leq a_i$ のとき $g(x)=f(a_i)$, $g(a_0)=f(a_1)$ と定めればよい．

問題 3 $\varepsilon>0$ に対し，$|f(x)-g(x)|<\varepsilon$ なる前問の階段関数 g をとる．
$$\int_a^b g(x)\sin tx\,dx=\sum_{i=1}^{n}f(a_i)\int_{a_{i-1}}^{a_i}\sin tx\,dx=\frac{1}{t}\sum_{i=1}^{n}f(a_i)(\cos a_{i-1}-\cos a_i).$$
$|t|$ を十分大きくすると
$$\left|\int_a^b g(x)\sin tx\,dx\right|\leq \left|\frac{2}{t}\sum_{i=1}^{n}f(a_i)\right|<\varepsilon.$$
$$\left|\int_a^b f(x)\sin tx\,dx\right|\leq \int_a^b |f(x)-g(x)||\sin tx|\,dx$$

$$+\left|\int_a^b g(x)\sin tx\,dx\right|<(b-a)\varepsilon+\varepsilon.$$

問題 4 1) $R=\sum_{i=1}^{n} e^{-\left(\frac{i}{10}-\frac{1}{20}\right)^2}\frac{1}{10}$ を計算道具によって求めると，$R\fallingdotseq 0.7471309$．
$f''(x)=(4x^2-2)e^{-x^2}$．$f'''(x)=-4x(2x^2-3)e^{-x^2}\geqq 0$ $(0\leqq x\leqq 1)$ だから f'' は単調増加．$f''(0)=-2$，$f''(1)=2e^{-1}<2$ だから $|f''(x)|$ の最大値 $M=2$．よって誤差の限界 $E=\dfrac{2}{24\times 10^2}\fallingdotseq 0.000834$．この積分の真の値は分からない．

2) 例 1.2.7 の 7) によって

$$\int\frac{dx}{x^3+1}=\frac{1}{3}\log|x+1|-\frac{1}{6}\log(x^2-x+1)+\frac{1}{\sqrt{3}}\arctan\left[\frac{2}{\sqrt{3}}\left(x-\frac{1}{2}\right)\right]$$

だから，$S=\displaystyle\int_0^1\frac{dx}{x^3+1}=\frac{\pi}{3\sqrt{3}}+\frac{1}{3}\log 2\fallingdotseq 0.835649$．

近似値 $R=\displaystyle\sum_{i=1}^{10}\frac{1}{\left(\frac{i}{10}-\frac{1}{20}\right)^3+1}\cdot\frac{1}{10}\fallingdotseq 0.835962$．誤差 $|S-R|\fallingdotseq 0.000314$．

$f''(x)=\dfrac{6(2x^4-x)}{(x^3+1)^3}$ の絶対値の最大値は，$x_0=\left[\dfrac{1}{4}(2-\sqrt{3})\right]^{\frac{1}{3}}\fallingdotseq 0.406129$ で $f''(x_0)\fallingdotseq -1.737274$．誤差の限界 $E=\dfrac{|f''(x_0)|}{2400}\fallingdotseq 0.000724$．

問題 5 係数を無視して

$$F_n(x)=\frac{d^n}{dx^n}(x^2-1)^n,\quad G_n(x)=(x^2-1)^n=(x-1)^n(x+1)^n$$

とおくと，$F_n(x)=G_n^{(n)}(x)$．$k<n$ のとき，$G_n^{(k)}$ の計算にライプニッツの公式（命題 2.4.15）を適用すると，$(x-1)^n(x+1)^n$ のどちらがわも少なくとも 1 個は残るから，$G_n^{(k)}(1)=G_n^{(k)}(-1)=0$．

1) $k<n$ なら，部分積分によって

$$\int_{-1}^1 F_n(x)x^k\,dx=\int_{-1}^1 G_n^{(n)}(x)x^k\,dx=\left[G_n^{(n-1)}(x)x^k\right]_{-1}^1-k\int_{-1}^1 G_n^{(n-1)}(x)x^{k-1}\,dx$$

$$=-k\left[G_n^{(n-2)}(x)x^{k-1}\right]_{-1}^1+k(k-1)\int_{-1}^1 G_n^{(n-2)}(x)x^{k-2}\,dx=\cdots$$

$$=(-1)^k k!\int_{-1}^1 G_n^{(n-k)}(x)\,dx=(-1)^k k!\left[G_n^{(n-k-1)}(x)\right]_{-1}^1=0.$$

$F_n^{(n)}(x)=(2n)!$ に注意する．

2) $\displaystyle\int_{-1}^1 F_n(x)^2\,dx=\int_{-1}^1 G_n^{(n)}(x)F_n(x)\,dx$

$$=\left[G_n^{(n-1)}(x)F_n(x)\right]_{-1}^1-\int_{-1}^1 G_n^{(n-1)}(x)F_n'(x)\,dx$$

$$=\cdots=(-1)^n\int_{-1}^1 G_n(x)F_n^{(n)}(x)\,dx=(-1)^n(2n)!\int_{-1}^1 G_n(x)\,dx.$$

$$\int_{-1}^{1} G_n(x)\,dx = \int_{-1}^{1}(x-1)^n(x+1)^n\,dx$$
$$= \left[\frac{1}{n+1}(x-1)^n(x+1)^{n+1}\right]_{-1}^{1} - \frac{n}{n+1}\int_{-1}^{1}(x-1)^{n-1}(x+1)^{n+1}\,dx$$
$$= \cdots = \frac{(-1)^n n!}{(n+1)(n+2)\cdots(2n)}\int_{-1}^{1}(x+1)^{2n}\,dx = \frac{(-1)^n(n!)^2}{(2n)!}\cdot\frac{2^{2n+1}}{2n+1}.$$

ゆえに $\int_{-1}^{1} F_n(x)^2\,dx = \frac{2^{2n+1}(n!)^2}{2n+1}$. $P_n(x) = \frac{1}{2^n n!}F_n(x)$ だから,
$$\int_{-1}^{1} P_n(x)^2\,dx = \frac{1}{(2^n n!)^2}\int_{-1}^{1} F_n(x)^2\,dx = \frac{2}{2n+1}.$$

第3章 §4 (p.108)

問題 1 まず $f(x) > 0$. $\dfrac{f'(x)}{f(x)} = \dfrac{d}{dx}\log f(x) = \dfrac{d}{dx}\left[x\log\left(1+\dfrac{1}{x}\right)\right] = \dfrac{d}{dx}[x\log(1+x) - x\log x] = \log(1+x) - \log x - \dfrac{1}{1+x}$. ここで $g(u) = \log(u+x)$ とおくと, 平均値の定理によって
$$\log(1+x) - \log(x) = g(1) - g(0) = g'(\theta) = \frac{1}{\theta+x} \quad (0 < \theta < 1)$$
とかけるから, $\dfrac{f'(x)}{f(x)} = \dfrac{1}{\theta+x} - \dfrac{1}{1+x} > 0$. よって $f'(x) > 0$.

問題 2 $f(h) = x^h$ は微分可能で $f'(h) = x^h \log x$.
$$\lim_{h\to 0}\frac{x^h - 1}{h} = \lim_{h\to 0}\frac{f(h) - f(0)}{h} = f'(0) = \log x.$$
第2章§1問題3の1) によって
$$\lim_{n\to\infty}[n(\sqrt[n]{x} - 1)] = \lim_{t\to+\infty}[t(x^{\frac{1}{t}} - 1)] = \lim_{h\to 0}\frac{x^h - 1}{h} = \log x.$$

第3章 §5 (p.114)

問題 1 $n \geq 2$ とし, $f(n) = n$, $f\left(n \pm \dfrac{1}{n^3}\right) = 0$ とし, 図のような三角形をつくる. これを $n = 2, 3, 4, \cdots$ とつなげた連続関数 $f(x)$ は有界でないが, ひとつの三角形の面積は $\dfrac{1}{n^2}$ だから, $\int_{2}^{+\infty} f(x)$ は収束する.

問題 2 1) ライプニッツの公式 (命題 2.4.15) により,
$$\frac{d^n}{dx^n}(e^{-x}x^n) = \sum_{k=0}^{n} {}_n\mathrm{C}_k \frac{d^k}{dx^k}(e^{-x})\frac{d^{n-k}}{dx^{n-k}}(x^n)$$
$$= \sum_{k=0}^{n} {}_n\mathrm{C}_k (-1)^k e^{-x} n(n-1)\cdots(k+1) x^k.$$
よって $L_n(x) = \sum_{k=0}^{n} \dfrac{(-1)^k {}_n\mathrm{C}_k}{k!} x^k$.

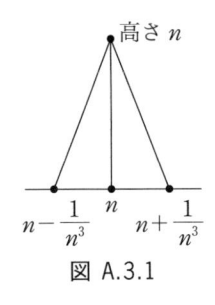

図 A.3.1 (高さ n, $n - \dfrac{1}{n^3}$, n, $n + \dfrac{1}{n^3}$)

2) $G_n(x) = e^{-x} x^n$ とすると，$k \leqq n$ のとき

$$(L_n | x^k) = \frac{1}{n!} \int_0^{+\infty} G_n^{(n)}(x) x^k dx$$

$$= \frac{1}{n!} \Big[G_n^{(n-1)}(x) x^k \Big]_0^{+\infty} - \frac{k}{n!} \int_0^{+\infty} G_n^{(n-1)}(x) x^{k-1} dx$$

$$= \cdots = \frac{(-1)^k k!}{n!} \int_0^{+\infty} G_n^{(n-k)}(x) dx.$$

$k < n$ なら $(L_n | x^k) = \frac{(-1)^k k!}{n!} \Big[G_n^{(n-k-1)}(x) \Big]_0^{+\infty} = 0.$

3) $k = n$ なら

$$(L_n | x^n) = (-1)^n \int_0^{+\infty} e^{-x} x^n dx$$

$$= (-1)^n \Big[-e^{-x} x^n \Big]_0^{+\infty} + (-1)^n n \int_0^{+\infty} e^{-x} x^{n-1} dx = \cdots = (-1)^n n!.$$

よって $(L_n | L_n) = \sum_{k=0}^{n} \frac{(-1)^k {}_nC_k}{k!} (L_n | x^n) = \frac{(-1)^n}{n!} (L_n | x^n) = 1.$

問題 3 1) $\sin \frac{1}{x} \sim \frac{1}{x}$ ($x \to +\infty$ のとき) だから発散．

2) $\sin \frac{1}{x^2} \sim \frac{1}{x^2}$ ($x \to +\infty$ のとき) だから収束．

3) $\sqrt[\beta]{x^\alpha + 1} = x^{\frac{\alpha}{\beta}} (1 + x^{-\alpha})^{\frac{1}{\beta}} \sim x^{\frac{\alpha}{\beta}}$ ($x \to +\infty$ のとき) だから，$\alpha > \beta$ なら収束，$\alpha \leqq \beta$ なら発散．

4) $1 - x = u$ とすると，積分 $= \int_0^{1-a} \frac{du}{u^\alpha [-\log(1-u)]^\beta}$. $\log(1-u) \sim -u$ だから，$\alpha + \beta < 1$ なら収束，$\alpha + \beta \geqq 1$ なら発散．

第3章 §6 (p. 118)

問題 1 以下，I ないし I_n は問題の定積分の値をあらわす．

1) 定理 2.5.12 によって広義積分は収束する．

$$I_n = \Big[-x^n e^{-x} \Big]_0^{+\infty} + \int n x^{n-1} e^{-x} dx = n I_{n-1}, \quad I_0 = 1 \text{ だから，} I_n = n!.$$

2) これは普通の積分．$x = 2u$ とおくと $\cos x = 2\cos^2 u - 1$ だから，

$$I = \int_0^{\frac{\pi}{4}} \frac{2u}{2\cos^2 u} 2 du = 2 \Big[u \tan u \Big]_0^{\frac{\pi}{4}} - 2 \int_0^{\frac{\pi}{4}} \tan u \, du$$

$$= \frac{\pi}{2} + 2 \Big[\log \cos u \Big]_0^{\frac{\pi}{4}} = \frac{\pi}{2} - \log 2.$$

3) もちろん収束．部分積分によって $I=\frac{a}{b}J$, $J=-\frac{a}{b}I+\frac{1}{b}$ だから，
$$I=\frac{a}{a^2+b^2}, \quad J=\frac{b}{a^2+b^2}.$$

4) $+0$ と $1-0$ で広義積分だが，$x=\sin\theta$ とおくと $\int\frac{\log x}{\sqrt{1-x^2}}dx=\int\log\sin\theta\,d\theta$ だから，例 3.6.5 によって収束し，$I=-\frac{\pi}{2}\log 2$.

5) $x=\sin\theta$ とすると，$\lim_{x\to 0}\frac{\arcsin x}{x}=\lim_{\theta\to 0}\frac{\theta}{\sin\theta}=1$ だから，これは普通の積分である．部分積分によって
$$I=\int_0^{\frac{\pi}{2}}\frac{\theta}{\sin\theta}\cos\theta\,d\theta=\Big[\theta\log\sin\theta\Big]_0^{\frac{\pi}{2}}-\int_0^{\frac{\pi}{2}}\log\sin\theta\,d\theta.$$

例 3.6.5 によって $I=\frac{\pi}{2}\log 2$.

6) もちろん両端とも収束し，$e^{ax}=u$ によって $I=\frac{1}{a}\int_0^{+\infty}\frac{du}{1+u^2}=\frac{\pi}{2a}$.

7) $1-0$ で広義積分だが，$\int\frac{\arcsin x}{\sqrt{1-x^2}}dx=\frac{1}{2}(\arcsin x)^2$ だから積分は収束し，$I=\frac{\pi^2}{8}$.

第 3 章 §7 (p. 137)

問題 1 当面の問題の面積を S とかく．

1) $S=4\int_0^1(1-x^2)\,dx=4\Big[x-\frac{1}{3}x^3\Big]_0^1=\frac{8}{3}$ (図 A.3.2).

2) 接点を (p, p^2+1) とする (図 A.3.3)．$f'(p)=2p$ だから，接線の方程式は $y-(p^2+1)=2p(x-p)$. これは原点をとおるから，$x=y=0$ として $-p^2-1=-2p^2$, $p=1$.
$$S=\int_0^1(x^2+1)\,dx-\frac{1}{2}(1+1)=\frac{1}{3}.$$

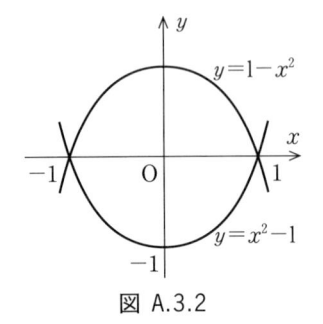

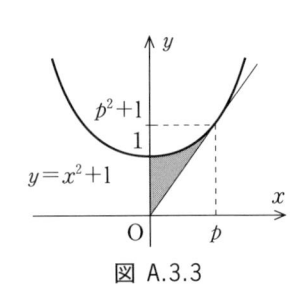

図 A.3.2

図 A.3.3

3) $S=\int_0^1 \left(1-x^{\frac{1}{p}}\right)^q dx$. $u=x^{\frac{1}{p}}$ とおくと $x=u^p$, $dx=pu^{p-1}du$ だから,

$$S=p\int_0^1 (1-u)^q u^{p-1} du$$
$$=p\left[-\frac{1}{q+1}(1-u)^{q+1} u^{p-1}\right]_0^1 + \frac{p(p-1)}{q+1}\int_0^1 (1-u)^{q+1} u^{p-2} du$$
$$=\frac{p(p-1)(p-2)}{(q+1)(q+2)}\int_0^1 (1-u)^{q+2} u^{p-3} du$$
$$=\cdots=\frac{p(p-1)\cdots 2\cdot 1}{(q+1)(q+2)\cdots(q+p-1)}\int_0^1 (1-u)^{p+q-1} du$$
$$=\frac{p!\,q!}{(p+q-1)!}\left[-\frac{1}{p+q}(1-u)^{p+q}\right]_0^1 = \frac{p!\,q!}{(p+q)!}.$$

4) $S=\int_0^{+\infty} xe^{-x^2} dx = \left[-\frac{1}{2}e^{-x^2}\right]_0^{+\infty} = \frac{1}{2}.$

5) $n=2, 3$ のときの図は下のようになり, $2n$ 個の葉形ができる.

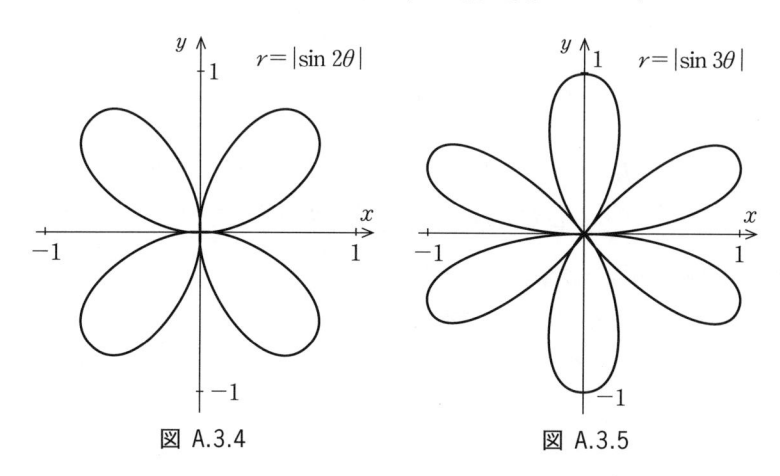

図 A.3.4 $\qquad$ 図 A.3.5

$S=2n\cdot\frac{1}{2}\int_0^{\frac{\pi}{n}} \sin^2 n\theta\, d\theta$. $n\theta=x$ により,

$$S=\int_0^{\pi} \sin^2 x\, dx = \frac{1}{2}\int_0^{\pi}(1-\cos 2x)\,dx = \frac{\pi}{2}.$$

6) $S=\frac{1}{2}\int_0^{2\pi} \theta^2 d\theta = \frac{1}{2}\left[\frac{1}{3}\theta^3\right]_0^{2\pi} = \frac{4}{3}\pi^3.$

7) $S=2\cdot\frac{1}{2}\int_0^{\pi} r^2 d\theta = a^2\int_0^{\pi}(1+2\cos\theta+\cos^2\theta)\,d\theta = \frac{3}{2}\pi a^2.$

問題 2 問題の曲線の長さを l とかく.

1) $1+y'^2=\dfrac{1}{4}(e^{\frac{x}{a}}+e^{-\frac{x}{a}})^2$ だから，$l=\displaystyle\int_0^b \dfrac{1}{2}(e^{\frac{x}{a}}+e^{-\frac{x}{a}})\,dx=\dfrac{a}{2}(e^{\frac{b}{a}}-e^{-\frac{b}{a}})$.

2) $\sqrt{1+y'^2}=\dfrac{1}{\sin x}$ だから，$l=\displaystyle\int_{\frac{1}{3}\pi}^{\frac{2}{3}\pi}\dfrac{dx}{\sin x}=\left[\log\left(\tan\dfrac{x}{2}\right)\right]_{\frac{1}{3}\pi}^{\frac{2}{3}\pi}$

$=\log\left(\tan\dfrac{1}{3}\pi\right)-\log\left(\tan\dfrac{1}{6}\pi\right)=\log\sqrt{3}-\log\dfrac{1}{\sqrt{3}}=\log 3$.

3) $x=y^{\frac{3}{2}}+1$, $1+\left(\dfrac{dx}{dy}\right)^2=1+\dfrac{9}{4}y$ だから，

$l=\displaystyle\int_0^4 \sqrt{1+\dfrac{9}{4}y}\,dy=\left[\dfrac{4}{9}\cdot\dfrac{2}{3}\left(1+\dfrac{9}{4}y\right)^{\frac{3}{2}}\right]_0^4=\dfrac{8}{27}(10\sqrt{10}-1)$.

4) $l=\displaystyle\int_0^{\frac{\pi}{2}}\sqrt{[3\cos^2\theta(-\sin\theta)]^2+[3\sin^2\theta\cos\theta]^2}\,d\theta=3\displaystyle\int_0^{\frac{\pi}{2}}\cos\theta\sin\theta\,d\theta$

$=\dfrac{3}{2}\displaystyle\int_0^{\frac{\pi}{2}}\sin 2\theta\,d\theta=\dfrac{3}{4}\left[-\cos 2\theta\right]_0^{\frac{\pi}{2}}=\dfrac{3}{2}$.

5) $l=2a\displaystyle\int_0^{\pi}\sqrt{(-\sin\theta)^2+(1+\cos\theta)^2}\,d\theta=2\sqrt{2}\,a\displaystyle\int_0^{\pi}\sqrt{1+\cos\theta}\,d\theta$.

$1+\cos\theta=2\cos^2\dfrac{\theta}{2}$ だから，$l=4a\displaystyle\int_0^{\pi}\cos\dfrac{\theta}{2}\,d\theta=4a\left[2\sin\dfrac{\theta}{2}\right]_0^{\pi}=8a$.

問題 3 1) $V=\displaystyle\int_0^1 \pi(1-\sqrt{x})^4\,dx=\pi\displaystyle\int_0^1(1-4x^{\frac{1}{2}}+6x-4x^{\frac{3}{2}}+x^2)\,dx$

$=\pi\left[x-4\cdot\dfrac{2}{3}x^{\frac{3}{2}}+3x^2-4\cdot\dfrac{2}{5}x^{\frac{5}{2}}+\dfrac{1}{3}x^3\right]_0^1=\dfrac{\pi}{15}$.

2) 図の円の上側の弧を y_+，下側の弧を y_- とすると，$y_\pm=a\pm\sqrt{b^2-x^2}$（複号同順）．

$y_\pm^2=(a^2+b^2-x^2)\pm 2a\sqrt{b^2-x^2}$.

$V=2\pi\left(\displaystyle\int_0^b y_+^2\,dx-\displaystyle\int_0^b y_-^2\,dx\right)$

$=8\pi a\displaystyle\int_0^b\sqrt{b^2-x^2}\,dx$

$=4\pi a\left[x\sqrt{b^2-x^2}+b^2\arcsin\dfrac{x}{b}\right]_0^b=2\pi^2 ab^2$.

3) $V=\displaystyle\int_0^{+\infty}\pi\dfrac{dx}{(1+x)^2}=\pi\left[-\dfrac{1}{1+x}\right]_0^{+\infty}=\pi$.

4) $V=\displaystyle\int_{-\infty}^{+\infty}\pi\dfrac{dx}{1+x^2}=\pi\left[\arctan x\right]_{-\infty}^{+\infty}=\pi^2$.

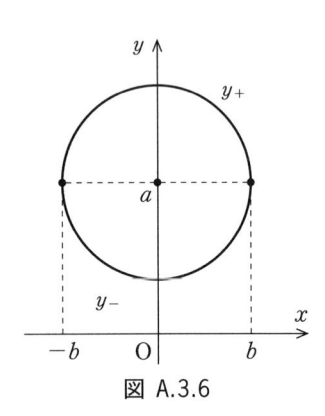

図 A.3.6

問題 4 1) 前問の 2) の記号と図を使う．$y_\pm'=\mp\dfrac{x}{\sqrt{b^2-x^2}}$，$\sqrt{1+y_\pm'^2}=\dfrac{b}{\sqrt{b^2-x^2}}$.

312　問題解答

$$S = 4\pi \left[\int_0^b y_+ \sqrt{1+y_+'^2}\, dx + \int_0^b y_- \sqrt{1+y_-'^2}\, dx\right] = 4\pi \int_0^b \frac{b}{\sqrt{b^2-x^2}} \cdot 2a\, dx$$

$$= 8\pi ab \left[\arcsin \frac{x}{b}\right]_0^b = 4\pi^2 ab.$$

2) $\sqrt{1+y'^2} = \dfrac{e^x+e^{-x}}{2}$, $S = 2\pi \displaystyle\int_{-a}^a \left(\dfrac{e^x+e^{-x}}{2}\right)^2 dx = \dfrac{\pi}{2}\int_{-a}^a (e^{2x}+2+e^{-2x})\, dx$

$$= \frac{\pi}{2}\left[\frac{1}{2}e^{2x}+2x-\frac{1}{2}e^{-2x}\right]_{-a}^a = \frac{\pi}{2}(e^{2a}+4a-e^{-2a}).$$

3) 例 3.7.15 の 1) の図 3.7.14 により, $f(x) = \dfrac{a}{h}x$, $f'(x) = \dfrac{a}{h}$.

$$S = 2\pi \int_0^h \frac{a}{h}x \sqrt{1+\frac{a^2}{h^2}}\, dx = \frac{2\pi a}{h^2}\sqrt{h^2+a^2}\int_0^h x\, dx = \pi a \sqrt{h^2+a^2}.$$

問題 5 どの問題も，パラメーターの分かりやすい値での点 $(x(t), y(t))$ をプロットして図をかき，それが正の向きの単純閉曲線であることを確かめる．

1) $S = \displaystyle\int_0^1 xy'\, dt = \int_0^1 (t-t^2)(2t-3t^2)\, dt$

$$= \int_0^1 (2t^2 - 5t^3 + 3t^4)\, dt$$

$$= \left[\frac{2}{3}t^3 - \frac{5}{4}t^4 + \frac{3}{5}t^5\right]_0^1 = \frac{1}{60}$$

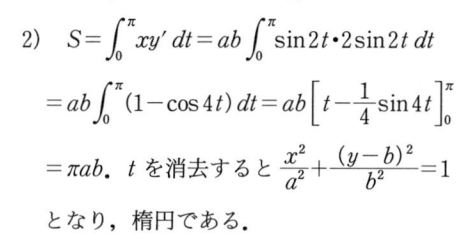

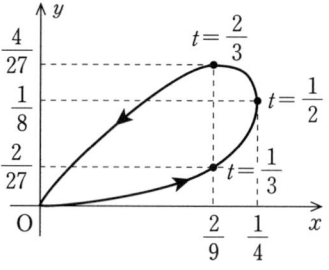

図 A.3.7

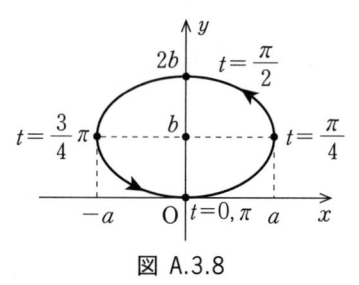

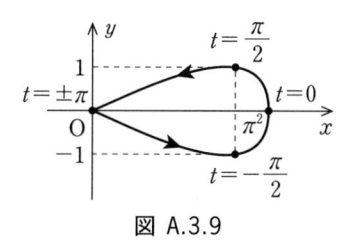

2) $S = \displaystyle\int_0^\pi xy'\, dt = ab \int_0^\pi \sin 2t \cdot 2\sin 2t\, dt$

$$= ab \int_0^\pi (1-\cos 4t)\, dt = ab\left[t - \frac{1}{4}\sin 4t\right]_0^\pi$$

$= \pi ab$. t を消去すると $\dfrac{x^2}{a^2} + \dfrac{(y-b)^2}{b^2} = 1$

となり，楕円である．

図 A.3.8

3) $S = -\displaystyle\int_{-\pi}^\pi x'y\, dt = 2\int_{-\pi}^\pi t\sin t\, dt$

$$= 2\left[-t\cos t + \sin t\right]_{-\pi}^\pi = 4\pi.$$

図 A.3.9

4) $S = \int_{-2}^{2} xy' \, dt = \int_{-2}^{0} 2(t+1)^2 \, dt + \int_{0}^{2} 2(t-1)^2 \, dt = \frac{2}{3} \Big[(t+1)^3 \Big]_{-2}^{0} + \frac{2}{3} \Big[(t-1)^3 \Big]_{0}^{2} = \frac{8}{3}.$

別解：t を消去すると，$y = \pm(x^2 - 1)$ となり，放物線である．
$$S = 4\int_{0}^{1}(1-x^2)\,dx = \frac{8}{3}.$$

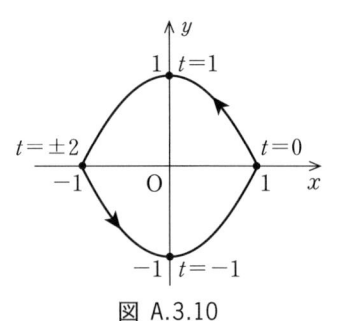

図 A.3.10

5) $S = -\int_{0}^{\pi} x'y \, dt = -\int_{0}^{\frac{\pi}{2}} (-\sin t)\cos t \sin t \, dt - \int_{\frac{\pi}{2}}^{\pi} \sin t \cos t \sin t \, dt = \Big[\frac{1}{3}\sin^3 t\Big]_{0}^{\frac{\pi}{2}} - \Big[\frac{1}{3}\sin^3 t\Big]_{\frac{\pi}{2}}^{\pi} = \frac{2}{3}.$

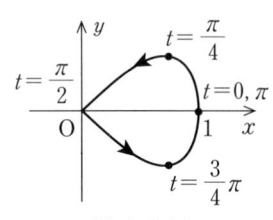

図 A.3.11

第 4 章
問題の答え

第 4 章 §1 (p. 149)

問題 1 1) $\dfrac{a_{n+1}}{a_n} = \dfrac{(2n)!}{(n!)^2} \dfrac{[(n+1)!]^2}{[2(n+1)]!} = \dfrac{(n+1)^2}{(2n+1)(2n+2)} \to \dfrac{1}{4}$

だから収束（命題 4.1.13）．

2) 定理 4.1.19 によって収束．

3) $\log\!\left(1 + \dfrac{1}{n}\right) \sim \dfrac{1}{n}$ ($n \to \infty$ のとき) だから発散．

4) $\dfrac{1}{\sqrt{n}} \log\!\left(1 + \dfrac{1}{n}\right) \sim \dfrac{1}{n^{\frac{3}{2}}}$ だから収束（定理または典型例 4.1.16）．

5) $\sin \dfrac{\pi}{n} \sim \dfrac{\pi}{n}$ だから発散．

6) $\alpha = 1$ なら例 4.1.17 の 1) により発散．したがって $\alpha \leq 1$ なら発散．$\alpha > 1$ なら
$$\int_{2}^{b} \frac{dx}{x(\log x)^{\alpha}} = \Big[\frac{1}{1-\alpha}\frac{1}{(\log x)^{\alpha-1}}\Big]_{2}^{b} \to \frac{1}{\alpha-1}\frac{1}{(\log 2)^{\alpha-1}} \quad (b \to +\infty \text{ のとき})$$
だから，定理 4.1.15 によって収束．

7) $\log n \ll n$ ($n \to \infty$ のとき) だから, 十分大きい n に対して
$$\log\left(\frac{n}{(\log n)^\alpha}\right) = \log n - \alpha \log(\log n) > 0,$$
すなわち $n > (\log n)^\alpha$ だから発散.

問題 2 1) $\sum_{n=0}^{\infty} e^{-n} = \sum_{n=0}^{\infty} (e^{-1})^n = \frac{1}{1-e^{-1}} = \frac{e}{e-1}$.

2) $\frac{1}{n^2-1} = \frac{1}{2}\left(\frac{1}{n-1} - \frac{1}{n+1}\right)$ だから, $\sum_{n=2}^{\infty} \frac{(-1)^n}{n^2-1} = \frac{1}{2}\left[\left(1-\frac{1}{3}\right) - \left(\frac{1}{2}-\frac{1}{4}\right)\right.$
$\left. + \left(\frac{1}{3}-\frac{1}{5}\right) - \left(\frac{1}{4}-\frac{1}{6}\right) + \cdots\right] = \frac{1}{2}\left(1-\frac{1}{2}\right) = \frac{1}{4}$

3) $\frac{n}{n^2-1} = \frac{1}{2}\left(\frac{1}{n-1} + \frac{1}{n+1}\right)$ だから, $\sum_{n=2}^{\infty} \frac{(-1)^n n}{n^2-1} = \frac{1}{2}\left[\left(1+\frac{1}{3}\right) - \left(\frac{1}{2}+\frac{1}{4}\right)\right.$
$\left. + \left(\frac{1}{3}+\frac{1}{5}\right) - \left(\frac{1}{4}+\frac{1}{6}\right) + \cdots\right] = \frac{1}{2}\left[1 - \frac{1}{2} + 2\left(\frac{1}{3} - \frac{1}{4} + \frac{1}{5} - \frac{1}{6} + \cdots\right)\right]$
$= \frac{1}{4} + \left[-\frac{1}{2} + \left(1 - \frac{1}{2} + \frac{1}{3} - \frac{1}{4} + \cdots\right)\right] = \log 2 - \frac{1}{4}$.

4) $\frac{1}{n(2n+1)} = \frac{1}{n} - \frac{2}{2n+1}$ だから, $\sum_{n=1}^{\infty} \frac{(-1)^{n-1}}{n(2n+1)} = \left(1 - \frac{2}{3}\right) - \left(\frac{1}{2} - \frac{2}{5}\right)$
$+ \left(\frac{1}{3} - \frac{2}{7}\right) - \left(\frac{1}{4} - \frac{2}{9}\right) + \cdots = \left(1 - \frac{1}{2} + \frac{1}{3} - \frac{1}{4} + \cdots\right) + 2\left(-\frac{1}{3} + \frac{1}{5} - \frac{1}{7} + \cdots\right)$
$= \log 2 + \frac{\pi}{2} - 2$.

問題 3 1) No. 反例: $a_n = \frac{(-1)^n}{\sqrt{n}}$.

2) ヒントの級数を $\sum_{n=1}^{\infty} a_n$ とすると, $\sum_{n=1}^{\infty} a_n = 0$. しかし $\sum_{n=1}^{3k} a_n^3 = \frac{1}{6} \sum_{n=1}^{k} \frac{1}{n} \to +\infty$ ($k \to +\infty$ のとき).

3) Yes. $a_n^2 + \frac{1}{n^2} = \left(|a_n| - \frac{1}{n}\right)^2 + \frac{2|a_n|}{n} \geq 2\frac{|a_n|}{n}$.

4) No. 反例: $a_{2n} = \frac{1}{2^n}$, $a_{2n+1} = \frac{1}{n}$.

5) Yes. $\sum |a_n - a_{n-1}|$ が収束するとする. $\varepsilon > 0$ に対してある L をとると, $L \leq k < l$ なら
$$|a_l - a_k| = |(a_{k+1} - a_k) + (a_{k+2} - a_{k+1}) + \cdots + (a_l - a_{l-1})|$$
$$\leq |a_{k+1} - a_k| + |a_{k+2} - a_{k+1}| + \cdots + |a_l - a_{l-1}| < \varepsilon$$
となり, $\langle a_n \rangle$ はコーシー列だから収束する.

6) No. 反例: n が平方数のとき $a_n = \frac{1}{n}$, そうでないとき $a_n = \frac{1}{n^2}$ とすると, $\sum a_n$ は収束するが, 平方数 n に対して $na_n = 1$ だから $\langle na_n \rangle$ は 0 に収束しない.

第4章 §2 (p.162)

問題 1 x^n の係数を a_n,答えの収束半径を r,収束域を D とする.

1) $a_n = \sqrt{n+1} - \sqrt{n} = \dfrac{1}{\sqrt{n+1}+\sqrt{n}}$. $\lim_{n\to\infty}\dfrac{a_{n+1}}{a_n}=1$ だから $r=1$. $x=1$ では $a_n \sim \dfrac{1}{2\sqrt{n}}$ だから発散. $x=-1$ では定理 4.1.19 によって収束. $D=[-1,1\}$.

2) $\lim_{n\to\infty}\dfrac{a_{n+1}}{a_n}=1$,$r=1$. $a_n \sim \dfrac{1}{n^{\frac{3}{2}}}$ だから定理 4.1.16 によって $x=\pm 1$ で収束し,$D=[-1,1]$.

3) $\lim_{n\to\infty}\sqrt[n]{a_n}=1$,$r=1$. $\lim_{n\to\infty}a_n=1$ だから $x=\pm 1$ で発散,$D=\{-1,1\}$.

4) $x=1$ では例 4.1.17 の 1) によって発散. $x=-1$ では定理 4.1.19 によって収束. よって $r=1$,$D=[-1,1\}$.

5) $n\to\infty$ のとき $a_n \sim \dfrac{1}{n^2}$ だから $r=1$,$D=[-1,1]$.

6) $\dfrac{a_{n+1}}{a_n}=\dfrac{(n+1)^2}{(2n+1)(2n+2)} \to \dfrac{1}{4}$ ($n\to\infty$ のとき) だから命題 4.2.7 の 1) によって $r=4$. 上式から $\dfrac{a_{n+1}}{a_n} > \dfrac{(n+1)^2}{(2n+2)^2}=\dfrac{1}{4}$. $a_n = \dfrac{a_n}{a_{n-1}}\cdot\dfrac{a_{n-1}}{a_{n-2}}\cdots\dfrac{a_2}{a_1}\cdot\dfrac{a_1}{a_0} > \left(\dfrac{1}{4}\right)^n$. $a_n(\pm 4)^n > 1$ だから $x=\pm 4$ で発散,$D=\{-4,4\}$.

7) 例 4.1.14 の 2) または例 4.2.8 の 1) により,$\dfrac{a_n}{a_{n+1}}=\left(1+\dfrac{1}{n}\right)^n \to e$ ($n\to\infty$ のとき) だから $r=e$. 第 3 章 §4 問題 1 によって数列 $\left\langle\left(1+\dfrac{1}{n}\right)^n\right\rangle$ は狭義単調増加だから $\dfrac{a_n}{a_{n+1}} < e$. よって,
$$\dfrac{1}{a_n}=\dfrac{a_{n-1}}{a_n}\cdot\dfrac{a_{n-2}}{a_{n-1}}\cdots\dfrac{a_1}{a_2}\cdot\dfrac{1}{a_1} < \dfrac{e^{n-1}}{2}, \qquad a_n e^n > 2e$$
となるから,$x=\pm e$ で整級数は発散し,$D=\{-e,e\}$.

問題 2 これらの級数の収束半径は 1 だから,$|x|<1$ で $f_k(x)=\sum_{n=0}^{\infty} n^k x^n$ とおく. k に関する帰納法. $k=0,1$ なら正しい. $f_k(x)=\dfrac{P_k(x)}{(1-x)^{k+1}}$ とすると,項別微分して
$$f_k'(x)=\sum_{n=1}^{\infty} n^{k+1} x^{n-1} = \dfrac{P_k'(x)(1-x)^{k+1}+(k+1)P_k(x)(1-x)^k}{(1-x)^{2k+2}}$$
$$= \dfrac{P_k'(x)(1-x)+(k+1)P_k(x)}{(1-x)^{k+2}}.$$
一方 $f_k'(x)=\dfrac{1}{x}\sum_{n=1}^{\infty} n^{k+1} x^n = \dfrac{1}{x} f_{k+1}(x)$ だから,
$$f_{k+1}(x)=x f_k'(x)=\dfrac{x(1-x)P_k'(x)+(k+1)x P_k(x)}{(1-x)^{k+2}}$$
となり,この分子は $P_{k+1}(x)$ の条件をみたす.

問題 3 問題の関数を $f(x)$ とする．

1) $f(x) = \dfrac{1}{3}\left(\dfrac{1}{1+x} + \dfrac{2}{1-2x}\right) = \sum_{n=0}^{\infty} \dfrac{(-1)^n + 2^{n+1}}{3} x^n \quad \left(-\dfrac{1}{2} < x < \dfrac{1}{2}\right)$.

2) $f(x) = 1 - \dfrac{4}{1-x} + \dfrac{4}{(1-x)^2} = 1 - \dfrac{4}{1-x} + 4\dfrac{d}{dx}\left(\dfrac{1}{1-x}\right)$

$= 1 - 4\sum_{n=0}^{\infty} x^n + 4\sum_{n=0}^{\infty}(n+1)x^n = 1 + \sum_{n=1}^{\infty} 4n x^n \quad (-1 < x < 1)$.

3) $f(x) = \dfrac{3}{4}\sin x - \dfrac{1}{4}\sin 3x = \dfrac{3}{4}\sum_{n=0}^{\infty} \dfrac{(-1)^n(1-3^{2n})}{(2n+1)!} x^{2n+1}$.

4) $f'(x) = (1+x^2)^{-\frac{1}{2}} = \sum_{n=0}^{\infty} \dfrac{(-1)^n(2n-1)!!}{2^n n!} x^{2n}$,

$f(x) = \sum_{n=0}^{\infty} \dfrac{(-1)^n(2n-1)!!}{2^n n!} \dfrac{x^{2n+1}}{2n+1} \quad (-1 < x < 1)$.

5) $f(x) = \log\dfrac{1-x^3}{1-x} = \log(1-x^3) - \log(1-x) = \sum_{n=1}^{\infty}\dfrac{1}{n}x^n - \sum_{n=1}^{\infty}\dfrac{1}{n}x^{3n}$. これを $\sum_{n=1}^{\infty} a_n x^n$ とかけば，n が 3 で割れるとき $a_n = -\dfrac{2}{n}$, 割れないとき $\dfrac{1}{n}$ $(-1 \leqq x < 1)$.

問題 4 求める関数を $f(x)$, 収束半径を r, 収束域を D とする．

1) $r=1$. $|x|<1$ で $f(x) = \sum_{n=2}^{\infty}\left(\dfrac{1}{n-1} - \dfrac{1}{n}\right)x^n = x\sum_{n=1}^{\infty}\dfrac{1}{n}x^n - \left(\sum_{n=1}^{\infty}\dfrac{1}{n}x^n - x\right)$
$= (1-x)\log(1-x) + x$. $D = [-1, 1]$.

2) 例 4.2.20 の 1) により，$\sum_{n=1}^{\infty} n x^n = \dfrac{x}{(x-1)^2}$ $(-1<x<1)$. $f(x) = \sum_{n=1}^{\infty} n^2 x^2 = x\sum_{n=1}^{\infty} n^2 x^{n-1}$ だから，$\int_0^x \dfrac{f(x)}{x} dx = \sum_{n=1}^{\infty} n x^n = \dfrac{x}{(x-1)^2}$. よって

$\dfrac{f(x)}{x} = \dfrac{x+1}{(1-x)^3}$, $f(x) = \dfrac{x(x+1)}{(1-x)^3}$ $(-1 < x < 1)$.

3) 例 4.2.20 の 2) により，$\sum_{n=0}^{\infty} \dfrac{1}{(2n)!} x^{2n} = \dfrac{e^x + e^{-x}}{2}$.

$f(x) = \dfrac{x}{2}\sum_{n=1}^{\infty}\dfrac{1}{(2n-1)!}x^{2n-1}$

$= \dfrac{x}{2}\sum_{n=0}^{\infty}\dfrac{1}{n!}x^n - \dfrac{x}{2}\sum_{n=0}^{\infty}\dfrac{1}{(2n)!}x^{2n} = \dfrac{x}{2}e^x - \dfrac{x}{2}\dfrac{e^x+e^{-x}}{2}$

$= \dfrac{x}{4}(e^x - e^{-x}) \quad (-\infty < x < +\infty)$.

4) $\dfrac{e^x+e^{-x}}{2} = \sum_{n=0}^{\infty}\dfrac{1}{(2n)!}x^{2n}$, $\cos x = \sum_{n=0}^{\infty}\dfrac{(-1)^n}{(2n)!}x^{2n}$ だから，$\dfrac{e^x+e^{-x}}{2} + \cos x = 2\sum_{n=0}^{\infty}\dfrac{1}{(4n)!}x^{4n}$，すなわち $f(x) = \dfrac{e^x+e^{-x}}{4} + \dfrac{1}{2}\cos x$ $(-\infty < x < +\infty)$.

問題 5 1) $f(x) = \sum_{n=1}^{\infty}\dfrac{n}{a^n}x^{n-1}$ $(|x|<|a|)$ とおくと，

$g(x) = \int_0^x f(x)\,dx = \sum_{n=1}^{\infty}\dfrac{1}{a^n}x^n = \dfrac{1}{a-x} - 1$.

$$f(x) = g'(x) = \frac{a}{(a-x)^2}. \quad \sum_{n=1}^{\infty} \frac{n}{a^n} = f(1) = \frac{a}{(a-1)^2}.$$

2) $f(x) = \sum_{n=1}^{\infty} \frac{n^2}{a^n} x^{n-1}$ とおく。$g(x) = \int_0^x f(x)\,dx = \sum_{n=1}^{\infty} \frac{n}{a^n} x^n$. 前問により,

$$g(x) = \frac{ax}{(a-x)^2}. \quad f(x) = g'(x) = \frac{a(a+x)}{(a-x)^3}. \quad \sum_{n=1}^{\infty} \frac{n^2}{a^n} = f(1) = \frac{a(a+1)}{(a-1)^3}.$$

3) 第4章§2問題4の3)の答えで $x=1$ とおくと, $\sum_{n=0}^{\infty} \frac{n}{(2n)!} = \frac{e - e^{-1}}{4}$.

4) $f(x) = \sum_{n=1}^{\infty} \frac{n^2}{(2n)!} x^{2n-1} = \frac{1}{2} \sum_{n=1}^{\infty} \frac{n}{(2n-1)!} x^{2n-1}$ とおくと,

$$g(x) = \int_0^x f(x)\,dx = \frac{1}{2} \sum_{n=1}^{\infty} \frac{n}{(2n)!} x^{2n} = \frac{x}{8}(e^x - e^{-x}).$$

$$f(x) = g'(x) = \frac{1}{8}(e^x - e^{-x}) + \frac{x}{8}(e^x + e^{-x}). \quad \sum_{n=1}^{\infty} \frac{n^2}{(2n)!} = f(1) = \frac{e}{4}.$$

5) $f(x) = \sum_{n=1}^{\infty} \frac{n}{(2n+1)!} x^{2n+1}$ とおくと, $f'(x) = \sum_{n=1}^{\infty} \frac{n}{(2n)!} x^{2n} = \frac{x}{4}(e^x - e^{-x})$.

$f(0) = 0$ だから,

$$f(x) = \int_0^x f'(x)\,dx = \frac{1}{4}(xe^x - e^x) + \frac{1}{4}(xe^{-x} + e^{-x}). \quad \sum_{n=1}^{\infty} \frac{n}{(2n+1)!} = f(1) = \frac{1}{2e}.$$

6) 問題の級数を $\sum_{n=1}^{\infty} a_n$ とする。

$$\sum_{n=1}^{\infty} a_n = \left(1 - \frac{1}{3} + \frac{1}{5} - \cdots\right) + \frac{1}{2}\left(1 - \frac{1}{2} + \frac{1}{3} - \cdots\right) = \frac{\pi}{4} + \frac{1}{2}\log 2.$$

この解法は正しくない。級数の項の順序をかえたり,カッコでくくったりすることは,絶対値収束する級数にしか許されない。いま $\sum_{n=1}^{\infty}|a_n| = \sum_{n=1}^{\infty}\frac{1}{n}$ は発散する。上のやりかたでは $\sum_{n=1}^{\infty} a_n$ が収束することも示されていない。

つぎのようにすればよい。$\sum_{n=1}^{\infty} a_n$ の第 n 部分和を s_n とすると,すぐ分かるように

$$s_4 < s_8 < s_{12} < \cdots\cdots\cdots < s_{10} < s_6 < s_2$$

となるから,両端からはじまるふたつの数列は単調有界であり,収束する。$s = \lim_{n\to\infty} s_{4n}$, $t = \lim_{n\to\infty} s_{4n+2}$ とする。$s_{4n+2} = s_{4n} + a_{4n+1} + a_{4n+2}$ で $\lim_{n\to\infty} a_n = 0$ だから $s = t$, $s = \lim_{n\to\infty} s_{2n}$. $s_{2n+1} = s_{2n} + a_{2n+1}$ から $\lim_{n\to\infty} s_{2n+1} = s$. よって $\sum_{n=1}^{\infty} a_n$ は収束する。

整級数 $\sum_{n=1}^{\infty} a_n x^n$ の収束半径は1だから $-1 < x < 1$ で $f(x) = \sum_{n=1}^{\infty} a_n x^n$ とおく。$|x| < 1$ でこの整級数は絶対値収束するから,証明していない定理4.1.23により

$$f(x) = \left(x - \frac{1}{3}x^3 + \frac{1}{5}x^5 - \cdots\right) + \frac{1}{2}\left(x^2 - \frac{1}{2}x^4 + \frac{1}{3}x^6 - \cdots\right)$$

$$= \arctan x + \frac{1}{2}\log(1+x^2).$$

アーベルの定理により，$\sum_{n=1}^{\infty} a_n = \lim_{x \to 1-0} f(x) = \dfrac{\pi}{4} + \dfrac{1}{2}\log 2$.

問題 6 $f(u) = \sum_{n=1}^{\infty} \dfrac{1}{n^2} u^n \ (|u| \leq 1)$ とおく．$|u| < 1$ で

$$f'(u) = \sum_{n=1}^{\infty} \dfrac{1}{n} u^{n-1} = -\dfrac{1}{u}\log(1-u).$$

アーベルの定理によって，$f(1) = -\int_0^1 \dfrac{1}{u}\log(1-u)\,du$．$x = -\log(1-u)$ とおくと $f(1) = \int_0^{+\infty} \dfrac{x}{e^x - 1}\,dx$ となる $\left(\text{値は } \dfrac{\pi^2}{6}\right)$．

問題 7 $\dfrac{f(x) - f(0)}{x - 0} = \dfrac{1}{x} e^{-\frac{1}{x}} \to 0 \ (x \to +0 \text{ のとき})$ だから，f は 0 でも微分可能で $f'(0) = 0$．$f'(x) = \dfrac{1}{x^2} e^{-\frac{1}{x}} \ (x > 0)$ で OK．$\lim_{x \to +0} f'(x) = 0 = f'(0)$ だから f は C^1 級．n のときに仮定して $f^{(n)}(x) = P_n(x) e^{-\frac{1}{x}} \ (x > 0)$ とすると，

$$\dfrac{f^{(n)}(x) - f^{(n)}(0)}{x - 0} = \dfrac{P_n(x)}{x^2} e^{-\frac{1}{x}} \to 0 \ (x \to +0 \text{ のとき})$$

だから，$f^{(n)}$ は 0 でも微分可能で $f^{(n+1)}(0) = 0$．

$f^{(n+1)}(x) = \left[P_n'(x) + \dfrac{P_n(x)}{x^2} \right] e^{-\frac{1}{x}}$ で OK．$\lim_{x \to +0} f^{(n+1)}(x) = 0 = f^{(n+1)}(0)$ だから f は C^{n+1} 級．

第 4 章 §3 (p. 171)

問題 1 問題の関数列を $\langle f_n(x) \rangle$ とする．

1) $\varepsilon = \log 2$ とする．任意の L に対して $x = 2L$ とすると $f_L(2L) = \log 3 > \varepsilon$ となり，一様収束でない．

2) $0 \leq f_n(x) \leq \dfrac{1}{n^t}$．与えられた $\varepsilon > 0$ に対して $L > \varepsilon^{-\frac{1}{t}}$ にとると $\dfrac{1}{L^t} < \varepsilon$．$L \leq n$ なるすべての n とすべての x に対して $|f_n(x)| \leq \dfrac{1}{n^t} \leq \dfrac{1}{L^t} < \varepsilon$ となり，一様収束する．

3) $\varepsilon = \dfrac{1}{3}$ のとき，任意の L に対して $x = \dfrac{1}{L}$ とすると，$f_L\left(\dfrac{1}{L}\right) = \dfrac{1}{2} > \varepsilon$ となるから，一様収束しない．

4) $0 < x \leq \dfrac{1}{2}$ なら $f_n(x) \leq \dfrac{1}{2^n}$，$\dfrac{1}{2} < x < 1$ なら $f_n(x) \leq e^{-\frac{n}{2}}$ だから一様収束する．

5) $\varepsilon = e^{-1}$ とする．与えられた L に対し，$x = \dfrac{1}{L}$ とおくと，$f_{L^2}\left(\dfrac{1}{L}\right) = L e^{-1} > e^{-1}$ だから一様収束でない．

問題 2 1) $\sum_{n=1}^{\infty} \dfrac{1}{n^2}$ は収束優級数だから一様収束．

2) $\varepsilon=\dfrac{1}{3}$. 任意の L に対して $x<\dfrac{1}{4L}$ とすると, $L<n\leqq 2L$ なるすべての n に対し, $\dfrac{1}{1+n^2x}>\dfrac{1}{(1+2L)^2\dfrac{1}{4L}}>\dfrac{1}{2L}$. よって $\displaystyle\sum_{n=L+1}^{2L}\dfrac{1}{1+n^2x}>L\cdot\dfrac{1}{2L}=\dfrac{1}{2}>\varepsilon$ となり, 一様収束でない.

3) $\varepsilon=\dfrac{e^{-2}}{2}$. 任意の L に対して $x=\dfrac{1}{L}$ とすると, $L<n\leqq 2L$ なら $xe^{-nx}=\dfrac{1}{L}e^{-\frac{n}{L}}\geqq\dfrac{1}{L}e^{-2}$. よって $\displaystyle\sum_{n=L+1}^{2L}xe^{-nx}\geqq e^{-2}>\varepsilon$ となるから一様収束でない.

問題 3 正の数 ε が与えられたとする. 各 n に対し, 定理 2.2.8 によって $f_n(x)$ を最大にする点 x をひとつえらんで x_n とする. 公理 2.2.3 により, 数列 $\langle x_n\rangle$ には収束部分列 $\langle x_{n'}\rangle$ がある ($n\leqq n'$). $\displaystyle\lim_{n\to\infty}x_{n'}=c$ とすると $c\in I$. 仮定によって $\displaystyle\lim_{n\to\infty}f_n(c)=0$ だから, ある番号 L をとると $f_L(c)<\dfrac{\varepsilon}{2}$ が成りたつ. 第 2 章 §1 問題 6 によって $\displaystyle\lim_{n\to\infty}f_{L'}(x_{n'})=f_{L'}(c)$ だから, L より先のある番号 K をとると, $f_{L'}(x_{K'})-f_{L'}(c)<\dfrac{\varepsilon}{2}$ となり, $f_{L'}(x_{K'})<\varepsilon$ が成りたつ. I の任意の点 x および K' より先の任意の n に対し,
$$f_n(x)\leqq f_{K'}(x)\leqq f_{K'}(x_{K'})\leqq f_{L'}(x_{K'})<\varepsilon$$
となり, $\langle f_n\rangle$ は 0 に一様収束する.

第 5 章
問題の答え

第 5 章 §1 (p.179)

問題 1 1) $f_{xy}=\mp\dfrac{y}{\sqrt{x^2-y^2}}$, $f_y=\pm\dfrac{1}{\sqrt{x^2-y^2}}$ (± は x の正負による).

2) $f_x=\dfrac{2x+y}{x^2+xy-y^2}$, $f_y=\dfrac{x-2y}{x^2+xy-y^2}$.

3) $f_x=yx^{y-1}$, $f_y=x^y\log x$.

4) $f_x=\cos[x\cos(x+y)]\cdot[\cos(x+y)-x\sin(x+y)]$,
$f_y=\cos[x\cos(x+y)]\cdot[-x\sin(x+y)]$.

5) $G(x)$ を $g(x)$ の原始関数とすると, $f(x,y)=G(x^2y)-G(x-y)$ だから, $f_x=2xy\,g(x^2y)-g(x-y)$, $f_y=x^2g(x^2y)+g(x-y)$.

問題 2 1) $f_x=\dfrac{y+z}{(x+y)^2}$, $f_y=\dfrac{-x+z}{(x+y)^2}$, $f_z=\dfrac{-1}{x+y}$.

2) $f_x = e^x \sin(yz^2)$, $\quad f_y = e^x z^2 \cos(yz^2)$, $\quad f_z = e^x 2yz \cos(yz^2)$.

3) $f_x = -\dfrac{\log(y-z^2)}{x^2}$, $\quad f_y = \dfrac{1}{x(y-z^2)}$, $\quad f_z = -\dfrac{2z}{x(y-z^2)}$.

問題 3 1) $\dfrac{2b}{(a+b)^2}(x-a) - \dfrac{2a}{(a+b)^2}(y-b) = z - \dfrac{a-b}{a+b}$.

2) $[\cos a - \sin(a+b)](x-a) - [\sin(a+b)](y-b) = z - [\sin a + \cos(a+b)]$.

問題 4 ある数 M をとると，点 (a,b) の近くで $|f_x(x,y)| \leq M$, $|f_y(x,y)| \leq M$.
平均値の定理によって
$$|f(a+h, b+k) - f(a,b)| \leq |f_x(a+\theta h, b+\theta k)h| + |f_y(a+\theta h, b+\theta k)k|$$
$\leq M(|h|+|k|)$. よって f は (a,b) で連続である.

問題 5 1) $(0,0)$ 以外では定義式からあきらかに偏微分可能. $(0,0)$ では
$$\dfrac{f(0+h, 0) - f(0,0)}{h} = \dfrac{0}{h} = 0$$
だから，x に関して偏微分可能で $f_x(0,0) = 0$. 同様に $f_y(0,0) = 0$.

2) $x \neq 0$ なら $f(x,x) = \dfrac{1}{2}$ だから $(0,0)$ で不連続.

第 5 章 §2 (p. 182)

問題 1 1) $f_x = 3x^2 + y^2 - \dfrac{y}{x^2}$, $\quad f_y = 2xy + \dfrac{1}{x}$, $\quad f_{xx} = 6x + \dfrac{2y}{x^3}$, $\quad f_{yy} = 2x$,
$f_{xy} = f_{yx} = 2y - \dfrac{1}{x^2}$.

2) $f_x = yx^{y-1}$, $\quad f_y = x^y \log x$, $\quad f_{xx} = y(y-1)x^{y-2}$, $\quad f_{yy} = x^y (\log x)^2$,
$f_{xy} = f_{yx} = x^{y-1}(1 + y \log x)$.

3) $f_x = \cos y \cos(x \cos y)$, $\quad f_y = -x \sin y \cos(x \cos y)$,
$f_{xx} = -\cos^2 y \sin(x \cos y)$,
$f_{yy} = -x \cos y \cos(x \cos y) - x^2 \sin^2 y \sin(x \cos y)$,
$f_{xy} = f_{yx} = -\sin y \cos(x \cos y) + \sin y \cos y \sin(x \cos y)$.

問題 2 1) $\dfrac{\partial}{\partial x} f_x = 0$ だから $f_x(x,y) = p(y)$ とかけ，したがって $f(x,y) = xp(y) + q(y)$ とかける. $f_y = xp'(y) + q'(y)$, $f_{yy} = xp''(y) + q''(y)$. これが恒等的に 0 だから，$p''(y)$ も $q''(y)$ も恒等的に 0. したがって $p(y) = ay + b$, $q(y) = cy + d$ の形であり，$f(x,y) = axy + bx + cy + d$.

2) $\dfrac{\partial}{\partial y} f_x(x,y) = 0$ だから，$f_x(x,y)$ は x だけの関数である. したがって $f(x,y) = \int f_x(x,y)\, dx = p(x) + C$. C は x に関して定数だが，y を含むから $C = q(y)$ とかけば，$f(x,y) = p(x) + q(y)$.

3) $u=x+y$, $v=x-y$ とおくと, $f_x=f_u\dfrac{\partial u}{\partial x}+f_v\dfrac{\partial v}{\partial x}=f_u+f_v$, $f_y=f_u-f_v$.

$f_{xx}=\dfrac{\partial}{\partial x}f_x=\left(f_{uu}\dfrac{\partial u}{\partial x}+f_{uv}\dfrac{\partial v}{\partial x}\right)+\left(f_{vu}\dfrac{\partial u}{\partial x}+f_{vv}\dfrac{\partial v}{\partial x}\right)=f_{uu}+2f_{uv}+f_{vv}$,

$f_{yy}=f_{uu}-2f_{uv}+f_{vv}$. $f_{xx}=f_{yy}$

だから $f_{uv}=0$. 前問によって $f(x,y)=p(u)+q(v)=p(x+y)+q(x-y)$.

第5章 §3 (p.187)

問題 1 1) $f_x=3x^2-3$, $f_y=3y^2-3$ だから停留点は4点 $(\pm1,\pm1)$ (複号自由). $f_{xx}=6x$, $f_{yy}=6y$, $f_{xy}=0$. $\varDelta$ および f_{xx} の符号をしらべて, $(1,1)$ で極小, $(-1,-1)$ で極大, $(\pm1,\mp1)$ (複号同順) で鞍点.

2) $f_x=e^{-x-y}(y-xy+2)$, $f_y=e^{-x-y}(x-xy+2)$ だから $x=y$. $0=x^2-x-2=(x+1)(x-2)$ だから $(2,2)$ と $(-1,-1)$ が停留点. $\varDelta$ および f_{xx} の符号をしらべて, $(2,2)$ で極大, $(-1,-1)$ で鞍点.

3) $f_x=3x^2+2y=0$, $f_y=2y+2x+1=0$ を解いて A$\left(1,-\dfrac{3}{2}\right)$, B$\left(-\dfrac{1}{3},-\dfrac{1}{6}\right)$ が停留点. $\varDelta$ および f_{xx} の符号をしらべて, A で極小, B で鞍点.

4) $f_x=e^{-x^2-y^2}[1-2x(x+y)]=0$, $f_y=e^{-x^2-y^2}[1-2y(x+y)]=0$ を解いて A$\left(\dfrac{1}{2},\dfrac{1}{2}\right)$ と B$\left(-\dfrac{1}{2},-\dfrac{1}{2}\right)$ が停留点. 2階導関数を計算してもよいが, つぎのように考えてもよい. f の値は $x+y=0$ のとき 0, $x+y>0$ なら正, $x+y<0$ なら負であり, 遠くのほうでは 0 に近づく. したがって $\left(\dfrac{1}{2},\dfrac{1}{2}\right)$ で極大かつ最大, $\left(-\dfrac{1}{2},-\dfrac{1}{2}\right)$ で極小かつ最小でなければならない.

5) $f_x=3x^2-2x-1+2y^2-y^3$, $f_y=4xy-3xy^2=xy(4-3y)$. $f_x=f_y=0$ を解く. $y=0$ から $3x^2-2x-1=(3x+1)(x-1)=0$. 停留点 A$(1,0)$ と B$\left(-\dfrac{1}{3},0\right)$. $y=\dfrac{4}{3}$ から $3x^2-2x-1+\dfrac{32}{9}-\dfrac{64}{27}=0$. 停留点 C$\left(\dfrac{1}{9},\dfrac{4}{3}\right)$ と D$\left(\dfrac{5}{9},\dfrac{4}{3}\right)$. $x=0$ から $y^3-2y^2+1=(y-1)(y^2-y-1)=0$. 停留点 E$(0,1)$ と F$^{\pm}\left(0,\dfrac{1\pm\sqrt{5}}{2}\right)$. $\varDelta$ および f_{xx} の符号から, A で極小, B と C で極大, D, E, F$^{\pm}$ で鞍点.

6) $f_x=(1-2x^2)ye^{-x^2-y^2}=0$, $f_y=(1-2y^2)xe^{-x^2-y^2}=0$ を解いて5個の停留点 O$(0,0)$, A$^{\pm}\left(\pm\dfrac{1}{\sqrt{2}},\pm\dfrac{1}{\sqrt{2}}\right)$, B$^{\pm}\left(\pm\dfrac{1}{\sqrt{2}},\mp\dfrac{1}{\sqrt{2}}\right)$ (複号同順) を得る. $\varDelta$ と f_{xx} の符号から, O で鞍点, A$^{\pm}$ で極大, B$^{\pm}$ で極小.

問題 2 1) $f_x=x(x^3-x^2-y^2)=0$, $f_y=y(y^3-y^2-x^2)=0$ を解いて4個の停留点 A$(0,0)$, B$(0,1)$, C$(1,0)$, D$(2,2)$ を得る. $\varDelta$ と f_{xx} の符号から D で極小, B と C で鞍点. $\varDelta(0,0)=0$ だから判定できない. しかし,

$$f(x,y)=-\dfrac{1}{2}x^2y^2-\dfrac{1}{4}x^4\left(1-\dfrac{4}{5}x\right)-\dfrac{1}{4}y^4\left(1-\dfrac{4}{5}y\right)$$

であり，$x<\frac{5}{4}$, $y<\frac{5}{4}$ なら $f(x,y)<0$ だから A で極大．

2) $f_x=x(x^2+y^2-4)=0$, $f_y=y(x^2+y^2-2)=0$ から 4 個の停留点 $A(0,0)$, $B^{\pm}(\pm 2,0)$, $C(0,2)$ を得る．Δ と f_{xx} の符号から A で極大，$B^{\pm}$ で極小．$\Delta(0,2)=0$ だから判定できない．$f(0,2)=-\frac{4}{3}$. $y=u+2$ とおくと

$$f=-\frac{4}{3}+\frac{1}{4}x^4+\frac{1}{3}u^3+\frac{1}{2}x^2u^2+2x^2u+u^2.$$

$x\neq 0$, $u=0$ とすると $f>-\frac{4}{3}$. 一方 $u<0$, $x=\sqrt{-u}$ とすると

$$f=-\frac{4}{3}-\frac{3}{4}u^2\left(1+\frac{2}{9}u\right).$$

$-\frac{9}{2}<u<0$ なら $f<-\frac{4}{3}$. よって極値でない．

3) ただひとつの停留点 $(0,0)$ で $\Delta=0$. しかし $f(x,0)=2x^4>0$. $x^2=\frac{2}{3}y$ なら $f=-\frac{1}{9}y^2<0$ だから極値でない．実は $f=(y-x^2)(y-2x^2)$ なので，$x^2<y<2x^2$ なら $f<0$. ちなみにこの関数は原点をとおるどの直線上でも，1 変数の関数として極小になっている．

第 5 章 §4 (p.193)

問題 1 $\varphi''=-\dfrac{f_{xx}f_y^2-2f_{xy}f_xf_y+f_{yy}f_x^2}{f_y^3}$.

問題 2 $\varphi_{xx}=-\dfrac{f_{xx}f_z^2-2f_{xz}f_xf_z+f_{zz}f_x^2}{f_z^3}$, φ_{yy} も同様．

$\varphi_{xy}=-\dfrac{f_{xy}f_z^2-(f_{xz}f_y+f_{yz}f_x)f_z+f_{zz}f_xf_y}{f_z^3}$

問題 3 1) $\varphi_{xx}=-\dfrac{c^2(a^2z^2+c^2x^2)}{a^4z^3}$, φ_{yy} も同様, $\varphi_{xy}=-\dfrac{c^4xy}{a^2b^2z^3}$.

2) $\varphi_{xx}=-\dfrac{2}{(z^2-xy)^3}[x(z^2-y)^2+y(x^2-yz)(z^2-xy)+z(x^2-yz)^2]$,

$\varphi_{xy}=-\dfrac{1}{(z^2-xy)^3}[-z(z^2-xy)^2-\{y(y^2-xz)+x(x^2-yz)\}(z^2-xy)$
$\qquad\qquad +2z(x^2-yz)(y^2-xz)]$.

問題 4 x を固定すると，y に関する平均値定理と条件 $f_y(x,y)\geqq m$ により，$f(x,y)$ は狭義増加で，$y\to\pm\infty$ のとき $f(x,y)\to\pm\infty$ (複号同順) となるから，$f(x,y)=0$ なる y がただひとつ存在する．この y を $\varphi(x)$ とかく．$a\leqq c\leqq b$ なる c と $\varepsilon>0$ に対してある $\delta>0$ をとると，$|x-c|<\delta$ なら $|f(x,\varphi(c))|\leqq m\varepsilon$ となる．$0=f(x,\varphi(x))=f(x,\varphi(c))+(\varphi(x)-\varphi(c))f_y(x,t)$ (t は $\varphi(c)$ と $\varphi(x)$ のあいだの数) とかけるから，

$$|\varphi(x)-\varphi(c)|=\frac{|f(x,\varphi(c))|}{|f_y(x,t)|}\leqq\frac{m\varepsilon}{m}=\varepsilon.$$

第5章 §5 (p. 197)

問題 1 1) $f_x = 3x^2$, $f_y = 3y^2$ だから, 水平点 $(0,1)$, 垂直点 $(1,0)$ を得る (図 A.5.1).
特異点はない. $x \to \pm\infty$ のとき, $y = (1-x^3)^{\frac{1}{3}} = -x\left(1-\dfrac{1}{x^3}\right)^{\frac{1}{3}} \sim -x$. よって $y=-x$ が漸近線.
また, $(0,1)$ と $(1,0)$ は変曲点である.

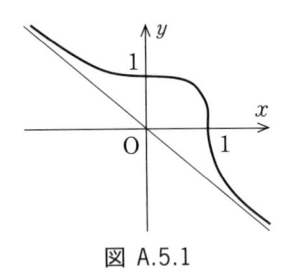

図 A.5.1

2) $f_x = 2x$, $f_y = 4y^3 - 2y$ だから, $(0,0)$ だけが特異点 (図 A.5.2). $f_x = 0$ から水平点 $(0, \pm 1)$, $f_y = 0$ から垂直点 $\left(\pm\dfrac{1}{2}, \pm\dfrac{1}{\sqrt{2}}\right)$ (複号自由). $f_{xx}=2$, $f_{yy}=12y^2-2$, $f_{xy}=0$ だから $(0,0)$ は結節点. そこで $f_{xx}h^2 + 2f_{xy}hk + f_{yy}k^2 = 2h^2 - 2k^2$ だから, 2接線は $k = \pm h$, すなわち $y = \pm x$. $\left(y^2 - \dfrac{1}{2}\right)^2 + x^2 = \dfrac{1}{4}$ だから曲線は有界.

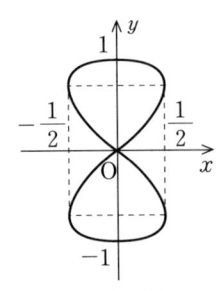

図 A.5.2

3) 3次方程式は実数の解をもつから, 曲線は有界でない. $f_x = y - 3x^2$, $f_y = 2y + x$ だから $(0,0)$ だけが特異点 (図 A.5.3). $f_x = 0$ から水平点 $\left(-\dfrac{2}{9}, \dfrac{4}{27}\right)$, $f_y = 0$ から垂直点 $\left(-\dfrac{1}{4}, \dfrac{1}{8}\right)$ を得る. $f_{xx} = 6x$, $f_{yy} = 2$, $f_{xy} = 1$ だから $(0,0)$ は結節点. そこで $f_{xx}h^2 + 2f_{xy}hk + f_{yy}k^2 = 2hk + 2k^2 = 2k(h+k)$ だから 2接線は $k=0$ と $k=-h$. さらに, $y = \dfrac{1}{2}\left[-x \pm x\sqrt{1+4x}\right]$ だから, $x < -\dfrac{1}{4}$ には図形がない. また, $x \to +\infty$ のとき,
$$y = \dfrac{1}{2}\left[-x \pm 2x^{\frac{3}{2}}\left(1 + \dfrac{1}{8x} + \cdots\right)\right] \sim \pm x^{\frac{3}{2}} - \dfrac{1}{2}x \pm \dfrac{1}{4}x^{\frac{1}{2}}.$$

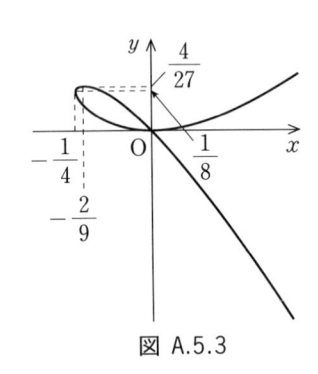

図 A.5.3

4) $f(x,y)=(x^2-3)^2+(y^2-4)^2-5$ だから, $|x^2-3|\leqq\sqrt{5}$, $|y^2-4|\leqq\sqrt{5}$ となり, 有界. f_x, f_y を計算して, 特異点は $(0,0)$ だけ. ここでの $\varDelta$ を計算して, $(0,0)$ は孤立点である. $f_x=0$ から 6 つの水平点 $(0,\pm 2\sqrt{2})$, $(\pm\sqrt{3},\pm 3)$（複号自由）が得られ, $f_y=0$ から 6 つの垂直点 $(\pm\sqrt{6},0)$, $(\pm 2\sqrt{2},\pm 2)$（複号自由）が得られる.

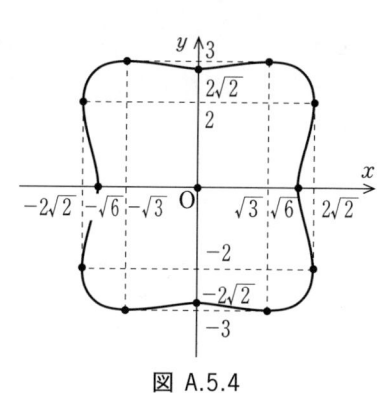

図 A.5.4

5) $f(x,y)=(x^2-1)^2+(y^2-1)^2+2(x-y)^2-2$ だから有界. $f_x=4x^3-4y$, $f_y=4y^3-4x$ から $(0,0)$ がただひとつの特異点. $f_{xx}=12x^2$, $f_{yy}=12y^2$, $f_{xy}=-4$ だから $(0,0)$ は結節点. そこで $f_{xx}h^2+2f_{xy}hk+f_{yy}k^2=-8hk$ だから, 両座標軸が 2 接線である. $f_x=0$ から水平点 $(\pm a, \pm a^3)$ ($a=\sqrt[8]{3}$, 複号同順) が得られ, $f_y=0$ から垂直点 $(\pm a^3, \pm a)$（複号同順）が得られる.

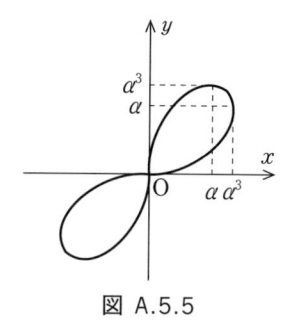

図 A.5.5

6) $(0,0)$ がただひとつの特異点. $\varDelta$ をしらべて $(0,0)$ は結節点. $f_{xx}h^2+2f_{xy}hk+f_{yy}k^2=8hk$ だから両座標軸が 2 接線. 水平点, 垂直点はない. 方程式の形から図形は有界でなく, 漸近線 $y=\pm x$ をもつことが予想される. 実際, $t=\dfrac{y}{x}$, $y=tx$ とおくと,
$$f(x,y)=(1-t^4)x^4+4tx^2$$
だから $x^2=\dfrac{4t}{t^4-1}$. $t\to 1+0$ とすると $x=\pm\dfrac{2\sqrt{t}}{\sqrt{t^4-1}}\to\pm\infty$, $y\to\pm\infty$（複号同順）. $t\to 1-0$ としても同じ. つぎに $s=-\dfrac{y}{x}$, $y=-sx$ とおくと,
$$f(x,y)=(1-s^4)x^4-4sx^2$$
だから $x^2=\dfrac{4s}{1-s^4}$. $s\to 1\pm 0$ のとき $x\to\pm\infty$, $y\to\mp\infty$. すなわち $y=x$ と $y=-x$ が漸近線である.

図 A.5.6

問題 2 1) $y=\pm x^{\frac{3}{2}}$. y は $x=+0$ で微分可能，$y'=0$ だから，上下の枝が原点で右から x 軸に接する（尖点，図 A.5.7）．

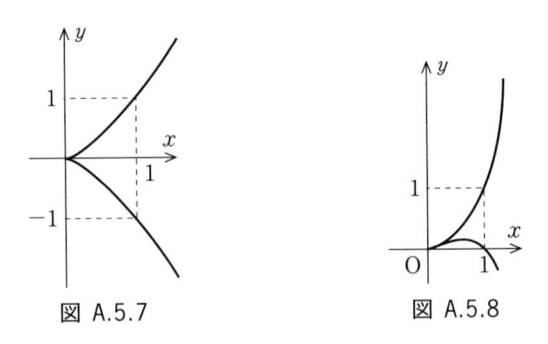

図 A.5.7

図 A.5.8

2) $(y-x^2)^2=x^5$ だから $x\geqq 0$ だけ．$y=x^2\pm x^5$. $x^5=o(x^2)$ だから，図 A.5.8 のように，$y=x^2$ の上下に，x 軸に上から接する 2 曲線がかける（尖点）．

3) $y^2=x^4(1-x)$ だから $x\leqq 1$. $y=\pm x^2(1-x)^{\frac{1}{2}}\sim \pm x^2$. 2 本の枝が原点で x 軸の上下から x 軸に接する（**自接点**，図 A.5.9）．$x\to -\infty$ のとき，$y\sim \pm(-x)^{\frac{5}{2}}$. $(1,0)$ で垂直，$\left(\dfrac{4}{5},\pm\dfrac{16}{25\sqrt{5}}\right)$ で水平．

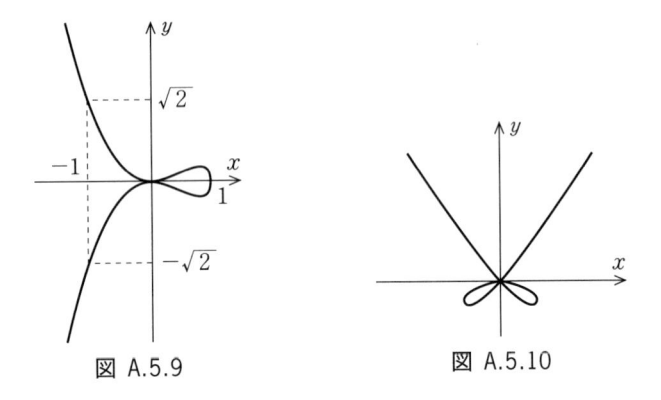

図 A.5.9

図 A.5.10

4) $x^2=\dfrac{1}{2}[-y\pm\sqrt{y^2+4y^3}]=\dfrac{1}{2}[-y\pm y(1+4y)^{\frac{1}{2}}]$
$y\to 0$ のとき，プラスのほうから $x^2\sim y^2$，マイナスのほうから $x^2\sim -y$. すなわち，$y\sim\pm x$，$y\sim -x^2$ という 3 本の枝が原点でまじわる（**3 重点**，図 A.5.10）．水平点，垂直点を求めると図が描けるだろう．つぎのやりかたもある．式を x^3 で割ると $x+\dfrac{y}{x}-\left(\dfrac{y}{x}\right)^3=0$．$s=\dfrac{y}{x}$ とおくと $x=s^3-s$，$y=s^4-s^2$．

s を $-\infty$ から $+\infty$ まで動かすと図が描ける．$s=-1, 0, 1$ の3回原点をとおる．水平点，垂直点もすぐ分かる．

第5章 §6 (p. 204)

問題 1 問題の関数を $f(x, y)$ とする．

1) ラグランジュの式は，係数4と2を a に組みこんで $x^3+y=ax$, $y^3+x=ay$. $xy \neq 0$.
$\dfrac{x^3+y}{x}=a=\dfrac{y^3+x}{y}$ から $xy(x^2-y^2)=x^2-y^2$.
$y=x$ から $A^{\pm}(\pm\sqrt{3}, \pm\sqrt{3})$ （複号同順，以下同じ）が得られ，$f(A^{\pm})=30$. $y=-x$ から $B^{\pm}(\pm\sqrt{3}, \mp\sqrt{3})$, $f(B^{\pm})=6$. $y \neq \pm x$ なら $xy=1$. $x^2+\dfrac{1}{x^2}=6$ を解いて $x^2=3\pm 2\sqrt{2}=[\pm(1\pm\sqrt{2})]^2$. $C^{\pm}(\pm(\sqrt{2}+1), \pm(\sqrt{2}-1))$ で $f(C^{\pm})=38$. $D^{\pm}(\pm(\sqrt{2}-1), \pm(\sqrt{2}+1))$ で $f(D^{\pm})=38$. 図 A.5.11 から $A^{\pm}, B^{\pm}$ で極小，$C^{\pm}, D^{\pm}$ で極大．

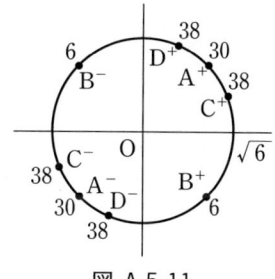

図 A.5.11

2) $y=\dfrac{2}{9}ax$, $x=\dfrac{2}{4}ay$. $xy \neq 0$ だから $9y^2=4x^2$, $3y=\pm 2x$. $A^{\pm}\left(\pm\dfrac{3}{\sqrt{2}}, \pm\sqrt{2}\right)$ で極大値 3, $B^{\pm}\left(\pm\dfrac{3}{\sqrt{2}}, \mp\sqrt{2}\right)$ で極小値 -3.

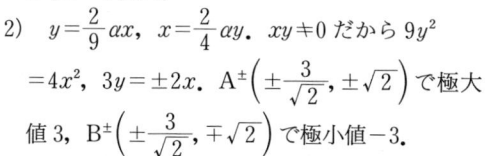

別解：楕円上で $x=3\cos\theta$, $y=2\sin\theta$ $(-\pi<\theta\leq\pi)$ とおける．
$$f=xy=6\cos\theta\sin\theta=3\sin 2\theta.$$
$\dfrac{\partial f}{\partial \theta}=6\cos 2\theta=0$ から $\theta=\pm\dfrac{\pi}{4}, \pm\dfrac{3}{4}\pi$.

図 A.5.12

3) この方程式は第5章§5問題1の2) のものである．ラグランジュ法で計算して極値候補5点 $O(0, 0)$,
$$A^{\pm}\left(\pm\dfrac{\sqrt{2}}{3}, \pm\sqrt{\dfrac{2}{3}}\right), \quad B^{\pm}\left(\pm\dfrac{\sqrt{2}}{3}, \mp\sqrt{\dfrac{2}{3}}\right)$$
を得る．$A^{\pm}$ で極大，$B^{\pm}$ で極小．原点 O は極値でない．

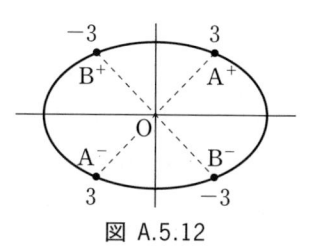

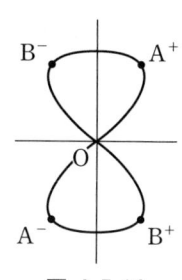

図 A.5.13

4) $e^{-x-y}(y-xy-1)=ax$, $e^{-x-y}(x-xy-1)=ay$. $xy \neq 0$. $\dfrac{y-xy-1}{x}=$

$ae^{x+y} = \dfrac{x-xy-1}{y}$, $(x^2-y^2)-xy(x-y)-(x-y)=0$. $x=y$ から $A^\pm(\pm 1, \pm 1)$, $f(A^\pm)=2e^{\mp 2}$. $x \neq y$ なら $x+y-xy-1=0$. $(x+y)^2 = 2+2xy = (xy+1)^2 = (xy)^2+2xy+1$ だから $(xy)^2=1$, $xy=\pm 1$. $x^2+\dfrac{1}{x^2}=2$ から $x^2=1$, 候補 $B^\pm(\pm 1, \mp 1)$, $f(B^\pm)=0$. よって $A^\pm$ で極大, $B^\pm$ で極小.

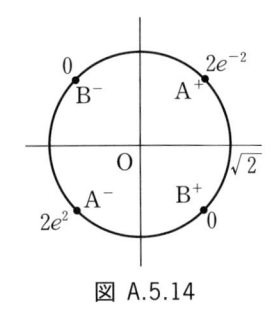

図 A.5.14

5) $e^{-2x}(x-x^2+y^2)=a(x-1)$, $e^{-2x}(-y)=ay$. $y=0$ から $A(3,0)$ と $B(-1,0)$. $f(A)=9e^{-6}$, $f(B)=e^2$. $y \neq 0$ から $x^2-x-y^2=x-1$, $(x-1)^2=y^2$, $y=\pm\sqrt{2}$, $x=1\pm\sqrt{2}$.

$C^\pm(1+\sqrt{2}, \pm\sqrt{2})$, $D^\pm(1-\sqrt{2}, \pm\sqrt{2})$ を得, $f(C^\pm)=(1+2\sqrt{2})e^{-2-2\sqrt{2}}$, $f(D^\pm)=(1-2\sqrt{2})e^{-2+2\sqrt{2}}<0$. $(1+2\sqrt{2})e^{-2-2\sqrt{2}}$ と $9e^{-6}$ の大きさをくらべるために,両者に e^6 をかけると

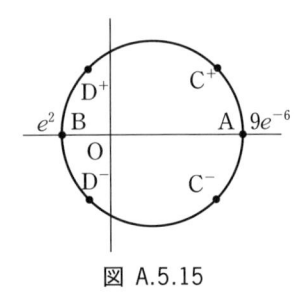

図 A.5.15

$(1+2\sqrt{2})e^{4-2\sqrt{2}}$ と 9 になる. $\sqrt{2}<\dfrac{3}{2}$ だから $2\sqrt{2}<3$. $e^{4-2\sqrt{2}}>e>\dfrac{5}{2}$. $1+2\sqrt{2}>1+2.8=3.8$ だから $(1+2\sqrt{2})e^{4-2\sqrt{2}}>3.8\times\dfrac{5}{2}=9.5>9$. よって f は A, $D^\pm$ で極小, $B, C^\pm$ で極大.

問題 2 1) 方程式を解いて 2 候補 $\left(\pm\dfrac{1}{3}, \pm 1, \pm\dfrac{5}{3}\right)$ (複号同順). 特異点はなく領域は有界閉集合だから $\left(\dfrac{1}{3}, 1, \dfrac{5}{3}\right)$ で極大かつ最大, 値は 3, $\left(-\dfrac{1}{3}, -1, -\dfrac{5}{3}\right)$ で極小かつ最小, 値は -3.

2) 方程式を解いて 8 候補 $\left(\pm\dfrac{1}{\sqrt{3}}, \pm\dfrac{\sqrt{2}}{\sqrt{3}}, \pm 1\right)$ (複号自由) を得る. 前問と同じ理由により, マイナスが偶数個の 4 点で極大かつ最大, 値は $\dfrac{\sqrt{2}}{3}$, 奇数個の 4 点で極小かつ最小, 値は $-\dfrac{\sqrt{2}}{3}$.

3) 方程式を解いてただひとつの候補 $x_i=\dfrac{a_i b}{\sum a_i^2}$ を得る. この問題は, 3 次元のことばで言えば, 与えられた平面上の点と原点との距離の極値問題である. したがって最小点 (垂線の足) は存在し, 最大点は存在しない. よって $x_i=\dfrac{a_i b}{\sum a_i^2}$ で極小かつ最小, 値は $\dfrac{b^2}{\sum a_i^2}$ である.

4) 方程式を解いて 2 候補 $x_i=\pm\dfrac{a_i b}{\sqrt{\sum a_i^2}}$ を得る. 特異点はなく, 領域は有界閉集合だから, 最大最小とも存在する. したがって $x_i=\dfrac{a_i b}{\sqrt{\sum a_i^2}}$ で極大かつ最大, 値

は $\sqrt{\sum a_i^2}\,b$, $x_i = -\dfrac{a_i b}{\sqrt{\sum a_i^2}}$ で極小かつ最小, 値は $-\sqrt{\sum a_i^2}\,b$.

第5章 §7 (p.209)

問題1 1) $f(x,0) = x^4$ だから最大値はない. $f(x,y) \geqq (y^2-1)^2 - 1$ だから最小値はある. $f_x = f_y = 0$ を解いて, 2点 $(0, \pm 1)$ で最小値 -1.

2) あきらかに $(0,0)$ で最小値 0. $(x,y) \neq (0,0)$ なら $f(x,y) > 0$, 遠くで $f(x,y) \to 0$ だから最大値もある. まず $f_x = f_y = 0$ から $A(1,1)$, $f(A) = 2e^{-2}$. つぎに $y=0$ という条件のもと, $f(x,0) = e^{-x}x^2$, $f'(x) = e^x(2x - x^2)$ から $B(2,0)$, $f(B) = 4e^{-2}$. 対称性から $C(0,2)$ で $f(C) = 4e^{-2}$. よって B と C で最大値 $4e^{-2}$.

3) 定理5.7.9によって最大値最小値ともにある. まず $f_x = f_y = 0$ から $O(0,0)$, $f(O) = 0$ と $A(\sqrt{2}, -\sqrt{2})$, $f(A) = -8$. つぎに $x^2 + y^2 = 6$ での極値を求めて $B^{\pm}(\sqrt{3}, \pm\sqrt{3})$, $f(B^+) = 18$, $f(B^-) = -6$ と $C^{\pm}(\sqrt{2} \pm 1, \sqrt{2} \mp 1)$, $f(C^{\pm}) = 26$. つぎに $x=0$ での極値 $D^{\pm}(0, \pm 1)$, $f(D^{\pm}) = -1$. 最後に両端点 $E^{\pm}(0, \pm\sqrt{6})$, $f(E^{\pm}) = 24$. よって A で最小値 -8, $C^{\pm}$ で最大値 26.

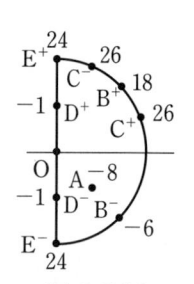

図 A.5.16

4) $x \to -\infty$ のとき $f(x,0) \to +\infty$, $y \to -\infty$ のとき $f(0,y) \to -\infty$. よって最大も最小もない.

5) 遠くで $f \to 0$. $x \neq 0$ なら $f(x,0) > 0$, $y \neq 0$ なら $f(0,y) < 0$ だから, 最大も最小もある. まず $f_x = f_y = 0$ から $O(0,0)$, $f(O) = 0$. つぎに $y=0$ のとき $f = 2x^2 e^{-x}$, $f' = 0$ から $A(2,0)$, $f(A) = 8e^{-2}$. 同様に $x=0$ として $B(0,2)$, $f(B) = -4e^{-2}$. 候補はこれだけだから, A で最大値 $8e^{-2}$, B で最小値 $-4e^{-2}$.

6) 遠くで $f \to 0$, $f(1,0) > 0$, $f(0,1) < 0$ だから最大最小ともある. $f_x = f_y = 0$ を解いて $A^{\pm}\left(\pm\dfrac{1}{2}, \mp\dfrac{1}{2}\right)$, $f(A^{\pm}) = \pm e^{-\frac{1}{2}}$ だから, A^+ で最大値 $e^{-\frac{1}{2}}$, A^- で最小値 $-e^{-\frac{1}{2}}$.

問題2 A の点の x 座標全部の集合を X とし, $a = \inf X$ とする. $a > 0$ を示せばよい. $a = 0$ と仮定する (背理法). 任意の自然数 n に対して $x < \dfrac{1}{n}$ なる X の点がある. X の定義により, $(x,y) \in A$ なる数 y がある. そのひとつを選んで $\boldsymbol{a}_n = (x_n, y_n)$ とする : $\boldsymbol{a}_n \in A$, $0 < x_n < \dfrac{1}{n}$. 定理5.7.8により, 有界点列 $\langle \boldsymbol{a}_n \rangle$ は収束部分列 $\langle \boldsymbol{a}_{n'} \rangle$ をもつ. $\boldsymbol{b} = \lim\limits_{n \to \infty} \boldsymbol{a}_{n'}$ とすると, A は閉集合だから $\boldsymbol{b} \in A$. しかし $\lim\limits_{n \to \infty} x_{n'} = 0$ だから $\boldsymbol{b}$ の x 座標は 0 となり, 仮定に反する.

第6章
問題の答え

第6章 §1 (p. 218)

問題 1 1) $I = \int_{x=0}^{1}\left[\int_{y=0}^{1}\dfrac{dy}{(x+y+1)^2}\right]dx = \int_{x=0}^{1}\left[\dfrac{-1}{x+y+1}\right]_{y=0}^{1}dx$

$= \int_{0}^{1}\left[\dfrac{1}{x+1} - \dfrac{1}{x+2}\right]dx = \left[\log(x+1) - \log(x+2)\right]_{0}^{1} = 2\log 2 - \log 3.$

2) $\int_{y=0}^{\frac{\pi}{2}} x\sin(x+y)\,dy = \left[-x\cos(x+y)\right]_{y=0}^{\frac{\pi}{2}} = x\cos x + x\sin x.$

$I = \int_{0}^{\pi}(x\cos x + x\sin x)\,dx = \left[x\sin x + \cos x\right]_{0}^{\pi} + \left[-x\cos x + \sin x\right]_{0}^{\pi} = \pi - 2.$

3) $I = \int_{0}^{1} e^x dx \cdot \int_{0}^{1} e^y dy = (e-1)^2.$

4) $I = \int_{y=0}^{1}\left[\int_{x=0}^{1}\dfrac{dx}{x^2+\dfrac{1}{y^2}}\right]dy = \int_{y=0}^{1}\left[y\arctan yx\right]_{x=0}^{1}dy = \int_{0}^{1} y\arctan y\,dy$

$= \left[\dfrac{1}{2}y^2\arctan y\right]_{0}^{1} - \dfrac{1}{2}\int_{0}^{1}\dfrac{y^2}{1+y^2}dy = \dfrac{1}{2}\cdot\dfrac{\pi}{4} - \dfrac{1}{2}\left[y - \arctan y\right]_{0}^{1} = \dfrac{\pi}{4} - \dfrac{1}{2}.$

第6章 §2 (p. 225)

問題 1 1) $I = \int_{x=0}^{\pi}\left[\int_{y=0}^{x}\cos(x+y)\,dy\right]dx$

$= \int_{0}^{\pi}(\sin 2x - \sin x)\,dx = -2.$

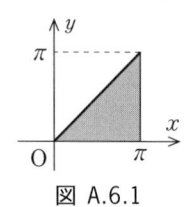

図 A.6.1

2) $I = \int_{x=0}^{1}\left[\int_{y=0}^{\sqrt{x}} e^y dy\right]dx = \int_{0}^{1}(e^{\sqrt{x}}-1)\,dx.$ $\sqrt{x} = u$ とおいて $\int_{0}^{1} e^{\sqrt{x}}dx = 2\int_{0}^{1} ue^u du = 2\left[ue^u - e^u\right]_{0}^{1} = 2.$ よって $I = 1.$

図 A.6.2

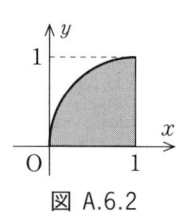

3) $\int_{y=x^2}^{\sqrt{x}} \sqrt{xy}\,dy = \sqrt{x}\left[\dfrac{2}{3}y^{\frac{3}{2}}\right]_{x^2}^{\sqrt{x}} = \dfrac{2}{3}(x^{\frac{5}{4}} - x^{\frac{7}{2}})$.

$I = \int_0^1 \dfrac{2}{3}(x^{\frac{5}{4}} - x^{\frac{7}{2}})\,dx = \dfrac{2}{3}\left[\dfrac{4}{9}x^{\frac{9}{4}} - \dfrac{2}{9}x^{\frac{9}{2}}\right]_0^1 = \dfrac{4}{27}$.

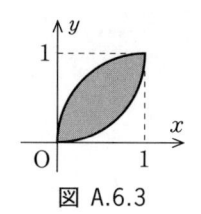

図 A.6.3

4) 境界線上で $y = (1-\sqrt{x})^2$ だから，

$\int_{y=0}^{(1-\sqrt{x})^2} \sqrt{xy}\,dy = \sqrt{x}\left[\dfrac{2}{3}y^{\frac{3}{2}}\right]_0^{(1-\sqrt{x})^2}$

$= \dfrac{2}{3}\sqrt{x}(1-\sqrt{x})^3 = \dfrac{2}{3}(x^{\frac{1}{2}} - 3x + 3x^{\frac{3}{2}} - x^2)$.

よって $I = \dfrac{2}{3}\left[\dfrac{2}{3}x^{\frac{3}{2}} - \dfrac{3}{2}x^2 + \dfrac{6}{5}x^{\frac{5}{2}} - \dfrac{1}{3}x^3\right]_0^1 = \dfrac{1}{45}$.

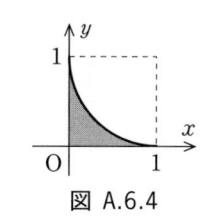

図 A.6.4

5) $I = 2\int_b^a dx \int_0^{\frac{b}{a}\sqrt{a^2-x^2}} x\,dy = 2\int_b^a x \cdot \dfrac{b}{a}\sqrt{a^2-x^2}\,dx$

$= \dfrac{2b}{a}\left[-\dfrac{1}{3}(a^2-x^2)^{\frac{3}{2}}\right]_b^a = \dfrac{2b}{3a}(a^2-b^2)^{\frac{3}{2}}$.

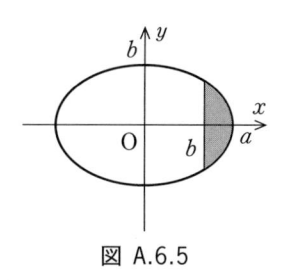

図 A.6.5

問題 2 1) 対称性により，

$V = 8\int_{x=0}^1 \int_{y=0}^1 (x+y)\,dx\,dy = 8\int_{x=0}^1 \left[xy + \dfrac{1}{2}y^2\right]_{y=0}^1 dx = 8\int_0^1 \left(x + \dfrac{1}{2}\right)dx = 8$.

2) 対称性により，

$V = 2\int_{x=0}^1 dx \int_{y=0}^x (x+y)\,dy = 2\int_0^1 \left[xy + \dfrac{1}{2}y^2\right]_{y=0}^x dx = 2\int_0^1 \dfrac{3}{2}x^2\,dx = 1$.

3) $V = 2\int_{x=0}^1 dx \int_{y=0}^{(1-\sqrt{x})^2} \sqrt{xy}\,dy = 2\int_{x=0}^1 dx \left[\dfrac{2}{3}\sqrt{x}\,y^{\frac{3}{2}}\right]_{y=0}^{(1-\sqrt{x})^2}$

$= \dfrac{4}{3}\int_{x=0}^1 \sqrt{x}(1-\sqrt{x})^3\,dx = \dfrac{4}{3}\int_0^1 (x^{\frac{1}{2}} - 3x + 3x^{\frac{3}{2}} - x^2)\,dx$

$= \dfrac{4}{3}\left[\dfrac{2}{3}x^{\frac{3}{2}} - \dfrac{3}{2}x^2 + \dfrac{6}{5}x^{\frac{5}{2}} - \dfrac{1}{3}x^3\right]_0^1 = \dfrac{4}{3}\left(\dfrac{2}{3} - \dfrac{3}{2} + \dfrac{6}{5} - \dfrac{1}{3}\right) = \dfrac{2}{45}$.

4) ふたつの直円柱はそれぞれ $x^2 + z^2 \leqq a^2$，$y^2 + z^2 \leqq a^2$ としてよい。
高さ z の水平面で切ると，図形は $|x| \leqq \sqrt{a^2-z^2}$，$|y| \leqq \sqrt{a^2-z^2}$ という正方形になるから，面積は $4(a^2-z^2)$．$V = 8\int_0^a (a^2-z^2)\,dz = 8\left[a^2 z - \dfrac{1}{3}z^3\right]_0^a = \dfrac{16}{3}a^3$.

第6章 §3 (p. 229)

問題 1 1) $\int_{y=0}^{x} \frac{dy}{(1+x+y)^3} = \left[\frac{-1}{2(1+x+y)^2}\right]_{y=0}^{x} = \frac{1}{2}\left[\frac{1}{(1+x)^2} - \frac{1}{(1+2x)^2}\right]$.

$I = \frac{1}{2}\int_{0}^{+\infty}\left[\frac{1}{(1+x)^2} - \frac{1}{(1+2x)^2}\right]dx = \frac{1}{2}\left[\frac{-1}{1+x} - \frac{-1}{2(1+2x)}\right]_{0}^{+\infty} = \frac{1}{4}.$

2) $I = \int_{x=0}^{+\infty}\left[\int_{y=x-a}^{x+a} e^{-x-y}dy\right]dx = \int_{x=0}^{+\infty}\left[-e^{-x-y}\right]_{y=x-a}^{x+a}dx$

$= \int_{0}^{+\infty}(e^{a-2x} - e^{-a-2x})dx = \left[-\frac{1}{2}(e^{a-2x} - e^{-a-2x})\right]_{0}^{+\infty} = \frac{1}{2}(e^a - e^{-a}).$

3) $I = \int_{y=0}^{+\infty} dy \int_{x=0}^{y} e^{-y^2} dx = \int_{0}^{+\infty} y e^{-y^2} dy = \frac{1}{2}.$

4) $\frac{I}{4} = \int_{0}^{+\infty} dx \int_{0}^{+\infty} \frac{dy}{1+x^2+y^2} = \int_{0}^{+\infty}\left[\frac{1}{\sqrt{1+x^2}}\arctan\frac{y}{\sqrt{1+x^2}}\right]_{0}^{+\infty} dx$

$= \int_{0}^{+\infty} \frac{1}{\sqrt{1+x^2}} \frac{\pi}{2} dx = \left[\frac{\pi}{2}\log|x+\sqrt{x^2+1}|\right]_{0}^{+\infty} = +\infty.$

広義積分は発散する.

5) $I = \int_{x=0}^{1} dx \int_{y=x}^{1} \frac{dy}{\sqrt{1-x^2}} = \int_{0}^{1}\left(\frac{1}{\sqrt{1-x^2}} - \frac{x}{\sqrt{1-x^2}}\right)dx$

$= \left[\arcsin x + \sqrt{1-x^2}\right]_{0}^{1} = \frac{\pi}{2} - 1.$

6) $I = 4\int_{x=0}^{1} dx \int_{y=0}^{\sqrt{1-x^2}} \frac{dy}{\sqrt{1-x^2-y^2}} = 4\int_{x=0}^{1}\left[\arcsin\frac{y}{\sqrt{1-x^2}}\right]_{y=0}^{\sqrt{1-x^2}} dx$

$= 4\int_{0}^{1} \arcsin 1\, dx = 2\pi.$

7) これは積分域も有界でなく, さらに $y \to +0$ で広義積分だが, 便法でやると,

$I = \int_{x=1}^{+\infty} dx \int_{y=0}^{\frac{1}{x^2}} \frac{dy}{\sqrt{xy}} = \int_{x=1}^{+\infty}\left[\frac{2\sqrt{y}}{\sqrt{x}}\right]_{y=0}^{\frac{1}{x^2}} dx = 2\int_{1}^{+\infty}\frac{dx}{x\sqrt{x}} = 2\left[-2x^{-\frac{1}{2}}\right]_{1}^{+\infty} = 4.$

問題 2 1) $V = \int_{x=0}^{+\infty} dx \int_{y=0}^{e^{-x}}(x+y)dy = \int_{x=0}^{+\infty}\left[xy + \frac{1}{2}y^2\right]_{y=0}^{e^{-x}} dx$

$= \int_{0}^{+\infty}\left(xe^{-x} + \frac{1}{2}e^{-2x}\right)dx = \left[-xe^{-x} - e^{-x} - \frac{1}{4}e^{-2x}\right]_{0}^{+\infty} = \frac{5}{4}.$

2) 高さ z の水平面で切ると, 切りくち $A(z)$ は楕円板 $\frac{x^2}{a^2} + \frac{y^2}{b^2} \leq \frac{1}{z^2}$ だから, 面積 $|A(z)| = \frac{\pi ab}{z^2}$. よって $V = \int_{1}^{+\infty}|A(z)|dz = \int_{1}^{+\infty}\frac{\pi ab}{z^2}dz = \left[-\frac{\pi ab}{z}\right]_{1}^{+\infty} = \pi ab.$

3) E のなかの点 ($|x|, |y|, |z| \leq 1$) は条件をみたす. E の体積 $V_1 = 2^3 = 8$. E の 6個の側面の外の領域は同じ体積 V_2 をもつ. $z > 1$ の部分で $|x| < \frac{1}{z}$, $|y| < \frac{1}{z}$.

これは1辺の長さ $\dfrac{2}{z}$ の正方形だから面積は $\left(\dfrac{2}{z}\right)^2$.

$$V_2 = \int_1^{+\infty} \left(\dfrac{2}{z}\right)^2 dz = \left[\dfrac{-4}{z}\right]_1^{+\infty} = 4. \text{ よって } V = 8 + (4 \times 6) = 32.$$

第6章 §4 (p.236)

問題 1 1) $I = \int_{r=a}^{b} \int_{\theta=0}^{2\pi} \dfrac{1}{r} r\, dr d\theta = 2\pi(b-a).$

2) 新らしい変数 (s, t) を導入して $\dfrac{x}{a} = s\cos t,\ \dfrac{y}{b} = s\sin t\ \left(0 \leq s \leq 1,\ 0 \leq t \leq \dfrac{\pi}{2}\right)$ とおくことができる. $J(s, t) = abs$ だから

$$I = \int_{s=0}^{1} \left[\int_{t=0}^{\frac{\pi}{2}} (as\cos t + bs\sin t)\, abs\, dt\right] ds = ab\int_{s=0}^{1} s\left[as\sin t - bs\cos t\right]_{t=0}^{\frac{\pi}{2}} ds$$

$$= ab\int_0^1 s(as + bs)\, ds = ab\left[(a+b)\dfrac{s^3}{3}\right]_0^1 = \dfrac{ab(a+b)}{3}.$$

3) 例 6.4.4 によって $\int_0^{+\infty} e^{-x^2} dx = \dfrac{\sqrt{\pi}}{2}$. 一方 $\int_0^{+\infty} xe^{-x^2} dx = \left[-\dfrac{1}{2}e^{-x^2}\right]_0^{+\infty} = \dfrac{1}{2}.$

$$I = \int_{y=0}^{+\infty} e^{-y^2} dy \int_{x=0}^{+\infty} (xe^{-x^2} + ye^{-x^2})\, dx$$

$$= \dfrac{1}{2}\int_0^{+\infty} (e^{-y^2} + \sqrt{\pi}\, ye^{-y^2})\, dy = \dfrac{1}{2}\left(\dfrac{\sqrt{\pi}}{2} + \sqrt{\pi} \cdot \dfrac{1}{2}\right) = \dfrac{1}{2}\sqrt{\pi}.$$

極座標に変換してもすぐできるが,この場合も公式 $\int_0^{+\infty} e^{-x^2} dx = \dfrac{\sqrt{\pi}}{2}$ を使わなければならない.

4) $I = \int_{r=0}^{+\infty} \int_{\theta=0}^{2\pi} \dfrac{r\, dr\, d\theta}{(1+r^2)^a} = 2\pi \int_0^{+\infty} \dfrac{r}{(1+r^2)^a} dr.$ $a=1$ なら $\int \dfrac{r}{1+r^2} dr$

$= \dfrac{1}{2}\log(1+r^2)$ だから発散. $a<1$ なら $\dfrac{1}{(1+r^2)^a} > \dfrac{1}{1+r^2}$ だから発散. $a>1$ なら

$$I = 2\pi \int_0^{+\infty} \dfrac{r}{(1+r^2)^a} dr = 2\pi\left[\dfrac{1}{2(1-a)(1+r^2)^{a-1}}\right]_0^{+\infty} = \dfrac{\pi}{a-1}.$$

5) $I = \int_{r=0}^{1} \int_{\theta=0}^{2\pi} \dfrac{r\, dr d\theta}{\sqrt{1-r^2}} = 2\pi\left[-\sqrt{1-r^2}\right]_0^1 = 2\pi.$

6) $I = \int_{r=0}^{1} \int_{\theta=0}^{\pi} \int_{\varphi=0}^{2\pi} \dfrac{r^2\sin\theta}{\sqrt{1-r^2}} dr d\theta d\varphi.\quad \int_0^1 \dfrac{r^2}{\sqrt{1-r^2}} dr = \int_0^1 \dfrac{dr}{\sqrt{1-r^2}} - \int_0^1 \sqrt{1-r^2}\, dr$

$$= \left[\arcsin r\right]_0^1 - \dfrac{1}{2}\left[r\sqrt{1-r^2} + \arcsin r\right]_0^1 = \dfrac{\pi}{4}.\quad \int_0^{\pi} \sin\theta\, d\theta = 2.$$

よって $I = 2 \cdot 2\pi \cdot \dfrac{\pi}{4} = \pi^2.$

問題 2 1) $x - a = r\cos\theta,\ y - b = r\sin\theta\ (0 \leq r \leq c,\ 0 \leq \theta \leq 2\pi)$ とおける.

$$V = \int_{r=0}^{c} \int_{\theta=0}^{2\pi} (a + r\cos\theta)(b + r\sin\theta)\, r\, dr d\theta$$

$$= \int_{r=0}^{c} \int_{\theta=0}^{2\pi} [abr + r^2(a\sin\theta + b\cos\theta) + r^3\cos\theta\sin\theta] dr d\theta.$$

3項を別々に積分したものを I_1, I_2, I_3 とすると，$I_1 = \left[ab\dfrac{r^2}{2}\right]_0^c \cdot 2\pi = abc^2\pi$.

$I_2 = \int_0^c r^2 dr \cdot [-a\cos\theta + b\sin\theta]_0^{2\pi} = 0$. $I_3 = \int_0^c r^3 dr \cdot \dfrac{1}{2}\int_0^{2\pi} \sin 2\theta \, d\theta = 0$.

よって $V = abc^2\pi$.

2) A の中心は $\left(0, 0, -\dfrac{a}{2}\right)$，$B$ の中心は $\left(0, 0, \dfrac{a}{2}\right)$ としてよい（図A.6.6）．A, B の表面の方程式はそれぞれ $x^2 + y^2 + \left(z + \dfrac{a}{2}\right)^2 = a^2$，$x^2 + y^2 + \left(z - \dfrac{a}{2}\right)^2 = a^2$ だから，2球面の共通部分は x-y 平面の円 $x^2 + y^2 = \left(\dfrac{\sqrt{3}}{2}a\right)^2$ である．この円の内部を D とかく．問題の図形 C はこの円の上下に対称にふくらんでいる．上のドームの屋根の高さは $z = \sqrt{a^2 - x^2 - y^2} - \dfrac{a}{2}$ だから，その部分の体積 $\dfrac{V}{2}$ は $\dfrac{V}{2} = \iint_D \left[\sqrt{a^2 - x^2 - y^2} - \dfrac{a}{2}\right] dx dy$

$= 2\pi \int_0^{\frac{\sqrt{3}}{2}a} \sqrt{a^2 - r^2}\, r\, dr - \iint_D \dfrac{a}{2} dx dy$

$= 2\pi \left[-\dfrac{1}{3}(a^2 - r^2)^{\frac{3}{2}}\right]_0^{\frac{\sqrt{3}}{2}a} - \dfrac{a}{2} \cdot \dfrac{3}{4}\pi a^3$

$= \dfrac{7}{12}\pi a^3 - \dfrac{3}{8}\pi a^3$

$= \dfrac{5}{24}\pi a^3$. よって $V = \dfrac{5}{12}\pi a^3$.

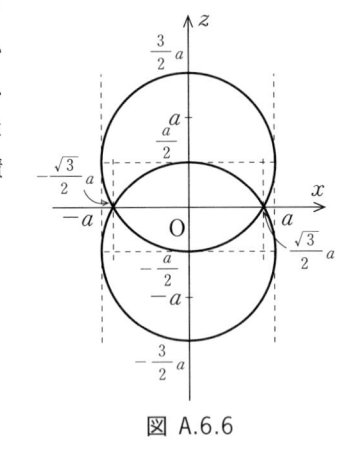

図 A.6.6

3) 上半球だけ考える．x-y 平面で円 $x^2 + y^2 = a^2 - b^2$ の内部の上にあるのは高さ b の円柱で，その体積は $\pi b(a^2 - b^2)$．外部の上にあるのは球面 $z = \sqrt{a^2 - x^2 - y^2}$ だから，その体積は

$\iint_{a^2 - b^2 \leq x^2 + y^2 \leq a^2} \sqrt{a^2 - x^2 - y^2}\, dx dy$

$= 2\pi \int_{\sqrt{a^2 - b^2}}^{a} \sqrt{a^2 - r^2}\, r\, dr$

$= 2\pi \left[-\dfrac{1}{3}(a^2 - r^2)^{\frac{3}{2}}\right]_{\sqrt{a^2 - b^2}}^{a} = \dfrac{2}{3}\pi b^3$.

よって $V = 2\left[\pi b(a^2 - b^2) + \dfrac{2}{3}\pi b^3\right] = \dfrac{2\pi b}{3}(3a^2 - b^2)$.

図 A.6.7

問題 3 $B\left(\frac{1}{2},\frac{1}{2}\right)=\int_0^1 x^{-\frac{1}{2}}(1-x)^{-\frac{1}{2}}dx.$ $u=2x-1$ により，

$$B\left(\frac{1}{2},\frac{1}{2}\right)=\int_{-1}^1 \frac{du}{\sqrt{1-u^2}}=\Big[\arcsin u\Big]_{-1}^1=\pi.\quad B\left(\frac{1}{2},\frac{1}{2}\right)=\frac{\Gamma\left(\frac{1}{2}\right)\Gamma\left(\frac{1}{2}\right)}{\Gamma(1)}$$

だから，$\sqrt{\pi}=\Gamma\left(\frac{1}{2}\right)=\int_0^{+\infty}e^{-x}x^{-\frac{1}{2}}dx=2\int_0^{+\infty}e^{-t^2}dt$ $(x=t^2$ による$)$．

第 6 章 §5 (p. 242)

問題 1 1) 積分領域 A は $b\leqq x\leqq c, -\sqrt{a^2-x^2}\leqq y\leqq \sqrt{a^2-x^2}$. 考えるべき関数は $f(x,y)=\sqrt{a^2-x^2-y^2}.$ $\sqrt{1+f_x^2+f_y^2}=\dfrac{a}{\sqrt{a^2-x^2-y^2}}$ だから，

$$|S|=2a\int_{x=b}^c\left[\int_{y=-\sqrt{a^2-x^2}}^{\sqrt{a^2-x^2}}\frac{dy}{\sqrt{a^2-x^2-y^2}}\right]dx$$

$$=2a\int_{x=b}^c\left[\arcsin\frac{y}{\sqrt{a^2-x^2}}\right]_{y=-\sqrt{a^2-x^2}}^{\sqrt{a^2-x^2}}dx=2a\int_b^c\pi\,dx=2\pi a(c-b).$$

2) x-y 平面での条件 $y^2\leqq ax-x^2$ は円板 $B:\left(x-\dfrac{a}{2}\right)^2+y^2\leqq\left(\dfrac{a}{2}\right)^2$ をあらわす (図 A.6.8)．B 上での $z=2\sqrt{a}\sqrt{x}$ という曲面の面積を 2 倍すればよい．

$$\sqrt{1+z_x^2+z_y^2}=\sqrt{1+\frac{a}{x}}=\sqrt{\frac{x+a}{x}}$$

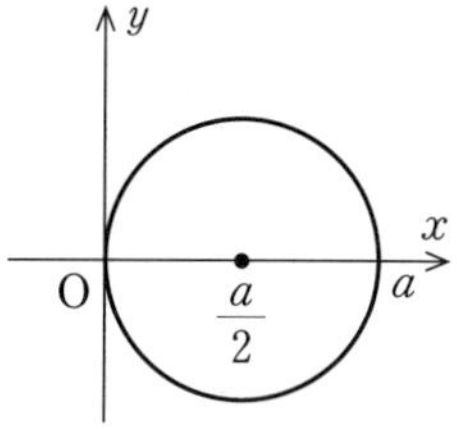

だから，

$$|S|=2\iint_B\sqrt{\frac{x+a}{x}}\,dxdy$$

$$=2\int_{x=0}^a\left[2\int_{y=0}^{\sqrt{ax-x^2}}\sqrt{\frac{x+a}{x}}\,dy\right]dx$$

図 A.6.8

$$=4\int_0^a\sqrt{\frac{x+a}{x}}\sqrt{ax-x^2}\,dx$$

$$=4\int_0^a\sqrt{a^2-x^2}\,dx=4\cdot\frac{1}{2}\left[x\sqrt{a^2-x^2}+a^2\arcsin\frac{x}{a}\right]_0^a=\pi a^2.$$

最後の積分は命題 1.1.5 による．

3) $z=\dfrac{x^2}{2p},\ z_x=\dfrac{x}{p},\ z_y=0.$ $|S|=\int_{x=0}^a\left[\int_{y=\beta x}^{ax}\frac{1}{p}\sqrt{x^2+p^2}\,dy\right]dx$

$$=\frac{a-\beta}{p}\int_0^a x\sqrt{x^2+p^2}\,dx=\frac{a-\beta}{p}\left[\frac{1}{3}(x^2+p^2)^{\frac{3}{2}}\right]_0^a=\frac{a-\beta}{3p}\left[(a^2+p^2)^{\frac{3}{2}}-p^3\right].$$

4) $|S|=\iint_{x^2+y^2\leqq a^2}\sqrt{1+x^2+y^2}\,dxdy=2\pi\int_0^a\sqrt{1+r^2}\,r\,dr$

$$=2\pi\left[\frac{1}{3}(1+r^2)^{\frac{3}{2}}\right]_0^a=\frac{2\pi}{3}\left[(1+a^2)^{\frac{3}{2}}-1\right].$$

問題 2 1) $|S|=\iint_E\sqrt{(\sqrt{2}\,v\cdot 2v)^2+(-2v\cdot 2u)^2+(2u\cdot\sqrt{2}\,u)^2}\,dudv$

$$=2\sqrt{2}\iint_E(u^2+v^2)\,dudv=2\sqrt{2}\int_{r=0}^1\int_{\theta=0}^{\frac{\pi}{2}}r^2\cdot r\,drd\theta$$

$$=2\sqrt{2}\cdot\frac{\pi}{2}\left[\frac{1}{4}r^4\right]_0^1=\frac{\sqrt{2}}{4}\pi.$$

もし条件 $u,v\geqq 0$ を落とすと，積分範囲は 4 倍になるが，このとき式の形から，写像 $(u,v)\mapsto(x,y,z)$ は 2 対 1 なので，答えの面積は 4 倍ではなく，2 倍になる．

2) $z=\dfrac{x^2}{2a}+\dfrac{y^2}{2b}$, $\left(\dfrac{x}{a}\right)^2+\left(\dfrac{y}{b}\right)^2=r^2\leqq 1$. 写像 $(r,\theta)\to(x,y)$ のヤコビ行列式は

$$J=\begin{vmatrix}a\cos\theta & -ar\sin\theta\\ b\sin\theta & br\cos\theta\end{vmatrix}=abr.\quad |S|=\iint_{(\frac{x}{a})^2+(\frac{y}{b})^2\leqq 1}\sqrt{1+\left(\frac{x}{a}\right)^2+\left(\frac{y}{b}\right)^2}\,dxdy$$

$$=\int_{r=0}^1\int_{\theta=0}^{2\pi}\sqrt{1+r^2}\,abr\,drd\theta=2\pi ab\left[\frac{1}{3}(1+r^2)^{\frac{3}{2}}\right]_0^1=\frac{2\pi ab}{3}(2\sqrt{2}-1).$$

3) $\dfrac{y}{x}=\tan\theta=\tan z$, $z=\arctan\dfrac{y}{x}$, $x^2+y^2=r^2\leqq 1$. $z_x=-\dfrac{y}{x^2+y^2}$,

$z_y=\dfrac{x}{x^2+y^2}$, $1+z_x^2+z_y^2=\dfrac{1+x^2+y^2}{x^2+y^2}=\dfrac{1+r^2}{r^2}$.

$$|S|=2\pi\int_0^1\frac{\sqrt{1+r^2}}{r}r\,dr=\pi\left[r\sqrt{r^2+1}+\log(r+\sqrt{r^2+1})\right]_0^1$$

$$=\pi\left[\sqrt{2}+\log(1+\sqrt{2})\right].$$

最後の積分は例 1.2.13 の 2) による．

第 7 章
問題の答え

第 7 章 §1 (p. 252)

問題 1 1) $x=a\cos\theta$, $y=a\sin\theta$ $(0\leqq\theta\leqq\pi)$ とおくと，

$$I=\int_0^\pi[a\sin\theta(-a\sin\theta)-a\cos\theta(a\cos\theta)]\,d\theta=-\pi a^2.$$

計算しなくても，定理 7.1.10 の公式 $|D|=\dfrac{1}{2}\int_C(x\,dy-y\,dx)$ により，I は半円の面積の 2 倍にマイナスをつけたもの，すなわち $-\pi a^2$ である（直径 $y=0$ の上

では $dy=0$ である).

2) 半円に定理 7.1.10 を使えば, やはり直径 $y=0$ の上では $dy=0$ だから, $\int_C (y\,dx + x\,dy) = 0$. 計算してもできる.

3) $x = a\cos\theta,\ y = b\sin\theta\ (0 \leqq \theta \leqq 2\pi)$ とすると, $dx = -a\sin\theta\,d\theta,\ dy = b\cos\theta\,d\theta$ だから, $I = \int_0^{2\pi}\left(\dfrac{-a\sin\theta}{b\sin\theta} + \dfrac{b\cos\theta}{a\cos\theta}\right)d\theta = 2\pi\left(\dfrac{b}{a} - \dfrac{a}{b}\right)$.

問題 2 1) $H(x,y) = \dfrac{1}{2}x^2y^2$ とおくと $\dfrac{\partial H}{\partial x} = xy^2,\ \dfrac{\partial H}{\partial y} = x^2y$ だから, 定理 7.1.11 によって $\int_C (xy^2\,dx + x^2y\,dy) = 0$. または $f(x,y) = xy^2,\ g(x,y) = x^2y$ とおくと, $\dfrac{\partial f}{\partial y} = 2xy = \dfrac{\partial g}{\partial x}$ だから, グリーンの定理 (2) によって $I = 0$.

2) $H(x,y) = e^x\sin y$ とおくと $\dfrac{\partial H}{\partial x} = e^x\sin y,\ \dfrac{\partial H}{\partial y} = e^x\cos y$ だから定理 7.1.11 によって $I = 0$.

3) $f = \dfrac{-y}{x^2+y^2},\ g = \dfrac{x}{x^2+y^2}$ とおくと $\dfrac{\partial f}{\partial y} = \dfrac{y^2 - x^2}{(x^2+y^2)^2} = \dfrac{\partial g}{\partial x}$ だから, グリーンの定理 (2) によって $I = 0$.

4) $H = \dfrac{1}{2}\log(x^2+y^2)$ とおくと $\dfrac{\partial H}{\partial x} = \dfrac{x}{x^2+y^2},\ \dfrac{\partial H}{\partial y} = \dfrac{y}{x^2+y^2}$ だから, 定理 7.1.11 によって $I = 0$.

第 7 章 §2 (p. 260)

問題 1 1) $f = g = h = x + y + z$ にガウスの定理 (2) (定理 7.2.7) を使うと, $\dfrac{\partial f}{\partial x} = \dfrac{\partial g}{\partial y} = \dfrac{\partial h}{\partial z} = 1$ だから, $I = \iiint_T 3\,dxdydz = 3$.

2) $f = x^n,\ g = y^n,\ h = z^n$ にガウスの定理 (2) を使う.
$$I = \iiint_T (nx^{n-1} + ny^{n-1} + nz^{n-1})\,dxdydz = \int_{y=0}^1 \int_{z=0}^1 \left[x^n + ny^{n-1}x + nz^{n-1}x\right]_0^1 dydz$$
$$= \int_{y=0}^1 \int_{z=0}^1 (1 + ny^{n-1} + nz^{n-1})\,dydz = \int_{z=0}^1 \left[y + y^n + nz^{n-1}y\right]_{y=0}^1 dz$$
$$= \int_0^1 (2 + nz^{n-1})\,dz = \left[2z + z^n\right]_0^1 = 3.$$

3) ガウスの定理 (1) により, $I = \iiint_T \dfrac{dxdydz}{2\sqrt{x+y+z}}$.
$$\int_{x=0}^1 \dfrac{dx}{2\sqrt{x+y+z}} = \sqrt{1+y+z} - \sqrt{y+z}.$$
$$\int_{y=0}^1 (\sqrt{1+y+z} - \sqrt{y+z})\,dy = \dfrac{2}{3}\left[(2+z)^{\frac{3}{2}} - 2(1+z)^{\frac{3}{2}} + z^{\frac{3}{2}}\right].$$
$$I = \dfrac{2}{3} \cdot \dfrac{2}{5}\left[(2+z)^{\frac{5}{2}} - 2(1+z)^{\frac{5}{2}} + z^{\frac{5}{2}}\right]_0^1$$

$$= \frac{2}{3} \cdot \frac{2}{5}[3^2\sqrt{3} - 3 \cdot 2^2\sqrt{2} + 3] = \frac{4}{5}(3\sqrt{3} - 4\sqrt{2} + 1).$$

4) ガウスの定理 (2) により, $I = 3\iiint_{x^2+y^2+z^2 \leq a^2}(x^2+y^2+z^2)\,dxdydz$. 高さ z の水平面と球面との交線は, 半径 $\sqrt{a^2-z^2}$ の円 $B(z)$ だから,

$$I = 3\int_{z=-a}^{a}\left[\iint_{B(z)}(x^2+y^2+z^2)\,dxdy\right]dz = 6\int_{z=0}^{a}\left[\int_{r=0}^{\sqrt{a^2-z^2}}\int_{\theta=0}^{2\pi}(r^2+z^2)\,r\,drd\theta\right]dz$$

$$= 12\pi\int_{z=0}^{a}\left[\frac{1}{4}r^4 + \frac{z^2}{2}r^2\right]_{r=0}^{\sqrt{a^2-z^2}}dz = 12\pi\int_{z=0}^{a}\left[\frac{1}{4}(a^2-z^2)^2 + \frac{z^2}{2}(a^2-r^2)\right]dz$$

$$= 3\pi\int_{0}^{a}(a^4 - z^4)\,dz = \frac{12}{5}\pi a^5.$$

ガウスの定理を使わずに, 直接面積分を計算してもよい.

上下の半球面をそれぞれ S^+, S^- とかき, $B = \{(x,y);\, x^2+y^2 \leq a^2\}$ とする.

$$\iint_S z^3\,dx \wedge dy = \iint_{S^+} z^3\,dx \wedge dy + \iint_{S^-} z^3\,dx \wedge dy$$

$$= \iint_B (a^2-x^2-y^2)^{\frac{3}{2}}\,dxdy - \iint_B -(a^2-x^2-y^2)^{\frac{3}{2}}\,dxdy$$

$$= 2\iint_B (a^2-x^2-y^2)^{\frac{3}{2}}\,dxdy = 2\int_{r=0}^{a}\int_{\theta=0}^{2\pi} r^3 r\,dr\,d\theta = \frac{4}{5}\pi a^5.$$

三つの面積分とも値は同じだから, $I = \frac{12}{5}\pi a^5$.

5) 直前と同じ計算をすれば, $\iint_S z^2\,dx \wedge dy = \iint_{S^+} z^2\,dx \wedge dy + \iint_{S^-} z^2\,dx \wedge dy = \iint_B(a^2-x^2-y^2)\,dxdy - \iint_B(a^2-x^2-y^2)\,dxdy = 0$. よって $I = 0$. ガウスの定理を使えば,

$$I = 2\iiint_{x^2+y^2+z^2 \leq a^2}(x+y+z)\,dxdydz = 2\int_{z=-a}^{a}\left[\iint_{B(z)}(x+y+z)\,dx\,dy\right]dz$$

$$= 2\int_{z=-a}^{a}dz\int_{r=0}^{\sqrt{a^2-z^2}}\int_{\theta=0}^{2\pi}(r\cos\theta + r\sin\theta + z)\,r\,drd\theta = 2\int_{z=-a}^{a}dz\int_{r=0}^{\sqrt{a^2-z^2}}zr\,dr$$

$$= 2\int_{-a}^{a}\frac{1}{2}z(a^2-z^2)\,dz = 0.$$

6) 高さ z の平面で切ると, 半径が $\sqrt{x^2+y^2} = \sqrt{z}$ の円だから, その面積は πz. ガウスの定理 (1) により, $I = \iiint_T 2z\,dxdydz = \int_0^a 2\pi z^2\,dz = \frac{2}{3}\pi a^3$.

第 7 章 §3 (p. 265)

問題 1 1) $\mathrm{grad}(fg) = \left(\dfrac{\partial(fg)}{\partial x}, \dfrac{\partial(fg)}{\partial y}, \dfrac{\partial(fg)}{\partial z}\right)$

$$= \left(\frac{\partial f}{\partial x}g + f\frac{\partial g}{\partial x}, \frac{\partial f}{\partial y}g + f\frac{\partial g}{\partial y}, \frac{\partial f}{\partial z}g + f\frac{\partial g}{\partial z}\right)$$

$$= \left(\frac{\partial f}{\partial x}g, \frac{\partial f}{\partial y}g, \frac{\partial f}{\partial z}g\right) + \left(f\frac{\partial g}{\partial x}, f\frac{\partial g}{\partial y}, f\frac{\partial g}{\partial z}\right)$$

$$= (\mathrm{grad}\,f)g + f(\mathrm{grad}\,g).$$

2) $\boldsymbol{f} = (f, g, h)$ とすると,$\mathrm{div}(p\boldsymbol{f}) = \mathrm{div}(pf, pg, ph) = \frac{\partial (pf)}{\partial x} + \frac{\partial (pg)}{\partial y} +$

$\frac{\partial (ph)}{\partial z} = \left(\frac{\partial p}{\partial x}f + p\frac{\partial f}{\partial x}\right) + \left(\frac{\partial p}{\partial y}g + p\frac{\partial g}{\partial y}\right) + \left(\frac{\partial p}{\partial z}h + p\frac{\partial h}{\partial z}\right)$

$$= \left(\frac{\partial p}{\partial x}f + \frac{\partial p}{\partial y}g + \frac{\partial p}{\partial z}h\right) + p\left(\frac{\partial f}{\partial x} + \frac{\partial g}{\partial y} + \frac{\partial h}{\partial z}\right) = (\mathrm{grad}\,p\,|\,\boldsymbol{f}) + p\,\mathrm{div}\,\boldsymbol{f}.$$

3) $\mathrm{div}(\mathrm{curl}\,\boldsymbol{f}) = \frac{\partial}{\partial x}\left(\frac{\partial h}{\partial y} - \frac{\partial g}{\partial z}\right) + \frac{\partial}{\partial y}\left(\frac{\partial f}{\partial z} - \frac{\partial h}{\partial x}\right) + \frac{\partial}{\partial z}\left(\frac{\partial g}{\partial x} - \frac{\partial f}{\partial y}\right)$

$$= \left(\frac{\partial^2 f}{\partial y \partial z} - \frac{\partial^2 f}{\partial z \partial y}\right) + \left(\frac{\partial^2 g}{\partial z \partial x} - \frac{\partial^2 g}{\partial x \partial z}\right) + \left(\frac{\partial^2 h}{\partial x \partial y} - \frac{\partial^2 h}{\partial y \partial x}\right) = 0.$$

4) 左辺の第 1 成分は $\frac{\partial}{\partial y}\left(\frac{\partial f}{\partial z}\right) - \frac{\partial}{\partial z}\left(\frac{\partial f}{\partial y}\right) = 0$. 同様に第 2,第 3 成分も 0.

第 7 章 §4 (p. 272)

問題 1 1) $f = g = h = x^2 + y^2 + z^2$ とすると,$\frac{\partial g}{\partial x} = \frac{\partial h}{\partial x} = 2x$,$\frac{\partial h}{\partial y} = \frac{\partial f}{\partial y} = 2y$,$\frac{\partial f}{\partial z} = \frac{\partial g}{\partial z} = 2z$ だから,ストークスの定理 (2) によって

$$I = \frac{1}{2}\int_K (x^2 + y^2 + z^2)(dx + dy + dz).$$

K 上では $x^2 + y^2 + z^2 = a^2$ だから,線積分の定義によって

$$\int_K dx = 2a - 2a = 0, \quad \int_K dy = -a + a = 0, \quad \int_K dz = a - a = 0.$$

したがって $I = 0$.

2) $f = xy$,$g = yz$,$h = zx$ とおくと,$\frac{\partial f}{\partial x} = \frac{\partial g}{\partial z} = y$,$\frac{\partial f}{\partial y} = \frac{\partial h}{\partial z} = x$,$\frac{\partial g}{\partial y} = \frac{\partial h}{\partial x} = z$,

$\frac{\partial f}{\partial z} = \frac{\partial g}{\partial x} = \frac{\partial h}{\partial y} = 0$. ストークスの定理 (2) により,

$$I = -\int_K (xy\,dx + yz\,dy + zx\,dz).$$

曲線 K のうち,$(-a, 0, 0)$ から $(0, -a, 0)$ をとおって $(a, 0, 0)$ に至る半円周を

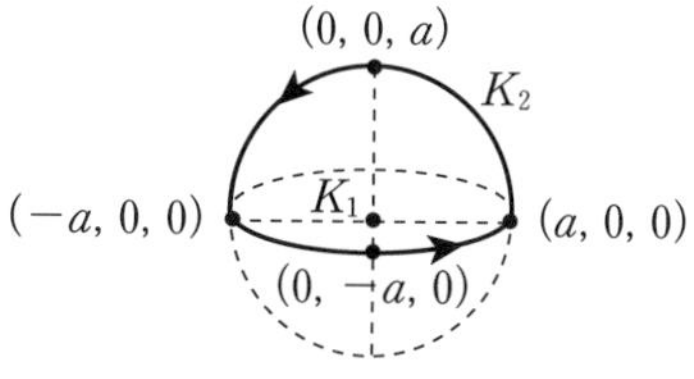

図 A.7.1

K_1, $(a,0,0)$ から $(0,0,a)$ をとおって $(-a,0,0)$ に戻る半円周を K_2 とする。
$\int_{K_1} xy\,dx = \int_{x=-a}^{a} x(-\sqrt{a^2-x^2})\,dx = \left[\frac{1}{3}(a^2-x^2)^{\frac{3}{2}}\right]_{x=-a}^{a} = 0$. K_2 では $y=0$ だから $\int_{K_2} xy\,dx = 0$. よって $\int_K xy\,dx = 0$.

つぎに K_1 では $z=0$, K_2 では $y=0$ だから $\int_K yz\,dy=0$. 最後に K_1 では $z=0$ だから $\int_{K_1} zx\,dz=0$.

$$\int_{K_2} zx\,dz = \int_0^a z\sqrt{a^2-z^2}\,dz + \int_a^0 z(-\sqrt{a^2-z^2})\,dz$$
$$= 2\left[\frac{1}{3}(a^2-z^2)^{\frac{3}{2}}\right]_{z=0}^{a} = -\frac{2}{3}a^3.$$

よって $I = \frac{2}{3}a^3$.

追加 (2015)：円周率 π の計算に使う級数 (28 ページを見よ).
A：BBP 公式
$$\pi = \sum_{n=0}^{\infty} \frac{1}{16^n} \left(\frac{4}{8n+1} - \frac{2}{8n+4} - \frac{1}{8n+5} - \frac{1}{8n+6} \right).$$
D. Bailey, P. Borwein, S. Plouffe (1997).
B：V. A. Adamchik & S. Wagon の公式
$$\pi = \sum_{n=0}^{\infty} \frac{(-1)^n}{4^n} \left(\frac{2}{4n+1} + \frac{2}{4n+2} + \frac{1}{4n+3} \right).$$

索引

■数字・アルファベット

2階導関数	66
2階偏導関数	180
3重点	326
C^1 級	74, 174
C^∞ 級	74, 180
C^k 級	180
C^n 級	74
e	14
n 階導関数	74
ε-δ 論法	15

■ア行

アーベルの連続性定理	159
アステロイド	121
鞍点	186
一様極限	167
一様収束	164, 168
——極限の性質	165
関数列の——	163
一様連続	87, 211
一様連続性	87, 211
——の判定法	89
一般二項係数	80
イプシロン-デルタ論法	15
陰関数	281
陰関数定理	282
——のなかの一意性の証明	285
2変数の——	187
3変数2条件の——	190
$n+1$ 変数2条件の——	190
大域——	193
上に有界	91
渦巻量	263
円周率	9
扇形	124

■カ行

開円板	204
開区間	7
開集合	204
階段関数	103
回転	263
回転図形の体積	130
回転図形の表面積	130
ガウスの定理	256, 258, 264
下界	91
各点収束	163, 168
関数列の——	163
角領域	125
下限	92
——の概念	91
下限和	94
可積	94, 213, 221
加法性	97, 222
積分域に関する——	222
加法定理	10, 106
関数項級数	168

341

関数等式	113
関数の極限	6, 47
関数列の一様収束	163
関数列の各点収束	163
完備性	54
——の公理	54
ガンマ関数	113
奇関数	68
帰納法	2
数学的——	2
逆関数	8, 13, 57, 284
——定理	284
——の導関数	61
逆三角関数	21
——の導関数	23
逆正弦関数	21
逆正接関数	22
逆余弦関数	22
級数	5, 141
——の基本事項	141
関数項——	168
絶対値収束——	279
級数表示	27, 28
境界	206, 246
境界点	206
狭義単調減小	8
狭義単調増加	8
極限	48
関数の——	6, 47
数列の——	4, 41
極座標	122, 236
——との変数変換公式	232
3次元空間の——	236
極座標変換	236
極小	65, 183, 198
局所的概念	66
曲線の凹凸	71
曲線の長さ	127
極大	65, 183, 198
極大極小の判定	184
極値	65, 183
条件つき——	198, 286
曲面	237
——の向き	252, 253
曲面積	237
極領域	125
——の面積	124
距離	173
偶関数	68
空集合	91
区間	7
——に関する加法性	97
区分求積法	96
区分連続関数	96
組合わせの数	3
グリーンの定理	247, 249
結節点	194
元	91
原始関数	16, 39, 63
——の一意性	64
有理関数の——	34
高位の無限小	60
高階導関数	74
高階偏導関数	180
広義積分	226, 228
広義積分可能	109, 111, 226, 228
広義単調減小	8
広義単調増加	8
交項級数	146
合成関数	13
——の導関数	61
——の偏導関数	175
勾配	262
項別積分	169
項別微分	156
コーシー・シュヴァルツの不等式	103

コーシーの定理	64
コーシーの判定法	144
コーシー列	139
孤立点	194
根	276

■サ行

サイクロイド	122
最小	69, 207
最大	69, 207
最大最小値	57
座標系	252
三角関数	9
——の導関数	14
——の有理関数	37
残項	77
次数	31
指数関数	10, 11, 106
——の導関数	15
指数法則	10
自接点	326
自然対数	14
——の底	14, 106
下に凸	71
下に有界	91
実数体	54
始点	133, 246
重根	276
重積分	211
収束	4, 109, 111, 141, 226, 228
点列の——	173
収束域	150
——の端点での様子	159
収束する	173
収束半径	151
終点	133, 246
十分なめらか	74
主要部	77

順序交換	167, 216
積分と一様極限の——	167
微分と積分の——	216
上界	91
上限	92
——の概念	91
上限和	94
条件つき極値	198, 286
——の求めかた	287
条件つき極値問題	198
乗法定理	105
心臓形	137
真分数関数	31
真分数式の部分分数分解	277
数学的帰納法	2
スカラー積	261
スカラー場	262
スカラー倍	261
ストークスの定理	266, 269, 271
整級数	150
正系	252, 253
正項級数	143
正値性	98, 223
正の向き	133, 246
積分	94, 213, 221
——の性質	215
——の定義	212
——の平均値定理	99
積分域に関する加法性	222
積分可能	94, 213, 221
積分する	16
積分定数	16
絶対収束	148
絶対値級数	147
絶対値収束	147
——級数	279
接平面	179
漸化式	55

漸近線	197
扇形	124
線型性	97, 223
線積分	243
x 方向の——	244
関数 f の曲線 K に沿う x 方向の——	267
空間曲線に沿う——	266

■夕行

大域陰関数定理	193
大域的概念	66
代数学の基本定理	275
対数関数	11, 104
——の導関数	15
対数微分法	15
体積	224
体積要素	258
代表値系	95, 214
多項式による近似	81
タテ線領域	119
——の面積	119
多様体	286
ダランベールの判定法	143
単根	276
単純収束	163
単純閉曲線	133, 246
単純閉曲面	254
単調減小	8
単調性	97, 223
単調増加	8
端点	7
置換積分	100
置換積分法	17
中間値の定理	56
中点公式	102
重複度	276
直交性	115

通常点	187, 286
通常零点	286
底	11
自然対数の——	14, 106
定義関数	219
定積分	20, 94
——の近似計算	101
——の計算	115
——の諸定理	99
——の定義	93
テイラー級数	153
テイラー公式	77
0 での——	79
重要な関数の 0 での——	80
積分型残項の——	81
テイラー展開	153
重要な関数の——	154
テイラーの定理	77, 152
2 階の——	181
停留点	183
デカルトの葉形	125, 197
展開される	153
点列の収束	173
導関数	12, 60
——の計算規則	13, 60
逆関数の——	61
逆三角関数の——	23
合成関数の——	61
三角関数の——	14
指数関数の——	15
対数関数の——	15
峠点	186
特異点	187, 202, 286
特異零点	286
凸	71
凸関数	71
ドロピタルの定理	64

■ナ行

内積	261
長さ	127, 261
二項定理	3
ニュートン法	72
ノルム	164
ノルム収束	170

■ハ行

背理法	1
はさみうちの原理	5, 19, 44, 45
発散	4, 5, 141, 226, 262
幅	94, 212
パラメーター	127
パラメーター曲線	127
パラメーター曲面	240
パラメーター閉曲線の内部の面積	133
比較判定法	143
微積分の基本定理	98
微分可能	12, 59
微分係数	12, 59
微分する	12
非有界関数	111, 227
非有界区間上の関数	109
非有界集合上の関数	226
負系	252
不定積分	20
負の向き	133, 246
部分積分	100
部分積分法	18
部分分数分解	31, 34, 277
真分数式の――	277
部分列	54
部分和	5, 141
部分和関数	168
分割	93, 212
分点	94
閉円板	204
閉曲線	133, 246
平均値の定理	62, 177
――の別形	63
積分の――	99
閉区間	7
閉集合	205
平面曲線	187, 193
平面の点集合	204
平面の点列	204
ベータ関数	113
ベクトル	261
ベクトル作用素	262
ベクトル積	261
ベクトル値関数	262
ベクトル場	262
ヘッセ行列	184
ヘッセ行列式	184
変曲点	72
変数変換公式	230
極座標との――	232
向きつきの――	266
偏導関数	174
合成関数の――	175
偏微分	174
――の順序	181
偏微分係数	174
法線	253
法線ベクトル	263
法線方向の微分	264
補集合	205

■マ行

マクローリンの公式	79
右手系	253
向きつきの変数変換公式	266
向きのある曲面	254
無限級数	5
――の和	5

無限小	83	より速く±∞に近づく	83
高位の――	60	より速く0に近づく	83
より高位の――	83		
無限大	83	■ラ行	
より高位の――	83	ライプニッツの公式	75
メビウスの帯	253	ライプニッツの定理	146
面積	119, 219, 226, 238	ラグランジュの乗数法	198
面積確定	219, 226	ラゲルの多項式	114
面積関数	19, 120, 125	ラセン	137, 267
面積分	255	ラプラシアン	263
面積要素	254	ラプラス作用素	263
面積をもつ	219	ランダウの記号	60
有限の――	226	リーマン和	95, 214
		領域の境界	246
■ヤ行		累次積分	215
ヤコビ行列	202, 230, 281	ルジャンドルの多項式	104
ヤコビ行列式	230	零点	187
有界	44, 92, 164, 206	レムニスケート	124
上に――	91	連続	7, 49, 173
下に――	91	連続関数	7, 49, 56, 173
有界開区間	7	――の積分可能性	95
有界区間上の非有界関数	111	2変数の――	173
有界集合上の非有界関数	227	ロルの定理	62
有界閉区間	7		
優級数	170	■ワ行	
――定理	169	和	5, 141, 261
有限等比級数の和	3	下限――	94
有理関数	31	上限――	94
――の原始関数	34	部分――	5, 141
三角関数の――	37	無限級数の――	5
有理数体	54	有限等比級数の――	3
より高位の無限小	83	和関数	168
より高位の無限大	83	湧出量	262
より速く(絶対値が)大きくなる	83	――定理	264
より速く(絶対値が)小さくなる	83		

あとがき

　本書の執筆にあたってもっとも頭をなやませたのは，高校微積分との折りあいをどうつけるか，ということだった．日本の高校の微積分はたいへんよいものだと思う．この知識をフルに利用しなければもったいない．もちろん高校微積分には限界もある．第一に扱うことがらがかなり限られている．第二に，そのまま大学微積分に進むのには，論理的に不完全な部分が多い．

　そこで私はまえがきに書いたように，高校微積分を活かし，しかも自然な形でその欠落部分がおぎなえるような叙述法を採用した．

　1993 年に私は『微分積分教科書』（東京図書）という本を上梓した．これはある程度世に受けいれられ，おほめのことばもいただいたが，その一方で御批判も受けた．第一に内容の盛りこみすぎで叙述が不親切である．第二にあまりにも高校微積分に依存しすぎ，そのために論理の筋道が分かりにくくなっている，というものだった．とくに第二の点は，前著を教科書として使った教師たちをなやませたのではないかと思う．

　これらの点を深く反省し，また最近の大学生の精神の傾向も考えあわせて，全面的に書きかえたのがこの本である．こんどは，まえがきにも書いた決意のもとに，あくまで丁寧に，親切に，しかも内容の水準を落とさないようにつとめた．問題の解答も，前著よりずっと丁寧にかいた．

　また，前著では多変数関数の微分法が 1 変数の定積分や級数より前にあったのだが，この順序を逆にし，前半で 1 変数の微積分が完結するようにした．したがって，多変数の微積分には，1 年生で習う線型代数の知識がフルに活用できるはずである．

　これらの改良により，本書はまず教科書としてずっと使いやすくなったと思

う．さらに，ひとりで読む場合の抵抗感や困難もおおはばに減ったと思う．

　最後に参考文献をあげておく．はじめのふたつは，私がむかしから参考にしていた本であり，あとのふたつは私の前著以後に出版された教科書である．たとえば重積分の変数変換公式のように，本書では証明が不完全なことがらについて，もっと完全な証明がみたいときに参考にするとよい．

［1］　笠原晧司『微分積分学』サイエンス社（1974）
［2］　杉浦光夫『解析入門Ⅰ, Ⅱ』東大出版会（1980, 1985）
［3］　黒田成俊『微分積分』共立講座21世紀の数学 第1巻, 共立出版（2002）
［4］　藤田　宏『大学での微分積分Ⅰ, Ⅱ』岩波書店（2003, 2004）

著者紹介

齋藤 正彦（さいとう まさひこ）

1931年　東京生まれ
1954年　東京大学理学部数学科卒業・東京大学教養学部助手
1960年　パリ大学理学博士
1962年　東京大学助教授（教養学部）
1974年　同教授
1992年　放送大学教授
1997年　湘南国際女子短期大学学長（2003年まで）
2006年　日本数学会出版賞受賞
現　在　東京大学名誉教授

主要著書

『線型代数入門』東京大学出版会（1966）
『超積と超準解析』東京図書（1976）
『線型代数演習』東京大学出版会（1985）
『行列と群』SEG 出版（2000）
『数学の基礎──集合・数・位相』東京大学出版会（2002）
『はじめての微積分（上・下）』朝倉書店（2002, 2003）
『はじめての群論』制作・亀書房／発行・日本評論社（2005）
『数のコスモロジー』（ちくま学芸文庫）筑摩書房（2007）
『日本語から記号論理へ』制作・亀書房／発行・日本評論社（2010）
『齋藤正彦　線型代数学』東京図書（2014）
『齋藤正彦　数学講義　行列の解析学』東京図書（2017）

齋藤正彦　微分積分学　　　　　Printed in Japan

2006年 7月25日　第 1 刷発行 © SAITO Masahiko 2006
2023年 2月10日　第17刷発行

著　者　齋藤　正彦
発行所　東京図書株式会社

〒102-0072　東京都千代田区飯田橋 3-11-19
振替 00140-4-13803　電話 03(3288)9461
http://www.tokyo-tosho.co.jp/

ISBN 978-4-489-00732-3

◆◆◆ 親切設計で完全マスター！ ◆◆◆

改訂版 すぐわかる微分積分
改訂版 すぐわかる線形代数
改訂版 すぐわかる微分方程式

●石村園子 著──────────A 5 判

じっくりていねいな解説が評判の定番テキスト。無理なく理解が進むよう［定義］→［定理］→［例題］の次には，［例題］をまねるだけの書き込み式［演習］を載せた。学習のポイントはキャラクターたちのつぶやきで，さらに明確に。ロングセラーには理由がある！

演習 すぐわかる微分積分
演習 すぐわかる線形代数

●石村園子 著──────────A 5 判

すぐわかる代数
●石村園子 著──────────A 5 判
すぐわかる確率・統計
●石村園子 著──────────A 5 判
すぐわかるフーリエ解析
●石村園子 著──────────A 5 判
すぐわかる複素解析
●石村園子 著──────────A 5 判

学習指導要領改訂に合わせ、行列の基礎から解説

弱点克服 大学生の線形代数 改訂版
―― 江川 博康 著

高校の学習指導要領改訂のため、行列を学ばないようになった今、線形代数における「スタート地点」はみな同じ。ならばベクトル・行列の基礎を固め、得点源の科目にしてしまおう。

1題を見開き2ページにぎゅっと圧縮し、重要な定理や公式を必ず近くで紹介。これらの問題をしっかり解けるようになったら、高得点を狙えるだろう。

弱点克服 大学生の微積分
―― 江川 博康 著

弱点克服 大学生の微分方程式
―― 江川 博康 著

弱点克服 大学生の複素関数
―― 江川 博康・本田 龍央 著

弱点克服 大学生のフーリエ解析
―― 矢崎 成俊 著

弱点克服 大学生の確率・統計
―― 藤田 岳彦 著

弱点克服 大学生の統計学
―― 汪・小野・小泉・田栗・土屋・藤田 著

齋藤正彦 線型代数学

●齋藤正彦 著　　　　　　　　　　　　　　A5判

長年にわたる東大での講義をまとめた，線型代数学の教科書．行列の定義から始め，区分けと基本変形を道具として，1次方程式，行列式，線型空間を解説し，ジョルダン標準形に至る．奇をてらわずに，正攻法で読者を導く．簡潔な文体の中に，著者ならではの洗練された数学のエッセンスがちりばめられている．

齋藤正彦 数学講義 行列の解析学

●齋藤正彦 著　　　　　　　　　　　　　　A5判

著者が講義経験を振り返り，微分積分・線型代数とその先の"行列の微積分""非負行列"を語る．それを読んだ数学者4人が，さらにその先にある"ペロン−フロベニウスの定理""多様体""リー群"等や，また，大学数学を学ぶ際の心得について解説を付す．著者と解説者4人の数学に対する見方・哲学がにじみ出た書．

長岡亮介 線型代数入門講義
――現代数学の《技法》と《心》――

●長岡亮介 著　　　　　　　　　　　　　　A5判

大学数学に困惑する読者を，線型代数の魅力的世界へ誘う教科書．「試験に出そうな問題の詳しい解説」より「一題がしっかりわかれば理論的な理解が得られ，そこから百題，千題が解けるようになる」ことを目標に精選した「本質例題」で，計算演習に加え現代数学の規範になる論証も組込み，現代数学特有の（論証の）考え方を理解できるようまとめた．

詳解 大学院への数学（改訂新版）

●東京図書編集部 編　　　　　　　　　　　A5判

詳解 大学院への数学 微分積分編

詳解 大学院への数学 線形代数編

●佐藤義隆 監修／本田龍央・五十嵐貫 著　　A5判